高等学校食品营养与健康专业教材

发酵食品
与营养

李春英　金永国　主编
赵改名　主审

中国轻工业出版社

图书在版编目（CIP）数据

发酵食品与营养 / 李春英，金永国主编 . —北京：
中国轻工业出版社，2025.2

高等学校食品营养与健康专业教材

ISBN 978-7-5184-4856-2

Ⅰ.①发… Ⅱ.①李… ②金… Ⅲ.①发酵食品—营
养学—高等学校—教材 Ⅳ.①TS201.4

中国国家版本馆 CIP 数据核字（2024）第 045678 号

责任编辑：钟　雨

文字编辑：陈丽婷　　责任终审：劳国强　　整体设计：锋尚设计
策划编辑：钟　雨　　责任校对：晋　洁　　责任监印：张　可

出版发行：中国轻工业出版社（北京鲁谷东街 5 号，邮编：100040）

印　　　刷：三河市万龙印装有限公司

经　　　销：各地新华书店

版　　　次：2025 年 2 月第 1 版第 1 次印刷

开　　　本：787×1092　1/16　印张：22

字　　　数：467 千字

书　　　号：ISBN 978-7-5184-4856-2　定价：59.00 元

邮购电话：010-85119873

发行电话：010-85119832　010-85119912

网　　　址：http://www.chlip.com.cn

Email：club@ chlip.com.cn

高等学校食品营养与健康专业教材编委会

李春保	南京农业大学
李　斌	沈阳农业大学
邹小波	江苏大学
张宇昊	西南大学
张军翔	宁夏大学
张　建	石河子大学
张铁华	吉林大学
岳田利	西北大学
周大勇	大连工业大学
庞　杰	福建农林大学
施洪飞	南京中医药大学
姜毓君	东北农业大学
聂少平	南昌大学
顾　青	浙江工商大学
徐宝才	合肥工业大学
徐晓云	华中农业大学
桑亚新	河北农业大学
黄现青	河南农业大学
曹崇江	中国药科大学
董同力嘎	内蒙古农业大学
曾新安	华南理工大学
雷红涛	华南农业大学
廖小军	中国农业大学
薛长湖	中国海洋大学

| 秘　书 | 吕　欣 | 西北农林科技大学 |
| | 王云阳 | 西北农林科技大学 |

本书编写人员

主　编	李春英	河南农业大学
	金永国	华中农业大学
副主编	张　燕	中国农业大学
	李美良	四川农业大学
	柳艳霞	河南农业大学
	盛　龙	华中农业大学
	钟　建	上海交通大学
参　编（按姓氏笔画顺序排列）		
	边媛媛	沈阳农业大学
	孙钦秀	广东海洋大学
	杨　慧	沈阳农业大学
	肖　萍	天津农学院
	张波波	河南农业大学
	赵培均	河南农业大学
	梁　栋	河南农业大学
	郭丽丽	山西中医药大学

前　言

　　发酵（fermentation）是指借助微生物在有氧或无氧条件下将有机物质氧化、还原或降解产生新的有机化合物的化学现象。食品发酵是支持现代食品工业的重要技术，同时也是生物技术产业化的重要手段。食品发酵技术越来越受到人们的重视，成为食品科学与工程相关专业的重要课程。

　　发酵食品（fermented foods）是借助微生物的作用获得的具有独特的风味和保健功效的一类健康食品。通过对发酵过程的研究和应用，可以制造出各种美味可口的食品，如酸乳、酱油、葡萄酒等，但关于发酵食品营养与健康方面的教材少，发酵食品的价值没能被很好地体现。为此，我们组织河南农业大学、中国农业大学、华中农业大学、四川农业大学、沈阳农业大学、上海交通大学、山西中医药大学、广东海洋大学、天津农学院等长期从事该领域研究和教学的经验丰富的教师，编写了这本《发酵食品与营养》教材。

　　本教材涵盖了发酵食品学和食品营养学的基本知识和理论，包括发酵食品的分类、发酵微生物的特性、菌种的选育和应用、发酵过程中的物质代谢、微生物代谢调控理论及其在食品发酵过程中的应用、各种发酵食品的生产、微生物源食品添加剂、发酵食品在健康中的作用、发酵食品的安全性问题等。我们通过附加二维码的形式系统地讲解和案例分析，旨在帮助学生对发酵食品及其营养的全面认识和深入理解。同时，本书还注重将理论与实践相结合，通过实验指导和实践操作，培养学生的实际操作能力和科学研究思维。

　　本书可作为高等院校食品科学与工程、食品营养与健康、发酵工程、应用微生物等专业的本科生及研究生教材，也可供从事食品发酵、食品加工、食品营养的科研和技术人员参考。

　　参加本教材编写工作的有李春英（第一章、第三章），钟建（第二章、第八章），金永国、盛龙（第四章、第九章），边媛媛、杨慧、孙钦秀、梁栋、郭丽丽、肖萍、赵培均、张波波（第五章、第七章、第十章、第十二章），李美良（第十一章），张燕、梁栋（第十三章），柳艳霞、梁栋（第六章、第十四章）。

　　编写过程中，我们借鉴了国内外相关领域的研究成果和教学经验，力求将最新的发展动态和实践经验融入教材中。同时，我们也深感教材的编写是一个不断学习和改进的过程，难免存在不足之处。因此，我们非常欢迎读者提出宝贵意见和建议，以便我们在今后的教学实践中不断改进和完善。

编者

2024 年 8 月

目 录

第一章

绪 论

学习目标

1. 掌握发酵食品的基本概念。
2. 熟悉发酵技术、发酵工程与生物技术三者之间的关系。
3. 了解发酵食品的分类。
4. 了解食品发酵与酿造的发展时，明确发酵食品的意义。
5. 了解现代生物技术在发酵食品中的应用。

第一节 发酵食品的基本概念

通过微生物的作用而制得的食品或食品配料都可以称为发酵食品，发酵食品是食物原料或农副产品经微生物产生的一系列酶所催化的生物化学反应及微生物细胞代谢产物的总和。这些反应既包括生物合成作用，也包括原料的降解作用，以及推动生物合成过程所必需的各种化学反应。原料中的不溶性高分子物质被分解为可溶性低分子化合物，不但提高了产品的生物有效性，而且由于这些分解物的相互组合、多级转化和微生物细胞的自溶，生成了种类繁多的呈味、生香和营养的物质，从而形成了色、香、味、形等独特的发酵食品门类。

英语"发酵（fermentation）"一词来源于拉丁语"发泡、翻涌（ferver）"，描述的是酵母作用于果汁或麦芽浸出液出现气泡的现象。据《辞源》释义，酵指酵母，而酵母所起的作用称为发酵。从起源来看，酿造在前，发酵在后。"酿造"一词是由酿扩展而来，包括酿酒和造酒含义。酿造技术是随着微生物学的发展而出现的，是近代（即在人们认识了酵母及其作用之后）从西方引进过来的。近代研究证明，酿造实际是多种微生物的共同发酵，即酿造包含着许多发酵过程。在我国，人们习惯把通过微生物作用后，获得成分复杂、有较高风味要求的食品生产称为酿造，如啤酒、葡萄酒、黄酒、白酒等酒类发酵及酱油、食醋等发酵均称为酿造。

第二节　发酵食品的种类

一、发酵食品的特点

1. 安全简单

食品发酵过程绝大多数是在常温常压下进行的，操作条件温和，不需考虑防爆问题，生产过程安全，所需的生产条件比较简单。

2. 微生物作用

发酵食品是通过微生物（如细菌、酵母、霉菌等）的代谢活动，将食品原料中的糖类、蛋白质、脂肪等转化为其他化合物，如有机酸、酒精、氨基酸等。这些转化赋予了食品独特的风味、质地和营养价值。

3. 风味独特

发酵过程能够产生丰富的风味物质，如乳酸、醋酸、醇类等，使发酵食品具有独特的酸、甜、苦、咸等复杂口感。发酵食品的香气和风味浓郁，如酸乳、酱油、啤酒等。

4. 提高营养价值

发酵能够改善食品的营养价值，微生物在发酵过程中可以合成维生素（如 B 族维生素）、氨基酸和酶类。发酵还可以分解大分子物质（如蛋白质、纤维素），提高消化率和吸收率。例如，发酵豆制品中的蛋白质更易被人体吸收。

5. 易受污染

由于发酵培养基营养丰富，各种来源的微生物都很容易生长，因此发酵过程要严格控制，防止杂菌污染，有许多产品必须在密闭条件下进行发酵，在接种前设备和培养基必须灭菌，反应过程中所需的空气或流加营养物必须保持无菌状态。发酵过程避免杂菌污染是发酵成功的关键。

6. 食品安全性

发酵可以抑制有害微生物的生长，如致病菌和腐败菌，从而提高食品的安全性。发酵过程中产生的有机酸、酒精等化合物可以起到天然防腐剂的作用。

7. 多样性和文化特性

发酵食品因其制作工艺和原料的多样性而种类丰富，涵盖乳制品、豆制品、谷物、肉类、蔬菜等多个品类。不同地区有着独特的发酵食品文化，如亚洲的酱油和欧洲的干酪。

二、发酵食品的种类

发酵食品是一个门类多、规模宏大，与国民经济密切相关，充满发展前景的产业，发酵食品的研究对象有各种不同的分类方法。

1. 按发酵产业部门分类

按发酵产业部门，发酵食品可分为如表1-1所示。

表1-1 不同发酵产业部门的发酵食品种类

发酵产业部门	发酵食品
酿造部门	黄酒、啤酒、白酒、葡萄酒、酱油、醋
豆类发酵部门	豆腐乳、豆豉、纳豆、味噌
乳制品发酵部门	酸乳、干酪、发酵黄油
肉类发酵部门	发酵香肠、腊肉、鱼露、发酵腌鱼
蔬菜发酵部门	泡菜、酸菜、辣白菜、腌萝卜
谷物发酵部门	酸面包、发酵米饭、醪糟、小米发酵食品
其他新型发酵食品工业	发酵饮料

2. 按产品性质分类

按产品的性质，发酵食品可分为生物代谢产物、菌体。

（1）生物代谢产物　细胞将外界物质吸收到体内，一方面进行分解代谢（异化作用），一方面又利用分解代谢的中间代谢产物及能量去合成体内所需成分（同化作用）的过程称为新陈代谢。在代谢过程中，生物体获得了许多重要的代谢产物。以生物体代谢产物为产品的发酵是该工业中数量最多、产量最大、最重要的部分。

（2）菌体　这是以获得具有特定用途的菌体细胞为目的产品的一种发酵，包括藻类、食用菌等的生产。传统的菌体发酵主要有用于面包工业的酵母培养；现代发酵技术则大大扩展了应用范围，如藻类、食用菌的发酵。

3. 按发酵微生物的种类不同分类

按发酵微生物的种类，发酵食品的分类如表1-2所示。

表 1-2　不同发酵微生物发酵的食品种类

发酵微生物	发酵食品
单用酵母	啤酒、葡萄酒、果酒、食用酵母
单用霉菌	豆腐乳、豆豉
单用细菌	酸乳、豆腐乳、豆豉
酵母+霉菌混合菌	酒酿、黄酒、日本清酒
酵母+细菌混合菌	腌菜、奶酒、双菌饮料、酸面包、果醋
酵母+霉菌+细菌混合菌	黄酒、食醋、白酒、酱油及酱类发酵产品

4. 按发酵原料分类

按发酵原料不同，发酵食品可分为 6 类，如表 1-3 所示。

表 1-3　不同发酵原料的发酵食品种类

发酵原料	发酵食品
谷物粮食	面包、酸面包、米酒、黄酒、白酒、食醋、格瓦斯
豆类	酸豆乳、豆腐乳、豆豉、豆酱、酱油、丹贝、纳豆
果蔬类	果酒、果醋、果汁发酵饮料、蔬菜发酵饮料、泡菜
肉类	发酵香肠、培根
水产类	鱼露、虾油、蟹酱、酶香鱼
其他	食用菌发酵产品、藻类发酵产品

5. 按传统和现代发酵食品的概念分类

发酵食品可分为传统发酵食品和现代发酵食品。

（1）传统发酵食品　指通过自然界存在的微生物（如酵母、乳酸菌、霉菌等）对原料进行发酵处理，改善食品的风味、质地、营养价值和保存期限的一类食品。这些食品通常是通过长期的生产经验和文化习惯积累发展起来的，具有显著的地域性和文化特色，如白酒、啤酒、黄酒、葡萄酒、清酒、酱油、食醋、豆酱、泡菜、纳豆、丹贝、鱼露、发酵香肠等。

（2）现代发酵食品　是指利用现代生物技术和科学管理手段，通过对特定微生物的控制与优化发酵工艺生产的食品。与传统发酵食品相比，现代发酵食品在发酵菌种选择、工艺流程、产品安全性等方面进行了标准化和精细化的改进，确保产品质量、稳定性和功能性，如发酵饮料、发酵果蔬汁、食用酵母等。

三、食品发酵的方式

当前，我国的食品发酵方式诸多，实际生产的工艺参数差异较大。

1. 根据发酵微生物种类分类

（1）自然发酵　借助自然环境或者原料存在的天然微生物菌群进行混合发酵而获得发酵食品的一种发酵方式。如传统的酿酒、制醋、做酱和酱油以及干酪等，这些食品发酵虽然工艺上有了许多的改进，但仍然保持着原来的基本技术，采用天然的微生物菌群。这种混合发酵有多种微生物参与（在微生物之间还必须保持一种相对的生态平衡），其产物也是多种多样的，发酵过程较难控制，在许多情况下还是依赖于实践的经验。

（2）单菌纯种发酵　这种发酵形式往往适用于单一微生物对产品形成是必需的酿造食品，如单一益生菌产品、啤酒等。这种发酵在现代发酵工业中最为常见，但在传统发酵工业中并不多见。

（3）混合菌纯种发酵　指采用2种或2种以上纯培养的微生物进行食品发酵的技术，这是现代发酵技术的具体应用形式，也是传统发酵食品科学化、规模化生产的主要方向，如直投式发酵剂生产酸乳、液态酿酒新工艺、酶法液化通气回流制醋工艺等。随着我们对发酵微生物和发酵机制的深入研究，采用混合纯种发酵生产传统风味的发酵食品是必然的趋势。

2. 根据培养基质的物理状态分类

（1）液态发酵　发酵基质为流动状态，主要方式为浅盘培养和深层液体通气培养。早期柠檬酸的生产就是利用浅盘培养发酵方式，由于具有劳动强度大、易污染以及效率低的缺点被逐渐弃用；而利用生物反应器进行的深层液体培养技术是目前发酵工程技术的主流发酵方式，如啤酒、果汁醋酸、有机酸、氨基酸的发酵等。

（2）半固态发酵　发酵基质为半流动状态，大的原料颗粒悬浮在液体中。例如，黄酒发酵、酱油稀醪（稀态）发酵等都属于半固态发酵。

（3）固态发酵　发酵基质呈不流动状态，基质中没有或几乎没有游离水。主要是好氧菌的曲法培养、厌氧菌的堆积发酵，这是我国传统发酵常用的形式。例如，曲法糖化发酵、固态酱油发酵、米醋发酵、大曲酒发酵、豆豉发酵。印度尼西亚的丹贝（tempeh）发酵和日本的纳豆（natto）生产也都采用固态发酵法。

第三节　发酵食品的发展

一、发酵食品的发展历史

几乎所有原始部族都从含糖的果实贮藏过程中的自然发酵现象中学会了使酒精发酵的方法。公元前4000—公元前3000年，古埃及人已熟悉了酒、醋的酿造方法。约在公元前2000年，古希腊人和古罗马人已会利用葡萄酿造葡萄酒。当时在古巴比伦有专门的酿造行业。古埃及人对古巴比伦外销啤酒的评价很高，随后就发明了加入红花和各种植物果实作为香料的啤酒，并且许多啤酒的酒精含量高达 12%~15%。但是随着古埃及帝国的解体，古代的酿造技术随之失传了。据考古证实，我国在距今 4200—4000 年前的龙山文化时期已有酒器出现，公元前 1000 多年前，商朝甲古文中就有"醋""酒"的记载。《周礼》记载了当时能酿造出久陈不坏的黄酒。北魏时期的《齐民要术》记录了我国劳动人民已能用蘖制造饴糖，用散曲中的黄曲霉的蛋白质分解力和淀粉糖化力制造酱和酿醋等。属于传统的微生物发酵技术产品还有酱油、泡菜、奶酒、干酪等，此外还有面团发酵，粪便和秸秆的沤制，用发霉豆腐治疡等技术。但那时人们并不知道微生物与发酵的关系，因而很难人为控制发酵过程，生产也只能凭经验，口传心授，所以被称为天然发酵时期。

1680 年，荷兰人列文虎克制成了放大倍数为 40~150 倍的显微镜，首次通过显微镜观察到肉眼看不见的微生物，包括细菌、酵母等。1857 年，法国著名生物学家巴斯德用巴氏瓶实验，证明了酒精发酵是由活酵母引起的，各种不同的发酵产物是由不同的微生物产生的。1897 年，德国的毕希纳将酵母细胞磨碎，得到的酵母汁仍能使糖液发酵产生酒精，他将这种具有发酵能力的物质称为酒化酶。在这之后，德国人柯赫于 1905 年因其防治肺结核的出色工作获得了诺贝尔奖，他首先发明了固体培养基，得到了细菌的纯培养物，由此建立了微生物的纯培养技术，开创了人为控制发酵过程的时期，再加上简单密封式发酵罐的发明，以及发酵管理技术的改进，发酵工业逐渐进入了近代化学工业的行列。这时期的产品有酵母、酒精、丙酮、丁醇、有机酸、酶制剂等，主要是一些厌氧发酵和表面固体发酵产生的初级代谢产物。

1928 年，英国细菌学家弗莱明发现了能够抑制葡萄球菌的点青霉，其产物被称为青霉素，但当时弗莱明的成果并没有引起人们的重视。20 世纪 40 年代初，第二次世界大战中对于抗细菌感染药物的极大需求促使人们重新研究青霉素。经过多年的研究，青霉素于 1945 年大规模地投入生产。同时，由于采用了深层培养技术，即机械搅拌通气技术，从而推动了抗生素工业乃至整个发酵工业的快速发展。随后链霉素、氯霉素、金霉素、土霉素、四环素等好氧发酵的次级代谢产物相继投产。经过半个多世纪的发展，抗生素产品的种类在不断增加，发酵水平也有了大幅度的提高。以青霉素为例，发酵的效价单位从最初的 40U/L 提高到目前的 90000U/L，菌种的活力提高了 2000 倍以上。在产品分离纯化上，由最初的纯度仅 20% 左右，得率约 35%，提高到现在的纯度 99.9%，得率 90%。抗生素工业的发展很快促进了其他发酵产品的出现。如 20 世纪 50 年代的氨基酸发酵工业在引进了"代谢控制发酵技术"后得以快速发展，即将微生物通过人工诱变，获得代谢发生改变的突变株，在一定的控制条件下，选择性地大量生产某种人们所需要的产品，这项技术也被用于核苷酸、有机酸和抗生素的生产中。

传统的发酵原料主要是粮食、农副产品等淀粉（糖）质原料，随着作为饲料酵母及其他单细胞蛋白的需要日益增多，急需开拓和寻找新的代粮原料。石油化工副产物石蜡、醋酸、甲醇、乙醇以及甲烷等碳氢化合物被用来作为发酵原料，开始了所谓的石油发酵时期。目前，用醋酸生产谷氨酸，用甲烷、甲醇以及正构石蜡生产单细胞蛋白、柠檬酸等已达到工业化水平。与此同时，大型发酵罐的研制与应用，使生产规模大大提高；采用计算机控制进行灭菌，控制发酵 pH 和应用溶氧电极等措施，使发酵生产朝自动控制迈进了一大步。

1953 年，美国的 Watson 和 Crick 发现了 DNA 双螺旋结构。1973 年，美国加利福尼亚大学旧金山分校的 Herbert Boyer 和斯坦福大学的 Stanley Cohen 将两个质粒用限制性内切酶 ECoRI 酶切后，在连接酶存在的条件下连接起来，获得了具有两个复制起始位点的杂合质粒，并转化为大肠杆菌。尽管他们的实验并没有涉及任何目的基因，但意义却极为重大、深远，为基因工程的理论和实际应用奠定了基础，建立了 DNA 重组技术。此后，全世界各国的研究人员很快发展出大量基因分离、鉴定和克隆的方法，不但构建出高产量的基因工程菌，还使微生物产生出它们本身不能产生的外源蛋白质，包括植物、动物和人类的多种生物活性蛋白，而且很快形成了产品，如胰岛素、生长激素、细胞因子及多种单克隆抗体等基因工程药物和产品。可以说，发酵和酿造技术已经不再是单纯的微生物的发酵，它已扩展到植物和动物细胞领域，包括天然微生物、人工重组工程菌、动植物细胞等。随着转基因动植物的问世，发酵设备——生物反应器也不再是传统意义上的钢铁设备，动物的躯体、植物的根茎果实都可以看做是一种生物反应器。因此，随着基因工程、细胞工程、酶工程和生化工程的发展，传统的发酵与酿造工业已经被赋予崭新的内容，现代发酵与酿造工业已开辟了一片崭新的领域。

二、食品发酵的意义和发展趋势

我国的发酵食品产业随着科技进步和社会发展取得了长足的进步，满足了广大消费者对发酵食品的需求。2018 年，中国白酒行业总产值约为 5360 亿元，增长率为 12%。啤酒行业总产值约为 1400 亿元，增速较低，仅 1%～2%。黄酒行业总产值约为 160 亿元，同比增长约 5%。调味品行业（包括酱油、醋等发酵食品）总产值约为 3000 亿元，年均增长率为 10% 左右。至 2022 年，白酒行业收入约为 6700 亿元，同比增长 6%。啤酒行业继续保持稳定，产值约为 1425 亿元。黄酒行业整体产值约为 175 亿元，增速较慢，但高端产品需求有所增加。调味品行业产值进一步增长至 4000 亿元，增速为 6%～7%，市场逐步进入稳健增长期。

经过几十年的发展和实践，人们逐步认识到发酵是一个获得大量代谢产物的过程，而这些代谢产物有利于调节人体的代谢。这就需要我们重新认识发酵食品的营养属性，高度重视细胞代谢流分布变化的有关现象，研究细胞代谢物质流与生物反应器物料流变化的相关性，重视细胞的生长变化，尽可能多地从生长变化中做出有实际价值的分析，进一步建立细胞生长变量与生物反应器的操作变量及环境变量三者之间的关系，更加有效地控制细胞的代谢流。

发酵工业已经进入到一个新的阶段。近年来生物化工技术取得了许多重大的成果，如微生物法生产脂肪酸、己二酸、壳聚糖、透明质酸、天冬氨酸等产品已达一定的工业规模。发酵在线检测技术和发酵控制手段的进一步发展，提供了更多的能够反映环境变化和细胞生长的重要信息，作为控制发酵过程的依据，这些都极大地促进了生物反应器工程的发展，如膜反应器就可以透析除去发酵液中的有害物质，实现微生物菌株的高密度发酵。

与此同时，出现了一些新的研究热点和方向，如反向代谢工程和生理工程。虽然代谢工程在改造某些微生物、提高其发酵性能中取得了很大的成功，但是早期的相当一部分改造并没能取得预期的效果，最主要的原因是人们对大部分微生物的生理遗传背景、酶反特性、代谢网络结构的了解还不是很透彻。与此同时，传统微生物发酵工业在几十年的发展过程中，已经获得了很多具有特殊生理性能的野生菌以及发酵能力显著提高的突变菌株。在此基础上，Jay Bailey 等在 1996 年首次提出反向代谢工程，这种策略的研究思路是在获得预期表型的基础上，"运用反向遗传策略"鉴定出相应的遗传基础，再将鉴定的遗传特性转移到工业菌株中，使其也具有同样的表型。1997 年，Jens Nielsen 在研究利用产黄青霉（*Penicillium chrysogenum*）生产青霉素时提出了"生理工程"的概念，最初的定义为结合微生物生理和生物反应器工程的知识，在深入了解微生物代谢途径生理功能的基础上，通过分析微生物细胞的代谢流、代谢控制和建立反应动力学模型提高代谢产物的产量。李寅等将生理工程的概念进一步扩大化和具体化，在利用代谢工程提高菌株合成代谢产物的基础上，更加重视微生物细胞的生理功能及其对环境的应答机制，通过分子生物学的方法提高细胞对环境，特别是对逆境胁迫的适应能力和代谢活性，最大限度地提高代谢产物的合成水平。从这一层意义上来说，生理工程更加重视发酵工业的实际情况，因为在工业发酵生产中，微生物细胞所面对的环境大多是逆境环境，如高糖、低氮和低 pH 等环境。只有当细胞很好地适应这种逆境环境后，才有可能通过改变的代谢途径获得高水平的目的产物。

微生物系统是一个具有高度自我调节的复杂系统。这种系统中一个基因的改变对整个系统性能的影响往往是有限的，而几个基因共同作用则可能产生较显著的影响。因此，要了解系统性能与基因的关系，就需要从总体上了解该系统的调节机制，并利用系统性能变化的数据进行建模。也就是说，需要在不同层次了解系统的调节机制。这就要求人们将基因组分析、功能研究、转录组学和蛋白质组学等研究手段结合起来，系统地了解微生物目的产物的合成过程。

基因组学是 Thomas 和 Roderick 于 1986 年提出来的，当时是指对基因组的作图、测序及分析。基因组学的研究内容包括两个部分：结构基因组学（structural genomics）和功能基因组学（functional genomics）。前者是对基因组分析的早期阶段，以建立生物的遗传、物理和转录图谱及其全序列测序为主；后者则是在前者的基础上系统地研究基因功能。自从 1995 年流感嗜血杆菌（*Haemophilus influenzae*）的基因组序列测定完成之后，截至 2023 年，已有超过 20000 种细菌的基因组完成测序。随着各种微生物基因组测序工作的不断完成和序列信息的积累，微生物基因组学研究的重点已由结构基因组学向功能基因组学转移。功能基因组学往往被称为后基因组学（postgenomics），它是利用结构基因组所提供的信息和产物，发展和应用新的实验手段，通过在基因组或系统水平上全面分析基因的功能，使得生物学研究从对单基因或蛋白质的研究转向对多个基因或蛋白质同时进行系统的研究。研究内容包括基因功能发现、基因表达分析及突变检测。近年来，随着功能基因组学等生物技术的飞速发展，它被广泛地用于工业微生物的改进、工业微生物翻译过程的解析以及建立新的工业微生物发酵过程中，极大地推动了工业微生物研究及产业的发展。

随着大量微生物全基因组序列测定的完成以及功能基因组学技术的快速发展，代谢工程已进入后基因组时代，这就需要从整体上认识微生物代谢网络，从基因、RNA、蛋白质、代谢物、代谢通量等多个层次系统地分析微生物代谢。显然，后基因组时代的代谢工程是一个庞大的系统工程，需要由系统生物学家领衔，微生物学家、分析化学家和分子生物学家等多学科背景的人员共同参与，从基础研究和应用开发方面共同努力。后基因组时代的代谢工程循环如图 1-1 所示。

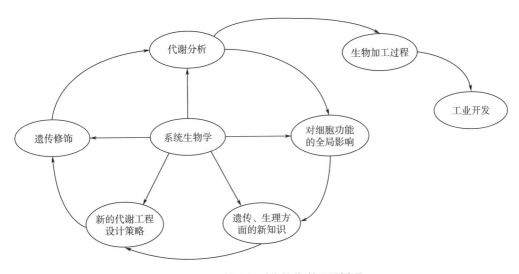

图 1-1　后基因组时代的代谢工程循环

深入实施人才强国，加快推进高技能人才队伍培养与建设，是技能强国的第一动力。目前，我国发酵食品行业正处于快速发展之中，市场规模持续扩大，产品类型日益丰富，技术创新不断推进。随着消费者健康意识的提升和市场需求的多样化，发酵食品行业的未来发展前景广阔，但也面临竞争加剧和品质控制等挑战。发酵食品的发展趋势主要包括：①功能性研究：越来越多的研究集中于发酵食品对健康的具体益处，如益生菌对肠道健康、免疫系统和心理健康的影响。②益生菌与益生元：对益生菌和益生元的关注增加，推动了相关产品的开发，以满足消费者对肠道健康和整体健康的需求。③多样化成分：探索新的原材料和发酵菌种，以提高发酵食品的营养价值和风味，尤其是植物基发酵食品的兴起。④个性化营养：随着个性化营养概念的发展，发酵食品的配方可能会根据消费者的健康状况和营养需求进行定制。⑤发酵过程优化：通过优化发酵过程，提升营养成分的生物利用度，例如增加某些维生素和矿物质的含量。⑥可持续发展：关注环境影响，发展可持续的发酵技术和原料选择，以减少食品生产对生态的影响。⑦传统与现代结合：在保护传统发酵技艺的同时，结合现代科学技术，提升发酵食品的安全性和营养价值。⑧利用遗传工程等先进技术人工选育和改良菌种、采用发酵技术进行高等动植物细胞培养、广泛应用固定化技术、开发和采用节能高效的大型发酵装置、发酵过程的自动控制以及开发简便高效的分离技术都将成为发酵食品主要的发展方向。可以预见，随着生物技术等科技的飞速发展，发酵食品的发展将更迅速，内涵将更丰富，应用将更广阔，在社会经济中将发挥更重要的作用。

第四节　现代生物技术在发酵食品中的应用

现代生物技术即应用生物体（微生物、动物细胞、植物细胞）或其组成部分（细胞器、酶），在最适条件下，生产有价值的产物或进行有益的过程的技术。它是一门涉及分子生物学、细胞生物学、遗传学、微生物学、化学、物理学、工程学的多学科、综合性的科学技术。

生物技术（工程）是靠基因工程、细胞工程、发酵工程、酶工程和生化工程这五大技术体系支撑起来的，这五大技术体系的关系见图1-2。

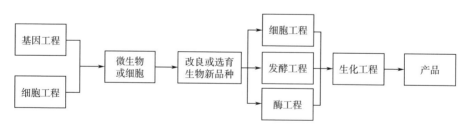

图1-2　生物技术五大技术体系关系图

从图1-2中可以看出，五大工程是互相依赖、相辅相成的。发酵工程常常是基因工程、酶工程的基础和必要条件，生化工程则是其他工程转化为生产力必不可少的重要环节。食品发酵主要以发酵工程和酶工程为支撑，是利用微生物细胞的特定性状，通过现代化工程技术，生产食品或保健品的一种技术。现代食品发酵技术是将传统的发酵与现代的生物技术（工程）结合在一起并发展起来的现代发酵技术。

发酵技术的第一个核心部分是生物催化剂，目前最广泛采用的是微生物细胞。随着现代生物技术（工程）的发展，尤其是基因工程的发展，越来越多的携带着高等动植物基因的"工程菌"或经过基因改造的动植物细胞在发酵技术中发挥着日益重要的作用。因此，现代发酵技术已超越了微生物工程的范畴。由此也可见，发酵工程（包括酶工程）与细胞工程、基因工程谁也离不开谁，发酵工程（包括酶工程）需要基因工程、细胞工程为它提供最良好的生物细胞（或酶），而基因工程、细胞工程得到的最良好的细胞（或酶）必须经过发酵工程（包括酶工程）才能实现其价值。发酵技术的第二个核心部分——生物反应系统。若采用的生物催化剂是酶、休止细胞、死细胞或固定化细胞，则反应系统比较简单，只需考虑温度、pH 等容易控制的条件；若采用的是生物活细胞，则要为该细胞提供最优生长条件、最优生成产物的可控系统和环境，使温度、pH、通气、搅拌、罐压、溶解氧、CO_2 含量等物理、化学条件得到有效的维持和控制，从而使该生物细胞呈现出最佳的性能，生成和积累大量产物。这就充分反映出生化工程是发酵工程转化为生产力必不可少的重要环节。因此，食品发酵与酿造和现代生物技术关系密切，传统的发酵技术采用现代生物技术加以改造将被赋予新的内涵，实现突破性发展。

现代生物技术的迅猛发展，推动着科学的进步，促进着经济的发展，改变着人类的生活与思维，影响着人类社会的发展进程。现代生物技术的成果越来越广泛地应用于医药、食品、能源、化工、轻工和环境保护等诸多领域。在我国的食品工业中，生物技术工业化产品占有相当大的比重。2021 年，酒类和新型发酵产品以及酿造产品的产值占食品工业总产值的 17%。食品发酵与酿造产业是现代生物产业发展的重点领域之一，现代生物技术在食品发酵领域中有广阔的市场和美好的发展前景。

1. 基因工程技术在食品发酵生产中的应用

基因工程技术是现代生物技术的核心内容，采用类似工程设计的方法，按照人类的特殊需要将具有遗传功能的目的基因在离体条件下进行剪切、组合、拼接，再将人工重组的基因通过载体导入受体细胞，进行无性繁殖，并使目的基因在受体细胞中高放表达，产生出人类所需要的产品或构建出新的生物类型。

2. 细胞工程技术在食品发酵生产中的应用

细胞工程是生物工程的主要组成内容之一。细胞融合技术是一种改良微生物发酵菌种的有效方法，主要用于改良微生物菌种的特性、提高目的产物的产量、使菌种获得新的性状、合成新产物等。与基因工程技术结合，为对遗传物质进行进一步修饰提供了多样的可能性。例如，日本味之素公司应用细胞融合技术使产生氨基酸的短杆菌杂交，获得了比原产量高 3 倍的赖氨酸产生菌和苏氨酸高产新菌株。酿酒酵母和糖化酵母的种间杂交，分离子后代中发现个别菌株具有糖化和发酵的双重能力。日本国税厅酿造试验所用该技术获得了优良的高性能谢利酵母，利用它来酿制西班牙谢利白葡萄酒获得了成功。日本研究人员利用原生质体融合技术，对构巢曲霉、产黄青霉、总状毛霉等菌的种内或种间进行细胞融合，选育蛋白酶分泌能力强、发育速度快的优良菌株，应用于酱油的生产中，既提高了生产效率，又提高了酱油品质。目前，微生物细胞融合的对象已扩展到酵母、霉菌、细菌、放线菌等多种微生物的种间以至属间，不断培育出用于各种领域的新菌种。

3. 酶工程技术在食品发酵生产中的应用

酶是活细胞产生的具有高效催化功能、高度专一性和高度受控性的一类特殊生物催化剂，酶工程是现代生物技术的一个重要组成部分。酶工程技术在发酵生产中主要用于两个方面，一是用酶技术处理发酵原料，有利于发酵过程的进行。如在啤酒的酿制过程中，主要原料麦芽的质量欠佳或大麦、大米等辅助原料使用量较大时，会造成淀粉酶、葡聚糖酶、纤维素酶的活力不足，使糖化不充分、蛋白质降解不足，从而减慢发酵速度，影响啤酒的风味和收率。使用微生物淀粉酶、蛋白酶、葡聚糖酶等制剂，可弥补麦芽中酶活力不足的缺陷，提高麦芽汁的可发酵度和麦芽汁糖化的组分，缩短糖化时间，减少麦皮中色素、单宁等不良杂质在糖化过程中的浸出，从而降低麦芽汁色泽。二是用酶来处理发酵菌种的代谢产物，可缩短发酵过程，促进发酵风味的形成。啤酒中的双乙酰是影响啤酒风味的主要因素，是判断啤酒成熟程度的主要指标。当啤酒中双乙酰的浓度超过阈值时，就会产生一种馊酸味。双乙酰是由酵母繁殖时生成的 α-乙酰乳酸和 α-乙酰羟基丁酸氧化脱羧而成的，一般在啤酒发酵后期还原双乙酰需要 $5\sim10d$ 的时间。发酵罐中加入 α-乙酰乳酸脱羧酶能催化 α-乙酰乳酸直接形成羰基丁酮，可缩短发酵周期，减少双乙酰的含量。

📝 思考题

1. 请简述发酵的定义。
2. 请简述发酵技术、发酵工程与生物技术三者之间的关系。
3. 发酵食品的分类有哪些？
4. 生产发酵食品的意义是什么？
5. 请论述现代生物技术在发酵食品中的应用。

第二章
发酵食品营养学基础

学习目标

1. 掌握食品、营养、食品营养学基本概念。
2. 掌握发酵食品宏量营养素分类和生理功能。
3. 掌握发酵食品微量营养素分类、特点、生理功能、吸收与代谢。
4. 掌握发酵食品营养价值的评定方法。
5. 熟悉评定食品营养价值的意义。
6. 理解食物营养价值的相对性。

第一节　发酵食品营养学的基本概念

人体所需热量和营养素主要通过食物来获得，因此食物是人类生存和发展的主要的物质基础。

营养（nutrition）是指人体在摄取食物之后，通过在体内消化、吸收和代谢，利用其中营养素得以维持生长发育、组织细胞更新和满足生理功能所需的过程。而食品营养学（food nutrition）主要研究食品、营养与人体生长发育和健康之间的关系，从而得出提高食物营养价值的措施。为了维持生命活动，促进生长发育，保持健康，人体每天必须从食物和水中摄取有机物和无机物，然后经过消化吸收等过程获取能量，调节生理活动等。

发酵食品是利用微生物将农副产品发酵加工制成的，就是利用了微生物的分解和合成代谢功能，从而产生具有独特风味的物质，形成了美味食品。发酵食品给人们带来了丰富的营养和滋味，对机体健康有很大的贡献。发酵食品营养学的目标是培养学生对食品的科学认知和健康饮食的意识，使其成为具备营养知识和技能的专业人才。

第二节　发酵食品的营养素

一、蛋白质

蛋白质是构成人体一切细胞组织的重要组分，是生命所需的物质基础，是有机大分子构成细胞的有机物。蛋白质的生理功能具有 3 个特点，①促进人体发育：大部分器官都是由蛋白质组成的，蛋白质可以促进人体细胞和组织的生长，增强体魄。人体缺少蛋白质时常会出现浑身乏力、犯困等症状。通过多吃肉、蛋、鱼等食物，可以补充身体所需的蛋白质。②促进新陈代谢和运送营养物质：蛋白质主要由氨基酸组成，可促进各种营养在体内的运输，促进新陈代谢，提高人体免疫能力，增强身体抵抗力。③供给热量：当体内脂肪和碳水不能满足人体所需热量时，蛋白质就转化为热量供给全身。蛋白质缺乏时，主要表现为抵抗力降低、发育迟缓、营养不良、贫血等症状。

蛋白质由碳、氢、氧、氮元素组成，并含有少量的硫、磷元素，蛋白质的基本组成单位是氨基酸，是由 α-氨基酸按照一定顺序结合从而形成一条多肽链，再由一条或一条以上的多肽链通过特定方式组合而成的高分子化合物。人体内的蛋白质由 22 种氨基酸通过不同比例组合而成。人体所需氨基酸分为必需氨基酸和非必需氨基酸。必需氨基酸（essential amino acid）是指人体不能合成或合成速度不能满足机体需要，必须通过食物蛋白质来供给这些氨基酸的称为必需氨基酸，有苯丙氨酸（phenylalanine，Phe）、异亮氨酸（isoleucine，Ile）、赖氨酸（lysine，Lys）、亮氨酸（leucine，Leu）、苏氨酸（threonine，Thr）、色氨酸（tryptophan，Trp）、缬氨酸（valine，Val）、甲硫氨酸（methionine，Met）、组氨酸（histidine，His）。肉、蛋、乳、鱼中都含有丰富的必需氨基酸。非必需氨基酸（nonessential amino acid）是指人体自身合成能满足机体需要，而不需要从食物中获取的氨基酸。

根据食物蛋白质中所含氨基酸种类和数量，可分为完全蛋白质、半完全蛋白质和不完全蛋白质。完全蛋白质是一类优质的蛋白质，其所含必需氨基酸种类齐全并且数量充足，比例适当，不仅可以维持人体健康，而且促进生长发育，肉类、蛋类、鱼类中的蛋白质都属于完全蛋白质。半完全蛋白质是所含有的氨基酸种类丰富，但有一些的氨基酸数量不能满足人体所需，可以维持生命活动，但不可以促进生长发育。例如，大多数谷类蛋白质的赖氨酸含量很少，因此其限制氨基酸是赖氨酸。不完全蛋白质不能供人体需要的全部必需氨基酸，依靠它们既不可以促进生长发育，也不可以维持生命活动。例如，肉皮中的胶原蛋白其实是不完全蛋白质。

根据蛋白质来源不同，可分为动物性食物蛋白质、植物性食物蛋白质。动物性食物蛋白质主要由球蛋白类和纤维蛋白类等构成。植物性食物蛋白质主要是由醇溶蛋白类和谷蛋白类等构成。不同食材中的蛋白质以及不同人体内的蛋白质的消化率均不相同。

食物蛋白质都需要降解为氨基酸或短肽类才可以被机体吸收、利用，而食物蛋白质的生物利用率与构成蛋白质的氨基酸模式有关。某种蛋白质中必需氨基酸构成的比例称该蛋白质的氨基酸模式。食物蛋白质中的氨基酸模式与人体蛋白质越近，越能被机体充分利用，其营养价值也越高，然而当食物中的任何一种必需氨基酸缺乏或者过量时，都可能造成氨基酸不平衡，从而使其他氨基酸不能被充分利用，影响蛋白质合成。因而应当提倡食物多样化，就是将多种食物混合一起使用，使必需氨基酸互补，这种模式更接近人体所需，更能提高蛋白质的营养价值。

发酵食品是食物通过微生物将大分子蛋白质分解为相对分子质量小的肽类、氨基酸，有助于人体消化、吸收。生成的活性肽类物质具有对人体各种疾病的预防、治疗作用。发酵食品可以是单一食材，也可以是多种食材的组合。在发酵过程中，不同种类的蛋白质在微生物的作用下被分解，能够实现氨基酸的互补，这种互补作用使得食品的蛋白质营养价值大大增强。产生蛋白酶的菌种很多，细菌、放线菌、霉菌等均分泌蛋白酶。不同的菌种可以产生不同的蛋白酶，例如黑曲霉主要产生酸性蛋白酶，短小芽孢杆菌主要产生碱性蛋白酶。不同的菌种也可产生功能相同的蛋白酶，同一个菌种也可产生多种性质不同的蛋白酶。

二、脂类

脂类作为人体细胞组织的组成成分，供给人体所需的能量和必需脂肪酸，是人体需要的重要营养素。脂类包括类脂和脂肪。

1. 类脂

类脂（lipids）是构成生物膜的主要组分，分为磷脂（phospholipids）、糖脂（glycolipid）、胆固醇（cholesterol）及其酯（cholesterol ester）。磷脂是一种含磷酸根的脂类物质，是动植物细胞膜、核膜和质体膜的基础，也是生命的基本物质之一，具有重要的营养价值和药用价值。磷脂可分为植物磷脂和动物磷脂。植物磷脂主要来自大豆，动物磷脂主要来自蛋黄。磷脂可以分为多种类型，包括卵磷脂、肌磷脂、脑磷脂和丝氨酸磷脂等，其中最重要的是卵磷脂，它是甘油三酯中被磷胆碱基团取代的一种脂肪酸，具有亲水亲油的双重性质。除了磷脂的表面活性外，磷脂的另一个重要特征是其生理活性。磷脂是重要的活性物质，在细胞的新陈代谢和结构形成中起着重要作用，磷脂的这种作用与其亲水亲油性质密切相关。

糖脂是含有糖基的脂类。

胆固醇是人体内主要的固醇物质，胆固醇存在于人体各组织中，而在细胞内只有线粒体膜和内质网膜中有较少的含量。胆固醇主要功能是合成激素、构成细胞膜、形成胆酸。胆固醇可用作乳化剂，是生产激素的重要原料。在体内胆固醇是最丰富的固醇类化合物，可构成细胞生物膜，同时也是类固醇类激素、胆汁酸和维生素 D 的前体物质，对于许多组织来说，确保胆固醇的供给，保持其代谢平衡是非常重要的。人体固醇主要由体内合成和从食物中摄取，主要食物来源有动物内脏、蛋黄、乳油及肉类等。

类脂的生理功能有以下几点。

（1）调节代谢，增强体能　磷脂酰胆碱是细胞不可缺少的成分之一。磷脂是构成细胞膜结构最基本的原料，构成了多种组织和细胞膜，特别是在大脑和周围神经细胞中含有许多鞘磷脂，对促进人体生长发育和神经系统的活动有很好的作用。磷脂酰胆碱能有效增强细胞功能，改善细胞代谢能力，增强细胞消除脂质过氧化的能力，及时提供人体所需的能量。在高强度的体力活动和重体力运动中，肌肉细胞依靠磷脂酰胆碱的信息传递和物质传递功能来获取所需的营养和能量，消除体内代谢产物。食用磷脂酰胆碱后，人体会明显感到精力充沛、不易疲劳。

（2）降低血液胆固醇、调节血脂和防止动脉粥样硬化　脂蛋白是由磷脂和蛋白质结合形成，通过血液将脂类运输至身体各组织器官进行利用。胆固醇酯是胆固醇与必需脂肪酸及其衍生物结合形成的，其在体内可进行运输代谢，如脂类及衍生物如果在体内运输发生障碍时，就会沉积于血管壁导致动脉粥样硬化。磷脂酰胆碱具有良好的油水亲和性能，能将血管壁上的脂溶性物质、甘油三酯和胆固醇结块溶解成细小颗粒，增加血液流动和渗透性，降低血液黏度，使其通过细胞代谢排出体外，从而减少脂肪沉积在动脉壁上避免引起动脉粥样硬化。磷脂酰胆碱中含有丰富的多不饱和脂肪酸，可以阻碍胆固醇在小肠的吸收，促进胆固醇排泄。同时，磷脂酰胆碱也是高密度脂蛋白的主要成分，在胆固醇的运输、分解和排泄过程中起到“清道夫”的作用。大量医学研究证明，增加人体磷脂酰胆碱的含量可以降低血液中的胆固醇和甘油三酯的含量，能有效预防高血脂和动脉粥样硬化引起的心脑血管疾病。

（3）保护人体肝脏，防治脂肪肝　磷脂中的胆碱在人体脂肪代谢中起着重要作用。如果人体内胆碱不足，就会影响脂肪代谢，导致脂肪在肝内堆积，逐渐形成脂肪肝。食用足量磷脂酰胆碱可预防脂肪肝，促进肝细胞再生，降低血清胆固醇含量，有助于肝功能恢复，对防治肝硬化有良好的辅助作用。磷脂酰胆碱的调血脂功能对预防脂肪肝、保护肝脏及饮酒过量引起的慢性肝病有很好的作用。

（4）合成维生素和激素的前体　人脑中磷脂的比例高达 30% 左右，在人类智力活动中起着重要的信息传递作用。磷脂是人体所需胆碱和肌醇的主要来源，胆碱可以随着血液循环输送到大脑，在乙酰化酶的作用下，与人体内的乙酰辅酶 A 反应生成乙酰胆碱，乙酰胆碱能促进细胞的活化，从而提高人体的反应能力、记忆和智力水平。磷脂酰胆碱会增加大脑中乙酰胆碱的浓度，从而刺激大脑中的神经细胞，有助于提高记忆和思维能力，让人保持充沛的精力和良好的记忆力。胆固醇是组成细胞膜的重要组分，可以在体内合成类固醇激素，是合成维生素 D_3、胆汁酸的原料，在血液内是维持吞噬细胞和白细胞生存不可缺少的物质。

（5）防治胆结石　胆囊中胆汁的主要成分是磷脂、胆酸和胆固醇。人胆汁中磷脂含量过低，会导致胆固醇在胆囊中沉淀，形成结石。经常吃足量富含磷脂的食物，不仅能防止胆结石的形成，而且还能促进已形成结石的溶解，使胆囊恢复正常的生理功能。

（6）防治老年骨质疏松症　当磷脂酰胆碱被消化和吸收时，体内释放出磷酸。磷酸与人体中的钙结合形成磷酸钙，有利于人体骨骼的生长。老年人经常吃足量富含磷脂的食物，可促进钙的吸收和利用，预防和改善老年性骨硫松病。

2. 脂肪

脂肪称为甘油三酯或脂酰甘油，是通过酯键将一分子甘油与三分子脂肪酸结合而成。脂肪最主要的生理功能是储存能量和供能。

脂肪的生理功能有以下几点。

（1）供能的仓库　相对而言，脂肪占空间范围较小，可以大量储存在皮下、腹腔空隙等处。人在饥饿时消耗的是体脂，避免了蛋白质消耗，因此脂肪细胞成为人体的能量库。脂肪是空腹或者禁食时体内主要能量来源。

（2）构成人体组织细胞的成分　脂肪含量占正常人体重的 $14\% \sim 19\%$，故是构成人体成分的重要物质。在脂肪组织内绝大多数的脂类主要以甘油三酯的形式存在，成为蓄积脂肪。常分布在腹腔，皮下和肌肉纤维间，是储存体内过剩能量的一种方式，为机体所需时可用于机体代谢，释放能量。

（3）提供必需脂肪酸　在人体内大多数脂肪酸都能合成，只有亚油酸、亚麻酸及花生四烯酸在人体不能合成，必须通过食物供应，在营养学里称为必需脂肪酸。

（4）增强脂溶性维生素的吸收　维生素 A、维生素 D、维生素 E 及维生素 K 等脂溶性维生素均不可溶于水，只溶于脂肪或者脂肪溶剂内，脂肪可作为脂溶性维生素的溶剂，促进它们的吸收。

（5）减少散热、保护脏器　皮下脂肪可通过阻止体表的散热起到保温的作用，并且可以通过保持体温稳定发挥储存记忆的作用，通常来说，肥胖的人怕热不怕冷是因为皮下脂肪层能阻止热量的散失。

（6）改善食物的感官性状　通过烹调油脂可以赋予食物特殊风味，如改善食物的色、香、味等感官品质从而引起食欲。同时当脂肪从胃部进入十二指肠时，由于刺激可产生肠抑胃素，抑制肠蠕动，可使食物较长时间地停留在胃部，并且消化吸收的速度减慢，从而产生饱腹感。

脂肪按来源不同可分为动物性脂肪、植物性脂肪和人造脂肪。按其分布位置不同可分为皮下脂肪和内脏脂肪。皮下脂肪是指在皮肤下面的脂肪，包括脸、胳膊、腹、臀、大腿等，手指能捏到，是用餐后储能的主要部位。内脏脂肪位于身体内部，就是用来包裹或填充在重要器官间的脂肪，例如心脏、肝脏、肾脏、胃、肠道等，用手触碰不到，具有保护固定器官的作用，避免器官间的机械摩擦。

食物中的脂肪在脂肪酶的作用下最终水解成甘油和脂肪酸，才能被人体吸收和利用。脂肪酸是构成各种脂类的重要组分，是由羧基（—COOH）与脂肪烃基（—R）连接成的一元羧酸。由碳、氢、氧元素组成的一类化合物，是中性脂肪、磷脂和糖脂的重要组分。

脂肪酸按照碳链的长短不同分为短链脂肪酸（碳原子个数 2~6）、中链脂肪酸（碳原子个数 8~12）、长链脂肪酸（碳原子个数 14 个及以上）。脂肪酸根据饱和度分为饱和脂肪酸和不饱和脂肪酸。碳链上没有双键的脂肪酸称为饱和脂肪酸（saturated fatty acid），它是构成脂质的基本成分。通常来说，动物性脂肪如牛油、奶油比植物性脂肪含有的饱和脂肪酸多。膳食中饱和脂肪酸大多数存在于动物脂肪及乳脂中，因此这些食物中富含胆固醇。血胆固醇、甘油三酯升高的主要原因是饱和脂肪酸，过量摄入饱和脂肪酸容易引发动脉管腔狭窄，导致动脉粥样硬化从而增加冠心病的风险。不饱和脂肪酸（unsaturated fatty acid）是指含有不饱和双键的脂肪酸，双键数目可达 1~6 个。不饱和脂肪酸构成了体内脂肪，是人体不可缺少的脂肪酸。根据双键个数不同，不饱和脂肪酸分为单不饱和脂肪酸和多不饱和脂肪酸。

人体通过饮食摄入脂肪，提供人体必需脂肪酸维持人体机能。不饱和脂肪酸具有补脑健脑、清理血栓、免疫调节、提高视力、调节血脂的功能。在小肠中通过小肠蠕动，由胆汁中的胆汁酸盐使食物脂类乳化后经胰脂肪酶（pancreatic lipase）催化，水解甘油三酯 1 和 3 位上的脂肪酸，生成 2-甘油单酯和脂肪酸。此反应需要辅脂酶（colipase）协助，将脂肪酶吸附在水界面上，有利于胰脂肪酶发挥作用。食物中的磷脂被磷脂酶 A_2（phospholipase A_2）催化，在第 2 位上水解生成溶血磷脂和脂肪酸，胰腺分泌的是磷脂酶 A_2 原，是一种无活性的酶原，在肠道被胰蛋白酶水解释放一个 6 肽后成为有活性的磷脂酶 A_2 后催化上述反应。食物中的胆固醇酯被胆固醇酯酶（cholesterol esterase）水解，生成胆固醇及脂肪酸。食物中的脂类经上述胰液中酶类消化后，生成甘油单酯、脂肪酸、胆固醇及溶血磷脂等。不溶于水的甘油单酯、脂肪酸、胆固醇等与胆汁乳化成混合微团（mixed micelles），这种微团体积很小（直径 20nm），极性较强，可被肠黏膜细胞吸收。

发酵食品的生产过程中微生物的脂代谢包括脂肪的分解和合成。产生脂肪酶的微生物可以水解脂肪，生成甘油和脂肪酸，经过甘油的降解和脂肪酸的氧化降解途径，完成大分子脂肪的降解过程，不同的微生物产生的脂肪酶作用不同。

三、碳水化合物

淀粉是葡萄糖的高聚体，多储存种子和块茎中，各类植物中的淀粉含量都较高，是食物的重要组成部分。碳水化合物的生理功能有以下 5 种。

1. 供给能量

葡萄糖是碳水化合物消化的最终产物，其在体内有三个去向：一是葡萄糖被血液直接利用，二是葡萄糖以糖原的形态暂时储存起来，三是将葡萄糖转化成脂肪。糖的主要作用是提供能量，70% 以上人体所需的能量主要是由糖氧化分解供应的，糖原和葡萄糖是人体内作为能源的糖，其中糖的储存形式是糖原，其在肝脏和肌肉中含量是最多的，而糖的主要运输形式是葡萄糖。

2. 构成生命物质和组织

碳水化合物的主要功能是构成机体组织和细胞并参与细胞组织的多种活动。作为生物遗传物质基础的脱氧核糖核酸就含有核糖，核糖属于一种五碳糖。机体重要的构成成分就含有碳水化合物，如结缔组织的黏蛋白、神经组织的糖脂和细胞膜表面拥有信息传递能力的糖蛋白，此外在重要的遗传物质核糖核酸和脱氧核糖核酸中也含有大量的核糖，因此在遗传方面起着重要的作用。

3. 节约蛋白质的功能

机体需要的能量时，主要依靠碳水化合物来提供，当食物中碳水化合物含量不够时，机体为了满足对葡萄糖的需求，则需要通过糖原异生来产生葡萄糖。但脂肪一般不可转变成葡萄糖，因此主要依靠体内的蛋白质，如肌肉、心脏、肾、肝中的蛋白质。

4. 抗生酮作用

当碳水化合物供应不足时，机体可利用脂肪来获取能量。然而脂肪氧化不完全，则会产生一种酸性物质酮体，其在体内积累过量就会造成酸中毒。如果碳水化合物供应充足，则不会产生这种情况。

5. 解毒作用

糖醛酸途径产生的葡萄糖醛酸，在体内是一种非常重要的结合解毒方式，葡萄糖醛酸在肝脏中可以和有毒有害物质如细菌毒素、酒精等结合，消除或减弱这些物质的毒性或活性，起到解毒的作用。

食物进入胃肠后，能被胰脏分泌的唾液淀粉酶水解，形成的葡萄糖被小肠上皮细胞吸收和利用。食品在发酵过程中，微生物会将食品中多糖、蛋白质等大分子物质降解成利于人体吸收的小分子物质，同时微生物在生长繁殖过程中会产生多种多样的代谢产物，这些产物不仅丰富了发酵食品的营养成分，还有助于促进人体健康。

四、矿物质

1. 矿物质的生理功能

矿物质在人体内的含量少，但其生理功能非常重要。

（1）构成人体组织的重要组分　如钙、镁、磷是构成骨骼和牙齿的重要成分；磷、硫是体内某些蛋白质的重要成分。

（2）维持体液渗透压平衡和体液的稳定　如细胞外液中的钠、氯和细胞内液中的钾与蛋白质一起维持组织的渗透压平衡和体液的稳定。

（3）维持机体内部的酸碱平衡　如硫、磷等酸性离子和钙、镁等碱性离子与磷酸盐和蛋白质共同起到缓冲作用，用以调节机体内部的酸碱平衡。

（4）保持神经和肌肉的兴奋性和细胞膜的通透性。

（5）是维生素和酶所必需的活性因子　许多金属酶含有微量元素，如碳酸酐酶有锌，呼吸酶有铁和铜，谷胱甘肽过氧化酶有硒，B 族维生素有钴。

（6）参与激素的作用　微量元素通过参与激素的构成来起到调节生理功能的作用。例如，甲状腺素含碘，胰岛素含锌，铬是构成葡萄糖耐量因子的重要组分，铜是生成肾上腺类固醇的重要组分等。

（7）影响核酸代谢作用　核酸是遗传信息携带者，伴有多种微量元素，需要铬、锰、钴、锌、铜等共同维持核酸正常功能。

2. 矿物质的特点

（1）矿物质在体内不可以合成，必须在食物和水中获得　由于新陈代谢，每天会有一定量的矿物质通过各种途径排出体外，因此必须通过膳食不断补充。

（2）矿物质在体内分布很不均匀　即使是相同元素，但在不同的组织器官中的含量也有很大的区别。如钙和磷绝大部分存在于骨骼和牙齿等组织中，钴主要集中在造血器官，碘主要集中在甲状腺，锌主要集中在肌肉组织中，钡主要集中在脂肪等。

（3）矿物质存在协同或拮抗作用　如当膳食中钙和磷比例不当就会影响这两种元素的吸收和利用，而过量的镁则会干扰钙的代谢，过量的锌则会影响铜的代谢，过量的铜就可抑制铁的吸收。

（4）一部分矿物质需要量很少，生理需求量与中毒剂量范围较为狭窄，大量摄入容易导致中毒。如过量摄入硒会导致中毒，因此需要注意不宜摄入过多。

植物性食物中的矿物质大部分与其他成分结合形成络合物，在食物进行消化时，矿物质则从络合物中游离出来，方便吸收。胃酸会增加矿物质的溶解度，在适宜的 pH 条件下消化酶可将矿物质从络合物中释放出来，通过肠道吸收入血。发酵食品通过微生物分泌的各种酶系作用，可以分离植物中抗矿物质因子，增加矿物质的游离性，进而提高植物性食物矿物质的生物利用率。

五、维生素

维生素（vitamin）是生物体所需的微量有机化合物，但绝大多数的维生素是机体内不能合成或合成不足的，不能满足人体需要，因而必须从食物中获得。维生素不是构成细胞与组织的组分，不能产生能量，但能对生物体的新陈代谢有着调节功能。

通过酵母可以获得维生素 B_1（硫胺素）、维生素 B_6、维生素 D_2，通过双歧杆菌、枯草芽孢杆菌等细菌可以获得维生素 B_{12}。维生素 B_{12} 是消化道疾病患者容易缺乏的维生素，主要存在于动物性食物中，是难被人体吸收的唯一含钴矿物质维生素。发酵食品是素食者以及消化道疾病患者补充维生素 B_{12} 的良好食物来源。

胆碱即羟乙基二甲基氢氧化铵、β-羟乙基三甲基氢氧化铵，是 B 族维生素的一种，是一种亲脂性维生素。磷脂是生命的基石之一，而胆碱是磷脂酰胆碱和鞘磷脂的关键成分。在体内，磷脂和胆碱的作用是相互交叉的，磷脂的许多重要生理功能都离不开分子上的胆碱基团，而胆碱的一些生理功能也依赖于磷脂分子。胆碱可以以游离状态存在于生物体中，也可以作为许多细胞成分的组成部分，包括磷脂酰胆碱、鞘磷脂和乙酰胆碱。

胆碱的生理功能有以下几点。

①细胞的组成成分：胆碱可以形成和维持细胞结构，是磷脂的组成分，如神经磷脂、磷脂酰胆碱和某些原生质。

②促进肝脏中的脂肪代谢作用：胆碱通过促进肝脏脂肪以磷脂酰胆碱的形式运输或通过增强肝脏中脂肪酸本身的氧化利用来防止脂肪在肝脏中的异常堆积。

③降低胆固醇：胆碱和肌醇共同控制脂肪和胆固醇。胆碱能使胆固醇乳化，防止其在动脉壁或胆囊中积聚。

④通过形成乙酰胆碱来传递神经脉冲：胆碱作为乙酰胆碱合成的前体，在交感神经冲动的传导中起着重要的作用。胆碱是少数几种能穿过脑血管屏障的物质之一。这个"屏障"保护大脑不受饮食变化的影响。但是胆碱可以穿过这个屏障，进入脑细胞，产生有助于记忆的化学物质，帮助传递刺激神经的信号，特别是对的记忆形成。补充胆碱可增加大脑皮层、海马体和下丘脑乙酰胆碱的含量。研究表明，通过补充胆碱，使大脑中枢乙酰胆碱合成增加，可以缓解阿尔茨海默病。

⑤不稳定甲基的供源：不稳定甲基是指在体内从一种化合物转移到另一种化合物的甲基，又称活性甲基。由高半胱氨酸转化为甲硫氨酸和由胍乙酰生成肌酸都需要甲基的供应。胆碱是活性甲基的主要来源之一，在其中起着重要作用。

六、膳食纤维

1. 膳食纤维

膳食纤维（dietary fiber）主要为不能被人体利用的多糖，这类多糖主要来源植物细胞壁的复合碳水化合物，也称非淀粉多糖，即非 α-葡聚糖的多糖。

膳食纤维的生理功能有以下几点。

（1）改善大肠功能　膳食纤维的作用包括缩短消化残渣在大肠的通过时间，增加粪便体积和重量及排便次数，稀释大肠内容物以及为正常存在于大肠内的菌群提供可发酵的底物，起到了预防肠癌和预防便秘的效果。

（2）降低血浆胆固醇，特别是低密度脂蛋白胆固醇　人体和动物实验得到的一般结论为，大多数可溶性膳食纤维可降低人血浆胆固醇水平及动物血浆和肝的胆固醇水平。这类纤维包括果胶、欧车前（psyllium）、魔芋葡甘聚糖以及各种树胶。富含水溶性纤维的食物，如燕麦麸、大麦、荚豆类和蔬菜等，这些食物摄入后，一般都可降低血浆总胆固醇（5% ~ 10%），并且几乎都是降低低密度脂蛋白胆固醇，而高密度脂蛋白被降低得很少或不降低。

（3）改善血糖生成反应　膳食纤维可以延缓胃排空速率，延缓淀粉在小肠内的消化或减慢葡萄糖在小肠内的吸收。许多研究表明，摄入某些可溶性纤维可降低餐后血糖升高的幅度并提高胰岛素的敏感性，补充各种纤维使餐后血糖曲线变平的作用与纤维的黏度有关。

（4）膳食纤维的其他生理功能　除上所述外，膳食纤维还能增加饱腹感进而减少食物摄入量，预防肥胖症。膳食纤维可减少胆汁酸的再吸收，改变食物消化速度和消化道激素的分泌量，可预防胆结石。

但许多实验结果也表明，各种纤维均能抑制消化碳水化合物、脂质和蛋白质的酶的活性，影响了食物在小肠内的消化吸收，引起腹部不适，增加肠道产气和蠕动。纯的膳食纤维可能降低某些维生素和矿物质的吸收率。因此，过多摄入膳食纤维对人体健康有一定的不利影响。

2. 功能性多糖与功能性低聚糖

目前亚洲国家研究较多的南瓜多糖、苦瓜多糖、枸杞多糖、茶叶多糖和大枣多糖等植物多糖，肝素、硫酸软骨素 B 和海藻糖化的硫酸软骨素等抗凝血活性动物多糖，香菇多糖、茯苓多糖、裂褶菌多糖、奇果菌多糖、灰树花多糖、猪苓多糖、灵芝多糖、虫草多糖、木耳多糖及酵母葡聚糖等真菌多糖，海带多糖、螺旋藻多糖、多管藻多糖、岩藻依聚糖等藻类多糖，其主要生理功能有以下几点。

（1）增强免疫力　植物多糖、真菌多糖和藻类多糖大多数具有免疫增强活性，是一种宿主免疫增强剂，可介导和调节宿主免疫系统，刺激免疫细胞成熟、分化和增殖，改善机体平衡，恢复和提高宿主细胞对淋巴因子、激素等生理活性因子的反应性。此外，多糖还具有多种与免疫相关的活性功能，如降糖、抗衰老、抗肿瘤、促进肝脏和骨髓细胞中蛋白质和核酸的合成、抗炎和抗辐射作用等。不同多糖结构的差异导致其作用部位和作用机制不同，其性能活性也不同。如灵芝多糖可促进蛋白质形成，改善造血功能，具有抗病毒和抗肿瘤作用；一些乳酸菌胞外多糖被发现不仅具有抗细菌、抗真菌和抗肿瘤的活性，还能促进人体细胞产生干扰素、皮质醇和去甲肾上腺素，具有一定的镇静作用。利用不同多糖作用机制的差异，在复合使用时可能产生协同效应。

（2）抗病毒活性　在多糖及其衍生物的抗病毒活性研究中，主要有中性多糖、硫酸多糖和糖复合物。许多海藻多糖已被证明具有抗病毒活性，而硫酸多糖已被证明是一种较强的抗 HIV 物质，是目前多糖研究的热点，包括忍冬多糖、硫酸香菇多糖、螺旋藻多糖和裂褶多糖等。中性多糖和糖复合物主要用于提高机体免疫功能，达到抗病毒的目的。其中许多已成功用于肝炎病毒的辅助治疗，如猪苓多糖、灵芝多糖等。

（3）抗凝血作用　肝素是一种高度硫酸酯化的动物多糖，与蛋白质大量结合于肝脏中。肝素具有较强的抗凝血活性，临床上用肝素钠盐来预防或治疗血栓。除动物来源多糖外，茶叶、灵芝子实体、猴头子实体、麻黄果等不同来源的多糖也被报道具有抗凝血活性。

低聚糖又称为寡糖，是由 2~10 个单糖通过糖苷键连接形成的直链或支链化合物的总称，相对分子质量为 300~2000。低聚糖可分为普通低聚糖和功能性低聚糖。普通低聚糖包括蔗糖、乳糖、麦芽糖、海藻糖等，可被人体消化吸收。功能性低聚糖包括水苏糖、棉籽糖、低聚木糖、低聚果糖、低聚半乳糖、低聚异麦芽糖、低聚乳果糖和低聚龙胆糖等，由于人体肠道没有分解消化它们的酶系统，不能被消化吸收，但对人体有特殊的生理功能，故称功能性低聚糖。主要存在于人乳、大豆、甜菜、棉籽、桉树和淀粉酶解物中。功能性低聚糖因其独特的生理功能，已成为重要的功能性食品基料。其主要生理功能如下。

（1）改善肠道微生态环境　功能性寡糖进入肠道后段后可作为营养物质被肠道双歧杆菌等有益菌消化利用，低聚糖产生的酸性物质能降低肠道 pH，从而使有益菌大量生长，抑制有害菌和肠道致病菌繁殖，调节和恢复肠道微生态菌的平衡，提高机体的抗病能力。大量实验表明，双歧杆菌发酵低聚糖产生的短链脂肪酸和一些抗菌物质，不仅抑制外源性和内源性致病菌的生长，而且能减少毒性代谢产物和有害细菌酶产生，服用功能性低聚糖可以减少致病菌的数量，对腹泻具有防治作用。摄入功能性低聚糖可增加短链脂肪酸的分泌，刺激肠道蠕动，并通过调节渗透压增加粪便水分，从而有效预防便秘。

（2）提高机体免疫力　功能性低聚糖对机体的免疫调节作用主要包含体液免疫和细胞免疫两个方面。体液免疫调节主要是通过刺激 B 淋巴细胞的活化增殖和分泌抗体来实现，使机体免疫力提高。一些功能性低聚糖本身具有免疫调节作用，如低聚果糖在人体代谢过程中可产生免疫分子，如 S-TGA 免疫蛋白，其预防细菌附着在宿主肠黏膜上的效果是其他免疫球蛋白的 7~10 倍。功能性低聚糖对细胞免疫调节则是刺激免疫细胞，激活巨噬细胞的吞噬作用，同时促进抗原传递，此外还可刺激辅助性 T 细胞（Th），刺激 B 细胞分化并促进 NK 细胞增殖，提高机体的免疫能力。同时，低聚糖可以促进肠道双歧杆菌的增殖，双歧杆菌的细胞、细胞壁物质和细胞间物质促使肠道 IgA 浆细胞生成，杀灭入侵人体的细菌和病毒，从而提高机体免疫力。

（3）预防并减少心脑血管疾病的发生　功能性低聚糖不能被消化酶消化吸收而转化为脂肪。双歧杆菌产生的丙酸可以抑制肝脏中胆固醇的产生，分解产生的乙酸可以抑制肝脏中葡萄糖转化为脂肪。低聚糖类似水溶性植物纤维，可以改善脂质代谢，降低血液中胆固醇和甘油三酯的含量。功能性低聚糖是低甜度、低热量的糖，服用后不会提高血糖水平。人体试验表明，摄入功能性低聚糖可以显著降低血清胆固醇水平。

（4）改善营养物质的吸收　双歧杆菌可以产生维生素 B_1、维生素 B_6、维生素 B_{12}、叶酸和烟酸等，含双歧杆菌的发酵乳制品可改善乳糖不耐受，促进钙吸收。与膳食纤维一样，低聚糖能与钙、镁、锌、铜等金属离子结合，在胃肠道中形成低聚糖分子和矿物质复合物。低聚糖到达大肠后被双歧杆菌发酵分解，释放出矿物质被肠道微生物吸收。此外，低聚糖分解产生的低分子量弱酸降低肠道 pH，提高了许多矿物质的溶解度，进而提高了其生物利用度。其中，低分子丁酸盐可以刺激黏膜细胞的生长，进一步提高了肠道黏膜对矿物质的吸收能力。

（5）抗龋齿功能　低聚糖还能显著抑制链球菌将蔗糖合成为不溶性葡聚糖，阻止牙菌斑附着在牙齿上，起到抗龋齿作用。

七、其他非必需营养素

1. 多酚类化合物

多酚类化合物是指分子结构中有多个酚性羟基的植物成分的总称，包括类黄酮、酚酸类、单宁类和花色苷类。多酚类化合物是植物中复杂酚类化合物的次生代谢产物，主要存在于植物的根、皮、叶、壳和果肉中，具有抗氧化、强化血管壁、降低血脂、促进胃肠消化、增强身体抵抗力，并防止血栓、动脉硬化形成，还能降血压、利尿、抑制细菌与癌细胞生长。

植物多酚最重要的化学特性是它们可以通过疏水键和氢键与蛋白质发生反应，也可以与其他生物大分子如生物碱和多糖，发生类似的反应。植物多酚中许多邻位酚羟基可以与金属离子发生反应。由于植物多酚的邻酚羟基易被氧化，对活性氧等自由基具有较强的捕获能力，因此植物多酚具有较强的抗氧化和清除自由基的能力。过去，人们对植物多酚的抗营养作用的研究较多，是因为植物多酚类物质容易与蛋白质结合，如人体消化道中的酶等，降低了人体消化食物中的蛋白质的能力，影响人体对营养物质的吸收。现在的研究主要针对植物多酚的抗氧化作用以及抗癌、抗菌、抗衰老及抑制胆固醇升高等功效。

植物多酚的生理功能以下几点。

（1）抗氧化、防衰老　现代医学研究表明，许多组织器官的疾病和衰老都与过量的自由基有关。而植物多酚具有优良的抗氧化能力，能有效清除体内多余的自由基。因此，利用植物多酚的这一特性可以延缓人体组织器官的衰老，并能保护生物大分子免受自由基诱发的损伤。

（2）抗心脑血管疾病　血脂浓度升高、血液流变性降低、血小板功能异常是心脑血管疾病的重要病因。植物多酚能抑制血小板聚集黏附，诱导血管扩张，抑制脂质代谢中的酶活性，有助于预防脑卒中、冠心病、动脉粥样硬化等常见心脑血管疾病。干红葡萄酒的带皮发酵过程使干红葡萄酒中富含白藜芦醇，该成分能抑制胆固醇升高和预防高血脂。

（3）抗癌 多酚类是非常有效的抗诱变剂，可以降低诱变剂的致癌作用，提高染色体修复能力，抑制肿瘤细胞的生长。亚硝酸盐化合物具有致癌性，而植物多酚中的茶多酚能够抑制亚硝酸盐化合物的致癌作用。长期饮用绿茶可以降低癌症和肿瘤的发病率，据统计，在绿茶消费较多的日本，胃癌的发病率较低。苹果多酚和白藜芦醇的抗癌作用也得到了验证。

（4）抑菌消炎和抗病毒 植物多酚对多种细菌、真菌和病毒均有显著的抑制作用，尤其对霍乱弧菌、大肠杆菌、金黄色葡萄球菌等常见致病菌有明显的抑制作用，对胃肠炎病毒和甲型肝炎病毒也有较强的抑制作用。茶多酚可作为胃炎和溃疡药物的成分，抑制幽门螺杆菌的生长和抑制链球菌在牙齿表面的吸附。植物多酚对流感和疱疹的治疗与其抗病毒作用有关。植物多酚具有一定的抗艾滋病作用，低分子量水解单宁可作为口服药物抑制艾滋病，延长潜伏期。儿茶素能抑制人呼吸道合孢体病毒。

（5）抗老化和防晒 植物多酚在 200~300nm 处具有较强的紫外吸收能力。因此，植物多酚可以起到抗老化和防晒的作用，吸收紫外线，防止皮肤产生黑色素。

2. 有机硫化合物

异硫氰酸酯是十字花科蔬菜中常见的一大类含硫糖苷，以葡萄糖异硫氰酸盐的形式存在。体外实验表明异硫氰酸酯是Ⅱ相酶的强诱导剂，体外和体内实验均表明异硫氰酸酯还能诱导人肿瘤细胞凋亡、抑制有丝分裂，并能预防大鼠肺癌、肝癌、小肠癌、结肠癌、乳腺癌、食管癌和膀胱癌的发生。

葡萄糖异硫氰酸酯在蔬菜贮藏过程中会增加或减少，在加工过程中也会被分解或浸出，通过加热使黑芥子硫苷酸酶失活可使其免受进一步分解。葡萄糖异硫氰酸酯可以在小肠与结肠内被结肠细菌产生的黑芥子硫苷酸酶或食物中存在的植物黑芥子硫甘酸酶分解。异硫氰酸酯可被结肠和小肠吸收，其代谢物可在人体摄入十字花科蔬菜后 2~3h 的尿液中检测到。需要进一步研究葡糖异硫氰酸酯的化学和代谢以及整个食物链的变化，以开发十字花科蔬菜的健康效益。

烯丙基硫化物是大蒜和洋葱的主要活性成分，可通过选择性诱导Ⅰ相酶、Ⅱ相酶和抗氧化酶抑制致癌物的活性。它能与亚硝酸盐产生亚硝酸酯类化合物，阻断亚硝酸胺合成，抑制亚硝酸胺吸收，增加肿瘤细胞内环腺苷酸的水平，抑制肿瘤细胞的生长；还能活化巨噬细胞，刺激体内产生抗癌干扰素，增强机体免疫力，还具有消炎、杀菌、降低胆固醇、预防脑血栓和冠心病等功效。

3. 萜类化合物

萜类化合物是天然植物产物中最大的一类化合物，目前已从植物中分离鉴定出 2 万多种。萜类化合物是异戊二烯首尾相连的聚合物及其含氧饱和度不同的衍生物，包括单萜类、二萜类、三萜类、四萜类和多萜类。萜类化合物在自然界中分布广泛，种类繁多。常见的如单萜类、二萜类、三萜皂苷、类胡萝卜素等成分均属于萜类成分。

（1）单萜类　单萜类化合物是指分子中含有两个异戊二烯单位的萜烯及其衍生物。单萜类化合物广泛存在于高等植物的分泌组织里，其含氧衍生物沸点较高，多数具有较强的香气和生物活性，是医药、食品和香料工业的重要原料。如α-萜品醇具有良好的平喘作用；芍药苷具有镇静、镇痛、抗炎等作用；薄荷醇具有镇痛、止痒和局麻作用，还具有防腐、杀菌和降温作用。环烯醚萜类化合物是一种苦味单萜内酯，广泛存在于被子植物中，许多植物的环烯醚萜类化合物具有一定的生物活性。研究表明，橄榄油中的开环单环烯醚萜类化合物及其降解产物具有较强的抗氧化活性，此外，这些化合物还具有降血压、抗微生物、预防心血管疾病等作用。

（2）二萜类　二萜类由异戊二烯单元衍生而来，不经复杂的结构修饰。它们有许多类似于倍半萜的化学性质。二萜很少以糖苷的形式出现，除了三葡萄糖苷甜菊苷，它具有非常强烈的甜味，现在在一些国家被批准作为甜味剂。与人体健康相关的二萜类化合物有银杏中提取的银杏萜内酯类化合物，其最显著的生理功能是具有血小板活化因子的活性，不仅影响血小板凝集和血栓形成，而且对缺血性损伤，尤其是大脑出血有良好的保护作用，此外，它们还具有一定的抗过敏、抗炎等作用。

（3）三萜类　三萜类主要包括三萜皂苷类和正三萜类化合物。三萜皂苷类是皂苷类的一种，它的配基或苷元多数为四环和五环化合物。皂苷具有广泛的生理活性，包括抗菌、抗肿瘤、预防心血管疾病和增强免疫力等作用。正三萜类是由四环三萜前体氧化降解形成的，主要是类柠檬苦素和苦木素类。类柠檬苦素和苦木素类化合物是柑橘中的一种苦味物质，黄柏酮是最常见的类柠檬苦素化合物，在几乎所有含有类柠檬苦素化合物的植物中都能找到。苦木素类具有显著的抗肿瘤活性，但有一定的毒副作用。研究证实类柠檬苦素具有类似于苦木素类化合物的抗癌活性，两者均可诱导谷胱甘肽 S-转移酶活性升高，抑制化学致癌作用对肿瘤细胞的影响。配基型类柠檬苦素化合物的抗癌活性强于糖苷型，这可能与它们的呋喃结构有关。

（4）类胡萝卜素　类胡萝卜素是一类广泛分布于植物中的脂溶性多烯色素，属于四萜类化合物。已知的类胡萝卜素有600多种，颜色从红色、橙色、黄色到紫色。类胡萝卜素根据其组成和溶解性质可以分为胡萝卜素类和叶黄素类，胡萝卜素类包括α-胡萝卜素、β-胡萝卜素、γ-胡萝卜素、δ-胡萝卜素和番茄红素等，其中β-胡萝卜素是最常见的一种，在体内可转化为维生素 A，为维生素 A 原；叶黄素则是胡萝卜素的环氧衍生物或加氧衍生物，食品中常见的有叶黄素、隐黄素、虾黄素、玉米黄素和辣椒红素等。按类胡萝卜素的结构可分为三大类，即双环化合物如α-胡萝卜素和β-胡萝卜素，单环化合物如γ-胡萝卜素及无环化合物如番茄红素。

类胡萝卜素的生理功能有以下几点。

①抗氧化作用：类胡萝卜素是一种广泛分布于自然界的生物来源的抗氧化剂，能有效地淬灭单线态氧，清除过氧化物自由基。在磷脂酰胆碱和胆固醇组成的脂质体体系中，类胡萝卜素可以抑制脂质过氧化的发生，显著减少丙二醛的形成。类胡萝卜素淬灭单线态氧

能力随着共轭双键数量的增加而增加，其中番茄红素没有维生素 A 的活性，但它是一种强有力的抗氧化剂，其在机体中的抗氧化能力是 β-胡萝卜素的 2 倍，消除单线态氧的速率是维生素 E 的 100 倍，可保护人体免受自由基的破坏。

②增强免疫功能和预防肿瘤：类胡萝卜素可增强机体的特异性和非特异性免疫功能，保护吞噬细胞免受氧化损伤，促进淋巴细胞增殖，增强巨噬细胞、细胞毒性 T 细胞和自然杀伤细胞杀灭肿瘤的能力，促进某些白细胞介素的产生。研究表明，类胡萝卜素的免疫调节作用与维生素 A 活性的存在与否无关。虾青素具有较强的免疫调节作用，研究还发现虾青素等类胡萝卜素能显著促进抗体的产生。类胡萝卜素可以抑制肿瘤的发生和发展，也可以通过增强细胞间通信来预防肿瘤的发生，因此，类胡萝卜素可以抑制致癌物诱导的肿瘤转化，具有抗癌作用。如番茄红素可以有效预防前列腺癌，其对子宫癌细胞的抑制作用明显高于 β-胡萝卜素，对预防和缓解肿瘤、动脉硬化、心血管疾病及增强免疫系统具有重要意义。β-胡萝卜素可预防应激诱导的胸腺萎缩和淋巴细胞减少，增强同种异体移植物的排斥反应，促进 T 淋巴细胞和 B 淋巴细胞的增殖，维持巨噬细胞抗原受体的功能。α-胡萝卜素和 β-胡萝卜素均能促进自然杀伤细胞对肿瘤细胞的裂解，且 α-胡萝卜素的抗癌作用优于 β-胡萝卜素。高含量的 α-胡萝卜素对癌细胞的增殖有抑制作用，而等量的 β-胡萝卜素作用仅为中等水平。

③预防眼病、心血管疾病及其他作用：类胡萝卜素可降低患白内障的风险，预防眼底黄斑性病变。β-胡萝卜素和番茄红素能有效阻断低密度脂蛋白的氧化，降低心脏病和脑卒中的发病率。叶黄素具有抵抗自由基对人体细胞和器官造成的损伤的能力，从而预防衰老引起的冠心病、心血管硬化和肿瘤疾病。番茄红素也是一种与老化疾病相关的微量营养素，可以抑制与老化相关的退化疾病，具有抗衰老作用。

此外，类胡萝卜素还具有其他一些生理功能，如栀子黄色素具有镇静、利尿、退热、止血、消炎的作用。

4. 皂苷类化合物

皂苷又称皂素或皂草苷，是一种比较复杂的苷类化合物，多数溶于水，易溶于热水，摇动时可产生大量皂类泡沫，故名皂苷。水溶液中的大部分皂苷能破坏红细胞，引起溶血，但高等动物口服无毒。根据皂苷的化学结构，皂苷可分为甾体皂苷和三萜皂苷。甾体皂苷通常由 27 个碳原子组成，属中性皂苷，如薯蓣科和百合科植物皂苷。三萜皂苷多为酸性皂苷，分布较甾体皂苷更为广泛，豆科、伞形科、石竹科和七叶树科植物中所含的皂苷就属于这一类。

皂苷的生理功能有以下几点。

（1）防治心血管系统疾病　大豆皂苷和苦瓜皂苷能显著降低血浆中胆固醇含量。大豆皂苷能抑制血清中脂质氧化，抑制脂质过氧化物的产生，降低血液中胆固醇和甘油三酯的含量，抑制脂质过氧化物对肝细胞的损伤。大豆皂苷可通过自我调节提高超氧化物歧化酶活性，清除自由基，减少自由基对 DNA 的损伤，促进修复。大豆皂苷还能抑制纤维蛋白聚集，抑制血小板聚集，调节溶血系统，并具有抗血栓作用。三七皂苷具有较强的抗脂质过氧化作用，能显著降低血脂，对预防动脉粥样硬化有一定的作用。

（2）抗肿瘤作用　皂苷对肿瘤细胞生长有较强的抑制作用。大豆皂苷、三七皂苷、柴胡皂苷等可通过直接杀伤肿瘤细胞、抑制肿瘤细胞生长或转移、诱导肿瘤细胞凋亡或分化以逆转肿瘤细胞等方式发挥抗肿瘤作用。

（3）抗炎症作用　柴胡皂苷具有显著的抗炎作用，可抑制多种炎症过程，包括炎性渗出、炎症介质释放、白细胞迁移、毛细血管通透性增加和结缔组织增生。三七皂苷对多种原因引起的血管通透性增加有明显的抑制作用，具有较强的抗炎作用。

（4）增强免疫系统功能　三七皂苷、柴胡皂苷、苦瓜皂苷具有明显的免疫调节功能，能引起巨噬细胞显著聚集，激活巨噬细胞吞噬功能，刺激 T 淋巴细胞和 B 淋巴细胞参与免疫调节，增强机体的非特异性和特异性免疫应答。

（5）抗菌和抗病毒作用　柴胡皂苷对伤寒杆菌、大肠杆菌、沙门菌具有抑制作用。大豆皂苷具有广谱的抗病毒活性，能对多种病毒起到抑制作用，如单纯疱疹病毒、人类免疫缺陷病毒等。

（6）对神经系统的影响　三七皂苷和人参总皂苷能刺激中枢神经系统，增强脑力和体力，表现出抗疲劳能力，显著增强学习记忆能力。柴胡皂苷、酸枣仁皂苷具有显著的镇静作用，三七皂苷、绞股蓝皂苷具有镇痛作用。

（7）降低血糖的作用　苦瓜皂苷具有降血糖作用，其作用缓慢而持久，可能与胰岛素有相似的作用。人参总皂苷及其单体 Rb_2 可抑制肝脏中的葡萄糖-6-磷酸酶，刺激葡萄糖激酶活性，对实验性糖尿病小鼠和大鼠有显著的降糖作用。

此外，大豆皂苷对肥胖也有一定的辅助治疗作用。常春藤中的皂苷还有杀精和抗生育作用。人参皂苷能促进肾上腺皮质激素的分泌，增加肾上腺重量，它也是一种非特异性酶激活剂，可以激活兔肝脏中的黄嘌呤氧化酶。

第三节　发酵食品的营养价值评价

一、发酵食品的营养价值

1. 营养价值的定义

食物的营养价值是指食物中所含的能量和营养物质满足人体需要的程度及其在整个饮食中对促进人体健康的贡献。它包括营养素的种类、数量和比例、所含营养素之间的相互作用、被人体消化吸收和利用的效率以及与其他食物成分的协调等。一些非营养成分往往也在人体健康中发挥重要作用，因此营养价值和健康价值并不总是完全一致的。

评价营养价值具有以下意义。

①全面了解各种食品的天然成分，包括营养成分、非营养成分和抗营养因子等，了解营养成分的种类和含量，了解非营养成分的种类和特点，解决抗营养因子的问题，从而趋利避害，充分利用食物资源。

②了解食品在生产、储存、加工、烹调过程中营养物质的变化和损失情况，采取相应的有效措施，最大限度地保存食品中的营养物质，提高食品的营养价值。

③引导科学膳食，合理购买食品和合理配制均衡膳食。

2. 营养价值的相对性

食物的营养价值不是绝对的，而是相对的。在评价食物的营养价值时，一定要注意以下 6 个问题。

①食物的营养价值不能靠一两种营养素的含量来决定，而必须从整体上看它对饮食营养平衡的贡献。一种食物，无论其营养成分多么丰富，都不能替代由多种食物组成的均衡饮食。通常被称为"营养价值高"的食物往往是指那些营养含量高或富含多种营养物质的食物，而大多数人往往缺乏这些营养物质。因此，对食物营养的评价随着饮食模式的变化而变化。

②不同食物的能量和营养成分含量不同，但同一食物不同品种、不同部位、不同成熟度、不同产地、不同栽培方式之间存在较大差异。因此，食品成分表中的营养素含量只是该食品的一个代表值。

③食物的营养价值受贮藏、加工和烹调的影响。有的食物经过加工、精制后会失去原有的营养成分，有的食物经过加工烹调后提高了对营养成分的吸收和利用率，或者经过营养强化、营养调配后提高了营养价值。

④食品安全是首要问题。如果食品被微生物或化学毒物污染到对人体造成明显伤害的程度，就不能考虑食品的营养价值。

⑤食物的感官功能可以促进食欲，带来饮食的享受，但加工食品的风味与其营养价值并不一定相关。通过添加各种风味改良配料，可以达到吸引感官的效果。因此，片面追求感官享受往往无法获得营养均衡的饮食。食物的生理调节功能不仅与营养价值有关，还依赖于一些非营养的生理活性成分，这与营养价值的概念并不完全一致。

⑥食物除了满足人们的营养需求外，还具有社会、经济、文化、心理等多方面的意义。食物的购买和选择取决于很多因素，如价格、口味、传统观念和心理需求。因此，正确的食物选择需要足够的知识和理性的判断。

3. 营养价值的评价方法

（1）营养素密度与营养质量指数　营养素密度与营养质量指数（index of nutrition quality，INQ）是推荐作为评价食品营养价值的指标，而且两个指标之间的关系密切。

营养素密度是指一种食物、膳食或营养补充物所含营养素与其所含能量的比值，即食品单位能量所含某营养素的量。具体表示方法为营养素重量单位/4.18MJ（1cal=4.18J）。营养素密度常用于对不均匀人群的食谱编制。

营养质量指数是指营养素密度［某营养素含量占推荐营养素摄入量（recommended nutrient intake，RNI）或适宜摄入量（adequate intake，AI）的比值］与能量密度（该食物所含能量占 RNI 能量的比值）之比。公式如式（2-1）~式（2-3）所示：

$$INQ = \frac{营养素密度}{能量密度} \tag{2-1}$$

$$营养素密度 = \frac{营养素含量}{营养素 RNI 或 AI} \tag{2-2}$$

$$能量密度 = \frac{食物所含能量}{RNI 能量} \tag{2-3}$$

当 INQ=1 时，表示所摄入的食品中能量与其营养素之间的比例适合，既不会引起过剩也不会不足，是一种营养质量合格食品；当 INQ>1 时，表示该食品所提供的营养素密度大于其能量密度，也是一种营养质量合格食品，特别适合于超重或肥胖者；当 INQ<1 时，表示该食品所提供的能量大于其营养素密度，长期摄入此类食品，易造成能量积累，是营养质量不合格食品。

（2）食物的生物利用率 食物的生物利用率是指食物进入人体并被消化、吸收和利用的程度。对一种整体食物或混合食物的评价，往往是通过大、小白鼠等动物实验来获得的，即将待评价的食物喂给实验动物一段时间后，计算动物增重和其饲料消耗量的百分比值。其意义是有多少食物转化成了动物的体重，计算公式如式（2-4）所示。

$$食物利用率（\%）= \frac{饲养期间动物体重增加量（g）}{饲养期间饲料消耗量（g）} \times 100\% \tag{2-4}$$

二、发酵食品的营养与健康

"健康中国，营养先行"，食品营养是人类维持生命、生长发育和健康的重要物质基础，营养不足与过剩的相关疾病是影响国民健康的重要因素。发酵食品的营养与健康的关系与其成分息息相关。

1. 微生物可提供的营养素

由于微生物繁殖速度快，能工业化生产，可以在短时间内获得大量菌体。这些细菌中有些富含营养物质，本身就是珍贵的食物，有些被用来生产其他食物，还有一些在它们的代谢活动中产生营养物质，可以添加到食物中，提高食物的营养价值。

（1）食用微生物

①酵母：酵母是最常见的食用微生物之一，过去在许多国家被用于消费或制备蛋白质浓缩物，是 B 族维生素的来源。酵母营养价值高，每 100g 干酵母含有 48g 蛋白质、38g 碳水化合物、106mg 钙、18.2mg 铁、7mg 维生素 B_1 和 3mg 维生素 B_2。酵母蛋白中赖氨酸含

量高，可在缺乏赖氨酸的谷物中添加酵母蛋白，以提高谷物蛋白的营养效价。酵母中缺乏含硫氨基酸，在酵母蛋白中添加甲硫氨酸，可使其蛋白质的生物价和利用率提高到蛋类的蛋白质水平。

②食用菌：食用菌为可食用的菇类，属于担子菌中的大型真菌。据文献记载，世界上有 2000 多种可食用菌。食用菌营养丰富，味道鲜美，经化学分析，食用菌中氨基酸含量为 17~18 种，氨基酸含量与牛乳、肉和鱼粉相近。食用菌中也富含人体必需的 8 种氨基酸和多种维生素。

（2）用微生物生产的营养素

①氨基酸的生产：几乎大多数氨基酸都可以通过微生物发酵产生，最常用的是由棒杆菌属和短杆菌属发酵产生谷氨酸、赖氨酸、脯氨酸、苏氨酸、精氨酸、天冬氨酸、苯丙氨酸等，其中大部分为人体必需氨基酸。例如，赖氨酸是人体和动物自身不能合成的必需氨基酸，必须通过食物摄取。在谷物蛋白质中，由于赖氨酸含量低，植物蛋白质的利用率很低，因此，在谷物中添加适量的赖氨酸可以显著提高植物蛋白质的营养效价。

②维生素的生产：全部用微生物方法制备的维生素有维生素 B_2、维生素 B_{12} 和 β-胡萝卜素等。部分用微生物发酵法制备的维生素有维生素 C。如酵母发酵可生产维生素 B_2，杆菌发酵可生产维生素 B_{12}，霉菌发酵可生产胡萝卜素等。另外，微生物本身也含有相当多的维生素，如干酵母中维生素 B_1 的含量可高达 6~7mg/100g。

③微量活性元素的生产：人体必需的微量元素包括铁、锗、锰、钼、硅、锌、硒、铬、铜、氟和碘等。虽然人体对这些元素的需求很少，但它们具有极其重要的生理功能。天然食品中某些微量元素含量较低，如硒、锗、铬等。无机盐需要通过人工方法转化为有机化合物，以提高其生物活性和吸收率，降低其毒性。人工转化的方法之一是利用微生物转化，如富硒酵母、富铬酵母、富锗酵母、富硒食用菌等。微量元素经过转化后，以类似天然食物的有机物形式存在，人食用后便开始发挥其生理功能。

酵母具有高度富集硒、锗、铬等元素并将其从无机转化为有机的能力。如富硒酵母的硒含量可达 1000mg/kg，通常为 300mg/kg，其蛋白质含量为 55.8%，维生素 B_1 为 3.2mg/kg，维生素 B_2 为 33.2mg/kg，是一种很好的食品营养基料。又如富含锗的酵母粉中锗含量可高达 820mg/kg，而天然食品中锗含量相对较少，如小麦粉为 0.45mg/kg，大米为 0.7mg/kg，牛肝为 0.36mg/kg，三文鱼为 1.23mg/kg。

（3）辅助机体消化吸收营养物质　由于微生物在发酵过程中的代谢活动，使食物基料中的大分子物质降解为小分子物质，可以消除一些不利于机体吸收的抗营养因素，从而帮助机体吸收和利用食物中的营养物质。

①大分子物质的降解：生产食品的成分中含有蛋白质、脂肪、碳水化合物等营养物质，它们在摄入时必须分解成各种氨基酸、单糖和脂肪酸等小分子物质才可以通过肠壁进入血液，随着血液循环到身体的各个部位，供组织和细胞进一步利用。经微生物发酵后，原料

中的许多大分子物质被微生物代谢活动产生的各种酶分解，使许多发酵食品中含有大量可被人体直接吸收利用的小分子物质，提高了发酵食品的营养价值。微生物分解淀粉是由微生物分泌的淀粉酶催化的，如细菌和霉菌可以产生 α-淀粉酶，根霉和曲霉可以产生糖基化淀粉酶。微生物对蛋白质的分解是通过其分泌的蛋白酶来完成的，如细菌、霉菌等都能分泌蛋白酶。产生脂肪酶的微生物有很多，如小放线菌、白地霉等，在脂肪酶的作用下，脂肪可以水解为甘油和脂肪酸，从而降解脂肪。如酱油在酿造过程中，米曲霉分泌的蛋白酶通过米曲的作用，将豆粕、麸皮、小麦、玉米等原料分解成多肽和氨基酸；原料中的淀粉被米曲霉分泌的淀粉酶水解为葡萄糖、麦芽糖、果糖和糊精，使最终产品营养丰富。

②消除抗营养因子：食品在人体内的消化吸收依赖于消化道分泌的消化酶将摄入的营养物质在吸收前进行分解，但食品中的某些营养物质由于人体内缺乏某种酶而不能被消化吸收。如果人体内缺乏乳糖酶，他们就不能消化和吸收牛乳及其制品中的乳糖。大豆中含有一定量的棉籽糖和水苏糖，但人体中没有分解这些碳水化合物的水解酶，当人类食用大豆时，这些糖类会在肠道中被微生物利用而产生气体，引起人体腹胀，进而影响对大豆营养物质的吸收。此外，还有很多食品成分含有抗营养因子，如大豆、花生、棉籽、油菜籽等植物种子中存在蛋白质抑制剂；豆科植物含有能凝集人体红细胞的物质，并产生不良豆腥味等。所有这些影响人体消化和吸收营养物质的因素都可以通过微生物发酵去除或减少。例如，在豆乳中添加乳酸菌进行发酵，不仅可以消除抗营养因素，还可以消除豆腥味；乳酸菌发酵的牛乳，乳糖部分代谢成乳酸，另一部分由乳酸菌分泌的乳糖酶分解，因此，对于乳糖不耐受的人可以食用发酵乳制品，不必担心像喝普通牛乳一样出现肠道胀气、腹泻、呕吐等现象。

2. 有益菌可以增强人体健康

研究发现，一些微生物作为大肠中的有益菌，通过调节大肠菌群的微生态，起到增强机体免疫力，改善健康状况的作用。

人类的肠道包含数百种细菌，这些细菌分布在肠道的不同部位，形成一个微生物群。乳酸菌进入人体后，在肠道内繁殖，引起肠道菌群发生相应变化，抑制致病菌和有害细菌的生长繁殖。特别是当宿主免疫力较弱时，某些条件致病菌可能引起宿主疾病，而乳酸菌可以抑制其过度繁殖，从而起到预防感染的作用。

乳酸菌及其代谢产物能促进人体消化酶的分泌和肠道的蠕动，促进食物的消化吸收，预防便秘的发生。乳酸菌代谢产生的乙醇和二氧化碳对肠壁神经有很好的刺激作用。死亡的乳酸菌在人体内分解时，会促进肠道细菌的繁殖，同时人体可吸收其中的活性成分，以增强人体免疫力和改善肝功能，为身体健康带来益处。

乳酸菌可以降低血清胆固醇水平，预防冠状动脉硬化引起的心脏病。乳酸菌在肠道内繁殖时，其代谢产物可以诱导肠道免疫细胞，特别是辅助性 T 细胞，产生干扰素和其他细胞因子，激活 NK 细胞，促进免疫球蛋白抗体的产生，从而激活巨噬细胞的功能，提高人体免疫力。

双歧杆菌是一种不游动的革兰阳性细菌，没有芽孢，常见于人体和恒温动物的肠道中。近年来已发现24种双歧杆菌，其中在人体中发现9种。虽然所有的双歧杆菌都发酵葡萄糖、果糖和半乳糖，但在人类体内发现的双歧杆菌菌株可以发酵乳糖。其通过特殊的酶分解碳水化合物，果糖-6-磷酸活化酶将果糖-6-磷酸分解为乙酰磷酸和赤藓糖，最终产生乙酸和乳酸。其乳酸为L型，易消化吸收；不产生二氧化碳、丁酸、丙酸。人体肠道中双歧杆菌的数量随年龄的变化而变化，在婴儿出生几天后达到最高值，青壮年时大大减少，进入老年期大幅降低。双歧杆菌通过代谢产生乙酸和乳酸，降低肠道pH，抑制腐败菌的生长。肠道中的腐败菌会分解食物、胆汁产生许多有害的代谢物，这些都是潜在的致癌物。双歧杆菌可以抑制腐败菌的生长，减少这些物质的产生，起到防癌的作用。

双歧杆菌能产生多种维生素，每升培养基中细胞外维生素产量分别为维生素 B_1 25～30μg、维生素 B_2 10μg、维生素 B_6 100μg、维生素 B_{12} 0.06μg、烟酸400μg、叶酸25μg。肠道细菌中，解硫胺素芽孢杆菌能分解维生素 B_1，导致维生素 B_1 缺乏。在这种情况下，只有通过改变肠道微生物的组成，抑制它们的生长，才能真正实现机体维生素 B_1 的有效利用，而双歧杆菌可以抑制肠道细菌。

双歧杆菌可用于调节肠道原有微生物因抗生素治疗而失衡的状况，可在不同程度上预防消化不良。

双歧杆菌可以预防便秘。便秘与食物质量、饮食规律和胃肠蠕动有关，双歧杆菌产生的有机酸能促进胃肠蠕动，防止便秘。

腐败菌产生许多代谢物，如甲酚、吲哚、胺等，需要在肝脏中代谢，这些产物以硫酸盐、葡萄糖醛酸等形式从尿液中排出。如果这些产物不能在肝脏中及时排毒，就会导致肝功能紊乱，循环系统异常，还会扰乱神经系统活动。双歧杆菌可以抑制腐败菌的生长，从而抑制这些物质的产生。同时，双歧杆菌还可以将这些物质作为营养来源，防止其毒害，促进人体正常代谢。

三、发酵食品在营养学中的意义

营养学基础主要研究食物的消化吸收、营养素的代谢与功能、营养素的需求量与最大耐受摄入量、营养素的缺乏症与过量症等。食品营养已成为新的社会需求，如营养农业将成为现代农业的主题之一，个性化和精准营养是未来发展趋势之一。在进行宏观营养学研究的同时，营养学也逐渐发展到微观层面，如对营养素作用机制的研究。人们对营养素生理作用的认识，经历了从整个机体水平到器官、组织、亚细胞结构和分子水平一个逐步深入的过程。众所周知，食品本身就是为人类生命活动提供必要物质和能量的基础物质，而发酵食品除了提供一般食品所能提供的各种营养物质外，还提供和丰富了许多食品没有或含量较低的某些营养物质。这些营养物质或本身就是营养素如脂肪、蛋白质、矿物质、维生素等，或协助机体消化吸收食物中的各种营养、参与活化机体的免疫功能、抑制有害菌的生长、增强机体的营养与健康等。

📝 **思考题**

1. 熟悉食品、营养、营养素密度、营养质量指数及其评价方法。
2. 请简述营养价值的定义并说明评价食物营养价值的重要性。
3. 如何评价发酵食品的营养价值？
4. 请论述发酵食品的营养对人体健康的作用。

第三章
发酵微生物

学习目标

1. 掌握发酵食品中常用的微生物种类。
2. 掌握微生物培养基的基本营养素种类。
3. 熟悉微生物培养基的种类及其制作方法。
4. 熟悉发酵食品微生物的选育方法。
5. 理解诱变育种技术。
6. 理解菌种退化的原因及其防止措施。

第一节　发酵微生物的菌种选育

　　菌种是发酵食品生产的关键因素之一。只有具备优良的菌种，才能使发酵食品具有良好的色、香、味等食品特征。菌种的选与育是一个问题的两个方面，没有的菌种要从大自然中寻找，即是菌种的筛选，已有的菌种还要改造，以获得更好的发酵食品特征，即是育种。因此，菌种选育的任务是：不断发掘新菌种，从自然界中发现发酵新产品；改造现有菌种，达到提高产量、改进质量、改革工艺、增加新产品的目的。

微生物培养
基的制备

　　育种的理论基础是微生物的遗传与变异，遗传和变异现象是生物最基本的特性。遗传中包含变异，变异中也包含着遗传，遗传是相对的，而变异则是绝对的。

微生物由于繁殖快速，生活周期短，在相同时间内，环境因素可以相当大地重复影响微生物，使个体较易于变异，变异了的个体可以迅速繁殖而形成一个群体表现出来，便于自然选择和人工选择。

发酵生产水平的高低取决于生产菌种、发酵工艺和提取工艺三个因素，其中拥有良好生产菌种是前提，菌种质量好坏直接影响了发酵产品的产量、质量及其成本。例如，青霉素的发酵生产，在投产之初产量只有 40U/mL，得到黄色晶体，纯度很低，价比黄金；而现在采用新型菌种产量可以达到 60000U/L 以上，得到晶体为纯白色，青霉素纯度高达 95% 以上，成本不到 0.1 元。青霉素发酵生产的这种质的飞跃，生产所用菌种在其中起了关键作用。只有具备良好的菌种基础，才能通过改进发酵工艺和设备获得理想的发酵产品。只有不断地追求真理、敢于创新才能取得不断的突破和进步。

一、发酵常用的微生物

微生物资源非常丰富，广泛分布于土壤、水和空气中，尤以土壤中最多。生产上用的菌种最初都是来自自然界。菌种选育方法主要包括诱变育种、杂交育种和基因工程育种等手段。有的微生物从自然界中分离出来就能被利用，有的需要对分离到的野生菌株进行改良才能被利用。

工业生产上常用的发酵微生物有细菌、放线菌、酵母和霉菌四大类，由于发酵工程的发展以及遗传工程的介入，藻类也正在逐步成为工业生产的微生物。藻类是自然界分布极广的一类自养微生物资源，许多国家已把它用作人类保健食品和饲料，如螺旋藻、栅列藻。担子菌资源目前已引起人们的重视，特别是在多糖、抗癌药物开发方面的潜力备受重视。近年来，一些科学家对香菇的抗癌作用进行了深入的研究，发现香菇中"$1,2-\beta-$葡萄糖苷酶"及两种糖类物质具有抗癌作用。

作为大规模生产的菌种，要满足下列要求：①原料廉价、生产迅速、目的产物产量高；②易于控制培养条件，酶活性高，发酵周期较短；③抗杂菌和噬菌体的能力强；④菌种遗传性能稳定，不易变异和退化，不产生任何有害的生物活性物质和毒素，保证安全生产。

二、发酵微生物的筛选

工业发酵微生物的筛选一般包括两部分：一是从自然界分离所需要的菌株；二是把分离到的野生型菌株进一步纯化并进行代谢产物鉴别。菌株的分离和筛选一般可分为菌种标本的采集、样品的预处理、富集培养、纯种分离、野生型菌株的筛选、野生型菌株的鉴定几个步骤。

1. 菌种标本的采集

土壤是微生物的温床，土壤样品往往是首选的采集目标。采样时，将表层 5cm 左右的浮土除去，取 5~25cm 处的土样 10~25g，装入事先准备好的容器内，编号并做好记录。一般样品取回后应马上分离，以免微生物死亡。

另外，有些要根据微生物生理特点进行采样。例如，在筛选果胶酶产生菌时，由于柑橘、草莓及山楂等水果中含有较多的果胶，因此，从上述水果的腐烂部分及果园土中采样较好；筛选高温酶产生菌时，通常到温度较高的南方，或温泉、火山爆发处及北方的堆肥中采集样品；分离耐高渗透压酵母时，由于其偏爱糖分高、酸性的环境，一般在土壤中分布很少，因此，通常到甜果、蜜饯或甘蔗渣堆积处采样。

2. 样品的预处理

为提高菌种分离的效果，在分离之前，对采集到的含微生物的样品要进行预处理，其处理方法如表 3-1 所示。

表 3-1 分离微生物样品的预处理方法

材料	处理方法	具体措施	分离菌株
水、粪肥	热处理	55℃/6min	嗜粪红球菌、小单孢菌属
土壤、根土	热处理	100℃/1h 或 40℃/（2~6h）	链霉菌、马杜拉放线菌等
土壤	热处理	80℃/10min	芽孢杆菌
海水、污泥	离心法	不同转速处理	链霉菌属
发霉稻草	空气搅拌法	在沉淀池中搅拌	嗜热放线菌
土壤	化学法	培养基中添加 1%的几丁质	链霉菌属
土壤	化学法	培养基中添加碳酸钙提高 pH	链霉菌属
土壤	诱饵法	花粉埋在土壤 1~2 周	游动放线菌属
土壤	诱饵法	用涂石蜡的棒置于碳源培养基中	诺卡菌
土壤	诱饵法	人头发埋在土壤里	角质菌属

一般将采集到的带菌标本做加热处理，可杀死材料中的营养体，使孢子或耐热高温菌存活分离，用滤膜过滤可使水中或空气中的菌株相对集中。诱饵技术是将诱发材料置于土壤或水域等环境中，使有关菌株富集在上面以便于分离。

3. 富集培养

富集培养是在目的微生物含量较少时，根据微生物的生理特点，设计一定的限制性因素（如选择性培养基、特定培养条件、添加抑制剂或促进剂等），使目的微生物在最适的环境下迅速生长繁殖，由原来自然条件下的劣势种变成人工环境下的优势种，以便分离到所需要的菌株。

（1）控制培养基的营养成分 微生物的代谢类型十分丰富，其分布状态随环境条件不同而异。如果环境中含有较多某种物质，则其中能分解利用该物质的微生物也较多。因此，在分离该类菌株之前，可在增殖培养基中加入相应的底物作唯一碳源或氮源。那些能分解利用的菌株因得到充足的营养而迅速繁殖，其他微生物则由于不能分解这些物质，生长受到抑制，如分离放线菌的几种培养基，如表 3-2 所示。

表 3-2　分离放线菌的几种培养基

培养基	占优势的菌株
几丁质培养基（含几丁质、矿物盐）	链霉菌属、微单孢菌属
淀粉酪素培养基（淀粉、酪素、矿物盐）	链霉菌属、微单孢菌属
基质减半的营养琼脂培养基	嗜热放线菌
天冬酰胺培养基（葡萄糖、天冬酰胺、矿物盐、维生素）	马杜拉放线菌、小双孢菌、链孢囊菌
M_3 培养基（无机盐、丙酸盐、维生素 B_1）	小单孢菌、红球菌
高氏培养基	诺卡菌属

当然，能在该种培养基上生长的微生物并非单一菌株，而是营养类型相同的微生物群。富集培养基的选择性只是相对的，它只是微生物分离中的一个步骤。

例如，筛选纤维素酶产生菌时，以纤维素作为唯一碳源进行增殖培养，使得不能分解纤维素的菌不能生长；筛选脂肪酶产生菌时，以植物油作为唯一碳源进行增殖培养，能更快更准确地将脂肪酶产生菌分离出来。除碳源外，微生物对氮源、维生素及金属离子的要求也是不同的，适当地控制这些营养条件有利于提高分离效果。

又如要分离耐高渗酵母，由于该类菌在一般样品中含量很少，富集培养基和培养条件必须严密设计。首先要到含糖分高的花蜜、糖质中去取样。富集培养基为 5% ~ 6% 的麦芽汁，30% ~ 40% 葡萄糖，pH 3 ~ 4，在 20 ~ 25℃下进行培养，可以达到富集的目的。

在富集培养时，还需根据微生物的不同种类选用相应的富集培养基，如淀粉琼脂培养基通常用于丝状真菌的增殖，配方为：可溶性淀粉 4%，酵母浸膏 0.5%，琼脂 2%，pH 6.5 ~ 7.0。在配制时要特别注意酵母浸膏的添加量，过多会刺激菌丝生长，而不利于孢子的产生。

根据微生物对环境因子的耐受范围具有可塑性的特点，可通过连续富集培养的方法分离降解高浓度污染物的环保菌。如以苯胺作唯一碳源对样品进行富集培养，待底物完全降解后，再以一定接种量转接到新鲜的含苯胺的富集培养液中，如此连续移接培养数次。同时，将苯胺浓度逐步提高，便可得到降解苯胺占优势的菌株培养液，采用稀释涂布法或平板划线法进一步分离，即可得到能降解高浓度苯胺的微生物。

（2）控制培养条件　在筛选某些微生物时，除通过培养基营养成分的选择外，还可通过它们对 pH、温度及通气量等一些条件的特殊要求加以控制培养，达到有效分离的目的。如细菌、放线菌的生长繁殖一般要求偏碱性（pH7.0 ~ 7.5），霉菌和酵母要求偏酸性（pH4.5~6.0）。因此，把富集培养基的 pH 调节到被分离微生物要求的范围内，不仅有利于自身生长，也可排除一部分不需要的菌类。分离放线菌时，可将样品液在40℃恒温预处理20min，这样有利于孢子的萌发，可以较大地增加放线菌数目达到富集目的；而分离芽孢杆菌时，可将样品液在80℃恒温预处理20min，杀死不产芽孢的菌种后再进行分离。

（3）抑制杂菌　在分离筛选的过程中，除了通过控制营养和培养条件，增加富集微生物的数量以有利于分离外，还可通过高温、高压、添加抗生素等方法减少非目的微生物的数量，使目的微生物的比例增加，同样能够达到富集的目的。

从土壤中分离芽孢杆菌时，由于芽孢具有耐高温特性，100℃很难将其杀死，要在121℃才能彻底死亡。可先将土样加热到80℃或在50%乙醇溶液中浸泡1h，杀死不产芽孢的菌种后再进行分离。在富集培养基中加入适量的胆盐和十二烷基磺酸钠可抑制革兰阳性菌的生长，对革兰阴性菌无抑制作用。分离厌氧菌时，可加入少量硫乙醇酸钠作为还原剂，它能使培养基氧化还原电势下降，造成缺氧环境，有利于厌氧菌的生长繁殖。

在选择性培养基中，也经常采用加入抗生素或抑制剂来增加其选择性，如表 3-3 所示。

表 3-3　培养基中添加的抗生素（抑制剂）及分离菌

抗生素（抑制剂）浓度/（μg/mL）	受抑制菌	欲分离菌
放线菌酮（50~500），杀真菌素（100）	霉菌、酵母	一般细菌
多黏菌素（5）	G^- 细菌	节杆菌
放线菌酮（100）	$G^\pm$ 细菌	G^- 细菌
青霉素（1）	G^+ 细菌	肠杆菌
胆汁酸（1500~5000）	大肠杆菌	沙门菌
制霉菌素（50），亚胺环己酮（50）	真菌	高温放线菌
新生霉素（25），链霉素（0.5~2）	细菌	马杜拉放线菌

4. 纯种分离

经富集培养后的样品中，目标微生物得以增殖，占有一定优势，其他种类微生物在数量上相对减少，但并未死亡。因此，富集后的培养液中仍然有多种微生物存在。稀释涂布法和划线分离法是微生物学中常见的两种分离方法，此外还有平皿快速检测法以及组织分离法。

（1）稀释涂布法　把土壤样品以10倍的级差，用无菌水进行稀释，取一定量的某一稀释度的悬浮液涂抹于分离培养基的平板上，经过培养，长出单个菌落，挑取需要的菌落移到斜面培养基上培养。土壤样品的稀释程度，要看样品中的含菌数多少，一般有机质含量高的菜园土等样品中含菌量大，稀释倍数高些，反之稀释倍数低些。采用该方法，在平板培养基上得到单菌落的机会较大，特别适合于分离易蔓延的微生物。

（2）划线分离法　用接种环取部分样品或菌体，在事先已准备好的培养基平板上划线，当单个菌落长出后，将菌落移至斜面培养基上，培养后备用。该分离方法操作简便、快捷，效果较好。在样品含菌量较少或某种目的微生物不多的情况下，微生物的纯种分离方法可以简化为以下两种方法：①取一支盛有3~5mL无菌水的粗试管或小三角瓶，取混的样品少许（0.5g左右）放入其中，充分振荡分散，用灭菌滴管取一滴土壤悬液于琼脂平板上涂抹培养，或者用接种环接一环于平板上划线培养。这种方法不需要菌落计数，比以上常规稀释法简便。②取风干粉末状的土样少许（几十毫克）直接撒在选择性分离培养基平板上或混入培养基中制成平板，置适温培养一定时间，长出菌落。以分离小单胞菌为例：从河泥中取样，风干研碎，取样品粉末20~50mg直接加到天冬酰胺培养基中，混合均匀制成平板，培养后长出鱼卵状菌落。这种方法有时分离不够充分，可用线法进一步纯化。

（3）平皿快速检测法　平皿快速检测法是利用菌体在特定固体培养基上的生理生化反应，将肉眼观察不到的产量性状转化成可见的"形态"变化。实际上是指每个菌落产生的代谢产物与培养基内的指示物在平板上表现出的一些容易观察判断的生理反应，其大小表示菌株生产能力的大小。微生物特异性平板检测项目和方法如表3-4所示。

表3-4　微生物特异性平板检测项目和方法（酶为胞外酶）

项目	检测方法
柠檬酸	pH指示颜色变化或掺入琼脂平板的碳酸钙的溶解
淀粉酶	由碘液指示的可溶性淀粉的液化
蛋白酶	酪蛋白的溶解
脂肪酶	丁酸甘油酯的消化，以维多利亚蓝为指示剂形成透明圈
果胶酶	果胶凝胶的液化（1.5%的聚果胶酸钠），多糖沉淀剂
磷脂酶C	卵磷脂平板的混浊圈
磷脂酶A	卵磷脂平板的透明圈
纤维素酶	纤维素平板的透明圈
酶抑制剂	用含酶的琼脂平板上的抑制圈筛选

平皿快速检测法有纸片培养显色法、变色圈法、透明圈法、生长圈法和抑制圈法等，具体如图3-1所示。这些方法常用于初筛的定性或半定量用，可以大大提高筛选的效率。缺点是由于平皿上种种条件与摇瓶培养，尤其是发酵罐深层液体培养时的条件有很大的差别，往往会造成两者结果的不一致。

①纸片培养显色法：将饱浸有固体培养基（含有某种指示剂）的滤纸片搁于培养皿中，

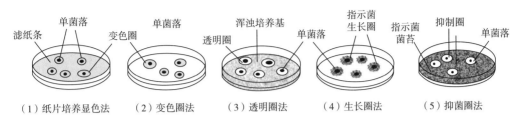

图 3-1 平皿快速检测法示意图

用牛津杯架空，下放一小块浸有3%甘油的脱脂棉以保湿，将待筛选的菌悬液稀释后用接种环接种到滤纸上，保温培养形成分散的单菌落，菌落周围将会产生对应的颜色变化。从指示剂变色圈与菌落直径之比可以了解菌株的相对产量性状。指示剂可以是酸碱指示剂，也可以是能与特定产物反应产生颜色的化合物。这种方法适用于多种生理指标的测定，如氨基酸显色圈（转印到滤纸上再用茚三酮）、柠檬酸变色圈（用0.02%溴甲酚蓝指示剂）等。

②变色圈法：将指示剂直接掺入固体培养基中，进行待筛选菌悬液的单菌落培养或喷洒在已培养成分散单菌落的固体培养基表面，在菌落周围形成变色圈。如在含淀粉的平皿中涂布一定浓度的产淀粉酶菌株的菌悬液，使其呈单菌落，然后喷上稀碘液，发生显色反应。

③透明圈法：在平板培养基中加入溶解性较差的底物，如可溶性淀粉、碳酸钙等，使培养基混浊。能分解底物的微生物便会在菌落周围产生透明圈，透明圈的大小初步反映该菌株利用底物的能力。

该法在分离水解酶产生菌时采用较多，如脂肪酶、淀粉酶、蛋白酶等产生菌都会在含有底物的选择性培养基平板上形成肉眼可见的透明圈。分离产生有机酸的菌株时，在培养基中加入碳酸钙，将样品悬液涂抹到平板上培养，产酸菌产生的有机酸能把菌落周围的碳酸钙水解，形成清晰的透明圈，从而轻易地鉴别出来。

④生长圈法：是根据指示菌（或称工具菌）在目的菌周围形成生长圈而对目的菌进行检出。生长圈法通常用于分离筛选氨基酸、核苷酸和维生素的产生菌。指示菌通常是某种生长因子的营养缺陷型。将某待检菌涂布于含有高浓度的指示菌并缺少该指示菌生长所需营养因子的平板上进行培养，若该菌能合成指示菌所需的生长因子，指示菌就会在该菌的菌落周围形成生长圈。

⑤抑菌圈法：抑菌圈法是常用的初筛方法，常用于抗生素产生菌的分离筛选，指示菌采用抗生素的敏感菌。若被检菌能分泌某些抑制菌生长的物质，如抗生素等，便会在该菌落周围形成指示菌不能生长的抑菌圈，从而使被检菌很容易被鉴别出来。

具体操作：将溶化的固体培养基与被测定微生物混合做成平板，把含不等量被测物质的液体滴于平板上（直接滴样法）；或注入平板上的牛津杯内；或吸入圆形滤纸片后，再置于平板上（纸片法，见图3-2）；也可以在平板上挖一定大小的圆孔，然后把被测物滴入孔内（打孔法）。经培养后，在物质扩散所及的范围内出现抑菌法（或生长圈），测量圈的直径，并与标准曲线对比，可以计算出被测物质的含量。

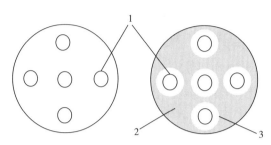

1—滤纸片　2—细菌生长区　3—抑菌区

图 3-2　滤纸片法形成的抑菌圈示意图

（4）组织分离法　从一些有病组织或特殊组织中分离菌株的方法。如从患恶苗病的水稻组织中分离赤霉菌，从根瘤中分离根密菌，从植物组织中分离内生真菌以及从各种食用菌的子实体中分离孢子等。

5. 野生型菌株的筛选

在目的菌株分离的基础上，进一步通过筛选，选择具有目的产物合成能力相对高的菌株。一般分为初筛和复筛两步。

（1）初筛　初筛是从大量分离到的微生物中将具有合成目的产物的微生物筛选出来的过程。初筛可以分为两种情况进行。

①平板筛选出发菌株多，工作量大，为了提高初筛的效率，可先采用平皿快速检测法，通过测量不同类型的反应圈直径与菌落直径之比，作为某菌株代谢产物量的"形态"指标。其最大的优点就是简便、快速，因而在筛选工作量大时具有相当的优越性。该法的不足之处是产物活性只能相对比较，难以得到确切的产量水平，只适用于初筛。

②摇瓶发酵筛选由于摇瓶振荡培养更接近于发酵罐培养的条件，效果比较一致，由此筛选到的菌株易于推广。因此，经过平板定性筛选的菌种可以进行摇瓶培养。一般一个菌株接一个瓶，在一定转速的摇瓶机上及适宜的温度下振荡培养，得到的发酵液进行定性或定量测定。

初筛可淘汰 85%～90%不符合要求的微生物，剩下较好的菌株则需进行摇瓶培养复筛。

（2）复筛　一般通过摇瓶或台式发酵罐进行液体培养，再对培养液进行分析测定，才能逐步地筛选出高产菌株。摇瓶（发酵罐）复筛是经过初筛得到的较优良菌株进一步复证，考察其产量性状的稳定性，从中再淘汰一部分不稳定的、相对产量低的或某些遗传性状不良的菌株。复筛时，一个菌株通常要重复 3～5 个瓶。

6. 野生型菌株的鉴定

经典分类鉴定方法主要根据形态学特征、生理生化特征、血清学试验和噬菌体分型等。现代分类鉴定方法主要是利用分子生物学的实验手段，在微生物鉴别及特定目标产物的筛选方面发挥了着越来越重要的作用，如微生物遗传型鉴定（DNA 碱基组成分析、DNA-DNA 杂交、16S rRNA 同源性分析、以 DNA 为基础的分型方法等）；另外，还有细胞化学成分特征分类法。

三、发酵微生物育种

菌种的自发突变往往存在两种可能性：一种是菌种衰退，生产性能下降；另一种是代谢更加旺盛，生产性能提高。具有实践经验和善于观察的工作人员，能利用自发突变出现的菌种性状的变化，选育出优良菌种。例如，在抗生素发酵生产中，从某一批次高产的发酵液中取样并进行分离，往往能够得到较稳定的高产菌株。但自发突变的频率较低，出现优良性状的可能性较小，需坚持相当长的时间才能收到效果。由于筛选到的微生物生产目标产物的产量较低，因此需经过工业上常用的微生物菌种育种方法提高已筛选产物的产量，降低企业在生产研发过程中的时间、材料等成本。工业用微生物育种方法主要包括诱变育种、杂交育种、基因工程育种、原生质体融合等。

1. 诱变育种

诱变育种是指用人工的方法处理微生物，使它们发生突变，再从中筛选出符合要求的突变菌株，供生产和科学实验用。诱变育种和其他方法相比较，人工诱变能提高突变频率和扩大变异谱，具有速度快、方法简便等优点，是当前菌种选育的一种主要方法，在生产中应用十分普遍。但是，诱发突变随机性大，因此诱发突变必须与大规模的筛选工作相配合才能收到良好的效果。如果筛选方法得当，也有可能定向地获得好的变异株。

诱变育种的主要环节：①出发菌种选择；②以合适的诱变剂处理大量而均匀分散的微生物细胞悬浮液（细胞或孢子），在引起绝大多数细胞死亡的同时，使存活个体中 DNA 碱基变异概率大幅度提高；③诱变处理；④用合适的方法淘汰负变异株，选出极少数性能优良的正变异株，以达到培育优良菌株的目的。诱变育种的程序如图 3-3 所示。

工业上常用的微生物育种诱变剂主要分为物理诱变剂和化学诱变剂两类。物理诱变剂主要为各种射线，如紫外线、X 射线、α 射线、β 射线、γ 射线、超声波、微波和激光等，其中以紫外线应用最广。由于紫外光谱恰好与细胞内核酸的吸收光谱相一致，因此，在紫外光的作用下能使 DNA 链断裂，DNA 分子内和分子间发生交联形成嘧啶二聚体，从而导致菌体的遗传性状发生改变。化学诱变剂包括甲基磺酸乙酯、亚硝基胍、亚硝酸、氮芥等。它们作用于微生物细胞后，能够特异地与某些基团起作用，即引起物质的原发损伤和细胞代谢方式的改变，失去亲株原有的特性，并建立起新的表型。亚硝基胍和甲基磺酸乙酯虽然诱变效果好，但由于多数引起碱基对转换，得到的变异株回变率高。吖啶类等诱变剂，能引起缺失、阅读密码组移动等巨大损伤，不易产生回复突变。各种化学诱变剂及诱变处理方法如表 3-5 所示。

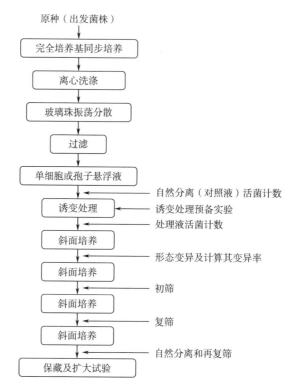

图 3-3 诱变育种的程序

表 3-5 常用化学诱变剂及诱变处理方法

诱变剂	剂量	处理时间	缓冲剂	终止反应方法
亚硝酸（HNO₂）	0.01~0.1mol/L	5~10min	1mol/L 醋酸缓冲液，pH4.5	0.07mol/L 磷酸二氢钠，pH8.6
硫酸二乙酯（DES）	0.5%~1%	10~30min，孢子 18~24h	0.1mol/L 磷酸缓冲液，pH7.0	硫代硫酸钠或大量稀释
甲基磺酸乙酯（EMS）	0.05~0.5mol/L	10~60min，孢子 3~6h	0.1mol/L 磷酸缓冲液，pH7.0	硫代硫酸钠或大量稀释
亚硝基胍（NTG）	0.1~1.0mol/mL	15~60min，孢子 90~120min	0.1mol/L 磷酸缓冲液或 Tris 缓冲液，pH7.0	大量稀释
亚硝基甲基脲（NMU）	0.1~1.0mol/mL	15~90min	0.1mol/L 磷酸缓冲液或 Tris 缓冲液，pH6.0~7.0	大量稀释
氮芥	0.1~1.0mol/mL	5~10min	NaHCO₃	甘氨酸或大量稀释
乙烯亚胺	1:1000~1:10000	30~60min	—	硫代硫酸钠或大量稀释
羟胺（NH₂OH，HCl）	0.1%~0.5%	数小时或生长过程中诱变	—	大量稀释

续表

诱变剂	剂量	处理时间	缓冲剂	终止反应方法
氯化锂（LiCl）	0.3%~0.5%	加入培养基中，生长过程中诱变	—	大量稀释
秋水仙碱（$C_2H_{25}NO_6$）	0.01%~0.2%	加入培养基中，生长过程中诱变	—	大量稀释

　　诱变育种常常采取诱变剂复合处理，使它们产生协同效应。复合处理可以将两种或多种诱变剂分先后或同时使用，也可用同一诱变剂重复使用。因为每种诱变剂有各自的作用方式，引起的变异有局限性，复合处理则可扩大突变的位点范围，使获得正突变菌株的可能性增大。因此，诱变剂复合处理的效果往往好于单独处理。出发菌株的遗传特性、诱变剂、菌种的生理状态、被处理菌株的预培养和后培养条件、诱变处理时的外界条件（温度、氧气、pH、可见光等）等，会对诱变效果有明显的影响。

　　对于刚经诱变剂处理过的菌株，有一个表现迟滞的过程，即细胞内原有酶量的稀释过程（生理延迟），需3代以上的繁殖才能将突变性状表现出来。因此，应将变异处理后的细胞在液体培养基中培养几小时，使细胞的遗传物质复制，繁殖几代以得到稳定的纯变异细胞。若不经液体培养基的中间培养，直接在平皿上分离就会出现变异和不变异细胞同时存在于一个菌落内的可能，形成混杂菌落，将会导致筛选结果的不稳定和将来的菌株退化。

　　在实际工作中，为了提高筛选效率，往往也将诱变菌种的筛选工作分为初筛和复筛两步进行。初筛的目的是删去明确不符合要求的大部分菌株，把生产性状类似的菌株尽量保留下来，使优良菌种不至于漏网。复筛的目的是确认符合生产要求的菌株，应精确测定每个菌株的生产指标。筛选方案如图3-4所示。

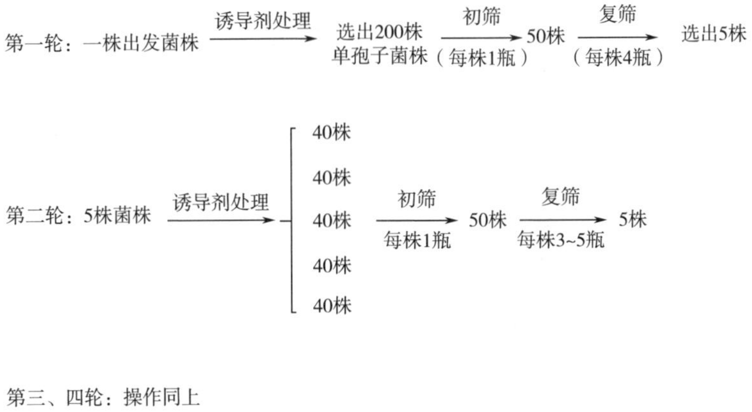

图3-4　微生物高产突变株的筛选

初筛和复筛工作可以连续进行多轮，直到获得较好的菌株为止。采用这种筛选方案，不仅能提高工作效率，还不至于某些有发展前景的优良菌株因当时产量低而落选。筛选获得的优良菌株将进一步通过工业生产试验，考察对工艺条件、原料等的适应性及遗传稳定性。

诱变处理后的孢子在斜面上活化后，进行生产能力测试筛选。真正的高产菌株往往需要经过产量提高的逐步累积过程，才能变得越来越明显。

突变菌株可采取平皿法直接筛选。所谓平皿直接反应是指每个菌落产生的代谢产物与培养基内的指示物作用后的变色圈或透明圈等，可作为初筛的标志，常用的有纸片培养显色法、透明圈法、琼脂片法、深度梯度法。

2. 杂交育种

生产上，长期使用诱变剂处理，会使菌种的生产能力逐渐下降，利用杂交育种的方法，可以提高菌种的生产能力。杂交育种的目的是将不同菌株的遗传物质进行交换、重组，使不同菌株的优良性状集中在重组体中，克服长期诱变引起的生活力下降等缺陷。杂交育种的一般程序为：选择原始亲本→诱变筛选直接亲本→直接亲本之间亲和力鉴定→杂交→分离到基本培养基或选择性培养基→筛选重组体→重组体分析鉴定。微生物杂交的程序如图3-5所示。

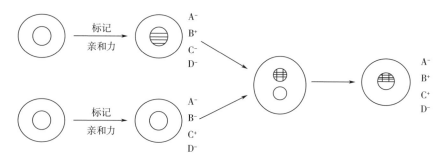

图3-5　微生物杂交的程序

大部分发酵工业中具有重要经济价值的微生物是准性生殖方式杂交重组。原核微生物杂交仅转移部分基因，然后形成部分结合子，最终实现染色体交换和基因重组。丝状真核微生物通过接合、染色体交换，然后分离形成重组体。常规杂交主要包括接合、转化、转导和转染等技术。

3. 基因工程育种

体外重组 DNA 技术（或称基因工程、遗传工程）是以分子遗传学的理论为基础，综合分子生物学和微生物遗传学的最新技术而发展起来的一门新兴技术。它是现代生物技术的一个重要组成部分，是 20 世纪 70 年代以来生命科学发展的最前沿。利用基因工程能够使任何生物的 DNA 插入到某一细胞质复制因子中，进而引入寄主细胞进行成功表达。通过 DNA 片段的分子克隆，可以从复杂的 DNA 分子中分离出单独的 DNA 片段，这是常规物理或化学方法难以办到的；可以大量生产高纯度的基因片段及其产物；可以在大肠杆菌中研究来自其他生物的基因；可以在高等动植物细胞中发展和建立这种基因操作系统。

重组 DNA 技术一般包括四步，即目标 DNA 片段的获得、与载体 DNA 分子的连接，重组 DNA 分子引入宿主细胞及从中选出含有所需重组 DNA 分子的宿主细胞。对于发酵工业的工程菌，重组 DNA 技术包括基因的分离、DNA 分子的切割与连接、载体、引入宿主细胞、重组体的选择和鉴定、外源基因的表达。在实际食品发酵过程中，只有出现在《可用于食品的菌种名单》之中的菌种方可用于食品，经过基因修饰的菌种不可用于保健食品。名单以外的菌种、新菌种按照《新食品原料安全性审查管理办法》（2017 年修正版）规定，通过审查后，方可用于食品生产。

4. 原生质体融合

原生质体融合一般包括标记菌株的筛选、原生质体的制备、原生质体的融合、融合子的选择、实用性菌株的筛选等。图 3-6 所示为原生质体融合的基本过程示意图。

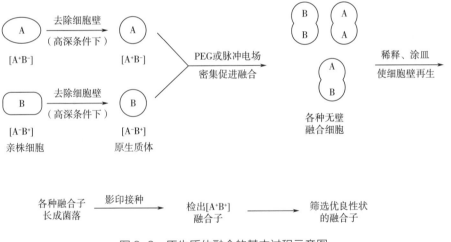

图 3-6 原生质体融合的基本过程示意图

原生质体无细胞壁，易于接受外来遗传物质，不仅可将不同种的微生物融合在一起，而且可使亲缘关系更远的微生物融合在一起。原生质体容易受到诱变剂的作用而成为较好的诱变对象。实践证明，原生质体融合能使重组频率大大提高。因此，此项技术能使来自不同菌株的多种优良性状通过遗传重组组合到一个重组菌株中。原生质体融合作为一项新的生物技术，为微生物育种工作提供了一条新的途径。

除去细胞壁是制备原生质体的关键，一般都采用酶解法去壁。根据微生物细胞壁组成和结构的不同，需分别采用不同的酶（表 3-6），如溶菌酶、纤维素酶、蜗牛酶等。对于细菌和放线菌，主要采用溶菌酶；对于酵母和霉菌，一般采用蜗牛酶和纤维素酶。有时需结合其他一些措施，如在生长培养基中添加甘氨酸、蔗糖或抗生素等，以提高细胞壁对酶的敏感性。

表 3-6　一些微生物细胞的去壁方法

微生物		细胞壁主要成分	去壁方法
革兰阳性菌	芽孢杆菌	肽聚糖	溶菌酶处理
	葡萄球菌	肽聚糖	溶葡萄球菌素处理
	链霉菌	肽聚糖	溶菌酶处理（菌丝生长时补充 0.5%~5.0% 甘氨酸或 10%~34% 的蔗糖）
	小单孢菌	肽聚糖	溶菌酶处理（菌丝生长时补充 0.2%~0.5% 甘氨酸）
革兰阴性菌	大肠杆菌	肽聚糖和脂多糖	溶菌酶和 EDTA 处理
	黄色短杆菌	肽聚糖和脂多糖	溶菌酶处理（生长时补充 0.41mol/L 的蔗糖或 0.3U/mL 青霉素）
霉菌		纤维素和几丁质	纤维素酶或真菌中分离的脱壁酶
酵母		葡聚糖和几丁质	蜗牛酶

原生质体对渗透压极其敏感，低渗将引起细胞破裂。一般是将原生质体放在高渗的环境中以维持它的稳定性。对于不同微生物，原生质体的高渗稳定液组成也是不同的。例如，细菌的稳定液常用 SMM 液（用于芽孢杆菌原生质体制备和融合，其主要成分是蔗糖 0.5mol/L、丁烯二酸 0.02mol/L、$MgCl_2$ 0.02mol/L）和 DF 液 [用于棒状杆菌（*Corynebacterium*）原生质体制备和融合，主要成分是蔗糖 0.25mol/L、琥珀酸 0.25mo/L、EDTA 0.001mol/L、K_2HPO_4 0.02mo/L、KH_2PO_4 0.11mol/L、$MgCl_2$ 0.01mol/L]。在链霉菌中用得较多的是 P 液（主要成分为蔗糖 0.3mol/L、$MgCl_2$ 0.01mol/L、$CaCl_2$ 0.25mo/L 及少量磷酸盐和无机离子）。真菌中广为使用的是 0.7mol/L NaCl 或 0.6mol/L $MgSO_4$ 溶液，高渗稳定液使原生质体内空泡增大，浮力增加，易与菌丝碎片分开。

影响原生质体制备的因素有许多，主要有以下 6 个方面。

（1）菌体的预处理　在使用脱壁酶处理菌体以前，先用某些化合物对菌体进行预处理，例如，用 EDTA、甘氨酸、青霉素或 D-环丝氨酸等处理细菌，可使菌体的细胞壁对酶的敏感性增加。EDTA 能与多种金属离子形成络合物，避免金属离子对酶的抑制作用而提高酶的脱壁效果。甘氨酸可以代替丙氨酸参与细胞壁肽聚糖的合成，进而干扰细胞壁肽聚糖的相互交联，便于原生质体化。

（2）菌体的培养时间　为了使菌体细胞易于原生质体化，一般选择对数生长期后期的菌体进行酶处理。这时的细胞正在生长，代谢旺盛，细胞壁对酶解作用最为敏感。采用这个时期的菌体制备原生质体，原生质体形成率高，再生率亦很高。

（3）酶浓度　一般来说，酶浓度增加，原生质体的形成率亦增大，但超过一定范围，原生质体形成率提高则不明显。酶浓度过低，不利于原生质体的形成；酶浓度过高，则导致原生质体再生率的降低。为了兼顾原生质体形成率和再生率，有人建议以使原生质体形成率和再生率之乘积达到最大时的酶浓度为最适酶浓度。

（4）酶解温度　温度对酶解作用有双重影响，一方面随着温度升高，酶解反应速度加快；另一方面，随着温度升高，酶蛋白变性失活。一般酶解温度控制在 20~40℃。

（5）酶解时间　充足的酶解时间是原生质体化的必要条件。但是，如果酶解时间过长，则再生率随酶解时间的延长而显著降低。其原因是当酶解达到一定的时间后，绝大多数的菌体细胞均已形成原生质体，因此，再进行酶解作用时，酶便会进一步对原生质体发生作用而使细胞质膜受到损伤，造成原生质体失活。

（6）渗透压稳定剂　原生质体对溶液和培养基的渗透压很敏感，必须在高渗透压或等渗透压的溶液或培养基中才能维持其生存，在低渗透压溶液中，原生质体将会破裂死亡。对于不同的菌种，采用的渗透压稳定剂不同。对于细菌或放线菌，一般采用蔗糖、丁二酸钠等作为渗透压稳定剂；对于酵母则采用山梨醇、甘露醇等；对于霉菌则采用 KCl 和 NaCl 等。稳定剂的使用浓度一般为 0.3~0.8mol/L，一定浓度的 Ca^{2+}、Mg^{2+} 等二价阳离子可增加原生质膜的稳定性，所以是高渗透压培养基中不可缺少的成分。

影响原生质体融合的因素主要有：菌体的前处理、菌体的培养时间、融合剂的浓度、融合剂作用的时间、阳离子的浓度、融合的温度及体系的 pH 等。

影响原生质体再生的因素有：菌种自身的再生性能、原生质体制备的条件、再生培养基成分、再生培养条件等。检查原生质体形成和再生的指标有两个，即原生质体的形成率和原生质体的再生率，可以通过如下方法来求得，公式如式（3-1）、式（3-2）所示。

（1）将用酶处理前的菌体经无菌水系列稀释，涂布于完全培养基平板上培养，计算出原菌数，设该数值为 A。

（2）将用酶处理后得到的原生质体分别经如下两个过程的处理：首先，用无菌水适当稀释，在完全培养基平板上培养计数，由于原生质体在低渗透压条件下会破裂失活，所以生长出的菌落数为未形成原生质体的原菌数，设该值为 B；然后，用高渗透压液适当稀释，在再生培养基平板上培养计数，生长出的菌落数为原生质体再生的菌数和未形成原生质体的原菌数之和，设该数值为 C。以原生质体形成率和再生率为指标，可确定原生质体制备最佳条件。

$$原生质体形成率 = \frac{A - B}{A} \times 100\% \tag{3-1}$$

$$原生质体再生率 = \frac{C - B}{A - B} \times 100\% \tag{3-2}$$

原生质体融合后，来自两亲代的遗传物质经过交换并发生重组而形成的子代称为融合重组子。这种重组子通过两亲株遗传标记的互补而得以识别，如两亲株的遗传标记分别为营养缺陷型 $A^+ B^-$ 和 $A^- B^+$，融合重组子应是 $A^+ B^+$ 或 $A^- B^-$。重组子的检出方法有两种，即直接法和间接法。

（1）直接法　将融合液涂布在不补充亲株生长需要的生长因子的高渗再生培养基平板上，直接筛选出原养型重组子。

（2）间接法　把融合液涂布在营养丰富的高渗再生平板上，使亲株和重组子都再生成菌落，然后用影印法将它们复制到选择培养基上检出重组子。要获得真正的融合子，必须在融合体再生后，进行几代自然分离、选择，才能确定。灭活原生质体融合技术是指采用热、紫外线、电离辐射以及某些生化试剂、抗生素等作为灭活剂处理单一亲株或双亲株的原生质体，使之失去再生的能力。经细胞融合后，由于损伤部位的互补可以形成能再生的融合体。灭活处理的条件应该适当温和一些，以保持细胞 DNA 的遗传功能和重组能力。例如，在一株链霉菌中，其原生质体用 55℃ 热处理 30min，存活率为零，种内单亲株灭活融合，能够得到融合子；而处理时间为 60min 时则得不到融合子。

四、菌种的保藏与活化

1. 菌种的保藏

在发酵生产中，高产菌种的保存和长期保藏，对于工业发酵的成功极为重要。一个优良的菌种被选育出来以后，要保持其生产性能的稳定、不污染杂菌、不死亡，这就需要对菌株进行保藏。

菌种保藏主要是根据菌种的生理、生化特性，人工创造条件使菌体的代谢活动处于休眠状态。保藏时，利用菌种的休眠体（孢子、芽孢等）或创造最有利于微生物休眠状态的环境条件，如低温、干燥、隔绝空气或氧气、缺乏营养物质等，使菌体的代谢活性处于最低状态，同时也应考虑到方法要经济、简便。

由于微生物种类繁多，代谢特点各异，对各种外界环境因素的适应能力不一致，一个菌种选用何种方法保藏要根据具体情况而定。

（1）菌种保藏方法　常见菌种保藏方法有以下 6 种。

①斜面低温保藏法：斜面低温保藏法是利用低温（4℃）降低菌种的新陈代谢，使菌种的特性在短时期内保持不变，即将新鲜斜面上长好的菌体或孢子，置于 4℃ 冰箱中保存。一般的菌种均可用此方法保存 1~3 个月。保存期间要注意冰箱的温度，不可波动太大，不能在 0℃ 以下保存，否则培养基会结冰脱水，造成菌种性能衰退或死亡。

影响斜面保存时间的突出问题是培养基因水分蒸发而收缩，使培养基成分浓度增大，更主要的是培养基表面收缩造成板结，对菌种造成机械损伤而使菌种死亡。为了克服斜面培养基水分的蒸发，用橡皮塞代替棉塞有较好的效果，也可解决棉塞受潮而长霉污染的问题。

②液体石蜡封存保藏法：在斜面菌种上加入灭菌后的液体石蜡，用量高出斜面 1cm，使菌种与空气隔绝，试管直立，置于 4℃ 冰箱保存。液体石蜡采用蒸汽灭菌，保存期为 1~2 年。此法适用于不能以石蜡为碳源的菌种。

③砂土管保藏法：砂土管保藏法是用人工方法模拟自然环境使菌种得以栖息，适用于产孢子的放线菌、霉菌以及产芽孢的细菌。砂土是砂和土的混合物，砂和土的比例一般为

3∶2 或 1∶1。将黄砂和泥土分别洗净，过筛，按比例混合后装入小试管内，装料高度约为 1cm，经间歇灭菌 2~3 次，灭菌烘干，并做无菌检查后备用。将要保存的斜面菌种刮下，直接与砂土混合；或用无菌水洗下孢子，制成悬浮液，再与砂土混合。混合后的砂土管放在盛有五氧化二磷或无水氯化钙的干燥器中，用真空泵抽气干燥后，放在干燥低温环境下保存。此法保存期可达 1 年以上。

④真空冷冻干燥保藏法：原理是在低温下迅速地将细胞冻结以保持细胞结构的完整，然后在真空下使水分升华。这样菌种的生长和代谢活动处于极低水平，不易发生变异或死亡，因而能长期保存，一般为 5~10 年。此法适用于各种微生物，具体的做法是将菌种制成悬浮液与保护剂（一般为脱脂牛乳或血清等）混合，放入安瓿管内，用低温酒精或干冰（-15℃以下）使之速冻，在低温下用真空泵抽干，最后将安瓿真空熔封，低温保存备用。

⑤液氮超低温保藏法：微生物在-130℃以下，新陈代谢活动停止，可永久性保存微生物菌种。液氮的温度可达-196℃，液氮保存微生物菌种已获得满意的结果。液氮超低温保藏的方法要点是将要保存的菌种（菌液或长有菌体的琼脂块）置于 10%甘油或二甲基亚砜保护剂中，密封于安瓿内（安瓿的玻璃要能承受很大温差而不致破裂），先将菌液降至 0℃，再以每分钟降低 1℃ 的速度，一直降至-35℃，然后将安瓿放入液氮罐中保存。

菌种的保藏方法见表 3-7。

表 3-7　常用菌种的保藏方法

方法	主要措施	适宜菌种	保藏期	评价
斜面低温保藏法	低温（4℃）	各大类	1~3 个月	简便
液体石蜡封存保藏法[①]	低温（4℃）、阻氧	各大类[②]	1~2 年	简便
砂土管保藏法	干燥、无营养	产孢子的微生物	>1 年	简便有效
真空冷冻干燥保藏法	干燥、低温、无氧、有保护剂	各大类	5~15 年	繁而高效
液氮超低温保藏法	超低温（-196℃）、有保护剂	各大类	>15 年	繁而高效

注：①用斜面或半固体穿刺培养物均可，一般置于 4℃ 以下；②不适宜可利用石油作碳源的微生物。

（2）菌种保藏需要注意事项

①菌种在保藏前所处的状态：绝大多数微生物的菌种均保藏其休眠体，如孢子或芽孢。保藏用的孢子或芽孢等要采用新鲜斜面上生长丰满的培养物。菌种斜面的培养时间和培养温度影响其保藏质量。培养时间过短，保存时容易死亡；培养时间过长，生产性能衰退。一般以稍低于最适生长温度下培养至孢子成熟的菌种进行保存，效果较好。

②菌种保藏所用的基质：斜面低温保藏所用的培养基，碳源比例应少些，营养成分贫乏些较好，否则易产生酸，或使代谢活动增强，影响保藏时间。砂土管保藏需将砂和土充分洗净，以防其中含有过多的有机物，影响菌的代谢或经灭菌后产生一些有毒的物质。冷冻干燥所用的保护剂，有不少经过加热就会分解或变性的物质，如还原糖和脱脂乳，过度

加热往往形成有毒物质，灭菌时应特别注意。

③操作过程对细胞结构的损害：冷冻干燥时，冻结速度缓慢易导致细胞内形成较大的冰晶，对细胞结构造成机械损伤。真空干燥程度也将影响细胞结构，加入保护剂就是为了尽量减轻冷冻干燥所引起的对细胞结构的破坏。细胞结构的损伤不仅使菌种保藏的死亡率增加，而且容易导致菌种变异，造成菌种性能衰退。

2. 菌种的活化

菌种活化是把微生物从保藏斜面转接到活化斜面上，使其活性得以恢复。相对而言，活化斜面培养基中的营养丰富些，从而使微生物恢复活性的同时恢复其优良的生产性能。

保藏状态的菌种放入适宜的 LB 培养基中培养，通过逐级扩大培养获得活力旺盛、接种数量足够的菌落培养基。菌种发酵一般需要 2~3 代的复壮过程，因为保藏时的条件往往和培养时的条件不同，通过活化，菌种可以逐渐适应培养环境。对于含有质粒的菌种，活化培养后可以接种到含有抗生素的平板上进行筛选，将长出的菌落接种到斜面或者平板上进行保存，当作工作菌。

第二节　发酵微生物的扩大培养

一、种子的制备

菌种的扩大培养是指将保存在砂土管、冷冻干燥管中处于休眠状态的生产菌种接入试管斜面活化后，再经摇瓶及种子罐逐级扩大培养而获得一定数量和质量的纯种菌株的过程。

菌种扩大培养的目的就是要为每次发酵罐的投料提供相当数量的代谢旺盛的种子。工业生产规模越大，每次发酵所需的种子就越多。因为发酵时间的长短和接种量的大小有关，接种量大，发酵时间则短，将较多数量的成熟菌体接入发酵中，就有利于缩短发酵时间，提高发酵罐的利用率，并且也有利于减少染菌概率。因此，种子扩大培养的任务，不但要得到纯而壮的菌体，而且还要获得活力旺盛的、接种数量足够的菌体。

种子扩大培养的一般工艺流程如图 3-7 所示。其过程大致可分为实验室制备阶段和生产车间种子制备阶段。实验室制备阶段包括琼脂斜面、固体培养基扩大培养或摇瓶液体培养；生产车间种子制备阶段的任务是种子罐扩大培养。

（一）种子的制备

实验室种子制备包括孢子制备和摇瓶液体种子制备。下面将分别对其一般的制备工艺、制备过程中的注意要点等问题加以阐述。

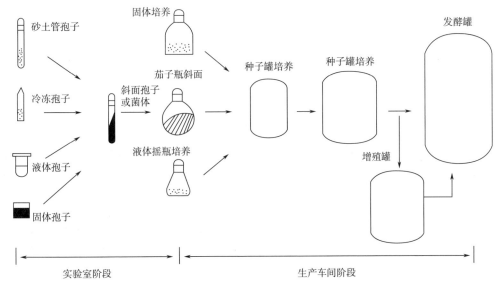

图 3-7 种子扩大培养流程图

1. 孢子制备

（1）放线菌类 放线菌类的孢子培养多数采用人工合成琼脂培养基，其中碳源氮源不要太丰富，碳氮比以较小为好，避免菌丝的大量形成，以利于产生大量孢子。其工艺流程如下：

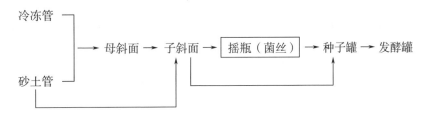

放线菌类孢子的培养温度大多数为 28℃，部分菌种为 30℃ 或 37℃，培养时间因菌种不同而不同，一般为 4~7d，也有长到 14d 的。孢子成熟后于 5℃ 冰箱（库）内保存备用，存放时间不宜过长，一般在 1 周内，少数菌种可存放 1~3 个月。

（2）霉菌类 霉菌类孢子的培养多数采用大米、小米、麦麸等天然培养基。它们营养物质来源丰富，简单易得，价格低廉，比琼脂培养基产孢子量大得多。其工艺流程如下：

砂土管或冷冻管或斜面 ⟶ 母斜面 ⟶ 子斜面 ⟶ 摇瓶 ⟶ 种子罐 ⟶ 发酵罐

首先将保存于砂土管或冷冻管中的菌体孢子接种在斜面上恒温培养，待孢子成熟后制成孢子悬浮液，然后接种到含大米等成分的培养基上，在 25~28℃ 下通常培养 4~14d，具体时间因菌种而异。制好的孢子可放在 5℃ 冰箱中保存备用，也可通过真空干燥进行保存备用。这种经过真空干燥的孢子菌种可在生产上连续使用半年左右。真空干燥法保存主要适用于孢子制备，纯粹的菌丝不宜采取此法保存，因为容易引起死亡。

2. 摇瓶种子制备

以孢子形成的种子直接进罐，其优点是工艺路线较短，容易控制，斜面孢子易于保藏，若菌种纯度高，一次可以制备大量孢子。因此可节约人力、物力和时间，并可减少染菌机会，为稳定生产提供有利条件。但某些微生物菌种的孢子发芽和菌丝繁殖速度较缓慢，为了缩短种子罐培养周期和稳定种子质量，将孢子经摇瓶培养成菌丝后再进罐，这就是所谓的摇瓶种子。摇瓶相当于大大缩小了的种子罐，其培养基配方和培养条件与种子罐相似。制备摇瓶种子的目的是使孢子发芽长成健壮的菌丝，同时对斜面孢子的质量和无菌情况进行考察，然后择优留种。

摇瓶种子进罐常采用母瓶、子瓶两级培养，在很多情况下可以母瓶直接进罐。一般母瓶培养基成分要求比较丰富和完全，并易于分解利用，氮源丰富利于菌丝生长。原则上各种成分不宜过浓，pH适当而稳定，子瓶培养基浓度比母瓶略高，更接近于种子罐配方。摇瓶种子进罐的缺点是工艺过程长，操作过程中染菌概率较高。摇瓶种子的质量主要以外观颜色、菌丝浓度或黏度、糖氮代谢、pH为指标，符合要求后方可进罐。

（二）生产车间种子制备

实验室制备的孢子或摇瓶菌丝种子移到种子罐扩大培养，种子罐培养基虽因不同菌种而异，但配制原则是相同的。种子罐培养时需要供给足够的无菌空气，并不断搅拌，使菌体在培养液中均匀分布，获得相同的培养条件。种子原液一般采用微孔接种法接种，摇瓶菌丝体种子可在火焰保护下接入种子罐或采用压差法接入。种子罐之间或发酵罐的移种方式，主要采用压差法，由种子接种管道进行移种，移种过程中要防止接受罐的表压降到零，否则会染菌。

生产车间制备种子时应考虑以下三点。

1. 种子罐级数的确定

种子罐级数指制备种子需逐级扩大培养的级数，种子罐级数通常是根据菌种生长特性、孢子发芽及菌体繁殖速度以及所用发酵罐的容积而定。对于生长快的细菌，种子用量比较少，故种子罐相应也少，一般采用二级发酵；对于生长较慢的链霉菌，一般采用三级发酵或四级发酵。种子罐的级数越少，越有利于简化工艺和控制，并可减少由于多次移种而产生的染菌机会，但也必须考虑尽量延长发酵罐生产产物的时间，缩短由于种子发芽、生长而占用的非生产时间，以提高发酵的生产率。

2. 接种龄

接种龄是指种子罐中培养的菌丝体开始移入下一级种子罐或发酵罐时的培养时间。它不仅是一个时间概念，而且是种子pH、糖氮代谢菌丝形成、菌丝浓度、培养液外观等参数变化的综合。在种子罐中，随着培养时间的延长，菌丝量增加，基质消耗及代谢物的积累，菌丝不再增加而逐渐趋于老化，因此选择合适的接种龄显得十分重要。通常接种龄以菌丝处于生命力极为旺盛的对数生长期，且培养液中菌体量还未达到最高峰时为宜。若过于年轻的种子接入发酵罐后，往往会出现前期生长缓慢而使整个发酵周期延长，产物开始形成的时间推迟甚至会因菌量过少而在发酵罐内结球，造成异常发酵的情况；而过老的种子则会造成生产能力下降，菌体过早自溶。不同菌种或同一菌种而工艺不同，其种龄是不一样的，具体时间应经过试验确定。

3. 接种量

接种量是指移入的种子液体积和接种后培养液体积的比例。接种量的大小决定于生产菌种在发酵罐中的生长繁殖速度。大多数抗生素发酵的最适接种量为 0.7% ~ 1.5%，有时也可增加到 2.0% ~ 2.5%。若用较大的接种量，可以缩短发酵罐中菌丝繁殖到达高峰的时间，使产物提前形成，且在生产菌迅速占据整个培养环境时，可减少杂菌生长机会。但是，如果接种量过多，往往使菌丝生长过快，培养液黏度增加，造成溶解氧不足而影响产物的合成。总之，对每一个生产菌种，要进行多次试验后才能决定其最适接种量。

对于不同产品的发酵过程来说，必须根据菌种生长繁殖速度的快慢决定种子扩大培养的级数。抗生素生产中，放线菌的细胞生长繁殖较慢，常常采用三级种子扩大培养。一般50t 发酵罐多采用三级发酵，有的甚至采用四级发酵，如链霉素生产。有些酶制剂发酵生产也采用三级发酵。谷氨酸及其他氨基酸的发酵所采用的菌种是细菌，生长繁殖速度很快，一般采用二级发酵。

二、微生物的扩大培养

（一）酵母

酵母扩大培养是指从斜面种子到生产所用的种子的培养过程，这一过程也分为实验室扩大培养阶段和生产现场扩大培养阶段。

1. 实验室扩大培养阶段

（1）斜面试管　一般为工厂自己保藏的纯粹原菌或由科研机构和菌种保藏单位提供。

（2）富氏瓶（或试管）培养　富氏瓶或试管装入 10L 优级麦汁，灭菌、冷却备用。接入纯种酵母，在 25 ~ 27℃保温箱中培养 2 ~ 3d，每天定时摇动，平行培养 2 ~ 4 瓶，供扩大时选择。

（3）巴氏瓶培养　取 500 ~ 1000mL 的巴氏瓶（或大三角瓶），加入 250 ~ 500mL 优级麦汁，加热煮沸 30min，冷却备用。在无菌室中将酵母液接入巴氏瓶中，在 20℃保温箱中培养 2 ~ 3d。

（4）卡氏罐培养　卡氏罐容量一般为 10 ~ 20L，放入约半量的优级麦汁，加热灭菌

30min 后，在麦汁中加入 1L 无菌水，补充蒸发的水分，冷却备用。再在卡氏罐中接入 1~2 个巴氏瓶的酵母液，摇动均匀后，置于 15~20℃下保温 3~5d，即可进行扩大培养。

实验室扩大培养阶段的技术要求：

①应按无菌操作的要求对培养用具和培养基进行灭菌；

②每次扩大稀释的倍数为 10~20 倍；

③每次移植接种后，要镜检酵母细胞的发育情况；

④随着每阶段的扩大培养，培养温度要逐步降低，以使酵母逐步适应低温发酵；

⑤每个扩大培养阶段，均应做平行培养，试管 4~5 个、巴氏瓶 2~3 个、卡氏罐 2 个，然后选优进行扩大培养。

2. 生产现场扩大培养阶段

卡氏罐培养结束后，酵母进入现场扩大培养。啤酒厂一般都用汉生罐、酵母罐等设备来进行生产现场扩大培养。

（1）汉生罐初期培养　将卡氏罐内酵母培养液用无菌压缩空气压入汉生罐，通无菌空气 5~10min，然后加入杀菌冷却后的麦汁，通无菌空气 10min，保持品温 10~13℃，室温维持 13℃，培养 36~48h，在此期间，每隔数小时通风 10min。

（2）汉生罐旺盛期培养　当汉生罐培养液进入旺盛期时，一边搅拌，一边将 85% 左右的酵母培养液移植到已灭菌的一级酵母扩大培养罐，最后逐级扩大到一定数量，供现场发酵使用。

（3）汉生罐留种再扩培　在汉生罐留下的约 15% 的酵母培养液中，加入灭菌冷却后的麦汁，待起发后，准备下次扩大培养用。保存留种酵母的室温一般控制在 2~3℃，罐内保持正压（0.02~0.03MPa），以防空气进入污染。在下次再扩培时，汉生罐的留种酵母最好按上述培养过程先培养一次后再移植，使酵母恢复活性。汉生罐保存的留种酵母，应每月换一次麦汁，并检查酵母是否正常，是否有污染、变异等不正常现象。正常情况下此留种酵母可连续使用半年左右。

生产现场扩大培养的注意点：

①每一步扩大后的残留液都应进行有无污染、变异的检查；

②每扩大一次，温度都应有所降低，但降温幅度不宜太大；

③每次扩大培养的倍数为 5~10 倍。

（二）乳酸菌

种子制备实际是菌种活化及扩大到满足生产需要量的过程，小规模发酵试验可以用三角瓶种子直接接种，大规模生产时则需用种子罐进行 2~3 级活化、扩大。

（1）菌种活化　将冻干管或斜面低温保藏的菌种接种至装有液体种子培养基的试管中培养约 24h。

（2）摇瓶种子培养　当试管种子培养好后，检测确认无杂菌污染且生长健壮即可转接至三角瓶液体培养基中，1 支试管接入 100mL 液体培养基中。培养基可用下述配方（g/L）：葡萄糖 30；蛋白胨 5；酵母膏 5；$MgSO_4$ 0.5；NaCl 0.1；KH_2PO_4 0.5；$CaCO_3$ 25；pH 5.5~6.0；121℃灭菌 20~25min；冷却后接入菌种，50℃培养 2d。

（3）种子罐培养　种子罐的大小及级数应根据发酵罐的量决定。其扩大步骤同前述，每一步按扩大 10~15 倍计算。每转至下一步前均应严格检查，把好质量关。在大烧瓶及种子罐扩大繁殖时，其培养基应接近于发酵培养基，可以在种子培养基中加入部分发酵培养基，使菌种逐步适应发酵环境，使之进入发酵罐后能迅速生长，从而加快发酵进程。

种子的培养条件及最终质量，应根据菌种的生理特性制定具体的操作规程及质量标准。

（三）枯草芽孢杆菌

1. 菌种的活化及种子液制备

（1）菌种活化　将枯草芽孢杆菌甘油冻存管菌种在 LB 平板上进行划线分离，于 37℃倒置培养 24h，然后挑取单菌落于新鲜的斜面培养基上，37℃培养 20h，4℃冰箱保藏备用。

（2）种子液的制备　取生长良好的斜面，分别加入 2L 灭菌氯化钠注射液，合并制成枯草芽孢杆菌悬液，取 1mL 菌悬液于 300mL 种子培养基/1000mL 三角瓶中，37℃，200r/min 培养 18h，得种子液。

2. 扩大培养

利用 50L 发酵罐和发酵培养基进行扩大培养，首先对发酵罐进行清洗，直至罐内清洁，碱煮 30min 随后进行空消。以 70%的装液量，称量发酵培养基各组分的量，投入发酵罐中，调节 pH 至（6.8±0.2），并加入一定量的消泡剂，密闭进料口。将发酵罐内的培养基在121℃灭菌 30min，用自来水通过罐体夹层使其冷却或自然降温。待温度降至 37℃时，通过蠕动泵进行接种后，封闭接种口。设定发酵条件：温度 37℃、pH7.0、接种量 3%、通气量为气液比 2∶1。发酵过程中，每 2h 取发酵液镜检并进行芽孢染色，观察芽孢产生情况同时检测发酵液活菌数。

（四）霉菌

1. 种子的制备

（1）斜面种子的制备　用接种环挑取冰箱保存的斜面菌种一环于斜面培养基上，于35℃恒温箱中培养 3~5d，待长满大量黑色孢子后，即为活化的斜面种子。

（2）孢子悬浮液的制备　用无菌移液管吸取 5mL 无菌水至黑曲霉斜面上，用接种环轻轻刮下孢子，装入含有玻璃球的三角瓶中，盖好塞子振荡数分钟。每支斜面的孢子悬浮液可接种 2~3 瓶麸曲三角瓶。

（3）种曲　吸取孢子悬浮液 2mL 接入上述麸曲种子培养基中，然后摊开纱布、扎好，并在掌心轻轻拍三角瓶，使孢子与培养基充分混合，于30~32℃下恒温培养1d后，再次拍匀，于35℃下培养，每隔12~24h摇瓶一次，孢子长出后停止摇瓶，继续培养3~4d，即成种曲。

2. 摇瓶发酵培养

将麸曲孢子（或直接将斜面种子）接种于上述摇瓶发酵培养基中。接种量：一支斜面接4~5瓶，一瓶麸曲孢子接20~35瓶，500mL三角瓶装液量为40mL，于转速为200r/min（24h前为100r/min，24h后为200r/min）、300r/min（24h前为100r/min，24h后为300r/min）的旋转摇床上，35℃下培养3~4d。

3. 发酵过程检测

（1）发酵　发酵0、24h、48h、72h、96h后分别取下两瓶检测残糖、柠檬酸含量，以观察发酵过程中黑曲霉的耗糖量与柠檬酸的生成速率。

（2）总酸含量检测　一般检测发酵过程中的总酸，采用0.1429mol/L NaOH溶液滴定发酵过滤清液。

（3）总糖及残糖（还原糖）测定　采用费林试剂法。

思考题

1. 常用的工业微生物种类有哪些？其主要发酵产品？
2. 请简述发酵工业中分离和筛选菌种的一般程序。
3. 工业生产中使用的微生物为什么会发生退化？菌种退化表现在哪些方面？
4. 请简述发酵工业中微生物菌种选育的方法及特点。
5. 工业用微生物的要求有哪些？试举例说明微生物在工业中的应用。

第四章

食品发酵与物质代谢

学习目标

1. 掌握初级代谢和次级代谢。
2. 熟悉食物原料大分子物质的分解代谢。
3. 熟悉微生物代谢产生的小分子物质及其代谢途径。
4. 掌握发酵食品风味的形成途径。

第一节 食物大分子物质的降解

食品的微生物发酵主要包括微生物的生长、基质的消耗和代谢产物的生成等过程，其中微生物的生长是关键。在适宜的条件下，微生物通过吸收外界环境中的养分来维持其生长、繁殖和分化等过程。由简单的化合物在体内进行复杂的生物代谢，合成细胞物质的过程称为合成代谢，又称"同化作用"。而在生命活动中，还需要将机体本身及外界多种复杂养分进行分解，并将其转化为简单的化合物，同时产生能量，这一过程称为分解代谢，又称"异化作用"。分解代谢的意义在于保证合成代谢的正常进行，而合成代谢反过来为分解代谢创造条件，两者共同构成了微生物的新陈代谢活动。

代谢通常被分为以获得能量为目的的代谢（如细胞呼吸）和供给合成微生物生长繁殖所必需的化合物（如蛋白质、核酸等）为目的的代谢，此代谢途径叫做初级代谢途径或基本代谢途径。初级代谢途径中产生维持生命活动所需的物质如各种有机酸、氨基酸、脂肪酸、核苷酸及其聚合物（如多糖、蛋白质、脂类、核酸）等，即为初级代谢产物。

次级代谢途径是指微生物进行的非细胞结构物质和维持其正常生命活动非必需，但起重要作用的物质的代谢过程，也叫 2 次代谢途径。次级代谢产物包括生物碱类、萜烯类、色素、抗生素等，不同种类的微生物所产生的次级代谢产物不相同，它们可能积累在细胞内，也可能排到外环境中。

食物的发酵就是通过微生物的新陈代谢，使食品原料中的组分发生生物转化，经过产物再平衡，形成风味各异的食品的过程。食品发酵一般过程如图 4-1 所示。

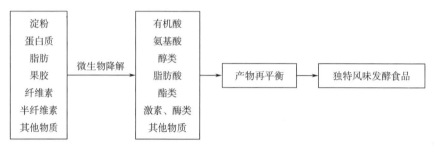

图 4-1　食品发酵一般过程

一、多糖的降解

食物原料中的多糖主要有淀粉、纤维素、果胶质等，在发酵过程中微生物通常无法直接利用，而是通过微生物中的多种酶类将其分解成小分子物质后再吸收、利用。多糖种类不同，相关分解酶类及分解途径均不相同。

1. 淀粉的降解

淀粉是人类的植物性主食中主要的营养物质，提供了全球人类消耗的 70% ~ 80% 的热量。淀粉由直链淀粉和支链淀粉组成，食物原料不同，直链淀粉和支链淀粉的含量不相同。直链淀粉结构上是由 α-D-吡喃葡萄糖基单元经 α-1,4-糖苷键连接的线性链，但许多直链淀粉分子含有一些支链，在分支点上由 α-1,6-糖苷键连接，180~320 个单元中有 1 个支链或 0.3%~0.5%的连接是分支。直链淀粉分子中的支链不是很长就是很短，而且大多数支链点之间的距离都很大，因此直链淀粉分子的物理性质本质上是线性分子的性质。支链淀粉是以 α-1,4-糖苷键和 α-1,6-糖苷键连接而成的高度支化的大分子，主链以 α-1,4-糖苷键连接，支链是 25~30 个葡萄糖基以 α-1,6-糖苷键结合在主链上。支链淀粉存在于所有淀粉中，它约占最常见淀粉的 75%。有些淀粉完全由支链淀粉组成，称为蜡质或支链淀粉，糯玉米是第一种被认为淀粉只包含支链淀粉的谷物。淀粉的组成不同，降解所需酶的种类也不相同，常用的有 α-淀粉酶（液化酶）、β-淀粉酶（转化酶、糖化酶）和葡萄糖淀粉酶等。

α-淀粉酶是一种内源性酶，它能在内部切割直链淀粉和支链淀粉分子，产生低聚糖。由于 α-淀粉酶只作用于淀粉的 α-1,4-糖苷键，较大的低聚糖可以通过 α-1,6-糖苷键形成单链、双链或三链。因其水解产物中还原端的葡萄糖残基为 α-构型，所以被称为 α-淀粉酶。α-淀粉酶不能催化水解 α-1,6-糖苷键，但能越过 α-1,6-糖苷键继续催化水解 α-1,4-糖苷键。此外，麦芽糖分子中的 α-1,4-糖苷键也不能被 α-淀粉酶水解，所以其水解产物主要是 α-葡萄糖、α-麦芽糖和一些小的糊精分子。

β-淀粉酶从淀粉聚合物链的非还原性末端依次释放麦芽糖。当支链淀粉为底物时，它攻击非还原性末端，依次释放麦芽糖，但不能切断 α-1,6-糖苷键，也不能越过 α-1,6-糖苷键继续催化水解 α-1,4-糖苷键。因此，它会留下修剪过的支链淀粉残渣，称为限制糊精。

葡萄糖淀粉酶（淀粉糖苷酶）在工业上与 α-淀粉酶结合，用于生产 D-葡萄糖。该酶作为一种外酶作用于完全凝胶化的淀粉，从直链淀粉和支链淀粉分子的非还原性末端开始催化淀粉的分解，能够作用于通过 α-1,6-糖苷键连接的末端，也能催化 α-1,4-糖苷键和 α-1,3-糖苷键，依次释放单个 D-葡萄糖基单位。葡萄糖淀粉酶能催化裂解淀粉分子中的任一糖苷键。因此，该酶可以完全水解淀粉为 D-葡萄糖。

有几种去分支酶专门催化支链淀粉的 α-1,6-糖苷键的水解，产生大量线性的低分子量分子。其中一种酶是异淀粉酶，另一种是支链淀粉酶。

2. 果胶质的分解

果胶（pectins）是构成植物细胞壁的成分之一，是由 150~500 个 α-D-吡喃半乳糖醛酸基通过 α-1,4-糖苷键连接而成的聚合物。它存在于细胞初生的壁和细胞之间的间隙中，起着组织的软化和黏附的功能。果胶能够与一些大分子物质相互连接，如纤维素、半纤维素、蛋白质等，使细胞组织具有坚固的结构，呈现出固有的形态，从而使水果蔬菜拥有较硬的质地。

果胶酶是复合酶，是多种能够分解果胶的酶的总称，它们对果胶降解的影响也不尽相同。其中主要有果胶酯酶和半乳糖醛酸酶两类，其作用机制为果胶在果胶酯酶的作用下分解为甲醇和果胶酸，之后在聚半乳糖醛酸酶的作用下分解成半乳糖醛酸。细菌、霉菌及酵母中都能获取果胶酶，其中产量以霉菌最高，对果汁的澄清能力强，因此在工业上常用的果胶酶几乎都是来自霉菌，如文氏曲霉、黑曲霉等。

3. 纤维素的分解

纤维素（cellulose）是构成高等植物细胞壁的重要组分，在自然界分布广泛，是含量最多的一种多糖。纤维素通常与半纤维素、果胶和木质素结合，影响着植物性食品的品质。纤维素是一种由重复的 β-D-吡喃葡萄糖单元通过 β-1,4-糖苷键连接而成的高相对分子质量、线性、不溶于水的聚合物。纤维素聚合度的大小与其来源相关，一般聚合度可以达到 1000~14000。纤维素分子的结构不仅有很高的结晶度，在分子内和分子间也存在大量氢键，以致纤维素分子的结构十分稳定。人和动物体内没有降解纤维素的消化酶，所以人和动物不能直接利用纤维素。但是许多微生物，如木霉、青霉、某些放线菌和细菌均能产出纤维素酶。

纤维素酶是一类纤维素水解酶的总称，由内切葡聚糖酶（endoglucanase，Cx 酶），外切葡聚糖酶（exoglucanase，C_1 酶）和 β-葡萄糖苷酶（β-glucosidase，BG）组成的。关于纤维素酶的降解机制的假说主要有 4 种，目前最被认可的理论是协同效应，即 C_1 酶、C_x 酶和 BG 酶之间相互协同作用，且各种酶之间的比例直接影响着纤维素的水解效果。

常用的生产纤维素酶的菌种有绿色木霉、康氏木霉、某些放线菌和细菌。表 4-1 列举了纤维素酶的主要来源。细菌以分泌内切纤维素酶为主，大部分不能分解结晶纤维素，加上在细胞内分泌，容易黏附在细胞壁，导致分离难度增加，因此，在工业上应用难度大。真菌分泌的纤维素酶主要属胞外酶，活性高、产量大，并且容易纯化分离，故研究真菌产酶的批量生产有重要意义。放线菌繁殖缓慢，纤维素酶的产量低，研究相对较少。

表 4-1 纤维素酶的主要来源

来源	主要菌属	优势	局限性
细菌	纤维黏菌、芽孢杆菌	一般分泌内切纤维素酶，应用在中性和碱性环境中，商用价值大	对结晶纤维素的活性不高，产量少，难以提纯
真菌	木霉、曲霉和青霉属	一般为胞外酶，活性高、产酶量大、酶系广，易于纯化分离	对环境的要求严格，一般只适合在酸性条件下的工业应用
放线菌	纤维放线菌、诺卡菌属和链霉菌属	酸或碱的环境下均有较好的活性，原核生物结构简单，便于对编码酶的基因进行克隆和重组	放线菌繁殖慢，纤维素酶含量少，相对的研究较少

纤维素酶广泛应用于酒类酿造。在啤酒酿造过程中，大麦要在淀粉酶、羧肽酶和纤维素酶的协同作用下产生高品质的麦芽。在发芽过程中如果出现未发芽或质量较差的大麦、产品中出现雾气等问题，会导致啤酒中形成凝胶或沉淀，影响啤酒的品质。为了克服这个问题，可在发酵过程中添加内切葡聚糖酶来降低麦芽汁的黏度，提高过滤的质量，进而提高啤酒成品的质量和整体生产效率。在葡萄酒生产中，添加纤维素酶有助于植物细胞壁多糖的水解，从而大大改善葡萄的浸皮、提色以及葡萄酒的品质。纤维素酶还可以用来澄清果蔬汁、降低果汁的黏度，改善烘焙食品的质量，提高食品的食用价值和营养价值。

二、脂质的降解

脂质在脂肪酶的作用下，发生水解反应，被分解成游离脂肪酸和甘油，微生物将甘油脱氢转化成丙酮酸，经过糖代谢方式进入三羧酸循环，脂肪酸能通过 β-氧化途径产生乙酰 CoA，从而也进入三羧酸循环，它们最终被分解成 CO_2 和 H_2O，如图 4-2 所示。脂肪的分解代谢也会像糖的有氧分解代谢一样释放出大量的能量，为机体供能。

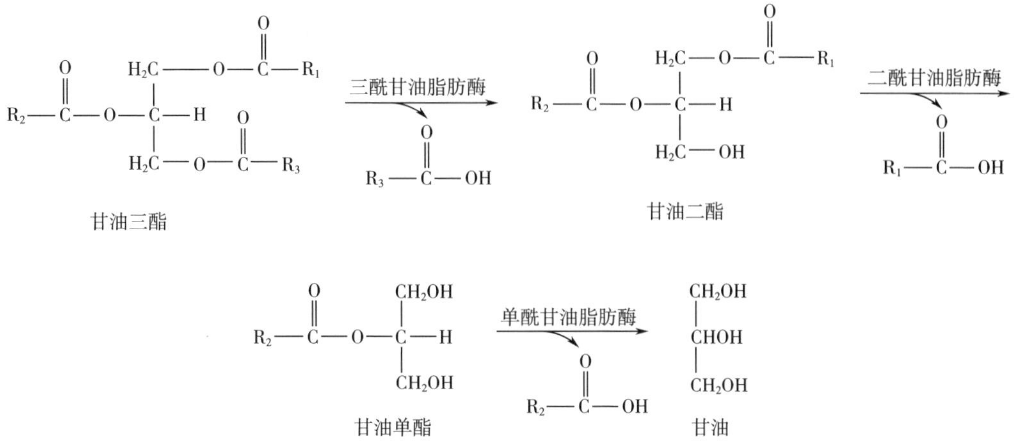

图 4-2　甘油三酯的酶水解

三、蛋白质的降解

蛋白质是由多种氨基酸组成的结构复杂的大分子化合物。食物原料中的蛋白质在蛋白酶作用下水解成短肽类和氨基酸后才能被生物吸收利用，为生物体提供营养物质。蛋白质在蛋白水解酶作用下部分水解，可以改善蛋白质的功能性质，如溶解性、分散性、起泡性和乳化性。蛋白质的不完全降解会导致多肽混合物从原始蛋白质中释放出来，这些肽被广泛应用于特殊食品中，如老年食品、非过敏性婴儿配方乳粉、运动饮料和减肥食品。

蛋白质微生物分解的一般过程如下：

蛋白质→蛋白脉→蛋白胨→多肽→氨基酸→有机酸、吲哚、硫化氢、氨、氢、二氧化碳

细菌、放线菌和霉菌都能产生蛋白酶，而不同的菌种产生不同的蛋白酶，如黑曲霉主要产生酸性蛋白酶，短小芽孢杆菌主要产生碱性蛋白酶。在各类微生物中，真菌类对蛋白质的降解性能普遍较好，能够对自然蛋白质进行降解和使用；细菌中的芽孢杆菌属、梭状芽孢杆菌属、假单胞菌属和变形杆菌、链球菌等具有良好的蛋白质降解能力；很多放线菌也具有降解蛋白质的功能。有些微生物仅能分解蛋白质的降解产物，无法利用天然的蛋白质。

第二节　食品发酵过程中小分子化合物的形成

微生物的分解代谢会产生大量小分子化合物，直接或间接对微生物的生长、繁殖起重要作用。微生物的分解代谢产物包括初级代谢产物和次级代谢产物，见表4-2。

表 4-2　微生物代谢产生的小分子化合物

类别	产物名称
初级代谢产物	
醇类	乙醇、丙醇、丁醇等
糖类	葡萄糖、果糖、半乳糖、核糖等
有机酸	乙酸、柠檬酸、乳酸、丙酮酸等
氨基酸	谷氨酸、赖氨酸、苯丙氨酸、异亮氨酸、缬氨酸等
维生素	维生素 B_2、维生素 B_{12}、生物素等
核苷和核苷酸	肌苷、鸟苷、鸟苷酸、肌苷酸等
多元醇	甘油、1,3-丙二醇等
次级代谢产物	
抗生素	青霉素、链霉素、红霉素、头孢菌素、万古霉素等
毒素	黄曲霉素、橘霉素、伏马镰孢毒素、赭曲毒素
色素	α-溶血素、绿脓菌色素、类胡萝卜素、红曲色素等
激素	赤霉素、细胞分裂素、生长素等

一、氨基酸的生物合成

氨基酸代谢是生物工程中的重要内容，对于生产生物制品具有重要意义。开展氨基酸代谢的生物工程研究，对推动生物工程领域的发展具有重要作用。某些细菌（如大肠杆菌）和真菌都可以用来生产氨基酸。氨基酸的生物合成与机体中的糖酵解途径（embden meyerhof parnas pathway，EMP 途径）、磷酸戊糖途径（hexose monophosphate pathway，HMP 途径）和三羧酸循环途径（tricarboxylic acid cycle，TCA 循环）密切相关。这些代谢途径的中间代谢产物可以合成各种氨基酸，如糖酵解途径中的 3-磷酸甘油酸可以进一步反应生成半胱氨酸、丝氨酸，丙酮酸可以合成缬氨酸、丙氨酸和亮氨酸；磷酸戊糖途径中的磷酸核糖可以合成酪氨酸、苯丙氨酸和色氨酸；三羧酸循环途径中的草酰乙酸可以合成甲硫氨酸、苏氨酸、天冬氨酸、异亮氨酸，α-酮戊二酸可以合成瓜氨酸、精氨酸、谷氨酸、鸟氨酸、脯氨酸和羟脯氨酸等。氨基酸的生物合成是一个极其复杂的过程，需要许多酶的参与，其中 NADPH 参与氨基酸代谢反应，L-异亮氨酸、谷氨酸、赖氨酸、鸟氨酸、脯氨酸和精氨酸的合成都需要 NADPH。L-苯丙氨酸（L-Phe）是重要的氨基酸，谷氨酸棒杆菌合成 L-苯丙氨酸大致可分为 3 步：①通过中心碳源代谢途径生成两种前体物质，糖酵解途径生成磷酸烯醇式丙酮酸和 4-磷酸赤藓糖；②磷酸烯醇式丙酮酸和 4-磷酸赤藓糖结合进入莽草酸途径，并经过一系列酶促反应生成分支酸；③通过分支酸路径生成 L-苯丙氨酸、L-色氨酸和 L-酪氨酸。

二、脂肪酸的生物合成

脂肪酸是脂类物质的主要组成单位，不仅是重要的储能物质，同时也是构成细胞膜的重要成分。脂肪酸在保护细胞组织、防止热量散失、细胞识别及组织免疫等方面发挥着重要的作用。脂肪酸主要以从头合成方式进行生物合成，以乙酰 CoA 为原料，在乙酰 CoA 羧化酶的作用下合成丙二酰 CoA，然后在脂肪酸合成酶的催化下经缩合、还原、脱水合成脂肪酸。从头合成路径只能完成 C_{16} 以下的脂肪酸的合成，对于更长碳链的脂肪酸通常是利用延长系统催化形成的。

糖类、脂肪和蛋白质三大营养物质的分解代谢、合成代谢及一些重要产物的生成过程如图 4-3 所示。

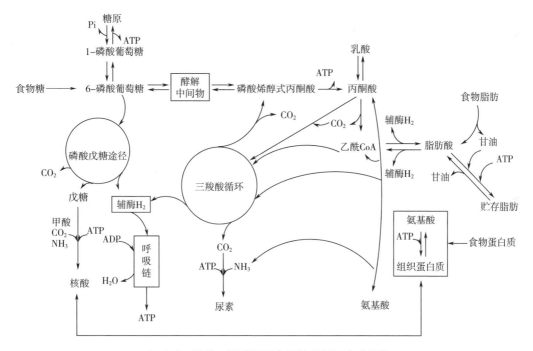

图 4-3　糖类、脂肪和蛋白质的分解和合成代谢

三、乙醇的生成

在微生物的作用下，乙醇发酵是一种厌氧发酵过程，指的是在缺氧条件下，酵母等微生物通过糖酵解途径将葡萄糖转化为乙醇和二氧化碳。在这一过程中，葡萄糖先通过糖酵解生成丙酮酸，然后在丙酮酸脱羧酶（pyruvate decarboxylase）的催化下转变成乙醛，随后乙醛在醇脱氢酶（alcohol dehydrogenase）的作用下还原生成乙醇。在有氧条件下，微生物会优先进行呼吸作用，将糖完全氧化为水和二氧化碳，而不是生成乙醇。因此，乙醇发酵

通常在无氧环境中进行，以避免有氧呼吸带来的完全氧化。

$$
\underset{\text{丙酮酸}}{\begin{array}{c}CH_3\\|\\C=O\\|\\COOH\end{array}}\xrightarrow[\text{TPP}]{\text{丙酮酸脱羧酶}}\underset{CO_2}{}\underset{\text{乙醛}}{\begin{array}{c}CH_3\\|\\C=O\\|\\H\end{array}}\xrightarrow[NADH+H^+\quad NAD^+]{\text{醇脱氢酶}}\underset{\text{乙醇}}{CH_3CH_2OH}
$$

四、乳酸的生成

糖酵解途径产生的丙酮酸，经过乳酸杆菌中的乳酸脱氢酶（lactate dehydrogenase）厌氧酵解，被 $NADH_2$ 还原为乳酸，称为乳酸发酵。每分子葡萄糖产生 2 分子乳酸和 2 分子 ATP。乳酸发酵应用于食品中可以用来生产干酪、酸乳和食用泡菜。

$$
\underset{\text{丙酮酸}}{\begin{array}{c}COOH\\|\\C=O\\|\\CH_3\end{array}}\underset{NADH+H^+\quad NAD^+}{\overset{\text{乳酸脱氢酶}}{\rightleftharpoons}}\underset{\text{乳酸}}{\begin{array}{c}COOH\\|\\HCOH\\|\\CH_3\end{array}}
$$

同型乳酸发酵是在完全厌氧的条件下进行的。唯一产物为乳酸。同型乳酸发酵细菌有乳酸乳球菌（*Lactococcus lactis*）、植物乳植杆菌（*Lactobacillus plantarum*）德氏乳杆菌保加利亚亚种（简称保加利亚乳杆菌，*Lactobacillus delbrueckii subsp. bulgaricus*）等。其发酵的基质主要是己糖，发酵过程是通过 EMP 途径将葡萄糖降解为丙酮酸，再利用乳酸脱氢酶直接将其还原为乳酸，其反应式为：

$$
\text{丙酮酸}+NADH+H^+\xrightarrow{\text{乳酸脱氢酶}}CH_3CHOHCOOH+CoA+NAD^+
$$

异型乳酸发酵的产物除乳酸之外，还产生了大量的乙醇、乙酸和 CO_2 等多种发酵产物。异型乳酸发酵中缺少醛缩酶和丙糖磷酸异构酶，其发酵过程为葡萄糖经过 PK 途径分解为3-磷酸甘油醛和乙酰磷酸，然后又分别被还原为乳酸和乙醇，每分子葡萄糖产生各 1 分子的乙醇、乳酸、CO_2 和 2 分子 ATP。总反应式为：

$$
C_6H_{12}O_6+2ADP+2Pi\longrightarrow CH_3CH_2OH+CH_3CHOHCOOH+CO_2+2ATP
$$

异型乳酸发酵细菌有短乳酸杆菌（*Lactobacillus brevis*）、肠膜明串珠菌（*Leuconostoc mesenteroides*）、葡萄糖明串珠菌（*Leuconostoc dextranicum*）、番茄乳杆菌（*Lactobacillus lycopersici*）等。

双歧杆菌是一种形态多样的严格厌氧菌，需较高的营养条件和生长促进因子，主要存在于人和某些动物的肠道中。双歧杆菌不含醛缩酶和 6-磷酸葡萄糖脱氢酶，但是含有 6-磷酸果糖磷酸解酮酶和 5-磷酸木酮糖磷酸解酮酶，其中 6-磷酸果糖磷酸解酮酶是其关键酶。发酵过程中，葡萄糖分解途径包括 HK 途径、HMP 途径以及 PK 途径，通过这些途径，葡萄糖最终被分解为乳酸和乙酸，每 2 分子葡萄糖分解产生 2 分子乳酸、3 分子乙酸和 5 分子 ATP。乳酸和乙酸的这一代谢可作为双歧杆菌属鉴定的一项重要指标。

乳酸发酵在泡菜、酸菜、酸牛乳、干酪等发酵食品中得到广泛的应用。乳酸细菌活动产生了大量的乳酸，从而抑制了其他微生物的生长，使蔬菜、牛乳等可以长期保存，并赋予了食品特殊的口感和风味。

五、醋酸的生成

参与醋酸发酵的微生物统称为醋酸细菌，其中包含了好氧菌和厌氧菌。

在有氧环境中，好氧性醋酸细菌可以直接将乙醇氧化为醋酸，其氧化反应为脱氢加水。最终，脱下的氢通过呼吸链和氧结合生成水，并放出能量，总反应式为：

$$CH_3CH_2OH+O_2 \longrightarrow CH_3COOH+H_2O$$

好氧醋酸细菌是发酵工业的基础。制醋原料或酒精接种醋酸细菌后，即可发酵生成醋酸发酵液供食用，醋酸发酵液也可以精制得到一种重要的化工原料——冰醋酸。好氧醋酸细菌有醋化醋杆菌（*Acetobacter aceti*）、氧化醋杆菌（*Acetobacter oxydans*）、巴氏醋杆菌（*Acetobacter pasteurianus*）、氧化醋单胞菌（*Acetomonas oxydans*）等。厌氧性细菌可以利用 EMP 途径对葡萄糖进行发酵，从而生成醋酸。总反应式为：

$$C_6H_{12}O_6+4（ADP+Pi）\longrightarrow 3CH_3COOH+4ATP$$

目前，国内生产糖醋的主要方法是厌氧性的醋酸发酵。厌氧醋酸细菌有热醋酸梭菌（*Clostriolium themoacidophilus*）、木醋杆菌（*Acetobacter xylinum*）等。

六、柠檬酸的生成

柠檬酸作为三羟酸循环的一个中间体，是由三羟酸循环产生的最具代表性的发酵产物，通过工业发酵，葡萄糖可生成柠檬酸。能产生柠檬酸的微生物以曲霉属、青霉属和橘霉属霉菌为主，其中以黑曲霉、米曲霉、灰绿青霉、淡黄青霉、光橘霉等产酸量较高。

第三节　食品发酵过程中风味物质的形成

大分子物质的降解和代谢使食物成分更加丰富，合成代谢产物是发挥食品风味和功能的基础。通过产物再平衡，发生了一系列复杂的生物、物理和化学反应，改善了酿造食品的颜色、透明度、香气和柔软度。产物再平衡是食品的横向作用，从表面上看，主要是指发酵食品的老化阶段或发酵后阶段，然而并非如此，从原料的粉碎、浸泡等预处理直至产品到餐桌这一漫长的过程中，产物的再平衡都没有中断过。在整个工艺过程中，除了一部分被彻底氧化为 CO_2、H_2O 和矿物质外，其他大部分物质彼此之间还有着错综复杂的、反复交替的一系列物理化学反应。

一、发酵食品香气物质形成的主要途径

发酵食品中的香气物质及组合是非常复杂的，其主要的香气物质是醇、醛、酮、酸、酯类等化合物。发酵食品香气物质形成的主要途径有以下几种。

（1）生物合成　直接由生物体合成的香气成分，主要是由脂肪酸经脂肪氧合酶促生物合成的挥发物。前体物多为亚油酸和亚麻酸，产物为 C_6 和 C_9 的醇、醛类以及 C_6 和 C_9 脂肪酸所生成的酯。例如，己醛是葡萄、苹果、香蕉、桃子、菠萝和草莓中主要的嗅味物；2t-壬烯醛（醇）和 3c-壬烯醇则是西瓜、香瓜等的特征香味物质。

（2）酶直接作用　由酶直接作用于香味前体物质产生香气成分。

（3）酶间接作用　酶促反应的产物再作用于香味前体物质形成香气成分。

（4）加热作用　美德拉反应、焦糖化反应、Strecker 降解反应可产生风味物质。油脂、含硫化合物等热分解也能生成各种特有的香气。糖类是生成香味物质的重要前驱物，糖类加热产生的香味物质包括呋喃衍生物、酮类、醛类、丁二酮、吡嗪类化合物等，这些物质与氨基酸的反应对香味的贡献很大，随反应条件的不同香味有所不同。肉类加热产生的主体香气成分是 1-甲硫基-1-乙硫醇、4-羟基-5-甲基-2（2H）-呋喃酮以及相对分子质量较低的醛、酮、硫醇等。

（5）微生物作用　微生物产生的酶（氧化还原酶、水解酶、异构化酶、裂解酶、转移酶、连接酶等）使原料成分分解生成小分子，这些分子本身或经过不同的化学反应生成许多风味物质。发酵食品的后熟阶段对风味的形成有较大贡献。

二、传统发酵食品中的主要异味物质

传统发酵食品由于其独特的风味受到广大消费者的青睐，但在发酵过程中难免会产生一些不良风味，当其中的某些不良风味物质超过一定浓度时，就会产生异味。目前，传统发酵食品中有醇类、硫化物、醛类、多肽和氨基酸等主要的异味物质。

（1）醇类　在食品发酵过程中，由氨基酸分解所产生的各种醇类物质，例如正丙醇、正丁醇、异丁醇、异戊醇等，都会使食品呈现苦涩味，正丁醇苦味较小，正丙醇苦味较重，还会产生刺激性的青草味和辛辣味，异丁醇苦味极重。此外，由酵母代谢产生的酪醇，在其含量较低时能带来柔和的香气，但其含量升高时会带来重而长的苦味。

（2）硫化物　食品中的硫化物主要是由微生物的次级代谢反应产生的，如酒发酵过程

中的硫化氢是由酵母的硫代谢反应产生的，二甲基硫是通过酵母还原二甲基亚砜产生的。此外光化学反应、热化学反应也会导致硫化物的生成。挥发性硫化物是十分重要的一类呈味物质，但其在食品中的阈值一般较低，不同的硫化物在食品中呈现出不同的气味特征，硫化物能产生如香草味、果味等有益的风味，但也会产生很多异味，如硫化氢呈臭鸡蛋味，硫醇呈辣萝卜味。此外还有一些硫化物如二甲基硫在含量较低时可增强口感，但其含量超过阈值时会出现腐烂蔬菜味。

(3) 醛类　乙醛是酒类中主要的醛类，也是酸乳中主要的芳香物质，但其含量过高时，会产生刺鼻的青草气味，乙醛是酵母把糖分解为乙醇时产生的中间产物，在乳酸菌产乳酸过程中，乙醛也可由核酸、氨基酸、丙酮酸代谢产生。除乙醛外，丙烯醛具有辛辣的臭气，且对人体健康有严重损伤，丙烯醛是最简单的不饱和醛，可通过多不饱和脂肪酸氧化、氨基酸降解等途径产生，丙烯醛在面包、干酪及酒精饮料等发酵食品中的含量高于一般食品。

(4) 多肽类　发酵食品的原料通常富含蛋白质，所以在发酵过程中难免会产生多肽，特别是以粮食谷物为原料的酒类饮料，其中含有大量的肽，且大部分都是苦味肽。在干酪发酵过程中，也会产生一些不良风味物质，主要是由苦味肽引起的，当蛋白质被水解后，肽链中的苦味氨基酸或短肽会暴露出来，与味蕾接触从而产生苦味。

(5) 异味微生物　在发酵系统中，造成异味的主要是酵母、乳酸菌、醋酸菌、霉菌或其他杂菌。例如，在酵母合成缬氨酸的过程中，一部分 α-乙酰乳酸被排出酵母外，经过氧化脱羧反应产生双乙酰，双乙酰被视为啤酒中生青味的主要呈味物质。在葡萄酒发酵过程中，乳酸菌对氨基酸的脱羧作用会产生如组胺、腐胺和尸胺等生物胺，从而产生一种"鼠臭味"。在酵母的代谢过程中，酪氨酸产生的酪醇，会引起沉重且悠久的苦味。在发酵乳中，由乳糖经过糖酵解途径产生的丙酮酸是重要的中间产物，丙酮酸可以在丙酮酸脱羧酶的作用下生成乙醛，从而产生辛辣的青草气息。醋酸菌是公认的葡萄酒腐败微生物，它能将乙醇氧化为乙酸从而产生具有刺激性的酸味，此外，醋酸菌在缺少糖原的情况下，会将乙醇氧化成乙醛，从而产生异味。霉菌是发酵食品产生霉味的主要原因。发酵时若感染杂菌，导致异常发酵，会产生丙烯醛，表现出辛辣刺激的气味，且带有强烈的苦涩味。

三、食品中的风味物质特征

(1) 种类繁多、相互影响。例如，在调配好的咖啡中，包含超过 500 种的风味物质；焙烤马铃薯的香气中含有 200 多种风味物质。食品的风味是由许多的风味物质协调作用或相互拮抗而形成的，如 2-丁酮、2-戊酮、2-己酮、2-庚酮、2-辛酮等，它们单独存在时没有明显的味道，但以一定比例混合时，就会产生明显的嗅感。

(2) 含量极微，效果显著。食品中风味物质的含量一般在 $10^{-12} \sim 10^{-6}$ mg/kg。马钱子碱在食品中含量为 7×10^{-5} mg/kg 时就有明显的苦味；水中乙酸异戊酯含量为 5×10^{-6} mg/kg 时就有明显的水果香气。

（3）稳定性差，容易遭到破坏。

（4）风味物质会受到外界条件的影响，例如浓度、介质等。

（5）风味类型与风味物质种类和结构缺乏普遍的规律性，呈味性能与其分子构造有高度特异性。

（6）风味类型与风味物质的相对分子质量有关，如表4-3所示。

表4-3　风味物质的相对分子质量特点

挥发性	影响感官的功能	相对分子质量	实例
高	香气、味道	150	酯类、酮、简单杂环
低	香气、味道	250	有机酸、氨基化合物
无	味道	50~10000	糖、氨基酸、SMG、盐、核酸、苦味剂、天然甜味剂
无	口感	5000	淀粉、多肽
无	未知	10000	生物聚合物、类黑素

思考题

1. 什么叫初级代谢、次级代谢？

2. 请论述淀粉、蛋白质、脂肪的微生物转化。

3. 氨基酸的生物合成涉及哪些代谢途径？

4. 请简述脂肪酸的生物合成。

5. 发酵食品中风味物质是怎么形成的？

第五章
谷物发酵制品

学习目标

1. 掌握包括麦芽制备、麦汁制备、啤酒发酵等生产工艺流程。
2. 掌握黄酒酿造工艺。
3. 掌握白酒酿造中大曲的分类及代表酒类。
4. 掌握大曲白酒的酿造工艺。
5. 理解食醋色、香、味、体形成的机制。
6. 掌握食醋酿造的工艺。
7. 理解黄酒、啤酒、白酒及食醋的营养保健功效。

谷物发酵制品是以谷物为原料，经过微生物发酵制成的一类食品。谷物发酵制品常用的酵母，能分泌多种酶，使谷物中复杂的大分子物质转化成人体容易吸收的营养素，并生成许多有益健康和风味独特的小分子化合物，从而形成各具特色的发酵食品。谷物发酵制品包括谷物（粮食）、酒谷物（粮食）、醋、面包、馒头、发面饼、甜面酱等。

第一节　酒

白酒起源于中国，历史悠久，公元前 7 世纪就有酿酒的记载。酒的酿制技艺经历了一个从自然酿酒逐渐过渡到人工酿酒的漫长过程，我国的人工酿酒历史可追溯到约 7000 年前，地中海南岸人发明的麦芽啤酒距今约 9000 年。

以淀粉为主的谷物在发芽过程中或由霉菌、酵母等微生物产生的酶的糖化作用和微生物发酵作用所得的酒称为谷物酒（粮食酒），可分为两大类：一类起源于发芽的谷物，谷物在发芽过程中产生的淀粉酶、蛋白酶作用于谷物中的淀粉、蛋白质、氨基酸，在酵母的作用下即变成酒，如啤酒，其相应的蒸馏酒有威士忌等；另一类起源于发霉的谷物，受潮的谷物在黑曲霉、根霉等霉菌的淀粉酶、蛋白酶作用下生成的糖和氨基酸，进一步被酵母作用产酒，如黄酒、清酒，其相应的蒸馏酒有白酒、烧酒。

一、啤酒

（一）啤酒的分类

我国最早的啤酒厂是 1900 年俄国人在哈尔滨建立的乌卢布列夫斯基啤酒厂，即哈尔滨啤酒厂的前身。1903 年，英国和德国商人在青岛开办英德酿酒有限公司，即现在青岛啤酒厂的前身。目前，中国啤酒产量居世界第一，酿造技艺也在不断提升。

1. 根据生产工艺分类

（1）熟啤酒 熟啤酒是指经过巴氏杀菌或超高温瞬时灭菌等加热处理的啤酒。熟啤酒可以长期储存，不发生混浊沉淀，但口味不如鲜啤酒新鲜。

（2）鲜啤酒 指经过过滤澄清，不经过巴氏杀菌或超高温瞬时灭菌、成品中允许含有一定量活酵母、具有一定生物稳定性的啤酒。在 10℃ 以下保鲜期一般为 5~10d，如桶装啤酒。

（3）纯生啤酒 指纯种发酵，不经过巴氏杀菌或超高温瞬时灭菌而采用物理过滤方法除菌，并经无菌灌装具有一定生物稳定性的啤酒。保鲜期一般与熟啤酒相同。

（4）特种啤酒 由于原辅材料或工艺有较大改变，使之具有特殊风格的啤酒。目前主要有以下五种：

①淡爽啤酒：原麦汁浓度为 7~9°P，酒精度在 1%~3.4% 的低酒精、低热量的啤酒。

②干啤酒：除满足淡色啤酒的技术要求外，真正发酵度不低于 72%、酒中残糖极低、口味干爽的啤酒。

③冰啤酒：除满足淡色啤酒的技术要求外，在滤酒前，须经冰晶化工艺处理（通过深冷出现冰晶以析出冷浑浊物然后滤除），口味纯净、清澈、浊度不大于 0.8EBC。酒精含量在 5.6% 以上，高者可达 10%。冰啤色泽特别清亮，口味柔和、醇厚而且爽口。

④低醇啤酒：酒精度 0.6%~2.5%，其他指标符合各类啤酒要求。

⑤小麦啤酒：以小麦麦芽为主要原料（占总原料 40% 以上）并具有小麦麦芽的香味。

2. 根据酵母性质分类

（1）下面发酵啤酒 用蒸煮糖化法制备麦汁经下面酵母发酵而成。世界上大多数国家采用下面发酵制啤酒，国际著名的下面发酵啤酒有比尔森淡色啤酒、多特蒙德淡色啤酒等。国内均为下面发酵啤酒，最有代表性的是青岛啤酒。

（2）上面发酵啤酒　多利用浸出法制备麦汁，经上面酵母发酵而制成。英国应用最广，其次有比利时、加拿大、澳大利亚等。国际著名的上面发酵啤酒有爱尔淡色啤酒、爱尔浓色啤酒、司陶特黑啤酒和波特黑啤酒等。

3. 根据啤酒色度分类

（1）淡色啤酒　淡色啤酒是啤酒中产量最大的一种，我国绝大部分啤酒属于此类型。其色度一般在 0.5mL 碘液（0.1mol/L）左右，外观呈淡黄色、金黄色或棕黄色，口味淡爽醇和。

（2）浓色啤酒　啤酒色泽呈红棕色或红褐色，色度在 1~3.5mL 碘液。此种啤酒要求麦芽香味突出、口味醇厚、苦味较轻。

（3）黑色啤酒　色泽多呈深红褐色至黑褐色，色度一般 5~15mL 碘液，产品比例较小。黑色啤酒要求原麦汁浓度较高，麦芽香味突出、苦味醇厚、泡沫细腻、苦味根据产品类型而定。

4. 根据原麦汁浓度分类

（1）低浓度啤酒　原麦汁浓度 2.5~8°P，酒精含量 0.8%~2.2%，随着人们对低酒精度饮料需求的增加，近年来产量日益上升。酒精含量低于 0.5% 的所谓无醇啤酒也属此类。

（2）中浓度啤酒　原麦汁浓度 9~12°P，酒精含量 2.5%~3.5%，我国大部分属于此类。

（3）高浓度啤酒　原麦汁浓度 13~22°P，酒精含量 3.6%~5.5%，多为浓色啤酒。

（二）啤酒生产原辅料

啤酒是以麦芽为主要原料，以大米或其他谷物为辅助原料，经麦芽汁的制备，添加酒花煮沸，并由酵母发酵酿制而成，含有二氧化碳、起泡的、低酒精度饮料酒，酒精含量为 2.5%~7.5%。

啤酒生产的主要原料有大麦（麦芽）、水、酒花、酵母，辅料主要是未发芽的谷类、淀粉、糖类，以用谷物为多。

1. 主要原料

（1）大麦　啤酒酿造以大麦为主要原料。这是由于大麦便于发芽，发芽后产生大量水解酶类，且大麦的化学成分适宜酿造啤酒。大麦依麦粒在穗轴上的排列方式分为二棱、四棱和六棱大麦。二棱大麦籽粒皮薄，淀粉含量较高，蛋白质含量相对较低，其浸出物含量高，是酿造啤酒最好的原料，使用比较普遍。大麦的质量标准可参照《啤酒大麦》（GB/T 7416—2008）的要求。

（2）水　啤酒生产时投料水、洗糟水和啤酒稀释用水是啤酒的重要原料之一，习惯上称为酿造用水。酿造用水应符合《生活饮用水卫生标准》（GB 5749—2022），酿造用水直接影响着啤酒的质量，指标要符合啤酒酿造的要求。

（3）酒花　酒花又名蛇麻花、忽布（hops），为多年生蔓性攀援草本植物，雌雄异株，用于啤酒酿造者为成熟的雌花。酒花分为香型酒花、兼型酒花和苦型酒花。酒花的功能是赋予啤酒特有的香味和爽口的苦味，增加麦汁和啤酒的防腐能力，提高啤酒的起泡性和泡持性，与麦汁共沸时促进蛋白质凝固，增强啤酒的稳定性。酒花的苦味物质、酒花精油和多酚等成分对啤酒酿造有特殊意义。

①苦味物质：苦味物质是赋予啤酒愉快、爽口苦味的物质，主要包括 α-酸、β-酸及一系列氧化、聚合产物。其中 α-酸具有苦味和防腐作用，是衡量酒花质量的重要标准；而 β-酸易氧化形成 β-软树脂，赋予啤酒特殊的柔和苦味。

②酒花精油：酒花精油其味芳香，是赋予啤酒香气的主要物质。苦型酒花含酒花精油仅为 0.1%~0.75%，而香型酒花含酒花精油一般达 1.5%~2.5%。我国啤酒生产目前使用的多为苦型酒花，因此缺乏典型酒花香气。

③多酚物质：酒花中含多酚物质4%~8%，在啤酒酿造中多酚物质有双重作用。在麦汁煮沸和冷却时，与蛋白质结合形成热凝固物和冷凝固物，利于麦汁的澄清及啤酒的稳定性；但残存于啤酒中的多酚物质又是造成啤酒混浊的主要因素之一。在啤酒过滤时，可采用聚乙烯聚吡咯烷酮（PVPP）吸附除去啤酒中的多酚物质。

酒花在麦汁煮沸时直接添加，利用率较低，且酒花球果在运输、贮藏和使用上都不方便。因此酒花制品如酒花粉、酒花颗粒、酒花浸膏、酒花油等越来越受到酿造者的欢迎。

（4）酵母　用于酿造啤酒的酵母主要包括：啤酒酵母和葡萄汁酵母。

①啤酒酵母：呈圆形、卵圆形或腊肠形，细胞的长宽比决定了其代谢特点。一般酵母细胞长宽比为2∶1，此组酵母细胞出芽长大后不脱落，再出芽，易形成芽簇——假菌丝。主要用于啤酒、果酒酿造和面包发酵。在啤酒酿造中，酵母易飘浮在泡沫层中，在液面发酵和收集，所以这类酵母又称上面发酵酵母。啤酒酵母能发酵葡萄糖、麦芽糖和蔗糖，不能发酵蜜二糖和乳糖。

②葡萄汁酵母：在啤酒酿造界习惯称之为"卡尔酵母"或"卡尔斯伯酵母"。此类酵母糖类发酵特征相同，均能全部发酵棉籽糖。在啤酒酿造中，发酵结束酵母沉于容器底部，所以称"下面发酵酵母"。

2. 辅料

（1）大米　在淡色下面发酵啤酒生产中，大米是啤酒酿造中最常使用的辅料。所有大米品种均可用于啤酒酿造，但就啤酒风味而言，粳米优于籼米，糯米优于非糯米。大米淀粉含量高，蛋白质含量低，用部分大米代替麦芽，不仅出酒率高，而且可以改善啤酒的风味和色泽，降低生产成本。大米使用量在25%左右为宜，使用量过大，会造成麦芽汁 α-氨基氮含量过低，影响酵母繁殖和发酵，出现发酵迟缓、酵母容易衰老及啤酒饮用后容易"上头"等现象。

（2）玉米　我国少数厂用玉米作辅料。玉米淀粉含量比大米少，但比大麦高。玉米胚芽富含油脂，因油脂破坏啤酒的泡持性，降低起泡能力，氧化后产生异味，所以在使用时应预先除去胚芽。

（3）其他 小麦发芽制成的小麦芽或小麦面粉均可作为啤酒酿造的辅助原料，但目前我国生产中应用较少。有的啤酒厂为了简化工艺，直接使用蔗糖、葡萄糖和淀粉糖浆为辅料，这有利于提高发酵度，降低色度。

（三）啤酒酿造过程中的物质代谢

酵母添加到冷却的麦汁中后，开始在有氧的条件下以麦汁中的氨基酸和可发酵性糖为营养源，通过呼吸作用而获得能量。此后便在无氧的条件下进行酒精发酵，经过对麦汁组成分进行一系列复杂的代谢，产生酒精和各种风味物质，构成有独特风味的饮料酒。啤酒发酵过程中酵母的代谢作用包括糖类代谢、氮的同化和风味物质的形成。

1. 糖类代谢

在啤酒发酵过程中，绝大部分可发酵性糖被酵母代谢生成酒精和二氧化碳，它们被利用的顺序是：葡萄糖>果糖>蔗糖>麦芽糖>麦芽三糖，麦芽四糖以上的寡糖、戊糖和异麦芽糖等均不能发酵，它们将成为啤酒中浸出物的主体。

2. 氮的同化

麦汁中含有氨基酸、肽类、蛋白质、嘌呤、嘧啶以及其他含氮物质。由于啤酒酵母细胞外蛋白酶活力很低，对麦汁中的蛋白质分解作用很弱，啤酒发酵初期啤酒酵母必须吸收麦汁中的含氮物，合成酵母细胞蛋白质、核酸和其他含氮化合物以繁殖细胞，因此麦汁中必须有足够的含氮物。残存于啤酒中的含氮物对啤酒的理化性能和风味影响很大，它决定着啤酒的浓醇性，当啤酒中含氮物达到450mg/L以上就显得浓醇，含量为300~400mg/L就显得爽口，低于300mg/L会显得寡淡如水。

3. 啤酒中风味物质的形成

（1）高级醇类 高级醇类是啤酒发酵副产物，对啤酒风味具有重大影响。适量能使啤酒具有丰满的香味和口味，并增加协调性，但含量过高就成了酒中的异杂味。高级醇可通过两条途径形成，一是由氨基酸转氨成 α-酮酸，酮酸脱羧成醛，醛再还原为醇；另一条途径是利用糖代谢合成氨基酸的最后阶段，形成中间产物 α-酮酸，由此脱羧、还原而形成高级醇。

（2）醛类 啤酒中检出的醛类有20多种，其中乙醛是啤酒发酵过程中产生的主要醛类。它是酵母代谢时由丙酮酸不可逆脱羧而形成的。乙醛对啤酒风味的影响很大，当啤酒中乙醛含量高于10mg/L时就有不成熟口感，给人以不愉快的粗糙苦味感觉；当含量达到25mg/L以上有强烈的刺激性辛辣感；当含量超过50mg/L时就有无法下咽的刺激感。乙醛在啤酒发酵的前期大量形成，而后很快下降。下面发酵至发酵度35%~60%时，乙醛含量最高。

（3）有机酸 啤酒中的有机酸来自麦芽等原料、糖化发酵的生化反应、水及工艺调节外加酸。啤酒中含有适量的酸，会使啤酒口感活泼、爽口；缺乏酸类，啤酒口感呆滞、不爽口；过量的酸又使啤酒口感粗糙、不柔和、协调性差。

（4）酯类　啤酒中含有一定量的挥发性酯才能使啤酒香味丰满协调，但酯含量过高或超过阈值会使啤酒形成异香味，是不愉快的香味。传统的啤酒以酒花香气为主体香，目前大多数啤酒厂大幅度减少酒花用量，酒花香味常常不足，由于酵母菌种的改变和发酵技术的变化，啤酒中挥发性酯普遍有升高趋势，消费者也逐渐接受了有淡雅乙酸乙酯香味的啤酒。啤酒中的酯类大都是在啤酒主发酵过程中产生的。在发酵过程中酯的生成依赖于酵母的生物合成，是由酵母形成的酰基辅酶A和醇类在酵母酯酶的催化下缩合而成，是同温下化学反应速度的1000倍。

（5）联二酮类（VDK）　联二酮是双乙酰和2,3-戊二酮的总称。其中2,3-戊二酮在啤酒中的含量较低，对啤酒的风味不起作用。对啤酒风味起主要作用的是双乙酰，在淡爽型啤酒中当含量高于0.15mg/L时，就能辨别出不愉快的刺激味；在深色啤酒中，由于突出麦芽香味和酒花香味，即使双乙酰含量达到0.2~0.3mg/L也能接受；优质淡爽型啤酒的双乙酰含量应控制在0.10mg/L以下。

（6）硫化合物　硫是酵母代谢过程中不可缺少的微量元素，但某些硫的代谢产物对啤酒的风味有破坏作用。啤酒中含硫化合物绝大部分是非挥发性的，它们和啤酒香气关系不大；而挥发性硫化物含量虽小，但会影响啤酒风味，主要是H_2S、SO_2和硫醇。

（四）啤酒的酿造工艺

下面发酵啤酒酿造工艺流程如下：

制麦 → 麦芽粉碎 → 麦芽汁的制备（糖化、过滤、煮沸、加酒花、回旋沉淀） → 麦芽汁的发酵 →

发酵液后处理 → 啤酒成品包装

1. 制麦

啤酒酿造以大麦为主要原料，质量标准可参照《啤酒大麦》（GB/T 7416—2008）的要求。大麦在人工控制的外界条件下发芽和干燥的过程，称为制麦。发芽后制得的新鲜麦芽称为绿麦芽，经干燥和焙焦后的麦芽称为干麦芽。

制麦的主要目的是通过大麦发芽产生的多种水解酶的作用使胚乳中的淀粉、蛋白质等物质适度分解；通过麦芽干燥除去绿麦芽中的水分和生腥味，产生麦芽特有的色、香、味。其工艺流程如下：

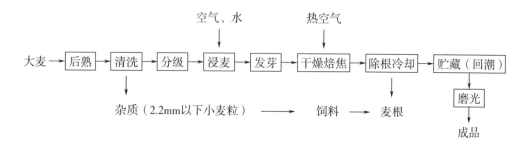

新干燥的麦芽必须经过至少 1 个月的贮藏，使其酶活力恢复，才能用于酿造。中小型啤酒工坊可直接采购使用。

2. 麦芽粉碎

选取质量合格的麦芽进行粉碎，麦芽可粉碎成谷皮、粗粒、细粒、粗粉、细粉，一般要求粗粒与细粒（包括细粉）比例大于 1∶2.5，这样有利于物料的浸出与溶解，有利于酶的游离，改善糖化效果。粉碎过细，皮壳中的有害物质（包括苦味物质、色素、单宁等）溶出，使啤酒颜色加深、味苦粗糙，影响品酒品质。粉碎前，提前 5~10min 加适量水湿润大麦芽表面，达到皮壳"破而不碎，胚乳适当细"的要求，以便麦糟形成性能良好的过滤层，便于麦汁过滤。这个环节容易因人员、设备、原料等不同造成差异。特别注意的是，大麦芽应当即粉即用，不宜长时间保存，更不可过夜。

辅料应粉碎得越细越好，以增加浸出物的得率。

3. 麦芽汁的制备

麦芽汁制备是指将麦芽粉、非发芽谷物粉、酒花用水调制，加工制成澄清透明的麦芽汁的过程。麦芽汁的制备包括麦芽糖化、过滤、加酒花煮沸、回旋沉淀等过程。

（1）麦芽糖化 传统的糖化方法有两大类：煮出糖化法和浸出糖化法。其他糖化方法均是由这两种方法演变而来。

①煮出糖化法：是麦芽醪利用酶的生化作用和热力的物理作用进行糖化的方法，其特点是将糖化醪液的一部分，分批加热到沸点，然后与其余未煮沸的醪液混合使全部醪液温度逐次提高到不同酶分解所需的温度，最后达到糖化终了温度。煮出糖化法可以弥补一些麦芽溶解不良的缺点，此法多用于制造下面发酵啤酒。

②浸出糖化法：是将粉碎麦芽与冷水混合，然后逐渐通入蒸汽加热或添加热水使醪液温度提高到所需温度。浸出法分为升温浸出法和降温浸出法。升温浸出法中各种水解酶在醪液逐步升温时对麦芽成分进行分解，常采用二段式糖化。首先经过 62.5℃糖化，在此温度下，β-淀粉酶有最高活性，有利于形成较多的可发酵性糖，一些蛋白酶类也有一定活性，可补充蛋白质的分解，此温度一般保持 20~40min。然后升温至 68~70℃进行第二段糖化，此段主要发挥 α-淀粉酶的作用，提高麦汁收率。降温浸出法一开始就在 68~70℃下进行糖化，然后再降温进行第二段浸出，这时蛋白酶已受到破坏，这种先高温后低温的方法不够合理，目前啤酒厂很少采用。

当使用部分未发芽谷物作辅料时，由于未发芽谷物中的淀粉包含在胚乳细胞中，须经过破除细胞壁，使淀粉溶出，再经糊化和液化形成淀粉浆，才能受到麦芽中淀粉酶作用形成可发酵性糖和糊精。未发芽谷物的处理，一般是在糊化锅内加水加麦芽，升温至沸，由于包含了辅料的酶和煮沸处理，故称复式糖化。采用该法时，辅料大米、玉米应适当磨细。磨得越细，糊化和液化越容易，但磨得太细会造成麦汁过滤困难，麦汁混浊，一般以能通过 40 目筛为宜，添加麦芽或酶有利于辅料液化。

（2）麦芽醪的过滤　糖化结束后，为了保证麦汁品质，应在最短的时间内，将糖化醪中溶于水的浸出物与不溶性的麦糟分开，得到澄清的麦汁，此分离过程称麦芽醪的过滤。此过程残存的 α-淀粉酶继续将少量高分子糊精分解成短链糊精和可发酵糖，提高原料浸出物得率。

以麦糟为滤层，从麦芽醪中分离出"头号麦汁"。用热水洗出残存于麦糟中的可溶性固形物，得到洗涤麦汁或称"二号麦汁"。

制造淡色啤酒，糖化醪浓度较稀，洗糟用水量则少；制造浓色啤酒，糖化醪较浓，相应的洗糟用水量大。洗糟用水温度为 75~80℃，残糖质量分数控制在 1.0%~1.5%；酿造高档啤酒，残糖质量分数可提高到 1.5% 以上，以保证啤酒质量。

（3）麦汁煮沸与酒花添加　麦汁过滤结束，开大蒸汽阀门开始煮沸，麦汁沸腾时开始计时，煮沸 70min，保持麦汁始终处于沸腾状态，若在规定时间内浓度未达要求，可适当延时。

煮沸的目的是蒸发水分、浓缩麦汁；酶的破坏和麦汁灭菌促进蛋白质变性沉淀，便于在后面的工序中分离除去；促进酒花含有的苦味质、多酚物质、芳香成分等溶出；排除麦汁中的异杂味；另外，煮沸可促进还原物质，如类黑素等的形成。

麦汁煮沸是在麦汁煮沸锅中进行，煮沸程度用煮沸强度表示，指煮沸锅单位时间蒸发麦汁水分的百分数，又称蒸发强度。公式如式（5-1）所示。

$$\varPhi = \frac{V_1 - V_2}{V_1 \times t} \times 100\% \tag{5-1}$$

式中　$\varPhi$——煮沸强度，%/h；

V_1——煮沸前混合麦汁体积，m^3；

V_2——煮沸后热麦汁的体积，m^3；

t——煮沸时间，h。

为了获得澄清透明并含有较低热凝固氮的麦汁，煮沸强度一般应在 8%~12%。煮沸强度不够是许多啤酒厂生产的啤酒易发生混浊的主要原因之一。

添加酒花的目的是①赋予啤酒特有的香味，酒花中的酒花油和酒花树脂在煮沸过程中经过复杂的变化以及不良的挥发成分的蒸发，可赋予啤酒特有的香味；②赋予啤酒爽快的苦味，酒花中 α-酸经异构化形成的异 α-酸以及 β-酸氧化后的产物，均是苦味甚爽的物质；③增加啤酒的防腐能力；④提高啤酒的非生物稳定性；⑤防止煮沸时窜沫。

酒花添加量随着所制啤酒的类型、酒花本身的质量（含 α-酸的量）和消费者的爱好不同而不同。一般浅色啤酒为突出清香及爽口的苦味，应多加些，添加量为 0.4%~0.5%；浓色啤酒要突出麦芽香，可少加些，用量为 0.18%~0.2%；我国浅色啤酒酒花用量较低，12°P 浅色啤酒用量为 0.15%~0.2%。

酒花一般分为三次或四次添加，以"先次后好，先陈后新，先苦后甜，先少后多"的原则添加。

（4）麦汁的回旋沉淀

煮沸结束，关闭蒸汽阀门，启动麦汁泵，将麦汁泵入旋沉槽，回旋 3~5min，静止沉淀 30min，然后进行热凝固物分离。

热凝固物又称煮沸凝固物，是在煮沸过程中，麦汁中的蛋白质变性和多酚物质的不断氧化聚合而形成，同时吸附了部分酒花树脂，在 60℃ 以前，此类凝固物仍继续析出。发酵前热凝固物应尽量彻底分离，否则在发酵时会吸附大量的活性酵母，造成发酵不正常。如分散后进入成品啤酒，将影响啤酒的非生物稳定性和风味。

80%~90% 的工厂采用回旋沉淀槽法分离热凝固物，利用麦汁旋转产生的离心力进行分离，也有少量工厂采用离心机或硅藻土过滤法分离。

4. 麦芽汁发酵

热凝固物后澄清的麦汁在冷却到 50℃ 以下后，随着冷却进行，麦汁中重新析出的混浊物质，在 25℃ 左右析出最多，这种分离称为冷凝固物分离。冷凝固物导致的混浊是可逆的，麦汁加热到 60℃ 以上，麦汁又恢复澄清透明，这和瓶装啤酒的"冷雾浊"是完全相同的。

冷却麦汁添加酵母后在开口的酵母繁殖槽内停留 14~20h，开始起沫后移入前发酵槽，分离出残留在槽底的冷、热凝固物及死酵母。冷凝固物的分离不是所有啤酒厂生产任何啤酒都需要的。如果所生产的啤酒不需要太长的保质期，不分离冷凝固物也可以，而且对啤酒的泡沫性能有利。

（1）传统啤酒发酵　传统的啤酒发酵工艺分上面发酵和下面发酵两大类型。两者由于所采用的酵母菌种不同，发酵工艺和设备也不相同，制出的啤酒风味也不同。

我国啤酒发酵工艺大部分是下面发酵，传统的下面发酵分为主发酵和后发酵两个阶段，生产时间比较长。整个工艺过程包括添加酵母、前发酵（酵母增殖）、主发酵、后发酵和贮酒等几个工序。一般前发酵室温度 7~8℃，主发酵室温度 6~7℃，后发酵和贮酒室温度 0~2℃。

①前发酵期：即酵母繁殖期，麦汁接种酵母后 8~16h，此时酵母与麦汁接触，逐渐克服生长滞缓期，开始出芽，液面上出现 CO_2 小气泡，逐渐形成白色的、乳脂状泡沫。经过 20h 的酵母繁殖，发酵麦汁移入主发酵池（倒槽），分离池底沉淀的杂质。如果麦汁添加酵母 16h 后仍不起泡，可能是室温或接种温度太低、酵母衰老、酵母添加量不足、麦汁含氧量低、麦汁中 α-氨基氮和嘌呤、嘧啶等含氮物质不足等原因所引起。常采用的补救措施为适当提高液温、增加麦汁的通风量、增加酵母量、改善糖化方法以加强蛋白质的分解作用，提高麦汁中 α-氨基氮含量等。

②主发酵期：此阶段为酵母活性期，麦汁中绝大部分可发酵性糖在此期内发酵，酵母的一些主要代谢产物也在此期间完成。

主发酵前期酵母吸收麦汁中的氨基酸和营养物质，利用糖类发酵获得能量合成酵母细胞，此阶段降糖较缓慢，而 α-氨基氮下降迅速。此时在麦汁表面逐渐形成更多的泡沫，由四周渐渐拥向中间，洁白细腻，如花菜状。此时发酵液温每天上升 $0.5 \sim 0.8 ℃$，降糖（麦芽糖浓度下降） $0.3 \sim 0.5°P$，不需人工降温，此阶段称为低泡期。

随着酵母浓度的增加，降糖速度加快，泡沫增高至 $25 \sim 30 cm$，并因酒内酒花树脂和蛋白质-单宁氧化物开始析出泡沫变成棕黄色。当酵母浓度达到最大时，降糖最快，每天表观降糖可达 $1.5 \sim 2.0°P$，此时发酵液温度达到要求的最高温，需人工冷却以保持发酵最高温度。此阶段为发酵旺盛期，称为高泡期。

当发酵度达到 $35\% \sim 45\%$ 时，酵母开始凝聚，发酵液中悬浮酵母数量开始下降，降糖速度随之降低，每天降糖 $0.5 \sim 0.8°P$，由于酒内析出物增多，泡沫由棕黄色变成棕褐色泡盖，此阶段为落泡期。发酵温度逐步降低，控制液温每天下降 $0.5 ℃$，后期使发酵温度接近后发酵温度。

当主发酵后期每天降糖小于 $0.3°P$ 时，发酵变缓，液面泡沫逐渐回落形成泡盖。泡盖是凝固的高分子蛋白质、多酚和酒花树脂的氧化物、死酵母等，随 CO_2 浮至液面，带有不良苦味，在发酵结束前要小心撇去。此时可下酒至后发酵和回收沉淀于池底的酵母泥。

对于 $12°P$ 浅色啤酒，一般下酒时表观浓度 $3.6 \sim 4.0°P$，如保留可发酵性糖太少，则后发酵不充分，CO_2 不足，酒中异杂味排除不彻底，啤酒非生物温度性差。保留过多的可发酵性糖，在低温后酵结束时残糖较高，使啤酒风味变差、发甜，生物稳定性差。下酒温度为 $4.2 \sim 5.5 ℃$，应根据酒中双乙酰含量和后发酵时间来确定具体温度，如下酒时双乙酰含量比较高，采用较高温度可缩短发酵时间。为了加速双乙酰的还原，下酒时适当提高酵母浓度，目前常控制在 $(10 \sim 20) \times 10^6$ 个/mL。若酵母衰老，高浓度酵母不仅不能加速双乙酰的还原，反而增加啤酒中酵母的自溶味，可在后发酵中加高泡酒进行改善。

③后发酵期：麦汁经主发酵后的发酵液叫嫩啤酒，此时酒的 CO_2 含量不足，口味不成熟，不适宜饮用。大量的悬浮酵母和凝固析出的物质尚未沉淀下来，酒液不够澄清，一般需要经数周或数月的贮藏期，此贮藏期即称为啤酒的后发酵期，又称啤酒的贮酒阶段。啤酒的成熟和澄清均在后发酵期中完成。

后发酵的作用：在后发酵过程中，嫩啤酒中残留的可发酵性糖继续发酵，产生的 CO_2 在密闭的贮酒罐内，不断溶解于酒内，使其达到饱和状态；后发酵初期产生的 CO_2，在排出罐外时，将酒中所含的一些生酒味挥发性成分，如乙醛类、硫化氢和双乙酰等同时排出，减少啤酒的不成熟味觉，加快啤酒成熟；在较长的后发酵期内，悬浮的酵母冷凝固物、酒花树脂等，在低温和低 pH 的情况下，缓慢沉淀下来，使啤酒逐渐澄清，便于过滤；一些易形成混浊的蛋白质-单宁复合物逐渐析出而沉淀下来或被过滤除去，改善了啤酒的非生物稳定性，从而延长了成品啤酒的保存期。

后发酵的工艺要点：发酵完毕的发酵液，倒入经事先杀菌的贮酒罐内。贮酒罐可用单批发酵液装满，也可几批发酵液混合分装于几个贮酒罐内，每个罐分几次加满。混合分装可使啤酒质量均一，同时酵母分布较好，加速后发酵作用，此步骤应在最短时间内完成。

后发酵罐内先用水排除罐内空气，再用 CO_2 将水置换，使下酒的嫩啤酒尽量不与氧接触，防止酒的氧化。

发酵液送入后发酵罐后，液面上部留出 10~15cm 的空隙，有利于排除液面上的空气。如果发酵液含残糖过低，不足以进行后发酵，需要添加 10%~20% 的起泡酒（发酵度在 20% 左右），添加起泡酒的目的是使后发酵旺盛，有利于排除生酒味物质，促进酒的成熟。同时提供发酵旺盛的酵母，有利于双乙酰的还原。啤酒由于发酵度高，也容易澄清。

下酒装满后醛罐后，敞口发酵 2~7d，发酵正常情况下为 2~3d，以排除啤酒中的生青味物质，而后封罐并将罐上口连接压力计，控制一定压力（0.05~0.06MPa），使 CO_2 气压逐步上升。7d 后气压达到要求，即控制稳定不变。发酵产生的 CO_2 部分溶解于酒内，达到饱和后，多余的通过压力计慢慢逸出，罐压应根据设备条件和酒的要求进行控制，不得过高或过低。罐压过低则 CO_2 含量不足，酒味平淡；罐压过高则在减压时容易窜沫。

后发酵多是利用室温控制酒温或贮酒罐本身具备的冷却设施进行自身冷却。传统方法的室温控制多采用先高后低的贮酒温度，降温速度因啤酒类型不同而异。现代发酵技术前期温度控制较高，以期尽快降低双乙酰含量，后期则在一定时间内保持低温（-1~1℃）贮藏，以利于酒内 CO_2 达到饱和，同时利于酒的沉淀与澄清。

后发酵时间根据啤酒类型、原麦汁浓度和贮酒温度而定。淡色啤酒要求酒花苦味柔和，一般贮酒时间较长；浓色啤酒要求麦芽香味突出，一般贮酒时间较短，过长则有损麦芽香味。外销啤酒要求保质期长，贮酒时间要长；内销啤酒则贮酒期相对较短。原麦汁浓度高的啤酒贮酒期长，浓度低的贮酒期短。贮酒温度低要求贮酒时间长。

（2）其他啤酒发酵技术 为了满足日益增长的消费需要，啤酒工厂不断扩大产量，发酵设备容积从 10~30m³ 逐步发展为大型化。目前啤酒厂的发酵罐容积可达 100~500m³，这些大罐自身具备冷却设施，可设置在室外，适用于一罐发酵法。我国目前常用的大型罐为圆柱锥底罐（简称锥形罐），如图 5-1 所示。

①进罐方式现在常采用直接进罐法，即冷却麦汁通风后用酵母计量泵定量添加酵母，直接泵入发酵罐。

②控制接种量和接种温度：为了缩短发酵期，大多采用较高接种量（0.6%~0.8%），接种后酵母浓度约为 $1.5×10^6CFU/mL$。麦汁接种温度是用来控制发酵前期酵母繁殖阶段温度的，一般低于主发酵温度 2~3℃。

③主发酵温度在国内锥形罐发酵采用低温 9~10℃ 发酵，中温 10~11℃ 发酵。

④双乙酰还原：主发酵结束后，进行双乙酰的还原，此时可不排出酵母，让全部酵母参与双乙酰的还原。当双乙酰还原达到工艺要求后，尽快排出酵母，以改善酵母泥的品质。

锥形罐主发酵阶段采用微压（<0.02MPa），主发酵后期封罐使罐压逐步升高，还原阶段才升至最高值。罐压最大控制在 0.07~0.08MPa，并保持此值至啤酒成熟。

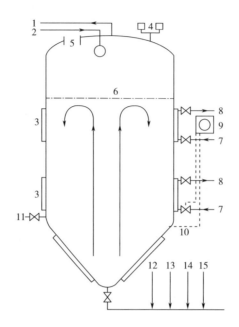

1—CO$_2$ 排出 2—洗涤器 3—冷却夹套 4—加压或真空装置 5—入孔 6—发酵液面

7—冷冻剂进口 8—冷冻剂出口 9—温度控制记录器 10—温度计 11—取样口

12—麦汁管路 13—嫩啤酒管路 14—酵母排出 15—洗涤剂管路

图 5-1 锥形罐结构示意图

此外，为适应市场需求还出现了高浓度啤酒酿造技术、无醇啤酒生产技术、小麦啤酒酿造新工艺等啤酒发酵技术。

5. 发酵液后处理与啤酒成品包装

经过后发酵或后处理，口味已经成熟，CO$_2$ 已经饱和，酒液也逐渐澄清，再经机械处理，除去酒中悬浮微粒，酒液达到澄清透明，即可进行包装。

（1）发酵液过滤与分离 经过后酵的发酵液，大部分蛋白颗粒和酵母已经沉淀，少量颗粒悬浮于酒中，须过滤除去。常用的方法有滤棉过滤法、硅藻土过滤法、离心分离法、板式过滤法和微孔薄膜过滤法。

（2）成品的包装与灭菌 过滤完毕的发酵液，在清酒罐低温存放准备包装，通常同一批酒应在 24h 内包装完毕。啤酒包装是根据市场需要而选择包装形式的，一般当地销售以瓶装、罐装或桶装的鲜啤酒为主；而外销啤酒或出口啤酒则多采用瓶装或罐装的杀菌啤酒。瓶装的包装费用较低，但玻璃瓶易破碎，需回收清洗，携带不方便。罐装虽然容器成本高，由于节省了包装容器的运费，省去贴标，降低灭菌蒸汽用量，便于旅游携带，所以也很受消费者欢迎。

灌装过程要严格的无菌操作，防止啤酒被杂菌污染；同时要避免啤酒与空气接触，防止啤酒因氧化而造成老化味和氧化浑浊；还需防止啤酒中 CO$_2$ 逃逸，保证啤酒的杀口力和泡沫性能。

熟啤酒采用巴氏灭菌法，分预热（30~35℃起温，缓慢升至 60~62℃；60~62℃灭菌，维持 30min）、冷却（缓慢冷却到 30～35℃），各区升（降）温速度控制在 2～3℃/min 为宜，防止温度骤升（降）引起瓶子破裂。

生啤酒经严格除菌过滤和无菌包装除去微生物，以保证啤酒生物稳定性。

二、黄酒

黄酒是世界上三大酿造酒之一，也是中华民族的传统特产，享有"国酒"之美誉。在三千多年前商周时代，中国人独创酒曲复式发酵法，开始黄酒酿制。黄酒也称米酒，是以稻米、黍米等为主要原料，经加酒曲、酵母等糖化发酵剂酿制而成的发酵酒。黄酒产地广、品种多。以浙江绍兴黄酒为代表的麦曲稻米酒是黄酒历史最悠久、最有代表性的产品，山东即墨老酒是北方粟米黄酒的典型代表，福建龙岩沉缸酒、福建老酒是红曲稻米黄酒的典型代表。

（一）黄酒的分类

1. 按产品风格分类

（1）传统型黄酒 以稻米、黍米、玉米、小米、小麦等为主要原料，经蒸煮、加酒曲、糖化、发酵、压榨、过滤、煎酒（除菌）、贮藏、勾兑而成的黄酒。

（2）清爽型黄酒 以稻米、黍米、玉米、小米和小麦等为主要原料，加入酒曲（或部分酶制剂和酵母）为糖化发酵剂，经蒸煮、糖化、发酵、压榨、过滤、煎酒（除菌）、贮藏和勾兑而成的口味清爽的黄酒。

（3）特型黄酒 由于原辅料或工艺有所改变，具有特殊风味且不改变黄酒风格的酒。

2. 按含糖量分类

（1）干黄酒 在国家标准中，其总糖含量≤15.0g/L（以葡萄糖计）。"干"表示酒中的含糖量少，这种酒属稀醪发酵，总加水量为原料米的三倍左右；酵母、细菌生长较为旺盛，残糖很低。在绍兴地区，传统型干黄酒的代表是"元红酒"。

（2）半干黄酒 总糖含量在 15.1～40.0g/L（以葡萄糖计）。"半干"表示酒中的糖分还未全部发酵成酒精，还保留了一些糖分。在传统型黄酒生产上，这种酒的加水量较低，相当于在配料时增加了饭量，故又称为"加饭酒"。半干黄酒酒质厚浓，风味优良，可以长久贮藏，是黄酒中的上品。

（3）半甜黄酒 总糖含量在 40.1～100.0g/L（以葡萄糖计）。这种酒采用的工艺独特，是用陈年元红酒代水，加入到发酵醪中，使糖化发酵起始时发酵醪中的酒精浓度就达到较高的水平，在一定程度上抑制了酵母、细菌的生长速度，最后致使发酵中产生的糖分不能完全转化成酒精，故成品酒糖分较高，是黄酒中的珍品，如绍兴酒中的"善酿酒"；但这种酒不宜久存，贮藏时间越长，色泽越深。

（4）甜黄酒　总糖含量高于 100g/L（以葡萄糖计）。这种酒在传统工艺中是采用淋饭操作法，拌入酒药，搭窝糖化，当糖化至一定程度时，加入 40%~50% 浓度的米白酒或糟烧白酒，以抑制微生物的发酵作用，这类酒口味鲜甜，且同样不宜久存，贮藏时间越长，色泽越深。

3. 按酿制工艺方法分类

（1）淋饭酒　蒸熟的米饭用冷水淋凉，然后拌入酒药粉末，搭窝、糖化，最后加水发酵成酒。除了生产摊饭酒时作酒母用外，淋饭酒很少单独出售。

（2）摊饭酒　将蒸熟的米饭摊在竹簟上，使米饭在空气中冷却，饭瓶、蒸饭机是用鼓风机冷却，然后再加入麦曲、酒母（淋饭酒母）、浸米浆水，混合后直接进行发酵。

（3）喂饭酒　在发酵过程中分批加饭，即米饭不是一次加入，是进行多次发酵酿造而成的产品。浙江嘉兴黄酒是喂饭酒的代表之一。

（4）摊喂结合法　即在同一酒品中，采用摊饭和喂饭相结合的方法进行生产。如浙江的寿生酒和乌衣红曲酒等。

（5）机械化黄酒生产法　从浸米、蒸饭、摊凉、发酵、压榨、包装、物料输送等整个系统采用机械化、管道化生产，在糖化发酵上采用纯菌种扩大培养接入菌种，在工艺上采用摊、淋、喂相结合的方法，在调控上采用制冷剂冷却，有的还采用微机技术，用这种方法生产的酒，叫做机械化黄酒。该法生产的黄酒质量稳定，批量较大，属于机械化和自动化大生产，是黄酒工业发展的方向。

（二）黄酒生产原辅料

黄酒生产的主要原料是大米（包括糯米、粳米和籼米等）、水，辅料是制曲用的小麦。中国北方以前仅用黍米和粟米，现在也开始采用糯米、粳米和玉米酿酒。

1. 大米

大米原料中以糯米最好。糯米、粳米和籼米化学成分有一定差别，用粳米和籼米作原料一般难以达到糯米酒的质量。

（1）糯米　糯米分粳糯和籼糯两大类，粳糯的淀粉几乎全部是支链淀粉，籼糯则含有 0.2%~4.6% 的直链淀粉。选用糯米生产黄酒，应尽量选用新鲜糯米，尤其要注意糯米中不得含有杂米，否则会导致浸米吸水和蒸煮糊化不均匀，饭粒返生老化，沉淀生酸，影响酒质，降低酒的产出率。

（2）粳米　其直链淀粉平均含量为 15%~23%，直链淀粉含量高的米粒，蒸饭时显得蓬松干燥和色暗，冷却后变硬，熟饭伸长度大。粳米在蒸煮时要喷淋热水，让米粒充分吸水，彻底糊化，以保证糖化发酵的正常进行。

（3）籼米　籼米所含的直链淀粉高达 23%~35%。杂交晚籼米因蒸煮后能保持米饭的黏湿、蓬松和冷却后的柔软，且酿制的黄酒口味品质较好，适合用来酿制黄酒。早、中籼米由于在蒸饭时吸水多，饭粒蓬松干燥，色暗，淀粉易老化，发酵时难以糖化，发酵时酒醪易生酸，出酒率低，不适宜酿制黄酒。

2. 其他原料

（1）黍米　黍米（大黄米）以颜色来区分大致分黑色、白色和黄色三种，其中以大粒黑脐的黄色黍米品质最好。这种黍米蒸煮时容易糊化，是黍米中的糯性品种，适合酿酒。白色黍米和黑色黍米蒸煮困难，糖化和发酵效率低，并悬浮在醪液中而影响出酒率和增加酸度，影响酒的品质。

（2）粟米　粟米俗称小米。糙小米需要经过碾米机将糠层碾除出白，成为可酿酒的粟米，由于它的供应不足，现在酒厂已很少采用了。

（3）玉米　近年来出现了以玉米为原料酿制黄酒的工艺。玉米与其他谷物相比含有较多的脂肪，酿酒时会影响糖化发酵及成品酒的风味，故酿酒前必须先除去胚芽。

（4）小麦　小麦是黄酒生产重要的辅料，主要用来制备麦曲。麦曲在黄酒酿造中极重要，它的主要功用不仅是液化和糖化，而且是形成黄酒独特香味和风格的关键因素之一。麦曲的原料是小麦，以往还混入少部分大麦。小麦的蛋白质含量比大米高，大多为麸胶蛋白和谷蛋白，麸胶蛋白的氨基酸中以谷氨酸为最多，它是黄酒鲜味的主要来源。黄酒麦曲所用小麦应尽量选用当年收获的红色软质小麦。制曲小麦是为了培养有益于酿酒的微生物，获得各种有益的酶，故应尽量选用当年产的红色软质小麦。

3. 水

酿造的整个工艺过程需要的水量很大，一般生产 1t 黄酒耗水量达 10~20t。黄酒生产用水包括酿造水、冷却水、洗涤水和锅炉水等，由于用途不同，对水质的要求也不同。酿造用水直接参与糖化、发酵等酶促反应，并成为黄酒成品的重要组成部分，水在黄酒成品中占 80% 以上，故首先要符合饮用水的标准，其次要满足黄酒生产的特殊要求。①无色、无味、无臭、清亮透明、无异常；②pH 接近中性，理想值为 6.8~7.2；③硬度以 2~6dH 为宜（每升水中含 10mg CaO 为 1dH，也可用 $CaCO_3$ 含量表示，单位为 mg/L）；④铁质量浓度低于 0.5mg/L，锰质量浓度低于 0.1mg/L，避免重金属离子的存在；⑤有机物含量是水污染的标志，常用高锰酸钾耗氧量来表示，超过 5mg/L 为不洁水，不能在酿造过程中使用；⑥酿造水中不得检出 NH_3，氨态氮和 NO_2^-、NO_3^- 含量要求在 0.2mg/L 以下；⑦硅酸盐（以 SiO_3^{2-} 计）含量小于 50mg/L；⑧酿造用水符合生活饮用水卫生标准，不能检出大肠菌群和产酸细菌。

4. 黄酒酿造主要微生物

黄酒酿造过程中涉及的微生物主要有霉菌、酵母及细菌，其中霉菌和酵母起主导作用。

（1）霉菌　酒曲中的霉菌主要有曲霉、根霉及红曲霉。

①曲霉：麦曲、米曲中的曲霉在黄酒酿造中起糖化作用，其中以米曲霉为主，还有较少的黑曲霉等。米曲霉主要分泌液化型淀粉酶，生成物主要是糊精、麦芽糖及葡萄糖；黑曲霉主要分泌糖化型淀粉酶，生成物是葡萄糖。在实际生产过程中，以米曲霉为主，适当

添加少量黑曲霉或食品级糖化酶以提高糖化能力，进而提升出酒率。

②根霉：根霉菌是酒药中的主要糖化菌，它使淀粉全部水解生成葡萄糖，还能分泌乳酸、琥珀酸、延胡索酸等有机酸，降低 pH，抑制产酸菌的侵袭，并使黄酒鲜美丰满。

③红曲霉：红曲霉是生产红曲的主要微生物，具有耐湿、耐酸的特点，最适生长温度为 32~35℃，最适生长 pH 3.5~5.0，在 pH 3.5 时能抑制其他霉菌而旺盛生长，耐最低 pH 为 2.5，能耐 10% 酒精，能产生淀粉酶、蛋白酶等，并能产生柠檬酸、琥珀酸、乙醇和分泌红色素或黄色素等。

（2）酵母　传统黄酒酿造中使用的酒药含有许多酵母，有些具有发酵酒精的作用，有些产生黄酒特有的香味物质，现代黄酒酿造使用的是优良纯种酵母。As 2.1392 是常用的酿造糯米黄酒的优良菌种，该菌种发酵力强，能发酵葡萄糖、半乳糖、蔗糖、麦芽糖及棉籽糖，产生酒精并形成典型的黄酒风味，而且抗杂菌能力强，生产性能稳定。现已在全国机械化黄酒生产厂中普遍使用。

酒药中的拟内孢霉酵母（又称复膜孢酵母）能直接利用淀粉发酵产酒精，产酒精能力弱，耐 13% 酒精，产淀粉酶类型主要是 α-淀粉酶和糖化酶，水解淀粉的 α-1,4-糖苷键和 α-1,6-糖苷键，其最终产物为纯度较高的葡萄糖。我国各地酿酒使用的小曲和麦曲中都有拟内孢霉酵母，它是酒药（小曲）中含量最多的微生物，也是一个优良的糖化菌。拟内孢霉酵母除可作为糖化菌以外，还可生成较多的多元醇（其主要成分定性为阿拉伯糖醇）等香气物质，是酒药香气的主要产生菌。

（3）细菌　黄酒酿造过程中涉及的细菌主要有乳酸菌、醋酸菌及枯草芽孢杆菌。乳酸球菌是传统黄酒淋饭酒母搭窝期中的有益菌，起糖化和产乳酸降低 pH 作用，能抑制有害菌的侵入。乳酸菌是浸米浆水的主要菌种，能直接利用淀粉发酵产乳酸，也是发酵醪中的有益细菌，对黄酒中酯的形成作用大。

（三）黄酒的酿造工艺

传统黄酒酿造工艺主要有摊饭法、淋饭法、喂饭法。

机械化黄酒生产是在传统工艺生产的基础上通过计算机控制发酵，使黄酒生产工艺实现机械化和部分工艺自动化，质量相对稳定，劳动强度轻。机械化生产干型黄酒酿造工艺流程图如图 5-2 所示。

大米，为了提高米的精白度，对精白度不符合要求的大米原料，应重碾，称重，利用真空输送将底层的大米输送至顶层进行浸米。现代机械化酿酒工艺常采用保温浸米，浸米间的室温尽可能保持在 25~32℃，浸米水温控制在 28~33℃，水位调整到使水面高出米面 10~15cm；浸米 48~72h 后，如达不到要求，应加强保温工作，适当提高或延长浸米时间至达到要求，蒸饭前一天先放浆，沥干浆水，蒸饭。蒸饭要求为米饭颗粒分明、外硬内软、内无白心、疏松不糊、熟而不烂、均匀一致。落料品温也随不同室温进行控制，一般室温

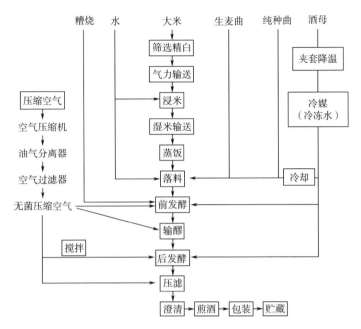

图 5-2 机械化生产干型黄酒酿造工艺流程图

越低，落料品温则越高。如室温 5~10℃ 时，落料品温为（26±0.5）℃；15~20℃ 时，落料品温为（23±0.5）℃。

配方（以大米计）为大米 100%、生麦曲 12%~1%、纯种曲 1%~3%、酒母 10%、清水 29%。

投料前，在前发酵罐中先放入配料用水，再放入块曲，酒母；熟饭从蒸饭机中出来的同时应进行冷却、落料、加配料水、加块曲和纯种培养曲、加酒母。要求落料品温要匀，加水、曲、酒母要匀；饭团和曲团要捣碎，可在入罐处加网篮，遇饭团即由操作工随时用铁钩钩散；投料完毕，用少量清水冲下黏糊在罐口及锥上壁的饭粒、曲粒和酒母泥；加安全网，进罩行敞口发酵。

前发酵时，开耙是大罐发酵的关键。机械化大罐发酵醪层深，要及时通入无菌压缩空气，采用强制性开耙，确保酒醪发酵正常进行。发酵 96h 后，主发酵阶段结束，应将前发酵温度降至 15~18℃，加压料盖时必须将皮圈垫匀，夹紧夹头，防止漏气。输醪空气压力，一般为 0.118MPa，最大不超过 0.147MPa。压料完毕，前发酵罐必须排气，直至罐内气压和大气压平衡，方允许开启罐盖，不准带压开罐盖。皮管和中间截物器，每次用毕，要清洗干净黏住的残糟。如发现前酵罐输出的是酸败酶液，该罐必须仔细冲洗干净，并用蒸汽法彻底消毒，隔 3d 后方可使用。

醪液进入后发酵罐后，品温一般控制在 10~15℃，不得超过 15℃。后发酵液经过压滤、澄清获得生酒，俗称"清酒"。生酒应集中到贮酒池（罐）内静置澄清 3~4d，澄清设备多采用地下池或在温度较低的室内设置澄清罐。通过澄清，沉降出酒液中微小的固形物、菌体和酱色里的杂质。为了防止酒液再出现泛混及酸败现象，澄清温度要低，澄清时间不宜过长。同时认真做好环境卫生和设备、管道的消毒灭菌工作，防止酒液污染生酸。每批酒液出空后，必须彻底清洗灭菌，避免发生上、下批酒之间的杂菌感染。经澄清的酒液中大部分固形物已沉到池底，但还有部分极细小、相对密度较轻的悬浮粒子没有沉下，仍影响酒的清澈度。所以经澄清后的酒液必须再进行一次过滤，使酒液透明光亮，过滤一般采用硅藻土粗滤和纸板精滤来加快酒液的澄清。

三、白酒

白酒与白兰地、威士忌、伏特加、朗姆酒和金酒为世界六大著名蒸馏酒。白酒，又名白干、烧酒，制造历史悠久，多认为起源于宋代或元代。白酒是以粮谷为主要原料，经过酵母发酵后，再经蒸馏、陈酿和勾兑调配制得的蒸馏酒。

（一）白酒的分类

白酒种类繁多，按糖化发酵剂不同可分为大曲酒、小曲酒、麸曲酒、混曲酒和酶法白酒；按发酵方法不同可分为固态发酵法、半固态发酵法和液态发酵法；按照产品香型不同可分为浓香型、酱香型、清香型、凤香型、米香型和其他香型；按照酒精含量分为高度白酒（50%~60%）、中度白酒（40%~50%）和低度白酒（18%~40%）。

（二）白酒生产原辅料

1. 制曲原料

（1）小麦　小麦含有丰富的淀粉和蛋白质，含有 20 多种氨基酸，维生素含量也很丰富，是各类微生物繁殖、产酶的优良天然物料。

（2）大麦　大麦的蛋白质和粗纤维含量相对较高，黏结性能较差，皮壳较多，若用其单独制曲，则品温速升骤降。与豌豆共用，可使成曲具有良好的曲香味和清香味。选用大麦为制曲原料，可接种产纤维素酶强的菌种制备强化大曲，用于制酒时有利于提高出酒率。

（3）豌豆　豌豆的蛋白质含量高，黏性大。若用其单独制曲，则升温慢，降温也慢，故一般与大麦混合使用，大麦与豌豆的比例通常以 3∶2 为宜。

2. 酿酒原料

酿白酒的原料，按主要成分含量可分为淀粉质原料和糖质原料两大类。淀粉质原料又可分为粮谷原料和薯类两大类，其中粮谷以高粱、玉米、大米、小麦为主，薯类原料包括甘薯、马铃薯、木薯。糖质原料（如糖蜜）只用于液态法酿造白酒。

（1）高粱　高粱又名红粮、蜀黍，为中国传统酿造白酒的原料。高粱按其粒质分为糯高粱和非糯性（粳）高粱，北方多产粳高粱，南方多产糯高粱。糯高粱含支链淀粉多，黏性大，易糊化，适于根霉菌生长，以小曲制高粱酒时，出酒率较高。粳高粱含有一定量的直链淀粉，结构较紧密，蛋白质含量高于糯高粱。高粱中的儿茶素、单宁可增加香气，即所谓的"高粱酒香"。用于酿酒的高粱以大颗粒、黄褐色、无虫蛀、无霉变、皮薄的为好。

（2）玉米　玉米的胚芽中含有大量的脂肪，若用带胚芽的玉米酿白酒，则酒醅发酵时生酸快、升酸幅度大，且脂肪氧化形成的异味会带入酒中，这也是白酒遇冷产生浑浊的原因之一，故酿造白酒的玉米必须脱去胚芽。玉米中含有较多的植酸，可发酵为环己六醇及磷酸，磷酸又能促进甘油的生成。多元醇具有明显的甜味，故玉米酒较为醇甜。

（3）大米　大米淀粉含量大于70%，蛋白质和脂肪含量较低，故有利于低温缓慢发酵。大米在混蒸混烧的白酒蒸馏中，可将饭的香味成分带至酒中，使酒质爽净。

（4）小麦　小麦除可制曲外，还可用于酿酒。小麦除淀粉外，还有2%~4%的蔗糖、葡萄糖、果糖以及2%~3%的糊精。小麦蛋白质以麦胶蛋白质和麦谷蛋白质为主，麦胶蛋白质中氨基酸种类多，这些蛋白质可在发酵过程中形成香味成分。

（5）青稞　青稞又称裸大麦，是大麦品种的变种，其耐寒性强，生长期短，主要种植于海拔在3000m以上的地区。青稞多为硬质，籽粒的透明玻璃质在70%以上，蛋白含量在14%以上，淀粉含量在60%左右，纤维素含量约为2%。鉴于青稞具有蛋白质含量较高、颗粒质地坚硬等特点，在生产中需采用相应的工艺以保证产品的质量和出酒率。

（6）甘薯　甘薯又名红薯、番薯、地瓜等。其淀粉质含量高，纯度高，含脂肪及蛋白质较少，发酵过程中升酸幅度较小，因而淀粉出酒率高于其他原料。

（7）马铃薯　若以马铃薯为原料采用固态发酵法酿造白酒，成品酒有类似"土腥"气味。一般以液态发酵法制取食用酒精后，再进行串蒸香醅而得成品酒。

3. 酿酒辅料

添加辅料的主要作用是调节酒醅的淀粉浓度，冲淡或提高酸度，吸收酒精，保持浆水；使酒醅具有适当的疏松度和含氧量，并增加界面作用，使蒸馏和发酵顺利进行；有利于酒醅的正常升温；利用辅料中的某些有效成分。

（1）稻壳　是稻谷在加工成大米时脱下的外壳，因价廉易得被广泛用作酒醅发酵和蒸馏的填充料。但稻壳含有大量的多缩戊糖及果胶质，可能生成糠醛和甲醇，故需在使用前清蒸30min。

（2）谷糠　谷糠是谷子在加工成小米时脱下的外壳。制白酒所用的是粗谷糠，在小米产区多以它为优质白酒的辅料，也可与稻壳混用。使用经清蒸的粗谷糠制大曲酒，可赋予成品酒特有的醇香和糟香，也可用作麸曲白酒的上乘辅料，成品酒纯净甘爽。

（3）高粱壳　高粱壳是高粱籽粒的外壳。使用高粱壳作辅料时，因其吸水性能较差、酒醅的入窖水分稍低于使用其他辅料的酒醅。高粱壳的单宁含量较高，对酵母的发酵有一定抑制作用，但对酒质无明显不良影响，因此也有一些白酒厂以新鲜高粱壳作为辅料。

（4）玉米芯　玉米芯是玉米穗轴的粉碎物，粉碎度越大，吸水量越大。但玉米芯含有多量的多缩戊糖，在发酵过程中会产生较多的糠醛，对酒质不利。

（5）其他辅料 花生壳、禾谷类秸秆的粉碎物、干酒糟等，用作制酒辅料时，需进行清蒸排杂。

4. 酒曲

酒曲是用谷物富集自然界中的有益酿酒微生物菌群，经过培养获得的富含微生物和多种酶的淀粉质原料糖化发酵剂。白酒生产用酒曲可分为大曲、小曲和麸曲。

（1）大曲 大曲是以小麦、大麦和豌豆等为原料，经破碎、加水拌料、压成块状的曲坯后，在一定温度、湿度下培养而成。大曲含有霉菌、酵母、细菌等多种微生物及它们产生的各种酶类，其所含微生物的种类和数量，受到制曲原料、制曲温度和环境等因素的影响。大部分名优白酒都使用传统的大曲法酿制而成。

①大曲的特点：大曲是酿制大曲酒用的糖化剂、发酵剂和增香剂。在制曲过程中，自然界中的各种微生物富集到曲坯上，经过人工培养，形成各种酿酒有益微生物菌系和酶系，再经过风干和储存，即成为成品大曲。

因大曲采用自然接种，使周围环境中的微生物转移到曲块上进行生长繁殖，所以微生物分布易受季节的影响，一般春末夏初到仲秋季节是制备大曲的最佳时期。在高温季节制得的曲，产酯酵母较多，因而曲香较浓；仲秋季节制得的曲，酒精发酵力较强。自然接种为大曲提供了丰富的微生物类群和酶。这些微生物和酶分解原料后形成的代谢产物，如糖类、氨基酸、有机酸等，都是大曲酒香味成分的前体物质，它们与酿酒过程中的其他代谢产物一起，构成了大曲酒的各种风味物质。

②大曲的类型：根据品温不同，大曲分为高温大曲（60~65℃）、中温大曲（50~60℃）和低温大曲（40~50℃）。按产品可分为酱香型大曲、浓香型大曲、清香型大曲和兼香型大曲等；按工艺可分为传统大曲、强化大曲和纯种大曲。

高温大曲：其最高制曲品温达60℃以上，如茅台的制曲最高品温为60~65℃，其显著的制曲工艺特点是"堆曲"，即在制曲过程中，把用稻草隔开的曲块堆放在一起，以提高曲块的培养温度，使品温高达60℃以上。高温大曲含水量低，酸度较高，氨基酸含量多，液化力强，所得酒质醇厚，酱香浓郁，但糖化力和发酵力弱，出酒率低。

中温大曲：浓香型白酒多采用中温大曲，如泸州老窖的制曲最高品温为55~60℃，五粮液的制曲最高品温为58~60℃。中温大曲的特点介于高温大曲和低温大曲两者之间。

低温大曲：低温大曲相对水分高，酸度偏低，糖化力和发酵力强，出酒率较高，曲的香气清淡。如汾酒的制曲最高品温为45~48℃，其最高制曲品温一般不超过50℃。

不同类型的大曲，在酿酒过程中表现的生化特性不一样，因此各类大曲可以分别制备，配合使用。

③大曲中的微生物生态：大曲中的微生物包括霉菌、酵母和细菌等，微生物的数量和类别随着制曲原料、工艺条件和周围环境的不同而变化，直接影响曲酒的产量和质量。

大曲中的酵母主要有卡氏酵母、异常汉逊酵母、假丝酵母等，其中卡氏酵母产酒精能力较强，异常汉逊酵母产酯力较强；霉菌主要有根霉、毛霉、犁头霉、米曲霉、黑曲霉、红曲霉和拟内抱霉以及白地霉等；细菌主要有乳酸菌、醋酸菌、芽孢杆菌和产气杆菌等。

制曲过程中，在较低温度时，前期细菌数量占优势，尤其杆菌较多，其次酵母，再次为霉菌；中期以霉菌、酵母占优势，细菌减少幅度较大，但此时耐热的芽孢杆菌的数量上升较快并达到最高值；后期又以霉菌占优势，霉菌主要分布于曲块表层，而曲心部位以酵母和细菌为主，细菌中芽孢杆菌较多。在大曲贮藏过程中，微生物的总数随着贮藏时间的延长而逐步减少，其中产酸杆菌数量的减少最为明显，霉菌、酵母的数量也有所减少。减少的速度先快后慢，随着贮藏时间的延长，减少的速度渐趋变小。大曲贮藏中酶活性逐渐被钝化，这与曲块的失水干燥有关。为了保持适当的酶活性，贮曲时间不宜过长，以三个月为最好。

（2）小曲　小曲是我国南方生产小曲白酒和黄酒的糖化发酵剂，是用米粉或米糠以及麸皮为原料，有的添加少量中草药为辅料，有的添加少量白土为辅料，接入一定量种曲或接入纯种根霉和酵母培养而成的，因其曲块体积小，所以称为小曲。

①小曲的特点：小曲的糖化发酵力比大曲强，酿酒时用曲量较少，适于半固态发酵酿酒，在我国南方各省酿酒时普遍应用。小曲酿制的白酒酒味纯净，香气幽雅，风格独特。桂林三花酒、广西湘山酒、广东长乐烧等都是小曲白酒中的上品，董酒也部分采用小曲酿造。

②小曲的类型：小曲按添加中草药与否分为药小曲和无药小曲；按制曲原料可分为粮曲（全部用大米粉）与糠曲（全部用米糠或米糠中添加少量米粉）；按形状可分为酒曲丸、酒曲饼及散曲；按用途可分为甜酒曲与白酒曲。

③小曲中的微生物生态：小曲主要含有霉菌和酵母。霉菌一般包括根霉、毛霉、黄曲霉、黑曲霉等，其中以根霉为主。小曲中常见的根霉有河内根霉、白曲根霉、米根霉、华根霉、德氏根霉、黑根霉等。根霉含有丰富的淀粉酶，其中液化型淀粉酶和糖化型淀粉酶的比例约为 1：3.3，根霉还含有酒化酶系，能边糖化边发酵，在小曲白酒酿造中能提高淀粉利用率。但根霉缺乏蛋白酶，因此对氮源的要求较严格，氮源不足将严重影响根霉的生长和产酶。小曲中要求根霉生长迅速，适应力和糖化力强。此外，还应具有产酸能力，特别是产乳酸的能力，乳酸对米香型白酒风味起关键作用；其次，适量的有机酸有利于防止杂菌的污染。传统小曲中的酵母种类很多，有酵母属、汉逊酵母属、假丝酵母属、拟内抱霉属、丝孢酵母属及白地霉等酵母。

（3）麸曲　传统的麸曲是以麸皮为主要原料，接种霉菌，扩大培养而成。

①麸曲的特点：麸曲的糖化力强，原料淀粉的利用率高。采用麸曲生产白酒，发酵周期短，原料适用面广，适合于中、低档白酒的酿制。目前该法已逐步由固态法生产发展为液态法生产，并发展为使用酶制剂取代麸曲。

②麸曲的类型：按所用菌种的不同，麸曲分为米曲霉麸曲、黄曲霉麸曲、黑曲霉麸曲、

白曲霉麸曲和根霉麸曲等。黑曲霉麸曲酿酒，用曲最少（4%左右），出酒率高，原料适应范围广，但成品曲中蛋白酶含量少，同时缺乏形成白酒风味的前体物质，因而只适合于酿制普通麸曲白酒。白曲霉可产淀粉酶、蛋白酶等多种酶系，有利于酿酒过程中风味物质的形成，因而被广泛用于优质麸曲白酒的酿制。根霉具有边生长、边产酶和边糖化的特性，其用曲量仅为曲霉麸曲的1/40，此外，根霉曲还可用于生料酿酒。

③麸曲中的微生物生态：现已逐步发展为使用酶制剂取代麸曲。常用的菌种包括黑曲霉 *As*3.4309、河内白曲霉、根霉 *As*3.868、根霉 *Q*303 等。

（三）白酒的酿造工艺

**白酒的制曲
工艺流程**

1. 大曲白酒酿造工艺（固态发酵法）

根据生产中原料蒸煮和酒醅蒸馏时的配料不同，大曲白酒酿造工艺可分为续渣法酿造工艺和清渣法酿造工艺。续渣法是大曲白酒和麸曲白酒生产上应用最广泛的酿酒方法。浓香型和酱香型白酒大多采用续渣法，仅清香型白酒采用清渣法生产。

（1）浓香型大白曲酒续渣法酿造工艺　浓香型大白曲酒采用续糟混蒸，泥窖发酵固态生产，其生产工艺流程如下。

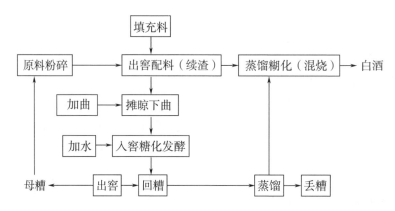

续渣法酿造工艺的优点：

①原料与酒醅同时蒸馏和糊化，原料和酒醅混合后，能吸收酒醅的酸和水，有利于原料的糊化；

②在酒醅中混入新料时可减少蒸酒时填充料的用量；

③原料经过多次发酵，可提高其利用率；

④由于各种粮食自身含有其独有的香味物质，在蒸酒和整料时，会随酒的蒸汽带入白酒中，起到增香作用（即为粮香）。

从工艺上可分为以五粮液为代表的5种粮食为原料的循环式的跑窖生产，其特点是香气悠久、味醇厚、入口甘美、落喉净爽、口味协调，并以酒味全面著称。另一种为以泸州老窖为代表的以高粱为原料的原窖法生产工艺，特点是无色透明、醇香浓郁、饮后尤香、清洌干爽、回味悠长。再一种是以高粱为原料的老五甑生产工艺，如古井贡酒、洋河大曲、双沟大曲等。

（2）酱香型大曲白酒续渣法酿造工艺　酱香型大曲白酒代表为贵州茅台，用纯小麦制高温曲，用高粱做原料，一次酒要两次投料，即经一次清蒸下沙、一次混蒸糙沙、八次发酵、每加曲入窖发酵一个月、蒸一次酒，共计取酒七次，整个发酵过程共9~10个月，各轮次酒质量各有特点，应分质储存，3年后再进行精心勾兑。其工艺流程如图5-3所示。

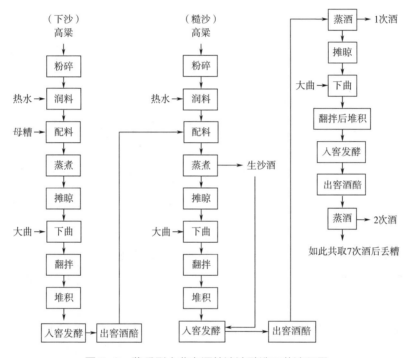

图5-3　酱香型大曲白酒续渣法酿造工艺流程图

（3）清渣法酿造工艺（清香型大曲白酒）　清香型大曲白酒以山西汾酒为代表，采用传统的"清蒸二次清"，地缸、固态、分离发酵法。其工艺流程如下：

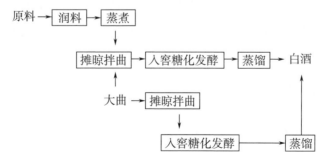

2. 小曲白酒酿造工艺

小曲白酒在我国南方、西南地区较为普遍，是以小曲作为糖化发酵剂，采用米粉或米糠为原料，添加或不添加中草药发酵而成的。小曲白酒酿造工艺包括固态发酵和半固态发酵，半固态发酵又可分为边糖化边发酵以及先培菌糖化后发酵两种工艺。

（1）固态发酵工艺 固态发酵小曲白酒是以高粱、小麦、玉米、粳稻谷等为原料，经整粒、原料蒸煮、箱式固态培菌糖化、配醅发酵而成，固态发酵工艺如下：

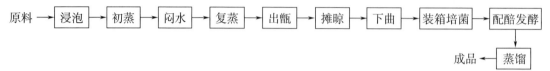

（2）边糖化边发酵工艺

（3）先培菌糖化后发酵工艺

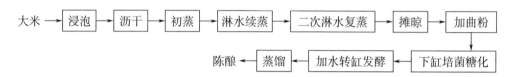

新蒸出的白酒称为新酒，具有口味冲、燥辣、冲鼻等不愉快的气味，饮后感到燥而不醇和，需要贮藏1~3年，使其老熟陈酿，然后才能勾兑调味，再贮藏一段时间后，方可出厂。

在陈酿过程中白酒中的成分会发生杂味物质的挥发以及氢键缔合、氧化还原、酯化等化学反应。为了缩短陈酿时间，也可采用人工老熟方法，包括物理法（微波、红外线、超声法等）和化学法（氧化法、催化法等）。

生香靠发酵，提香靠蒸馏，成型靠勾兑。勾兑就是把同等而具有不同口味、不同酒质、不同或相同时期、不同工艺的酒，按不同的量相互掺和，使之相互取长补短，变坏为好，改善酒质，在色、香、味方面均符合既定酒样的酒质，即符合标准的成品酒或半成品酒。勾兑是曲酒生产中的重要环节。白酒生产过程中由于发酵条件、操作工艺、蒸馏方式的影响，导致每一瓶、每一池白酒的质量均有明显区别，因而需要勾兑工艺最大限度地消除质量差别，使成品酒风格一致。蒸馏白酒中98%的是乙醇和水，剩余的微量成分含量低（约2%）却对酒体风格影响巨大，因而勾兑技术实质是对酒中微量成分的掌握和应用。

四、酒的营养与功效

（一）啤酒的营养与功效

1. 营养成分

（1）热量 啤酒中90%多都是水，热量仅为430cal/L，碳水化合物仅为3.55%，单糖含量几乎为零，比牛乳（500cal/kg）的热量还低。适量饮酒（≤500ml/d）一般不会引起肥胖或者"啤酒肚"。

（2）矿物元素　啤酒中含有丰富的矿物元素，其中钾含量150～1000mg/L，钠含量3～100mg/L，还含有丰富的钙、镁、铁、铜、锌等矿物元素，都是人体生长发育所必需的元素。

（3）维生素　啤酒中的维生素得益于原料和酵母的代谢，啤酒中含有丰富的B族维生素，有着"液体维生素"的美誉，啤酒中几乎含有全部8大类B族维生素：维生素B_1、维生素B_2、维生素B_3、维生素B_5、维生素B_6、维生素B_7、维生素B_9、维生素B_{12}，且含量相较其他食品属于中高水平。

（4）啤酒中的氨基酸　啤酒至少含有常见20种氨基酸中的17种，包括：天冬氨酸、丝氨酸、谷氨酸、组氨酸、甘氨酸、精氨酸、苏氨酸、丙氨酸、脯氨酸、酪氨酸、缬氨酸、甲硫氨酸、赖氨酸、异亮氨酸、亮氨酸、苯丙氨酸、色氨酸。

2. 啤酒的功效

（1）增进食欲　啤酒中含有的酒精、单宁等物质可促进胃幽门黏膜中胃分泌激素的分泌，再加上CO_2的刺激，可起到增进食欲的作用。

（2）有助于抗氧化　啤酒中存在多类抗氧化物质，主要有①从原料麦芽和酒花中得到的多酚和类黄酮；②在酿造过程中形成的还原酮和类黑表，酵母分泌的谷胱甘肽等。这些都是协助消除氧自由基积累的还原物质，特别是多酚中的酚酸、香草酸和阿魏酸。啤酒中阿魏酸虽然比番茄中的含量低10倍，但它的吸收率却比番茄中的阿魏酸高12倍。因此，适量饮用啤酒可提高人体的抗氧化能力。

（3）利尿作用　啤酒可以增加尿的排出量，并使尿中钠和钾的量增大。啤酒的利尿作用主要与啤酒中酒花成分的苦味物质及啤酒发酵后所含固形物中的某些物质有关。

（二）黄酒的营养与功效

1. 营养成分

黄酒是低度酿造酒，在发酵过程中产生的营养物质和活性成分种类多、含量丰富，主要体现在以下几个方面。

（1）蛋白质　黄酒中的蛋白质绝大部分以肽和氨基酸的形式存在，易被人体吸收和利用。小分子肽具有促进钙吸收、降血压、降胆固醇、免疫调节等功能；黄酒中所含氨基酸的种类多达21种，包含8种必需氨基酸。

（2）无机盐及微量元素　黄酒中含有钙、镁、磷等30余种无机盐及铁、铜、锌、猛、硒等微量元素。

（3）功能性低聚糖　黄酒中的功能性低聚糖主要为异麦芽低聚糖，它能有效促进肠道双歧杆菌的增殖，改善肠道微生态环境，促进钙、镁、铁等矿物质的吸收，提高机体免疫力，降低血清中胆固醇及血脂水平，预防各种慢性疾病。

（4）酚类物质 黄酒中酚类物质主要由小麦、大米等原料经微生物发酵转化而来。黄酒经长时间的发酵陈酿，使得原辅料中的酚类物质溶于黄酒中，其含量远远超过葡萄酒中酚类物质的含量。经多年贮藏的古越龙山陈酒中酚类物质中的儿茶素、绿原酸、香草酸含量相对较高，分别为 4.21mg/L、3.23mg/L、2.38mg/L。

（5）γ-氨基丁酸（GABA） GABA 是一种重要的抑制性神经递质，有学者采用高效液相色谱法对黄酒中的 GABA 进行了测定，结果表明古越龙山酒中 GABA 含量高达 167～360mg/L。

（6）生物活性肽 生物活性肽是黄酒在发酵过程中产生的，黄酒中肽含量是其他任何酒都无法比拟的。已有学者初步鉴定出 5 种降血压活性肽的氨基酸序列为 Gln-Ser-Gly-Pro、Val-Glu-Asp-Gly-Gly-Val、Pro-Ser-Thr、Asn-Thr、Leu-Tyr，1 种降胆固醇活性肽的氨基酸序列为 Cys-Gly-Gly-Ser。

2. 黄酒的功效

（1）有助于抗氧化 黄酒中的酚类化合物有很强的活性氧以及氧自由基的清除能力，可以抑制和隔断链式自由基的氧化反应，还可以与金属离子螯合，进而降低金属离子对氧化反应的催化作用，对自由基所引起的生物大分子损伤起较强的保护作用。黄酒中的多肽抗氧化主要依靠具有抗氧化活性的短肽，而黄酒中的多糖则具有较好的清除自由基作用，且浓度与清除率在一定浓度范围内呈量效关系。

（2）有助于维持血压健康水平 血管紧张素转换酶（angiotensin converting enzyme，ACE）可以将血管紧张素 AT I 转化成 AT II，刺激肾上腺皮质分泌醛固酮，进而增进肾脏对离子及水分子的再吸收，从而升高血压。黄酒中的某些肽可以作为 ACE 的抑制剂，阻止 AT I 转化成 AT II，从而调节血压。已鉴定的黄酒中具有降血压作用的活性肽序列有 VEDGGV、PST、NT 和 LY。适量饮用黄酒可能有助于维持血压健康水平。

（3）有助于增强免疫力 黄酒中多糖可以激活免疫细胞，促进细胞因子的产生。黄酒中多糖能提高免疫缺陷小鼠血清中细胞因子 IL-6、IFN-γ、TNF-α 的含量，并且还能提高免疫缺陷小鼠血清中免疫球蛋白和补体含量，抵御环磷酰胺对免疫缺陷小鼠造成的免疫损伤。适量饮用黄酒可能有助于增强免疫力。

（三）白酒的营养与功效

1. 营养成分

与国外蒸馏酒相比，为了达到和谐而丰满的酒体风格，中国白酒传统酿造工艺采集了窖池、多粮、环境多维微生物、固态发酵、固态蒸馏等一系列策略，通过自然而科学的酿造体系来实现。酒体中的风味物质来源于复杂的原料体系、微生物自然发酵代谢体系、后期贮藏体系，达到了酒体成分丰富、风味和谐而统一的效果。中国白酒酒体中的丰富风味成分和生物活性成分主要来自复杂的微生物发酵过程的代谢体系富集，这与世界上其他蒸馏酒中成分来源、丰富度都大相径庭，具有其独特性。中国白酒酿造体系的独特性、品质优势是国际上纯种液态发酵工艺难以达到的，而且中国白酒中的生物活性成分也是世界上其他蒸馏酒望尘莫及的。

白酒中的微量成分超过 2000 多种，除氨基酸、矿物质和维生素外，还有很多对人体健康有益的成分，如酚类、酸类、吡嗪类、含硫化合物、萜烯类、酯类、呋喃类、肽类等成分，具有促进乙醇代谢、提高饮后舒适度、抑菌和杀菌、抗氧化、抗炎。截至 2021 年 5 月，已报道的白酒中的健康因子共有 202 种，包括 12 种酚类化合物，16 种酸类化合物，5 种酯类化合物，1 种内酯类化合物，6 种吡嗪类化合物，6 种含硫化合物，108 种萜烯类化合物，1 种呋喃类化合物，1 种醛类化合物，10 种氨基酸，5 种多元醇，10 种矿物质，8 种维生素，12 种肽类化合物，1 种他汀类化合物。

2. 白酒的功效

（1）有助于抗氧化　早在 2015 年，已有学者研究了 5 种香型（浓香、清香、酱香、芝麻香和老白干型）白酒的体外抗氧化能力，发现白酒具有一定的自由基清除能力，不同香型白酒的清除能力由高到低依次为清香型、酱香型、芝麻香型、老白干香型和浓香型，并推测酚类化合物是使白酒具有抗氧化活性的主要物质。也有研究表明芝麻香白酒提取物能够在一定程度上清除细胞内产生的活性氧，从而保护人肝癌细胞（HepG2）减轻或者避免氧化损伤。白酒的抗氧化作用可能与酒中的酚类、醛类、多肽类等成分相关。

（2）抗炎作用　利用 RAW 264.7 细胞模型探究白酒有机萃取物对脂多糖诱导炎症的保护机制，表明白酒有机萃取物对由脂多糖 LPS 诱导的炎症介质、肿瘤坏死因子 α（TNF-α）和一氧化氮（NO）有抑制作用，可促进与免疫相关基因的表达，增强细胞的抗感染能力，并证明白酒有机萃取物的抗炎作用是通过抑制 MAPK 和 PI3K/AKT 通路来实现的。白酒的抗炎活性可能与白酒中的单酚类物质有关。

（3）对心血管疾病（高血压、心脏病）的影响　多项研究表明，适量饮酒可以预防动脉粥样硬化，降低冠心病风险，降低心血管疾病的发病率，控制或缓解高血压患者的血压水平，降低高血压的患病风险。对 45 名健康的年轻志愿者（男 23，女 22）给予某品牌白酒（酒精度 45°，30mL/d），连续饮用 28d 后，发现他们的总胆固醇和血小板凝集下降，连续适量饮用白酒对年轻人起到一定的保护心血管的效果。国外研究表明，男性饮酒水平与心血管疾病发病率之间存在 J 型剂量-反应关系；女性大量饮酒（≥46.0g/d）增加了死于冠心病的风险，而少量饮酒（0.1～22.9g/d）则降低了死于心血管疾病的风险，但存在个体差异。

（4）有助于维持血糖健康水平　宁光院士团队研究了饮用白酒与 2 型糖尿病患病风险之间的关系，发现饮用白酒与 2 型糖尿病患病风险之间也呈 U 型关系。适量饮用白酒能够抑制肝糖原异生，减轻炎症反应，增加瘦素水平等，从而改善机体对胰岛素的敏感性，以此改善 2 型糖尿病的病症。

第二节　食醋

一、食醋的种类

我国是世界上最早使用谷物酿醋的国家，早在公元前 8 世纪就已有了醋的文字记载。春秋战国时期，已有专门酿醋的作坊，到汉代时，醋开始普遍生产。南北朝时，食醋的产量和销量都已很大。据李时珍《本草纲目》卷 25《谷部》记载，古代的醋有"酢""醯""苦酒"等名称。欧洲食醋绝大部分是果醋，是由葡萄酒自然酸败而产生的。世界上著名的传统食醋有意大利传统香脂醋、日本米醋、西班牙葡萄酒醋等，以及我国传统的山西老陈醋、镇江香醋、保宁醋、永春老醋。

由于食醋酿造的地区不同，地理环境、原料与工艺的差异性，形成了品种繁多、风味不同的食醋。

1. 按照生产工艺分类

（1）酿造醋　是单独或混合使用各种含有淀粉、糖的物料或酒精，经微生物发酵酿制而成的液体调味品。

（2）配制醋　是以酿造醋为主体，与冰醋酸、食品添加剂等混合配制而成的液体调味品。

2. 按原料处理方法分类

（1）生料醋　粮食原料不经过蒸煮糊化处理，直接用来制醋，称为生料醋。

（2）熟料醋　经过蒸煮糊化处理后酿制的醋，称为熟料醋。

3. 按制醋用糖化曲分类

大曲醋、小曲醋、麸曲醋。

4. 按醋酸发酵方式分类

固态发酵醋、液态发酵醋、固稀发酵醋。`

5. 按食醋的颜色分类

浓色醋、淡色醋、白醋。

6. 按风味分类

（1）陈醋　醋香味浓。

（2）熏醋　具有特殊焦香味。

（3）甜醋　添加中草药或植物性香料等的甜醋。

7. 按国家行业标准《食醋的分类》（SB/T 10174—1993）根据生产原料分类

（1）粮谷醋　以各种谷类或薯类为主要原料制成的酿造醋。

①陈醋：以高粱为主要原料，大曲为发酵剂，采用固态醋酸发酵，经陈酿而成的粮谷醋。

②香醋：以糯米为主要原料，小曲为发酵剂，采用固态分层醋酸发酵，经陈酿而成的粮谷醋。

③麸醋：以麸皮为主要原料，采用固态发酵工艺酿制而成的粮谷醋。

④米醋：以大米（籼米、粳米和糯米）为主要原料，采用固态或液态发酵工艺酿制而成的粮谷醋。

⑤熏醋：将固态发酵成熟的全部或部分醋醅，经间接加热熏烤成为熏醅，再经浸淋而成的粮谷醋。

⑥谷薯醋：以除大米外的谷类或薯类为原料，采用固态或液态发酵工艺酿制而成的粮谷醋。

（2）酒精醋　以酒精为主要原料制成的酿造醋。

（3）糖醋　以各种糖为主要原料制成的酿造醋。

（4）酒醋　以各种酒类为主要原料制成的酿造醋。

（5）果醋　以各种水果为主要原料制成的酿造醋。

（6）再制醋　在冰醋酸或醋酸的稀释液里添加糖类、酸味剂、调味剂、食盐、香辛料、食用色素、酿造醋等制成的食醋。

二、食醋的生产原料

（一）食醋酿造主料

食醋酿造主要原料是能被微生物发酵生成醋酸的原料，包括淀粉质、糖质和酒精三大类，目前制醋多以淀粉质的粮食为主，所以制醋的主料一般指粮食。长江以南习惯上以大米作为主要原料，长江以北则以高粱、甘薯、玉米等为主料。

1. 淀粉质原料

（1）大米　我国长江以南习惯上用大米（籼米、粳米和糯米）为制醋的主料，其组成以淀粉为主（淀粉含量达70%以上），蛋白质次之。制醋用的大米是稻米谷粒皮层被不同程度碾除后的米粒，它主要包括胚乳及少量胚，是制醋的优良原料。大米中的糯米是镇江香醋的主要原料，所含淀粉全为支链淀粉，黏度大，不容易老化，糖化速度缓慢，成品醋质地浓厚，风味较佳。碎米是大米加工的副产品，一般稻谷加工中碎米量可占整粒白米量的6%左右。碎米的化学组成同整米基本相同，碎米作为普通食醋的原料，可降低生产成本，增加粮食副产品的利用率。

（2）玉米　玉米粗淀粉含量较高，通常黄玉米淀粉含量高于白玉米。玉米籽粒含少量葡萄糖、蔗糖、糊精。玉米胚芽富含脂肪，其脂肪属于半干性植物油，占胚芽干物质总重的 30%~40%。脂肪在酒精发酵时易氧化，生酸快且升酸幅度大，往往会抑制酵母的活性。因此，在以玉米为原料酿造食醋时，应首先将胚芽除去，以免影响发酵。另外，玉米淀粉结构紧密，难以糊化，糖化时生成难溶解淀粉。

（3）甘薯　又称山芋、地瓜、白薯、红苕等，有很多优良品种，含有丰富的淀粉，结构松散，易于糊化，果胶含量较高，而纤维素、脂肪和蛋白质含量低，发酵过程中升温幅度小，有利于食醋发酵，出醋率较高，是制醋的良好原料。另外，甘薯是高产作物，用其制醋可降低经济成本。但甘薯中果胶含量较多，蒸煮和发酵过程中产生大量甲醛，产品的薯干味较重，且鲜薯容易腐败。因此，常采用甘薯干作为酿醋原料。

2. 糖质原料

糖质原料主要有富含糖分的甜菜糖蜜、甘蔗糖蜜、蜂蜜等。

3. 酒类原料

酒类原料包括食用酒精、白酒、果酒和啤酒等。

4. 其他原料

果蔬类可使用梨、苹果、西瓜、柿、枣、番茄等；加工副产品类有醪糟、废糖蜜、米糠、米糠饼、麸皮等。

（二）食醋酿造辅料

固态发酵法制醋，需要大量的辅料。辅料能够提供微生物的活动场所，提供微生物生长繁殖需要的营养物质，利于各种水解酶对物质的转化，增加食醋中的糖分与氨基酸的含量，对醋醅起疏松作用。常用的辅料有细谷糠及豆粕和麸皮。

1. 填充料

填充料可以调节淀粉浓度、吸收酒精及液浆、保持空隙、疏松醋醅、流通空气，有利于醋酸菌的好氧性发酵，提高出醋率。常用的填充料主要有谷壳、稻壳、高粱壳、玉米芯、玉米秆、高粱秆等。

2. 添加剂

常用的添加剂有食盐、砂糖、香料、炒米色、酱色等。醋酸发酵成熟后，加入食盐，可以抑制醋酸菌的生理活动，防止其对醋酸的进一步分解，终止醋酸发酵过程以及调和食醋风味；砂糖可以增加食醋甜味和浓度；茴乔、生姜、芝麻等香料赋予食醋特殊的风味；炒米色或酱色可以增加食醋的色泽及风味。

（三）食醋酿造微生物

在食醋传统生产工艺中，微生物自然地进入生产原料中富集、繁殖，自发地形成了以曲霉菌、酵母和醋酸菌为主的稳定群落结构。曲霉能产生大量的淀粉酶和蛋白酶，使淀粉水解成糖，蛋白质水解成氨基酸；酵母使糖转变成酒精；醋酸菌能使酒精氧化生成醋酸。食醋发酵就是这些菌群参与并协同作用的结果，这些功能微生物能够产生大量的风味物质，赋予食醋独特的风味和重要的营养价值。在固态发酵工艺中，一般通过添加曲等发酵剂来促进原料中淀粉的糖化。曲中含有丰富的微生物，是食醋酿造阶段微生物的主要来源。

老陈醋酿造过程中微生物的变化规律为：在酒精发酵过程中，酵母和细菌是其主要菌群，数量的变化较大，变化趋势是先增后减，代谢产物中乙醇的产量持续增加；在醋酸发酵过程中，主要的菌群是醋酸菌，其他菌群的数量较少，所有的菌群都随着发酵过程的进行逐渐进入残留期，代谢产物的种类在该阶段比较丰富。

1. 食醋酿造的主要微生物

（1）霉菌　在食醋的酿造过程中，霉菌的功能是分泌大量的酶，将淀粉、蛋白质等大分子物质水解为糊精、葡萄糖、多肽和氨基酸等小分子物质，常用以制成糖化曲，主要包括黑曲霉和黄曲霉两大类。

（2）酵母　酵母是食醋酿造中酒精发酵阶段的主要菌种，淀粉质原料经糖化曲的作用产生葡萄糖，酵母则通过其分泌的酒化酶系将葡萄糖转化为酒精和二氧化碳，完成酿醋过程中的酒精发酵阶段。除酒化酶系外，酵母还可分泌麦芽糖酶、蔗糖酶、转化酶、乳糖分解酶及脂肪酶等。酵母培养及发酵的最适温度为 25～30℃，但因菌种的不同稍有差异。过去传统制醋是利用空气中及各种曲子内存在的酵母进行酒精发酵，现在很多厂家选择适于粮食原料发酵、酒精发酵力强的酵母，其产品质量更高。

有些酵母还能够产生香味。酵母细胞本身含有丰富的蛋白质、维生素等营养物质，当酒精发酵完毕后，菌体留在醋醅内，增加了食醋的营养，也可作为醋酸菌的营养物，有利醋酸菌的生长与发酵。

工业生产中大多数采用纯培养的优良酵母菌种，包括大量酒精酵母和产酯酵母。前者主要进行酒精发酵，使用淀粉原料的主要菌种有 $As2399$、K 氏酵母、南阳 5 号酵母 1300 等使用糖蜜为原料的主要菌种有 $As2.1189$、$As2.1190$。产酯酵母菌株主要有 $As2300$、$As2.338$ 以及中国食品发酵工业研究院的 1295 和 1312 等。

（3）醋酸菌　醋酸菌是一类具有氧化乙醇生成醋酸能力的细菌。乙醇向醋酸的转化分为两步，中间产物是乙醛。醋酸菌在醋酸发酵中，酶类存在于醋酸菌的细胞膜中，与膜中的磷脂结合，通过乙醇脱氢酶和乙醛脱氢酶分别将乙醇氧化为乙醛和将乙醛氧化成醋酸实现食醋酿造。

$$CH_3CH_2OH \xrightarrow{\text{乙醇脱氢酶}} CH_3CHO \xrightarrow{\text{乙醛脱氢酶}} CH_3COOH$$

$$\text{乙醇} \qquad\qquad \text{乙醛} \qquad\qquad \text{醋酸}$$

醋酸菌最适宜的碳源是葡萄糖、果糖等六碳糖，其次是蔗糖和麦芽糖，也可利用酒精作为碳源。醋酸菌为严格好氧微生物，具有很强的氧化酶系活力，除能氧化酒精生产醋外，也可以氧化其他醇类和糖类，生成乳酸、琥珀酸、丙酮酸、葡萄糖酸等，这些酸再与酒精反应生成酯，对风味有重要作用。醋酸菌无芽孢，对热的抵抗能力很弱，60℃条件下 1min 左右即可死亡。醋酸菌对酸和酒精的抵抗力因菌种不同而不同，一般醋酸菌可耐受 1.5%~2.5% 的醋酸，部分菌种可达 6%~7%；一般耐酒精浓度为 5%~12%。不同种的醋酸菌性能差别很大，只有以优良的菌种经纯粹扩大培养，并且控制发酵条件及制醋过程中所引起的一系列生化作用，才能达到食醋酿造的稳产和高产。

食醋酿造中使用的醋酸菌可分为醋酸杆菌属和葡萄糖杆菌属，前者在 39℃ 下可以生长，最适增殖温度在 30℃ 以上，主要作用是将乙醇氧化为醋酸，在缺少乙醇的醋醅中，会继续把醋酸氧化成 CO_2 和 H_2O，也能微弱氧化葡萄糖为葡萄糖酸，常见菌株有沪酿 1.01 醋酸菌、恶臭醋酸杆菌、许氏醋酸杆菌；后者能在低温下生长，增殖最适温度在 30℃ 以下，主要作用是将葡萄糖氧化为葡萄糖酸，也能微弱氧化酒精成醋酸，但不能继续把醋酸氧化为 CO_2 和 H_2O。酿醋所用的醋酸菌菌株，大多属于醋酸杆菌属，仅在老法酿醋醋醅中发现葡萄糖氧化杆菌属的菌株。

（4）其他微生物　在食醋固态发酵过程中，微生物群落结构复杂，其中有些具有重要功能的微生物如乳酸菌、芽孢杆菌等对食醋的风味也有着积极的影响。在食醋中含量最多的不挥发酸是乳酸，主要来源于乳酸菌。食醋中的乳酸菌主要属于乳杆菌属，其主要功能是产生大量的乳酸，乳酸能够缓解食醋刺激的酸味，改善口感。在食醋风味成分中，醋酸和乳酸是两种最主要的有机酸。芽孢杆菌是一类好氧菌，主要功能是通过三羧酸循环途径产生有机酸，这些有机酸可以改善食醋中由醋酸造成的刺激的酸味，使口感变得柔和。另外，芽孢杆菌产生的具有高度活性的蛋白酶可以将蛋白质水解成氨基酸，对食醋风味和颜色的形成起着重要的作用。

2. 酿醋用糖化剂和发酵剂

（1）糖化剂　糖化剂是指把淀粉转化成可发酵性糖所用的微生物培养物或酶制剂。我国食醋生产采用的糖化剂，主要有以下 5 种类型。

①大曲：我国一些名优食醋生产企业采用大曲作为糖化发酵剂来酿醋。它是以根霉、毛霉、曲霉和酵母为主，兼有野生菌杂生而培制成的糖化剂。大曲作为糖化剂优点是微生物种类多，成醋风味佳，香气浓，质量好，也便于保管和运输；其缺点是制作工艺复杂，糖化力弱，淀粉利用率低，用曲量大，生产周期长，出醋率低，成本较高。

②小曲：小曲酿制的醋品味纯正，颇受江南消费者欢迎，小曲也是我国的传统曲种之一。小曲是以碎米、统糠为制曲原料，有的添加中草药、利用野生菌或接入曲母制曲。曲中主要的微生物是根霉及酵母。小曲的优点是糖化力强，用曲少，便于运输和保管；其缺点是对原料的选择性强，适用于糯米、大米、高粱等，对于薯类及野生植物原料的适应性差。

③麸曲：麸曲是国内酿醋厂普遍采用的糖化剂。它是以麸皮为制曲原料，接种纯培养

的曲霉菌，以固体法培养而制得的曲。其优点糖化力强，出醋率高，生产成本低，对原料适应性强，制曲周期短。

④液体曲：液体曲就是在发酵罐内深层培养制得的霉菌培养液，含有淀粉酶及糖化酶，可直接代替固体曲用于酿造。液体曲的优点是生产机械化程度高，生产效率高，出醋率高；缺点是生产设备投资大，技术要求高，酿制出的醋香气较淡，醋质较差。

⑤红曲：红曲被广泛用于食品增色剂及红曲醋、玫瑰醋的酿造。红曲是将红曲霉接种培养于米饭上，使其分泌出红色素和黄色素，并产生较强活力的糖化酶，是我国特色曲。

酶制剂在酿醋中作为单一糖化剂应用不多，常用作辅助糖化剂以提高糖化质量。

（2）发酵剂

①酒母：酒母就是含有大量能将糖类发酵成乙醇的人工酵母培养液，在酿酒、酿醋中被使用。传统的酿醋工艺是依靠曲中以及空气中落入物料的酵母自然接种、繁殖后进行生产的，由于依靠自然接种，菌种多而杂，其优点是酿制出的食醋风味好、口味醇厚复杂，缺点是质量很难保持稳定，而且出醋率低。现在常采用人工选育的优良酵母菌种用于酿醋，这大大提高了生产效率和出醋率且产品质量稳定性好。在菌种的选择方面，酿醋常用的酵母基本上与酿酒相同。发酵性能良好的酵母有拉斯 2 号、拉斯 12 号、K 氏酵母、南阳 5 号1300 等菌株，还有一些产醋酵母，如 $As2300$、$As2.338$、汉逊酵母等。

②醋母：醋母原意是"醋酸发酵之母"，就是含有大量醋酸菌的培养液，用于完成将酒精发酵生成醋酸的任务。传统法酿醋，是依靠空气、原料、曲子、用具等上面附着的野生醋酸菌进行醋酸发酵的，因此，生产周期长、出醋率低。现在多使用人工选育的醋酸菌，通过扩大培养得到醋酸菌种子即醋母，再将其接入进行醋酸发酵，使生产效率大为提高。目前国内生产厂家应用的纯种培养大多为沪酿 1.01 和中科 1.41。

三、食醋酿造中的生化机制

食醋的酿造一般可分为淀粉分解（糖化作用）、酒精发酵和醋酸发酵三个主要过程，这些过程都是微生物所产生的酶的作用过程。

1. 糖化作用

糖化作用是指淀粉在淀粉酶作用下水解为葡萄糖的过程。在糖化和发酵时所用的曲中，有淀粉酶、糖化酶、葡萄糖苷转移酶、果胶酶、纤维素酶等，由于这些酶的协同作用，使淀粉分解生成发酵性的糖，再由酵母生成乙醇。小部分的非发酵性糖作为残糖留于醋中，作为食醋中部分色、香、味的基础。传统制醋过程中，原料中的淀粉可以通过熟化和成曲中霉菌产生的各种淀粉酶将其转化为麦芽糖和葡萄糖。其中，霉菌产生的淀粉酶包括内切淀粉酶（α-1,4-糊精酶，又称液化酶）、外切淀粉酶（α-1,4-葡萄糖苷酶，又称糖化酶）、α-1,6-糊精酶、α-1,6-葡萄糖苷酶。

用曲对淀粉质原料进行糖化时，淀粉浓度对糖化效果有很大影响，淀粉浓度越高，糖化效果越差。这是因为酶与底物结合，底物浓度高时底物不能完全与酶结合，所以会出现底物过剩，只有当产物移去或被消耗时，余下的底物与酶结合再生成产物。因此，进行固态发酵时，一般采取边糖化边发酵的方法；而进行液态发酵时，则可将糖化和发酵分开，目的是提高糖化和发酵效果。

糖化曲用量应适当，曲量过少时，糖化速度变慢，糖的生成速度跟不上酵母菌对糖的需求，会使酿醋周期延长；曲使用过量，糖化速度过快，糖积累过多时，容易导致生酸细菌生长繁殖，从而影响酒精发酵，使醋产生苦涩味。糖化曲用量公式如式（5-2）所示：

$$m_1 = \frac{m_2}{0.9 \times \dfrac{A}{1000}} \tag{5-2}$$

式中　m_1——糖化曲用量，g；

　　　m_2——投料淀粉总量（以纯淀粉计），g；

　　　A——曲糖化力，1g 曲在 60℃ 对淀粉作用 1h 产出葡萄糖的 mg 数；

　　0.9——将葡萄糖折算为淀粉的系数；

　1000——将 mg 换算为 g。

2. 酒精发酵

与酒精发酵关系密切的酶主要有两大类，即水解酶和酒化酶。淀粉水解后生成的大部分葡萄糖，被酵母细胞吸收后，在一系列酶的作用下，先形成丙酮酸，丙酮酸经脱羧形成 CO_2 和乙醛，乙醛在厌氧条件下加氢还原成乙醇。在酵母细胞中实际上约有 95% 的葡萄糖变成乙醇和 CO_2，其余 5% 被用于酵母的增殖和生成其他产品。

3. 醋酸发酵

醋酸发酵是依靠醋酸菌的作用，将酒精氧化生成醋酸，其总反应式：

$$CH_3CH_2OH + O_2 \xrightarrow{\text{氧化酶系}} CH_3COOH + H_2O$$

由此可知，醋酸与乙醇的质量比为 1.304：1，但是由于发酵过程中醋酸的挥发、再氧化以及形成酯等因素，实际醋酸与酒精的质量比仅为 1：1。

醋酸菌除生成醋酸外，还能生成羟基酸，这些酸与乙醇可发生酯化反应生成各种酯类，这些酯类是构成食醋香气的重要成分。有机酸种类越多，醋的香味就越浓。另外，原料中少量的脂肪在霉菌解脂酶作用下生成各种脂肪酸和甘油，脂肪酸也可以和醇作用生成酯类。

4. 食醋色、香、味、体的形成

食醋的品质取决于本身的色、香、味三要素，而色、香、味的形成经历了错综复杂的过程。除了发酵过程中形成风味外，很大一部分还与成熟陈酿有关。

（1）色　食醋的"色"来源于原料本身的色素带入，原料预处理时发生化学反应而产生的有色物质进入食醋中，如发酵过程中由化学反应、酶反应而生成的色素，微生物的有色代谢产物，熏醅时产生的色素以及进行配制时人工添加的色素。食醋在发酵和陈酿期间，由于醋中糖分和氨基酸的羰氨反应产生黑色素等物质，可使食醋色泽加深。熏醅时产生的主要是焦糖色素，是多种糖经脱水、缩合而成的混合物，能溶于水，呈黑褐色或红褐色。

（2）香　食醋的"香"来源于食醋酿造过程中产生的酯类、醇类、醛类、酚类等物质。有些食醋还添加香辛料，如茴香、桂皮、陈皮等。酯类以乙酸乙酯为主，其他还有乙酸异戊酯、乳酸乙酯、琥珀酸乙酯、乙酸异丁酯、乙酸甲酯、异戊酸乙酯等。酯类物质一部分是由微生物代谢产生的，另一部分是由有机酸和醇经酯化反应生成的，但酯化反应速度缓慢，需要经陈酿来提高酯类含量，所以速酿醋香气较差。食醋中醇类物质除乙醇外，还含有甲醇、丙醇、异丁醇、戊醇等；醛类有乙醛、糖醛、乙缩醛、香草醛、甘油醛、异丁醛、异戊醛等；酚类有4-乙基愈创木酚等。发酵产生的双乙酰、3-羟基丁酮等成分一旦过量会造成食醋香气不良甚至出现异味等问题。

（3）味　食醋的味道主要是由"酸、甜、鲜、咸"构成。

①酸味：食醋是一种酸性调味品，其主体酸味是醋酸。醋酸是挥发性酸，酸味强，尖酸突出，有刺激性气味。此外，食醋还含有一定量的不挥发性有机酸，如琥珀酸、苹果酸、柠檬酸、葡萄糖酸、乳酸等，它们的存在可使食醋的酸味变得柔和，假如缺少这些不挥发性有机酸，食醋口感会显得刺激、单薄。食醋在陈酿后熟过程中的氧化反应（酒精氧化生成乙醛）和酯化反应，可使食醋风味变得醇和。因此，为了保证成品醋的质量，新醋需经一定时间的贮藏，不宜立即出厂。

②甜味：食醋中的甜味主要是发酵后的残糖。另外，发酵过程中形成的甘油、二酮等也有甜味，对于甜味不够的醋，可以添加适量蔗糖来提高其甜度。

③鲜味：由于酿醋多以富含淀粉的粮食为原料，但其中也含一部分蛋白质。因此，当原料中蛋白质蒸熟后，在曲霉分泌的蛋白酶作用下，在糖化、酒精发酵及醋酸发酵各阶段中，蛋白质也被逐渐分解成各种氨基酸。氨基酸则是食醋鲜味的来源，也是部分色素生成的基础。此外，酵母、细菌的菌体自溶后产生出各种核苷酸（如5′-鸟苷酸、5′-肌苷酸）是强烈助鲜剂；钠离子是由酿醋过程中加入的食盐提供；食醋中因为存在氨基酸、核苷酸的钠盐而呈鲜味。

④咸味：酿醋过程中添加食盐，可以使食醋具有适当的咸味，从而使醋的酸味得到缓冲，口感更好。

（4）体　食醋体态构成主要是由固形物含量决定的。固形物包括有机酸、酯类、糖分、氨基酸、蛋白质、糊精、色素、盐类等。采用淀粉质原料酿制的醋固形物含量高，体态好。

四、食醋酿造工艺

食醋酿造工艺主要分固态发酵醋、固稀发酵醋和液态发酵醋三种类型。固态发酵工艺相比液态发酵工艺有能耗低、废水排放少等优点，但需要大的加工场地，生产周期长。

生产前原料要经过检验，霉变等不合格的原料不能用于生产。除去泥沙杂质，进行粉碎与水磨。磨浆时，先浸泡原料，再加水，加水比例以1∶1.5~1∶2.0为宜。

原料蒸煮的目的是使原料在高温下灭菌，使粉碎后的淀粉质原料润水后在高温条件下蒸煮，使植物组织和细胞破裂，细胞中淀粉被释放出来，淀粉由颗粒状转变为溶胶状，在糖化时更易被淀粉酶水解。蒸煮方法随制醋工艺而异，一般分为煮料发酵法和蒸料发酵法两种。蒸料发酵法是目前固态发酵酿醋中用得最广的一种方法，为了便于蒸料糊化，以利于下一步糖化发酵，必须在原料中加入适量的水进行润料，并搅拌均匀，然后再蒸料。润料所用水量，视原料种类而定。高粱原料用水量为50%左右，时间约12h。大米原料可采用浸泡方法，夏季6~8h，冬季10~12h，浸泡后捞出沥干。蒸料一般在常压下进行，传统的固态煮料法是先将主料（如高粱）浸泡于其质量3倍的水中约3h，然后煮熟达到无硬心，呈粥状，冷却后进行糖化，再进行酒化。如采用加压蒸料可缩短蒸料时间，因此许多大型生产厂采用旋转加压蒸锅，使料受热均匀又不致焦化。例如，制造麸曲时将麸皮、豆粕和水混匀，装入旋转蒸锅，以0.1MPa加压蒸料30min。

1. 固态发酵法酿造工艺

固态发酵食醋是以粮食及其副产品为原料，采用固态醋酸发酵酿制而成的食醋。此法制得的醋香气浓郁、口味醇厚，色泽较好。我国食醋生产的传统工艺，大都为固态发酵法。采用这类发酵工艺生产的产品，在体态和风味上都具有独特风格。其特点是发酵醅中配有较多的疏松料，使醋醅呈蓬松的固态，创造一个利于多种微生物生长繁殖的环境；固态发酵培养周期长，发酵方式为开放式，发酵体系中菌种复杂，所以生产

食醋酿造工艺

出的食醋香气浓郁、口味醇厚、色泽优良。我国著名的大曲醋如山西老陈醋，小曲醋如镇江香醋，药曲醋如四川保宁醋等，都是用固态发酵法生产的。固态发酵法工艺流程（以麸曲醋为例说明）如下：

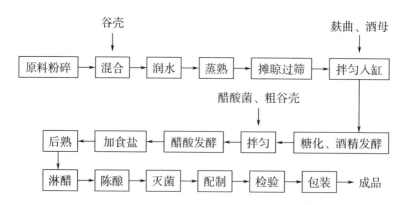

2. 固稀发酵法酿造工艺

固稀发酵法酿醋是在食醋酿造过程中酒精发酵阶段采用稀醪发酵，在醋酸发酵阶段采

用固态发酵的一种制醋工艺。其特点是出醋率高，并具有固态发酵的特点。北京龙门米醋及现代应用的酶法液化通风回流制醋工艺均属于固稀发酵法。其中的酶法液化通风回流制醋，运用了细菌α-淀粉酶对原料处理、液化，再进行液态酒精发酵；利用在发酵池近底层处设的假底进行自然通风和醋汁回流代替倒醅，使醋醅能均匀发酵，提高了原料利用率；以通风回流代替了倒醅，减轻工人劳动，改善了生产条件，使原料出醋率提高，一般每千克碎米可得8kg成品食醋。

现代应用的酶法液化通风回流制醋中，通风和回流是控制发酵的重要手段。醋酸发酵池外观呈圆柱形，在距离池底高15～20cm处架上竹篾假底，把池分成上下两层，假底上面装料发酵，下面存留醋汁，紧靠竹篾四周设有通风洞对称排列于池周围，喷淋管上开小孔，回流液用泵打入喷淋管，利用液体喷出的反作用力旋转，使液体均匀淋浇其面层。

下面以酶法液化通风回流制醋为例，介绍固稀发酵法制醋，工艺流程如下：

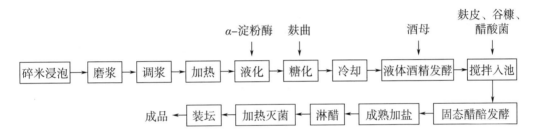

3. 液态发酵法酿醋

液态发酵食醋是以粮食、糖类、果类或酒精为原料，采用液态醋酸发酵酿制而成的食醋。该法生产的食醋风味不及传统发酵的食醋风味好，但比固态发酵法酿醋工艺生产周期短，便于连续化和机械化生产，原料利用率高，产品质量也较稳定。现代液态发酵酿醋有液体回流发酵法、液体深层发酵法、酶法静置速酿法、连续浅层发酵法等多种方法。适用生产原料可以是淀粉质原料，也可以是酒精、糖蜜、果蔬类等原料。下面主要介绍液体回流发酵法制醋和液体深层发酵法制醋。

（1）液体回流发酵法　液体回流发酵法又称淋浇发酵和速酿法。常用的原料为白酒或酒精生产后的酒精残液。整个发酵过程都在醋塔中完成，食醋卫生条件好，不易污染杂菌，生产稳定，成品洁白透明，质量高。

塔内填充料要疏松多孔，比表面积大，纤维质具有适当硬度，经醋液浸渍不变软、不溶出影响醋品质的物质，一般采用木刨花、玉米芯、甘蔗渣、木炭、多孔玻璃等。在使用，前先用清水洗净，再用食醋浸泡。

丹东白醋就是以50%酒精度的白酒为原料，在速酿塔中淋浇发酵酿制而成，其工艺流程如下：

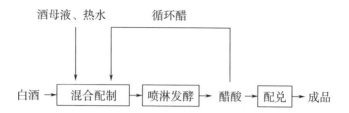

将酸度为 9%~9.5% 的醋液，分流出一部分作为循环醋液，加入白酒、酵母液和热水，混合均匀，使混合液酸度为 7.0%~7.2%，酒精度为 2.2%~2.5%，酵母液用量为 1%，配制出混合液的温度为 32~34℃，泵入速酿塔进行醋酸发酵。发酵室温为 28~30℃，用玻璃喷射管每隔 1h 至塔顶喷洒 1 次，每天喷洒 16 次。每次喷洒的时间和喷洒量依据具体生产而定，丹东醋厂每次喷洒量为 4.5kg。夜间停止喷洒 8h，促使醋酸菌繁殖。

从塔底流出的即为半成品醋液，其酸度回复到原来的 9.0%~9.5%，分流一部分入成品罐，加水稀释调配为成品醋出厂，其余部分继续循环配料使用。

（2）液态深层发酵法　液态深层发酵法生产原料可采用淀粉质原料、糖蜜、果蔬类原料。将其先制成酒醪或酒液，然后在发酵罐中完成醋酸发酵。该方法具有操作简便、生产效率高、不易污染杂菌等优点。液态深层发酵法多采用自吸式发酵罐，该罐能满足醋酸发酵需要气泡小，溶氧多，避免酒精和醋酸挥发的要求，无需使用压缩机和空气净化设备，有醋酸转化率高、节约设备投资、降低动力消耗的优点。工艺流程如下：

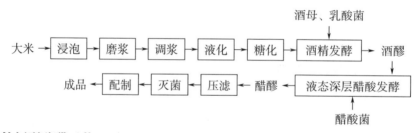

4. 其他新型酿醋工艺

（1）生料法　生料法酿醋与一般的制醋工艺不同的是原料不需要蒸煮，粉碎之后加水进行浸泡，直接进行糖化和发酵。由于未经过蒸煮，淀粉糖化相对困难，所需的糖化时间也相对延长，故糖化时需大量的麸曲，一般为主料的 40%~50%。此外，生料制醋在醋酸发酵阶段要加入较多的麸皮填充料，这样更利于醋酸菌发酵。

（2）新型固态法　新型固态法酿醋采用自动酿醋设备，它结合了固态发酵和液态发酵酿醋的优点，如翻醅自动化、回流自动化、回收酸气、产醋率高、发酵醋醅温度可控，实现 10d 发酵，超高温灭菌，全年酿醋达到稳产高产。

五、食醋的营养与功效

食醋不仅是一种可促进食欲的酸性调味品，还具有多种营养保健功能。《本草纲目》中也讲到"醋能消肿，散水气，杀邪毒，理诸药"。民间常用醋来改善高血压和降低胆固醇，并用醋作为中药引子增加疗效。其营养与保健作用如下。

1. 促进消化，缓解疲劳

食醋中含有挥发性酸以及氨基酸，能够刺激人体大脑中枢神经，促进消化器官分泌大量胃液、唾液等消化液，具有生津止渴、健胃消食以及增进食欲的功效。

疲劳是由于机体内肌糖原损耗、低血糖或其他原因引起的。现代医学表明食醋有改善新陈代谢，减轻疲劳的作用。人体在摄取醋酸等有机酸之后，通过丙酮酸生成柠檬酸，并通过三羧酸循环，使引起肌肉疲劳的乳酸和丙酮酸分解，达到缓解疲劳的效果。

2. 有助于抗氧化及美容

食醋因含有酚类和黄酮类化合物而具有一定的抗氧化性能；还可以通过抑制或者减少过氧化脂质的形成，从而起到一定的延缓机体衰老和皮肤色素沉着的作用。

食醋中的醋酸、甘油和醛类等成分，能够柔和地刺激人的皮肤，促使血管扩张，增加皮肤血液循环，减少皮肤色素沉着，使皮肤光滑，具有一定的美容效果。

由于醋中含有醋酸、乳酸、氨基酸、甘油、B族维生素、糖分和醛类化合物以及一些盐类，故对人的皮肤有柔和的刺激作用，能使血管扩张、营养供应充足、皮肤丰润饱满。

3. 有助于维持血脂、血糖、血压健康水平

每天服用一定量的食醋，具有降低总胆固醇、中性脂肪、血糖和血黏度的作用。研究恒顺醋胶囊对老鼠血脂的调节作用后发现，饲喂醋胶囊28天后老鼠的甘油三酯（TG）值明显低于对照组，且效果显著。而恒顺香醋浓缩物对 Gu^{2+} 诱导的低密度脂蛋白（LDL）氧化修饰具有抑制作用，且能够阻断已受到修饰的LDL氧化。但关于食醋有助于维持血脂、血压的机制，尚未得到统一的结论。有研究认为食醋能促进体内钠的排泄，改善钠的代谢异常，从而抑制体内盐分过剩所引起的血压升高。其他研究表明食醋之所以有助于维持血脂、血压，与其所含有的维生素C、烟酸、黄酮和多酚类化合物有关。维生素C和烟酸可促进胆固醇排出机体，同时扩张血管，增强血管的弹性和渗透能力。黄酮和多酚类化合物通过抑制胆固醇及不饱和脂肪酸氧化，减少胆固醇及其氧化物在动脉壁上沉积，促进不饱和脂肪酸对胆固醇的转运和清除，从而抑制动脉硬化形成。

4. 其他作用

（1）增强肾功能 食醋中富含18种氨基酸和Ca、Fe、Cu、Zn、Se等微量元素，有提高肾脏功能、解毒及促进新陈代谢的作用。

（2）解酒 用醋解酒是人们较为熟悉的常识，这在医学文献中早有记载。饮酒过多，会使血液中酒精浓度增加，一般说来，当100g血液中酒精含量达 $50 \sim 100mg$ 时，就会达到微醉状态，超过此量之后，随着酒精浓度的增加，醉酒的程度也随之加重。如果在饮酒的同时饮用食醋，就能降低血液中酒精的浓度，从而可以避免或减轻醉酒出现。

（3）减肥 氨基酸可以促使脂肪代谢，使机体所储存的过多脂肪分解为脂肪酸和甘油，这些物质进入血液后通过复杂的氧化反应最终产生二氧化碳、水和能量。二氧化碳通过呼吸排出体外，水通过体液排出，而能量则供给人体消耗。

思考题

1. 请简述麦芽制备的工艺流程。

2. 试着比较麦汁制备过程中浸出糖化法和煮出糖化法的异同点。

3. 请简述啤酒发酵工艺流程及关键控制点。

4. 请简述啤酒浑浊沉淀的原因。

5. 黄酒酿造过程中的微生物种类有哪些及其各自作用是什么？

6. 请简述传统黄酒酿造工艺（摊饭法、淋饭法、喂饭法）酿造的工艺流程。

7. 大曲的类型有哪些？各有何特点？生产工艺分别是什么？

8. 请简述浓香型、清香型和酱香型白酒的生产工艺过程。

9. 白酒酿制后为什么需要陈酿？白酒勾兑的主要作用是什么？

10. 食醋酿造中主要微生物种类有哪些及其各自作用是什么？

11. 食醋酿造的工艺主要有哪些类型？

第六章

果蔬发酵制品

学习目标

1. 了解果蔬发酵制品的起源、概念和分类。

2. 掌握葡萄酒、果醋、泡菜的加工原理。

3. 熟悉并掌握葡萄酒、果醋、泡菜的生产工艺。

4. 掌握代表性果蔬发酵制品的常见质量问题和控制措施。

5. 了解常见代表性果蔬发酵制品的营养。

第一节　葡萄酒

一、葡萄酒的发展

葡萄酒作为最古老的发酵饮料，历史非常悠久。目前，葡萄酒产量属欧洲最多，占世界葡萄酒总产量的 80% 以上。欧洲国家也是当今世界人均消费葡萄酒最多的国家。

葡萄酒酿造原理在于酵母将葡萄汁转化为酒精。进入 20 世纪葡萄酒的酿造技术又有了进步，不仅能精确控制酿造过程，而且发明了各种不同类型葡萄酒的酿造方法，通过各种生产条件的规定和实际品尝，让每一产区的葡萄酒能够保持当地的特色，形成了各地葡萄酒的特色和传统。

葡萄酒在中国的传播与丝绸之路密切相关。公元前 200 年左右，由于丝绸之路的开辟，汉朝与西亚和中亚地区建立了紧密的联系。随着这种联系的建立，葡萄和葡萄酒的制作技术也传入了中国。我国的第一个近代新型葡萄酒厂，是在 1892 年爱国华侨张弼士先生投资 300 万两白银在山东烟台建立的张裕酿酒公司。1915 年，张裕葡萄酒公司生产的葡萄酒和白兰地，在美国旧金山举行的巴拿马太平洋万国博览会上获得金质奖章和最优等奖状。从此，我国的葡萄酒生产技术迈上了一个新台阶。中华人民共和国成立后，从 1953 年开始的第一个五年计划期间，我国自行设计建设了北京东郊葡萄酒厂、烟台张裕葡萄酒公司、青岛葡萄酒厂、北京葡萄酒厂、吉林通化葡萄酒厂、陕西丹凤葡萄酒厂、山西清徐露酒厂、河北沙城葡萄酒厂等。第二个五年计划期间，进一步发挥地域优势，大力开发黄河故道，先后从保加利亚、匈牙利、苏联引入酿酒葡萄品种，我国自己也开展了葡萄品种的选育工作，建设自己的葡萄种植基地，新建了河南民权、兰考和郑州葡萄酒厂，安徽的萧县葡萄酒厂以及江苏的连云港和丰县等 10 多个葡萄酒厂，使葡萄酒行业不断壮大。20 世纪 70 年代以后，新疆维吾尔自治区吐鲁番、宁夏回族自治区玉泉营、湖北枣阳、广西壮族自治区永福、云南开远等地又相继改建或新建了一批葡萄酒厂，使全国县以上的葡萄酒厂增加 100 多家。同时在新疆维吾尔自治区、甘肃的干旱地区，渤海沿岸平原，黄河故道，黄土高原干旱地区，淮河流域，东北长白山地区，建立了葡萄园和葡萄酒生产基地。党的十一届三中全会以后，葡萄酒行业发生了巨大的变化。1987 年的全国酿酒工作会议提出饮料酒发展的四个转变，其中"粮食酒向果类酒的转变"为葡萄酒的发展创造了机遇。但葡萄酒市场管理缺乏规范，导致伪劣产品盛行，消费者不愿购买。1989 年前后葡萄酒行业出现大面积滑坡，葡萄种植面积骤减，葡萄酒企业纷纷倒闭，只有少数企业勉强维持。20 世纪 90 年代，"洋酒热"首先带动了我国白兰地的生产发展，紧接着"干红热"在 1995 年底迅速升温，为葡萄酒行业的发展创造了机遇，一批严格按国际标准、专业生产干型葡萄酒的中小企业得到了国内外消费者的认可。苹果酸-乳酸发酵、气囊式压榨机和滚动式发酵罐等先进技术和设备的应用，缩短了我国葡萄酒行业与国际水平的差距，为我国葡萄酒工业的腾飞奠定了坚实的基础。进入 21 世纪，随着人民生活水平的不断提高和饮酒方式的改变，我国葡萄酒的生产量、消费量均呈现快速增长的趋势。2017 年，全球葡萄酒人均消费量约为 3.2L，其中法国 45.7L，意大利 37.1L，而我国人均消费量水平在 1.3L 左右，远低于世界平均水平。

二、葡萄酒的分类

根据国际葡萄与葡萄酒组织的规定，葡萄酒只能是破碎或未破碎的新鲜葡萄果实或葡萄汁经完全或部分酒精发酵后获得的饮料，其酒精度不能低于 8.5%。但是，根据气候、土壤条件、葡萄品种和一些葡萄产区特殊的质量因素或传统，在一些特定的地区，葡萄酒的最低总酒精度可降低到 7.0%。

葡萄酒的种类繁多，分类方法也不相同。

1. 按国家标准进行分类

根据《饮料酒术语和分类》（GB/T 17204—2021）和《葡萄酒》（GB 15037—2006）的规定，按葡萄酒中 CO_2 含量（以压力表示）和加工工艺将葡萄酒分为平静葡萄酒、起泡葡萄酒和特种葡萄酒。

（1）平静葡萄酒　在20℃时，CO_2 压力<0.05MPa 的葡萄酒为平静葡萄酒。按酒中的含糖量和总酸可将平静葡萄酒分为4类。

①干葡萄酒（dry wines）：含糖（以葡萄糖计）量≤4.0g/L 或者当总糖与总酸（以酒石酸计）的差值≤2.0g/L 时，含糖量最高为9.0g/L 的葡萄酒。

②半干葡萄酒（semi-dry wines）：含糖量大于干葡萄酒，最高为12.0g/L 或者当总糖与总酸（以酒石酸计）的差值≤2.0g/L 时，含糖最高为18.0g/L 的葡萄酒。

③半甜葡萄酒（semi-sweet wines）：含糖量大于半干葡萄酒，最高为45.0g/L 的葡萄酒。

④甜葡萄酒（sweet wines）：含糖量>45.0g/L 的葡萄酒。

（2）起泡葡萄酒　起泡葡萄酒（sparkling wines）：在20℃时，CO_2 压力≥0.05MPa 的葡萄酒。起泡葡萄酒又可分为7种。

①高泡葡萄酒（sparkling wines）：在20℃时，CO_2（全部自然发酵产生）压力≥0.35MPa（对于容量<250mL 的瓶子 CO_2 压力≥0.3MPa）的起泡葡萄酒。

②天然高泡葡萄酒（brut sparkling wines）：酒中糖含量≤12.0g/L（允许差为3.0g/L）的高泡葡萄酒。

③绝干高泡葡萄酒（extra-dry sparkling wines）：酒中糖含量为12.1~17.0g/L（允许差为3.0g/L）的高泡葡萄酒。

④干高泡葡萄酒（dry sparkling wines）：酒中糖含量为17.1~32.0g/L（允许差为3.0g/L）的高泡葡萄酒。

⑤半干高泡葡萄酒（semi-dry sparkling wines）：酒中糖含量为32.1~50.0g/L 的高泡葡萄酒。

⑥甜高泡葡萄酒（sweet sparkling wines）：酒中糖含量>50.0g/L 的高泡葡萄酒。

⑦低泡葡萄酒（semi-sparkling wines）：在20℃时，CO_2（全部自然发酵产生）压力在0.05~0.34MPa 的起泡葡萄酒。

（3）特种葡萄酒　特种葡萄酒（special wines）是用鲜葡萄或葡萄汁在采摘或酿造工艺中使用特定方法酿制而成的葡萄酒。特种葡萄酒可分为12种。

①利口葡萄酒（liqueur wines）：由葡萄生成总酒精度为12%以上的葡萄酒中，加入葡萄白兰地、食用酒精或葡萄酒精以及葡萄汁、浓缩葡萄汁、含焦糖葡萄汁、白砂糖等，使其终产品酒精度为15.0%~22.0%的葡萄酒。

②葡萄汽酒（carbonated wines）：酒中所含 CO_2 是部分或全部由人工添加的，具有同起泡葡萄酒类似物理特性的葡萄酒。

③冰葡萄酒（ice wines）：将葡萄推迟采收，当气温低于-7℃使葡萄在树枝上保持一定时间，结冰，采收，在结冰状态下压榨、发酵，酿制而成的葡萄酒（在生产过程中不允许外加糖源）。

④贵腐葡萄酒（noble rot wines）：在葡萄的成熟后期，葡萄果实感染了灰绿葡萄孢，使果实的成分发生了明显的变化，用这种葡萄酿制而成的葡萄酒。

⑤产膜葡萄酒（flor or film wines）：葡萄汁经过全部酒精发酵，在酒的自由表面产生一层典型的酵母膜后，加入葡萄白兰地、葡萄酒精或食用酒精，所含酒精度≥15.0%的葡萄酒。

⑥加香葡萄酒（flavoured wines）：以葡萄酒为酒基，经浸泡芳香植物或加入芳香植物的浸出液（或馏出液）而制成的葡萄酒。

⑦低醇葡萄酒（low alcohol wines）：采用鲜葡萄或葡萄汁经全部或部分发酵，采用特种工艺加工而成的、酒精度为1.0%~7.0%的葡萄酒。

⑧无醇葡萄酒（non-alcohol wines）：采用鲜葡萄或葡萄汁经全部或部分发酵，采用特种工艺加工而成的、酒精度为0.5%~1.0%的葡萄酒。

⑨山葡萄酒（V. amurensis wines）：采用鲜山葡萄（包括毛葡萄、刺葡萄、秋葡萄等野生葡萄）或山葡萄汁经过全部或部分发酵酿制而成的葡萄酒。

⑩年份葡萄酒（vintage wines）：指葡萄采摘酿造该酒的年份，其中所标注年份的葡萄酒所占比例不能低于瓶内酒含量的80%。

⑪品种葡萄酒（varietal wines）：指用所标注的葡萄品种酿制的酒所占比例不能低于瓶内酒含量的75%。

⑫产地葡萄酒（original wines）：指用所标注的产地葡萄酿制的酒所占比例不能低于瓶内酒含量的80%。

2. 根据葡萄酒的颜色分类

（1）白葡萄酒　用白葡萄或皮红肉白的葡萄分离发酵而成。酒的颜色微黄带绿，近似无色或浅黄、禾秆黄、金黄。凡深黄、土黄、棕黄或褐黄等色，均不符合白葡萄酒的色泽要求。

（2）红葡萄酒　采用皮红肉白或皮肉皆红的葡萄经过皮和汁的混合浸渍发酵而成，酒色呈自然深宝石红、宝石红、紫红色或石榴红。凡黄褐、棕褐或土褐色，均不符合红葡萄酒的色泽要求。

（3）桃红葡萄酒　用带色的红葡萄带皮发酵或分离发酵制成，酒色为淡红、桃红、橘红或玫瑰红色。凡色泽过深或过浅均不符合桃红葡萄酒的要求。这一类葡萄酒在风味上具有新鲜感和明显的果香，含单宁不宜太高。

三、葡萄酒的生产原料

1. 葡萄酒酿造主料——葡萄

葡萄的果皮中含有色素、单宁和芳香成分等，它们对酿酒很重要。果肉中含有 15%～30% 还原糖以及有机酸、含氮物、矿物质、果胶质等。葡萄的果核含有脂肪、树脂、单宁等，若带入发酵液中会影响葡萄酒的风味和质量，因此在葡萄破碎时，必须尽量避免将果核压碎。葡萄果实采摘时为了保持新鲜度，会留有 4%～6%（葡萄重计）的果梗部分，由于果梗含有木质素（6%～7%）、单宁（1%～3%）、树脂（1%～2%），会使葡萄酒产品带有苦涩味，严重影响产品的质量，因此发酵前必须除梗。

葡萄可分成酿酒用葡萄和食用葡萄两大类，其中供酿酒用葡萄品种多达千种以上，多数为欧亚种。

（1）酿造红葡萄酒的优良品种　酿造红葡萄酒一般采用红色葡萄品种。我国使用的优良品种有法国蓝（Blue French）、佳丽酿（Carignan）、玫瑰香（Muscat Hamburg）、赤霞珠（Cabernet Sauvignon）、蛇龙珠（Cabernet Gernischet）、品丽珠（Cabernet Franc）、味而多（Petit Verdot）、美乐（Merlot）、黑比诺（Pinor Noir）、烟 73、烟 74 等。

（2）酿造白葡萄酒的优良品种　酿造白葡萄酒选用白葡萄或红皮白肉葡萄品种。我国使用的优良品种有龙眼、贵人香（Italian Riesling）、雷司令（Riesling）、白羽（Rkatsiteli）、李将军（Pinot Gris）、长相思（Sauvignon Blanc）、米勒（Muller Thurgau）、红玫瑰、巴拉蒂（Banati Riesling）。

2. 葡萄酒酿造辅料

在葡萄酒酿造过程中，辅料的添加不可缺少，也是保证葡萄酒质量的关键。葡萄汁的澄清、发酵、后期处理等环节都离不开辅料的作用，所以选择与品种、工艺等相适应的酿酒辅料并科学合理应用对提高葡萄酒的质量非常重要。

（1）二氧化硫　二氧化硫是葡萄酒生产中应用最多，也是保证葡萄酒质量的重要辅料之一。在葡萄酒酿造中，二氧化硫具有选择性杀菌或抑菌作用和澄清作用，并且还能促使果皮成分溶出、增酸和抗氧化等作用。二氯化硫的应用形式有 3 种：

①直接燃烧硫磺生成二氧化硫，是一种最古老的方法。目前，有些葡萄酒厂用来对贮酒室、发酵和贮酒容器进行杀菌。

②将气体二氧化硫在加压或冷冻下形成液体，储存于钢瓶中，可以直接使用，或将之溶于水中成亚硫酸后再使用，具有使用方便而准确的优点。

③使用焦亚硫酸钾（$K_2S_2O_5$）固体，理论上含二氧化硫 57.6%（实际按 50% 计算），需干燥保存。目前在国内葡萄酒厂使用普遍。

（2）果胶酶　果胶酶是现代葡萄酒酿造中的重要辅料，大多数是由黑曲酶（*Aspergillus niger*）经特殊工艺制成的液体果胶酶或固体果胶酶，根据果胶酶的用途可将果胶酶分为浸提型果胶酶、澄清型果胶酶和陈酿型果胶酶。

①浸提型果胶酶：主要用于葡萄酒中香气物质、色素和单宁的浸提。在酒精发酵前或酒精发酵过程中添加浸提型果胶酶，能够促进果汁中果胶和纤维素的分解，使葡萄本身含有的色素、单宁及芳香物质更容易被提取，增加出汁率。

②澄清型果胶酶：主要用于葡萄汁的澄清。果胶酶是一种由酯酶、解聚酶、纤维素酶和半纤维素酶等组成的复合高效酶，通过它们的协调作用，可以有效地切断并降解葡萄果肉和果胶的复杂分子链结构，使果汁中其他胶体失去果胶的保护作用，而使带正电荷的蛋白微粒暴露，并与带负电荷的胶体微粒相互吸引，迅速絮凝沉淀，从而有效降低葡萄汁的浑浊状况，最大限度地提高澄清度，同时降低葡萄汁的黏稠度，有利于葡萄汁澄清。

③陈酿型果胶酶：主要用于葡萄酒的陈酿。在葡萄酒的后期陈酿过程中，加入经过特殊工艺筛选的果胶酶，一方面由于果胶酶对压榨汁中的果胶及葡聚糖的分解作用，可以破坏并分解这些胶体物，加速自然澄清速度；另一方面这种特殊的酶制剂能够对酵母细胞进行破坏，从而加速酵母在酒中的自溶，加快葡萄酒与酵母一起陈酿的速度。

葡萄酿酒中常用的果胶酶通常是复合果胶酶，含有果胶裂解酶（pectinlyase，PL），果胶酯酶（pectin esterase，PE）和聚半乳糖醛酸酯酶（polygalacturonase，PG）等。在复合果胶酶的协同作用下，可促进葡萄汁澄清、果香浸提和颜色浸渍，对葡萄酒品质的改善和提升起到显著效果。

（3）酵母营养助剂 酵母营养助剂能够提供氨基酸、维生素、矿物质、多聚糖、不饱和脂肪酸、甾醇、氨态氮和可悬浮固形物等葡萄酒发酵所需的几乎全部营养物质。酵母营养助剂主要应用于酵母的快速和安全的活化、生长、启酵和发酵，特别针对下列情况：①高产葡萄；②贫瘠葡萄园收获的葡萄；③过熟葡萄；④成熟期间温度较高的地区的葡萄；⑤老葡萄园的葡萄；⑥没有灌溉系统的葡萄园的葡萄；⑦过度澄清的葡萄汁；⑧污染的葡萄汁。

酵母营养助剂的主要功效包括：①预防发酵的缓慢、中断；②减少挥发酸的生成；③减少 SO_2 的添加量；④提升葡萄酒的品质；⑤缩短发酵时间。

（4）单宁 在葡萄酒中，单宁扮演着十分重要的角色，它不仅可以为葡萄酒构建"骨架"，还可以和酒液中的其他物质发生反应，形成新物质，提升葡萄酒的丰富度。此外，单宁还具有抗氧化作用，是一种天然防腐剂，它可以有效避免葡萄酒因氧化而变酸，使得葡萄酒在长期储存的过程中能够保持最佳状态。葡萄酒在下胶澄清时，会消耗一部分果汁中固有的单宁，使酒味显得淡，沉淀不完全。为了使葡萄酒具有较好的风味，提高澄清效果，应在下胶前添加单宁。单宁的添加量，要根据酒中单宁含量和使用澄清剂的量来计算。一般应先做小样试验，再决定用量。

3. 葡萄酒酿造微生物

（1）酵母 酵母可以将葡萄汁中的糖类转化成乙醇、CO_2 和其他副产物，在获得生长繁殖所需的能量的同时，代谢葡萄汁中含氮化合物和硫化物，进而合成葡萄酒的风味与香气物质等。

作为优良酿造葡萄酒的酵母应具有以下基本特征。

①发酵能力强，耐酒精能力强，有低温发酵能力，具有良好的 SO_2 耐受能力。

②具有稳定的发酵特性，发酵行为可以预测，发酵完全（残糖少或无残糖），无不良气味物质产生。

③发酵结束时易凝聚，便于从酒中分离。

④生成 SO_2 和 H_2S 的能力低，产生 SO_2 结合物质少。

⑤有适当生成高级醇和酯类的能力，酒质的香气好，并有悦人的滋味。

⑥具有耐高压、高温，不失香，协调酒体，易于长期储存等优点。

目前国内外已利用现代酵母生产技术来大量培养优良的酿酒酵母，其具有潜在的活性，称为活性干酵母，该技术解决了扩大培养法生产酵母的复杂性和鲜酵母易变质不好保存等问题，为大规模生产酿酒酵母提供了极大的方便。

（2）乳酸菌　苹果酸-乳酸发酵是红葡萄酒和高酸白葡萄酒酿造过程中的一个重要工艺环节。乳酸菌将葡萄酒中比较生青尖刻的苹果酸转换成口感柔顺的乳酸，改善葡萄酒的口感，突出果香，提高葡萄酒的质量。乳酸菌耐受 pH 为 3.1，耐酒精度>15%，耐受总 SO_2 浓度 50~60mg/L，发酵温度 16~24℃，产生的挥发性酸含量低。

四、葡萄酒发酵原理

1. 酒精发酵

在一定条件下，酵母将葡萄浆果中的糖分解为酒精、CO_2 和其他副产物，并放出一定的能量，这一过程称为酒精发酵。

$$C_6H_{12}O_6（葡萄糖或果糖）\longrightarrow 2C_2H_5OH（乙醇）+2CO_2+Q$$

经过酒精发酵，理论上，17~18g/L 的糖转化体积分数为 1% 的酒精，1mol 的葡萄糖发酵后可产生 33kcal 的热量。CO_2 也是酒精发酵的终产物之一，在葡萄酒的酿造过程中，尤其红葡萄酒的酿造中应适时排放 CO_2 气体，确保空气流通。

除此之外，还有初级副产物、次级副产物以及在三羧酸循环中产生的中间产物等。

（1）初级副产物

①甘油：在葡萄酒中，甘油的含量一般为 6~10g/L。甘油具甜味，可使葡萄酒醇厚、肥硕、圆润。

②醋酸：醋酸是构成葡萄酒挥发酸的主要物质，在正常情况下，醋酸在葡萄酒中的含量为 0.2~0.3g/L，它是由乙醛经氧化作用而形成的。醋酸含量过高，酒会变味，醋酸乙酯的含量达到 0.15g/L，就可使葡萄酒变味。一般规定，白葡萄酒的挥发酸含量不能高于

0.88g/L（以 H_2SO_4 计），红葡萄酒的挥发酸含量不能高于 0.98g/L（以 H_2SO_4 计）。

③琥珀酸：在所有的葡萄酒中都存在琥珀酸，但其含量较低，一般为 0.6~1.5g/L。

④乳酸：在葡萄酒中，其含量一般低于 1g/L，主要来源于酒精发酵和苹果酸-乳酸发酵。

⑤柠檬酸：主要来源于葡萄浆果本身，少量来自发酵，其含量小于 1.0g/L。

（2）次级副产物

①高级醇：在葡萄酒中的含量很低，但它们是构成葡萄酒二类香气的主要物质，在葡萄酒中的高级醇有异丙醇、异戊醇等，主要是由氨基酸代谢而成，如亮氨酸可通过代谢途径转化为异戊醇。

②酯类：葡萄酒中含有机酸和醇类，而有机酸和醇类会发生酯化反应，生成各种酯类化合物，葡萄酒中的酯类物质分为生化酯类和化学酯类两大类。生化酯类是在发酵过程中形成的，而化学酯类是在陈酿过程中形成的，是构成葡萄酒三类香气的主要物质。

（3）中间产物　主要是丙酮酸和乙醛。通常浆果的成熟度越高则丙酮酸的含量越高，葡萄酒受氧化程度越强，乙醛含量越高。

2. 苹果酸-乳酸发酵

在乳酸菌的作用下，葡萄酒中的 L-苹果酸转化为 L-乳酸，并且释放出 CO_2 的过程，称为苹果酸-乳酸发酵。参与此过程的关键酶是苹果酸-乳酸酶，这是一种诱导酶，即只有当基质中含有苹果酸和可发酵糖时，乳酸菌才能在细胞内合成此酶，其活性的发挥需要辅酶 NAD^+ 的参与。苹果酸-乳酸酶具有与苹果酸脱氢酶和苹果酸酶相似的性质，能将 L-苹果酸转化为 L-乳酸，酶活性的最佳 pH 为 5.75。

苹果酸-乳酸发酵是一个生物发酵过程，该发酵使新葡萄酒的酸涩、粗糙等特点消失，葡萄酒口感变得柔和、圆润。经苹果酸-乳酸发酵后的红葡萄酒酸度降低，果香、醇香加浓，口感柔软、肥硕，生物稳定性得到提高。因此，苹果酸-乳酸发酵是葡萄酒酿造过程中不可缺少的二次发酵过程，是名副其实的生物降酸过程。具体作用如下。

（1）降酸作用　在较寒冷的地区，葡萄酒的总酸尤其是苹果酸的含量可能很高，苹果酸-乳酸发酵就成为理想的降酸方法。乳酸菌利用 1g 苹果酸只生成 0.67 g 乳酸，不仅降低葡萄酒的总酸，而且使酸涩感降低。其降酸幅度取决于葡萄酒中苹果酸的含量及其与酒石酸的比例，通常总酸可下降 1~3g/L，葡萄酒的酸涩味、粗糙感等消失，酒变得柔软、肥硕和圆润，口感得到一定改善。

（2）增加细菌学稳定性　苹果酸和酒石酸是葡萄酒中两大固定酸，与酒石酸相比，苹果酸为生理代谢活跃物质，易被微生物分解利用。通常的化学降酸只能除去酒石酸，较大幅度的化学降酸对葡萄酒口感的影响非常显著，甚至超过了总酸本身对葡萄酒质量的影响。葡萄酒的苹果酸-乳酸发酵不仅能适度降酸，而且苹果酸-乳酸发酵完成后，经抑菌、除菌处理，使葡萄酒细菌学稳定性增加，从而可以避免储存过程和装瓶后可能发生的细菌发酵。

（3）风味修饰作用　苹果酸–乳酸发酵的另一个重要作用是通过颜色、口感、香气等变化来影响葡萄酒风味。

①颜色：苹果酸–乳酸发酵后，葡萄酒的色度有所下降，这是因为乳酸菌利用了与 SO_2 结合的物质如丙酮酸、α–酮戊二酸等，释放出 SO_2，游离的 SO_2 会与花色素苷结合而降低酒的色度。

②口感：苹果酸–乳酸发酵除了能降低葡萄酒的酸度，增加 pH，还能降低葡萄酒的生涩味。在大罐进行苹果酸–乳酸发酵时，总酚含量有所降低；在木桶中进行苹果酸–乳酸发酵能引起鞣花单宁的相互作用，而降低总酚含量；苹果酸–乳酸发酵能加大单宁聚合程度和增加单宁胶体层。这些变化会使酒的口感变得柔和。

③香气：在苹果酸–乳酸发酵中葡萄酒的果香味没有被破坏，反而会增加，这是因为发酵过程中植物性草本风味（生青味）减少，使水果风味更好地展现出来。酒类明串珠菌具有 β–葡萄糖苷酶和 β–半乳糖苷酶的相似作用，它们在苹果酸–乳酸发酵过程中，可以分解香味前体物质，释放出具有果香味的萜烯化合物。乳酸菌还会产生强烈的如奶油、坚果、橡木等香味物质，这些香气能很好地与葡萄酒中的水果风味相融合，增加葡萄酒的香气复杂性。

（4）乳酸菌可能引起的病害　在含糖量很低的干红和一些干白葡萄酒中，苹果酸是最易被乳酸菌降解的物质，尤其是在 pH 较高（3.5~3.8）、温度较高（大于16℃）、SO_2 浓度过低或苹果酸–乳酸发酵完成后没有立即采取终止措施的情况下，几乎所有的乳酸菌都可变为病原菌，从而引起葡萄酒病害，伴随着苹果酸–乳酸发酵而发生酒石酸发酵病（或称泛浑病）、甘油发酵病（或苦败病）、乳酸性酸败病、油脂病、甘露糖醇病和戊糖的乳酸发酵引起发黏等病害。

为防止发生乳酸菌引起的葡萄酒病害，应严格控制苹果酸–乳酸发酵的条件，使苹果酸–乳酸发酵纯正；干红葡萄酒和酸太高的白葡萄酒进行必需的苹果酸–乳酸发酵；科学合理使用 SO_2，确保葡萄酒中所需 SO_2 的含量；苹果酸–乳酸发酵完成后及时采取终止措施，确保酒的稳定性。

五、葡萄酒酿造工艺

1. 白葡萄酒酿造工艺

白葡萄酒酿造工艺流程如图6-1所示。

2. 红葡萄酒酿造工艺

红葡萄酒是指选择用皮红肉白或皮肉皆红的酿酒葡萄进行皮汁短时间混合发酵，然后进行分离陈酿而成的葡萄酒，这类酒的色泽呈天然红宝石色。酿造红葡萄酒的品种主要有赤霞珠、美乐、品丽珠、蛇龙珠、黑比诺、西拉等。采用皮渣与葡萄汁混合浸渍发酵方法，酒精的发酵作用和对固体物质的浸渍作用同时存在，此过程将糖转化为酒精，同时将固体物质中的单宁、色素等酚类物质溶解在葡萄酒中。红葡萄酒的酿造工艺流程如图6-2所示。

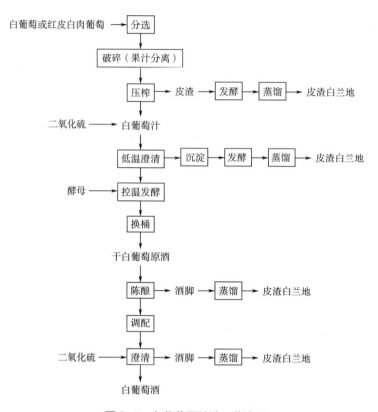

图 6-1 白葡萄酒酿造工艺流程

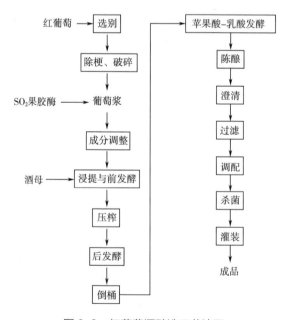

图 6-2 红葡萄酒酿造工艺流程

3. 桃红葡萄酒酿造工艺

桃红葡萄酒为佐餐型葡萄酒，良好的新鲜感、清新的果香与酒香完全融合在一起。陈酿时间以半年至一年为好，如果陈酿时间过长，酒质老化，颜色加深变褐，会失去美丽的桃红色，果香味会降低，失去本身典型的风格。桃红葡萄酒中始终要含有适量的游离二氧化硫，保持酒的新鲜感，防止氧化。整个酿造过程应采用较低的温度。酒压塞装瓶后，将瓶进行卧放，防止木塞干裂进入空气而氧化多酚类物质（包括色素和单宁），对桃红葡萄酒质量的重要作用，所以桃红葡萄酒的酿造技术应能充分保证获得适量的酚类物质，保证新酒色度、清爽，并且是略带红色色调的桃红葡萄酒。

由新鲜葡萄汁（浆）经发酵而制得的葡萄酒称为原酒。原酒不具备商品酒的质量水平，还需要经过一定时间的储存（或称陈酿）和适当的工艺处理，使酒质逐渐完善，最后达到商品葡萄酒应有的品质。葡萄酒储存的目的有以下两点。

（1）促进酒液的澄清和提高酒的稳定性　在发酵结束后，酒中尚存在一些不稳定的物质，如过剩的酒石酸盐、单宁、蛋白质和一些胶体物质，还带有少量的酵母及其他微生物，影响葡萄酒的澄清，并危害葡萄酒的稳定性。在储存过程中，由于葡萄原酒中的物理化学及生物学的特性均发生变化，蛋白质、单宁、酒石酸、酵母等沉淀析出，可结合添桶、换桶、下胶、过滤等工艺操作达到澄清。

（2）促进酒的成熟　新葡萄酒由于各种变化尚未达到平衡、协调，酒体显得单调、生硬、粗糙、淡薄，经过一段时间的储存，可使幼龄酒中的各种风味物质（特别是单宁）之间达到和谐平衡，酒体变得和谐、柔顺、细腻、醇厚，并表现出各种酒的典型风格，这就是葡萄酒的成熟。对红葡萄酒，陈酿的第一效果是色泽的变化，其色泽由深浓逐渐转为清淡，由紫色变为砖红色。同时，酒的气味和口味也有很大变化，幼龄酒的浓香味逐渐消失，而形成的香味更为愉快和细腻。

葡萄酒的贮藏温度通常在 15℃ 左右，因酒而异。一般干白葡萄酒的酒窖温度为 8～11℃，干红葡萄酒的酒窖温度为 12～15℃，新干白葡萄酒及酒龄在 2 年以上的老干红葡萄酒的酒窖温度为 10～15℃，浓甜葡萄酒的酒窖温度为 16～18℃。贮藏湿度以相对湿度 85% 为宜。储存环境应空气清新，不积存 CO_2，故须经常通风，通风操作宜在清晨进行。

每种葡萄酒都有合理的贮藏期，一般白葡萄酒为 1～3 年；干白葡萄酒则为 6～10 个月；红葡萄酒由于酒精含量较高，同时单宁和色素物质含量也较多，色泽较深，适合较长时间的贮藏，一般为 2～4 年。有些生产工艺不同的特色酒，更适宜长期贮藏，一般为 5～10 年。

若葡萄酒贮藏期很长，出桶前已很澄清则不必下胶，但一般酒均应在调配前在贮桶中进行下胶处理。下胶的材料有有机物和无机物两大类，有机物如明胶、蛋清、鱼胶、干酪素、单宁、橡木屑、聚乙烯吡咯烷酮等；无机物如皂土、硅藻土等。较为常用的澄清方法为明胶—单宁法和皂土法。

为使各批产品的质量色、香、味、格、卫（卫生）等尽量一致，需要对原酒进行调配。

配料有食用酒精或白兰地、砂糖或糖浆、糖色、柠檬酸及调配用水等。

热处理和冷处理均有助于提高葡萄酒的风味，并能提高其生物和非生物稳定性。通常采用先热处理再冷处理的工艺，效果较好。在密闭容器内将葡萄酒间接加热至 67℃ 保持 10min；或加热到 70℃ 保持 15min，快速冷却。冷处理时间通常在 -7~-4℃ 下冷处理 5~6d。

瓶贮是指葡萄酒装瓶后至出厂的一段过程。它能使葡萄酒在瓶内进行陈酿，达到最佳的风味。葡萄酒在瓶中陈酿是在无氧状态（即还原状态）下进行的，因此瓶塞必须塞紧，不得漏气。瓶贮期因葡萄酒的品种、酒质要求不同而异，至少 4~6 个月，有些高档酒的瓶贮期要求达 1~2 年。

六、葡萄酒在保健中的应用

1. 营养成分

葡萄酒丰富的营养成分，来源于葡萄的天然成分和酿造过程中生成的化学成分等。从营养的观点看，葡萄酒的化学成分比较完全，是矿物质和维生素的主要来源，可以为人体提供较高的热量，促进新陈代谢，对人体有多种益处。

（1）糖类成分　葡萄酒是 100% 地利用纯葡萄汁发酵酿成，没有添加任何水，葡萄的含糖量在 15%~25%，酿酒葡萄的含糖量要高于鲜食葡萄，经压榨后葡萄汁的含糖量一般可达 20%，例如，烟台中粮葡萄酿酒有限公司南王山谷基地的葡萄含糖量一直都保持在 21%~23%，以这样的优质葡萄酿酒，无需另外补充糖分。糖分中葡萄糖占 8%~13%，果糖占 7%~12%，这些糖分可直接被人体吸收，对健康为有利。

（2）维生素　葡萄酒中的维生素含量比较丰富，并不是说含量都非常高，而是说它的种类比较齐全，含量适中。在现代酿酒技术的低温发酵中，葡萄汁中的维生素并没有多少破坏，几乎全部保留在葡萄酒中。

葡萄酒中的维生素 B_1（硫胺素）可促进糖代谢、消除疲劳、兴奋神经。维生素 B_2 能促进细胞氧化还原作用，预防口角溃疡及白内障。维生素 B_6 除了帮助消化外，还可以预防肾结石。维生素 B_{12} 有补血作用，可以改善恶性贫血。在古代就留下了"牛肉、铁和葡萄酒"可以改善贫血的传说。葡萄酒中的维生素 PP（烟酸）能维持皮肤和神经的健康，预防糙皮病，起到美容的作用。维生素 P（柠檬素）含量丰富，对心血管系统有良好的作用，能防止白细胞减少和降低毛细血管的脆性。

（3）氨基酸　葡萄酒中含有 20 余种氨基酸，其中有 8 种人体必需氨基酸，其含量因葡萄酒的种类不同而有所差异。葡萄酒中必需氨基酸含量与人体血液中这些氨基酸含量非常接近，并且易被人体吸收，形成蛋白质，促进新陈代谢。

（4）矿物质　葡萄酒中含有丰富的矿物质，含量为 0.3%~0.5%，其中钙、钾、磷、铁、锌、硒等微量元素都可以直接被人体吸收和利用。

（5）有机酸　有机酸是葡萄酒中重要的风味物质，是葡萄酒酸度的主要决定因素，对葡萄酒的味感、稳定性、感官品质和陈酿特性都起着重要的作用。适量的酸味物质可构成葡萄酒爽利、清新等口感特征。葡萄酒中的有机酸主要包括酒石酸、苹果酸和柠檬酸等。葡萄酒中每种酸各有其特点和功效，在葡萄酒中发挥着不同的作用。

（6）醇类　葡萄糖在天然酵母的作用下，经过发酵而转变为酒精，是葡萄酒能够保持自然属性的主要特征。天然合成的醇类对人体危害很小，但在醇类作用下保持的丰富营养对人体健康较好。尤其红葡萄酒中含有的"逆化醇"可以抗衰老，同时也是抗氧化剂，对心脏病、高血脂和高血压有着很好的预防和改善作用。

（7）植物色素　红葡萄酒中的花色素可与葡萄糖及某些戊糖缩合成花色苷，花色素和花色苷可溶于水和酒精饮料中，并因 pH 的不同而改变颜色。

2. 葡萄酒的功效

葡萄酒性温味甘，入肝、脾、心。有益心血管、养颜护肤、增进食欲的功效。《本草纲目》记载葡萄酒"暖腰肾，驻颜色，耐寒"。

（1）心脑血管健康　早在 20 世纪 80 年代，美国的医学杂志便发表过论文证实葡萄酒对癌症、冠状动脉疾病、脑血管意外（脑卒中）有着积极的预防作用。这项研究及之后的众多研究都证实了葡萄酒对冠状动脉疾病的预防作用，因为它能提高血液中"良性"胆固醇（即高密度脂蛋白，HDL）的含量，而血浆中 HDL 的含量较高会显著降低心脏病的发病率。另外葡萄酒中的特有成分——白藜芦醇对保护心血管、抗血小板凝聚、保持血液畅通、舒张血管、预防癌症、预防心脏病及调节血脂等均具有不同程度的积极作用。此外，从葡萄果实、葡萄皮和葡萄梗中得到的花青苷、原花青素、儿茶素、单宁等物质，具有软化血管、增强血管通透性及降血脂的作用。因此，定量、适时、正确地饮用葡萄酒，对心脑血管有一定的益处。

（2）助消化和杀菌作用　饮用葡萄酒后，可以提高胃液的形成量，而葡萄酒含有有机酸，可调节肠道功能，有利于消化，并对大肠杆菌等具有杀灭和抑制的作用。国外特别强调葡萄酒的佐餐功能，海鲜类（鱼类）配喝白葡萄酒，肉类配喝红葡萄酒就是根据葡萄酒的消食杀菌作用而提出的。对于空气传播的疾病，如气管炎、肺炎，葡萄酒也有预防和缓解作用。

（3）消渴利尿的作用　葡萄酒中酒石酸、柠檬酸等含量较高，适当温度下饮用葡萄酒不但可以消渴，且有利尿的功能。葡萄酒中含有聚酚的是一种抗氧化物质，具有抑制活性氧活力的功能。

（4）镇静作用　葡萄酒能直接对周围神经系统起作用，给人以舒适、愉快的感觉。因此，对于焦虑、失眠、情绪紧张的人，饮用少量优质葡萄酒能平息焦虑的心情。

（5）美容养颜　20 世纪，美国著名营养保健专家艾尔·敏德尔（Earlmindell）博士在他的《抗衰老圣典》一书中，将白藜芦醇列为"100种最热门有效的抗衰老物质"，也从西方医学的角度印证了葡萄酒的养颜功效。此外，葡萄果肉中含有超强的抗氧化成分超氧化物歧化酶（SOD）。葡萄酒中提炼的SOD的活性相比直接由葡萄中提炼的要高得多，抗氧化能力也更强，延缓皮肤衰老的功效更佳。

第二节　果醋

果醋是以果实、果酒或果品加工下脚料为主要原料，利用现代生物技术酿制而成的一种营养丰富、风味优良的酸味调味品。适宜加工酿制果醋的水果有很多，如苹果、葡萄、樱桃、猕猴桃、香蕉、草莓、柿子等。其中以苹果酿制的果醋色泽淡亮，体态澄清，具有苹果的香味，是最为常见的一种果醋。果醋的加工方法可以归纳为鲜果制醋、果汁制醋、鲜果浸泡制醋、果酒制醋等方法。不论以鲜果为原料还是以果汁、果酒为原料制醋，都要进行醋酸发酵。发酵法酿造果醋的工艺有全固态发酵法、全液态发酵法和前液后固发酵法，这3种方法因水果的种类和品种不同而定，一般以不易榨汁的水果为原料时，宜选用全固态发酵法；以含水量多的、易榨汁的果实为原料时，宜选用全液态发酵法；前液后固发酵法选择的果实介于两者之间。

一、果醋酿造原理

果醋发酵过程分两步，首先是糖在厌氧条件下发酵生成酒精；第二步是酒精氧化成醋酸。总反应式为：

$$C_6H_{12}O_6+2O_2+2ADP \longrightarrow 2CH_3COOH+2H_2O+2CO_2+1099.3kJ$$

葡萄糖在厌氧条件下生成酒精的总反应式为：

$$C_6H_{12}O_6+2ADP \longrightarrow 2CH_3CH_2OH+2CO_2+112.9kJ$$

1. 醋酸发酵（acetic acid fermentation）

是指乙醇在醋酸菌的作用下氧化成醋酸的过程。醋酸菌是果醋酿造中醋酸发酵阶段的主要发酵菌株，具有氧化乙醇生成醋酸的能力。乙醇氧化过程分三阶段：第一阶段，乙醇在乙醇脱氢酶的催化下氧化生成乙醛；第二阶段，乙醛再吸水形成乙醛水合物；第三阶段，在乙醛脱氢酶的作用下氧化生成醋酸。其反应式如下：

$$CH_3CH_2OH+O_2 \xrightarrow{\text{乙醇脱氢酶}} CH_3CHO+H_2O$$

$$CH_3CHO+H_2O \longrightarrow CH_3CH(OH)_2$$

$$CH_3CH(OH)_2+O_2 \xrightarrow{\text{乙醛脱氢酶}} CH_3COOH+H_2O$$

总反应式可写成：

$$CH_3CH_2OH+O_2 \longrightarrow CH_3COOH+H_2O+493.2kJ$$

理论上 100g 纯酒精可生成 130.4g 醋酸或 100mL 纯酒精可生成 103.6g 醋酸。但实际产率较低，一般只能达理论值的 85% 左右。其主要原因是醋化时酒精的挥发损失，特别是在空气流通和温度较高时损失更多。其次是醋化生成物除醋酸外，还有二乙氧基乙烷、高级脂肪酸、琥珀酸等酸类在陈酿时与酒精作用产生酯类，赋予果醋芳香味。实际生产过程中通常认为每 100mL 酒精产生醋酸 100g。

各种醋酸菌不仅能将乙醇氧化成醋酸，还能氧化一系列的其他化合物。有些醋酸菌在醋化时将酒精完全氧化成醋酸后，为维持其生命活动能进一步将醋酸氧化成二氧化碳和水。故发酵完成后，常加热杀菌阻止其继续氧化分解。

2. 陈酿（aging）

果醋品质除了醋酸发酵过程的影响外，还与陈酿密切相关。陈酿期间，果醋的色香味发生一系列变化，使其变得澄清，风味更纯正，香气更浓郁。果醋在陈酿期间主要发生以下变化。

（1）色泽变化　陈酿期间由于果醋中的糖和氨基酸结合会产生类黑色素等使果醋的色泽加深。果醋的贮藏期越长，贮藏温度越高，则色泽也变得越深。原料中的单宁属多元酚的衍生物，也能被氧化缩合成黑色素。若果醋在制醋容器中接触了铁锈，经长期贮藏与醋中的醇、酸、醛成分反应会变成黄色、红棕色。

（2）风味变化

①氧化反应（oxidation reaction）：酒精氧化生成乙醛，果醋贮藏 3 个月后乙醛会由 1.28mg/100mL 上升到 1.75mg/100mL。

②酯化反应（esterification）：果醋中含有许多有机酸与醇，二者反应后会生成各种酯类。果醋陈酿的时间越长，形成酯的量也越多。酯的生成还受温度、醋中前体物质的浓度及界面物质等因素的影响。气温越高，形成酯的速度越快，醋中含醇类成分越多，形成的酯也越多。

二、果醋发酵微生物

果醋发酵中的酒精发酵阶段常用的微生物是酵母，有关酵母的内容前面章节已介绍，在此主要介绍醋酸发酵阶段的醋酸菌。

1. 醋酸菌的种类

醋酸菌（acetic acid bacteria）是能够将酒精氧化成醋酸的一类微生物的总称。生产果醋时为了提高产量和质量，避免杂菌污染，常采用人工接种的方式进行发酵。

根据各醋酸菌的特点，结合厂家自身特点，目前，国内外果醋厂家基本上采用的醋酸菌种有以下几类。

（1）奥尔兰醋酸杆菌（*A. orleanense L.*） 是法国奥尔兰地区用葡萄酒生产醋的主要菌株，它能产生少量的脂，产醋酸能力弱，但耐酸性较强，能由葡萄糖产 5.26% 的葡萄糖酸。

（2）恶臭醋酸杆菌（*A. rancens L.*） 是我国醋厂生产使用的菌种之一。它在液面形成皮膜，菌膜沿容器壁上升，液部浑浊。一般能产酸 6%~8%，有的菌株能产 2% 的葡萄糖酸，能把醋酸进一步氧化成二氧化碳和水。

（3）许氏醋酸杆菌（*A. Schuenbachii L.*） 是国外有名的速酿醋酸菌种，也是目前制醋工业重要的菌种之一，产酸高达 11.5%，最适生长温度是 25~27.5℃，在 37℃ 即不产酸，它对醋酸没有进一步的氧化作用。

（4）沪酿 1.01 醋酸杆菌（*A. lovaniense L.*） 是上海酿造科学研究所和上海醋厂从丹东速酿醋中分离的菌种。最适 pH 5.4~6.3，能耐 12% 的酒精度，在 pH4.5 时氧化酒精能力较强。

在我国果醋液态发酵中，投用的菌种只有 AS 1.41（*A. rances L.*） 恶臭醋酸杆菌浑浊变种和 *A. lovaniense L.*，且前者有过氧化反应，能把醋酸进一步氧化成二氧化碳和水。两株菌在果醋发酵过程中产酸均不理想，风味也不佳，有待选育出优良菌株加以取代。

2. 影响醋酸菌繁殖和醋化的因素

（1）果酒酒精度 果酒中的酒精度超过14%时，醋酸菌不能忍受，繁殖迟缓，生成物以乙醛为多，醋酸产量少，因此，酒精度要控制在 14% 以下。

（2）溶解氧 果酒中的溶解氧越多，醋化作用越完全。理论上 100L 纯酒精被氧化成醋酸，需要 38.0m³ 纯氧（相当于 183.9m³ 空气）。实践上供给的空气量还须超过理论值 15%~20% 才能醋化完全。反之，缺乏空气，醋酸菌则被迫停止繁殖，醋化作用受到阻碍。

（3）二氧化硫 果酒中的二氧化硫对醋酸菌的繁殖有抑制作用。若果酒中的二氧化硫含量过多，则不适宜醋酸发酵。

（4）温度 10℃ 以下醋化作用进行困难，30℃ 为醋酸菌繁殖最适宜温度，30~35℃ 醋化作用最快，达 40℃ 时停止活动。

（5）果酒酸度 果酒酸度对醋酸菌的发育亦有妨碍。醋化时，醋酸量逐渐增加，醋酸菌的活动也逐渐减弱。当酸度达某一限度时，其活动完全停止，醋酸菌一般能忍受 8%~10% 的醋酸含量。

（6）光照 太阳光对醋酸菌的发育有害。太阳光的各种光带中，以白色最为强烈，红色最弱。因此，醋化应在暗处进行。

三、果醋酿造工艺

1. 醋母的制备

（1）斜面固体培养 按麦芽汁或果酒 100mL，葡萄糖 3%，酵母膏 1%，碳酸钙 2%，琼脂 2%～2.5% 的比例，混合，加热熔化，分装于干热灭菌的试管中，每管 8～12mL，0.1MPa 下杀菌 15～20min，取出，趁未凝固前加入 50% 的酒精 0.6mL，制成斜面。冷却后无菌操作接种醋酸菌种，26～28℃恒温培养 2～3d 即成。

（2）**液体扩大培养**　取果酒 100mL，葡萄糖 0.3g，酵母膏 1g，装入灭菌的 500～800mL 三角瓶中，消毒。接种前加入 75% 的酒精 5mL，随即接入斜面固体培养的醋酸菌种 1～2 针，26～28℃恒温培养 2～3d 即成。培养过程中每日定时摇瓶 6～8 次或用摇床培养以供给充足的空气。培养成熟的液体醋母即可接入再扩大 20～25 倍的准备醋酸发酵的酒液中培养，制成的醋母即可供生产用。

2. 果醋酿造工艺

果醋按发酵状态可分为全固态发酵法、全液态发酵法和前液后固发酵法，其工艺流程分别如下。

（1）**全固态发酵法工艺流程**

果品原料 → 切除腐烂部分 → 清洗 → 破碎 → 加少量稻壳、酵母 → 固态酒精发酵 → 加麸皮、稻壳、醋酸菌 → 固态醋酸发酵 → 淋醋 → 陈酿 → 过滤 → 灭菌 → 成品。

以某些水果（通常是生产中的果皮渣、残次果等）为原料，经处理后接入酵母、醋酸菌，固态发酵制得。酿醋时需要拌入较多的疏松材料，使醋醅疏松，能容纳一定量的空气。因发酵过程中加入的辅料和填充物多，基础物质较液态发酵法丰富，故有利于微生物繁殖而产生不同的代谢产物，成品中总醋、氨基酸、糖分浓度高，酸味柔和、酸中回甜、香气浓郁、果香明显、口味醇厚、色泽也好，属传统酿醋法。但该法生产的产品存在发酵周期长、劳动强度大、废渣多、原料利用率低和产品卫生质量差等问题。

操作要点如下：

①酒精发酵：果品经洗净、破碎后，加入酵母液 3%～5%，进行酒精发酵，发酵过程中每日搅拌 3～4 次，5～7d 发酵完成。

②制醋醅：将酒精发酵完成的果浆，加入原料量的 50%～60% 麸皮或谷壳、米糠等作疏松剂，再加 10%～20% 培养好的醋母液（亦可用未经消毒的优良的生醋接种），充分搅拌均匀装入醋化缸中，稍加覆盖使其进行醋酸发酵，醋化期中控制品温在 30～35℃。若温度升高至 37～38℃时，则将缸中醋醅取出翻拌散热，若温度适当，每日定时翻拌 1～2 次，充分供给空气，促进醋化。经 10～15d，醋化旺盛期将过，随即加入 2%～3% 的食盐搅拌均匀，将醋醅压紧，加盖封严，待其陈酿后熟，经 5～6d 后，即可淋醋。

③淋醋：将后熟的醋醅放在淋醋器中。淋醋器用一底部凿有小孔的瓦缸或桶，距缸底 6～10cm 处放置滤板，铺上滤布。自上缓淋约与醋醅等量的冷却沸水，浸泡 4h 后，打开孔塞让醋液从缸底小孔流出，淋出的醋称头醋。头醋淋完以后再加入凉水淋二醋。二醋含醋酸很低，供淋头醋用。

（2）全液态发酵法工艺流程

果品原料 → 切除腐烂部分 → 清洗 → 破碎、榨汁 → 粗果汁 → 接种酵母 → 液态酒精发酵 → 加醋酸菌 → 液态醋酸发酵 → 过滤 → 灭菌 → 陈酿 → 成品。

利用发酵罐通过液体深层发酵获得产品，具有机械化程度高、操作卫生条件好、原料利用率高、生产周期短、质量稳定、易控制等优点，但产品风味较差。常采用在发酵过程中添加产醋酵母或后熟的方法以增加产品的风味和质地。

若以果酒为原料进行该法酿制，则酿制果醋的原料酒必须酒精发酵完全、澄清透明。将酒精度调整为7%~8%的原料果酒，装入醋化器中，为容积的1/3~1/2，接种醋母液5%左右，用纱罩盖好。若温度适宜，24h后发酵液面上有醋酸菌的菌膜形成，发酵期间每天搅动1~2次，10~20d醋化完成。取出大部分果醋，留下醋膜及少量醋液，再补充果酒继续醋化。

（3）前液后固发酵法工艺流程

果品原料 → 切除腐烂部分 → 清洗 → 破碎、榨汁（除去果渣） → 粗果汁 → 接种酵母 → 液态酒精发酵 → 加麸皮、稻壳、醋酸菌 → 固态醋酸发酵 → 淋醋 → 灭菌 → 陈酿 → 成品。

前液后固发酵法综合了前两种工艺的优点，固态发酵法缩短发酵时间，提高果醋的风味，但操作也比液态发酵法的复杂，周期长，待改进。

果醋的陈酿与果酒基本相同。通过陈酿，果醋变得澄清，风味更加纯正，香气更加浓郁。陈酿时将果醋装入桶或坛中，装满，密封，静置1~3个月即成。

陈酿后的果醋经澄清处理后进行精滤，60~70℃下杀菌10min，即可装瓶。

四、果醋酿造中常见质量问题及控制

（一）果醋的混浊（cloudy）与沉淀（precipitation）

果醋在保存和食用过程中，常出现悬浮膜、结块与沉淀物的混浊现象。轻者影响外观，重者影响产品品质。醋的混浊是一个非常复杂的现象，可分为生物性混浊和非生物性混浊两大类。

1. 果醋的生物性混浊（biological cloudy）

（1）主要原因

①发酵过程中微生物侵染引起的混浊：在果醋前发酵阶段，凡有霉菌、细菌等微生物参与时必然引起果酒发酵失败及品质变劣。果实常附生大量的杂菌，随破碎压榨带入果汁中参与酒精发酵，常见的有巴氏酵母、尖端酵母，这些酵母大量繁殖后，会使果醋的前阶段酒精发酵产生苦味并引起混浊，空气中的酵母、酒花菌、圆酵母、劣质的醋酸菌等也参

与活动。这些酵母繁殖在液体表面，生成一层白色的或暗黄的菌丝膜，将糖和乙醇分解为挥发性酸、醛等物质，对前发酵阶段果酒酿造是极其有害的，必须抑制。当各种其他杂菌也大量繁殖后，悬浮其中就造成了食醋的混浊现象。

②成品果醋再次污染造成的混浊：经过滤后清澈透明的果醋或过滤后再加热灭菌的果醋，搁置一段时间后，逐渐呈现均匀的混浊，这是由嗜温、耐醋酸、耐高温、厌氧的梭菌引起的。梭菌的增殖不仅消耗果醋中的各种成分，还会代谢不良物质，如产生异味的丁酸、丙酮等，破坏醋的风味，且大量菌体包括未自溶的死菌体，使醋的光密度上升，透光率下降。

（2）控制措施

①保证加工车间及环境卫生，操作人员规范作业。

②发酵前，剔除病烂果，原料用 0.02% 二氧化硫浸泡 30min 后，再用流动水清洗干净。

③在果醋发酵过程中，经驯化的有益微生物，如酵母等耐 SO_2 能力较强，适量 SO_2 不仅能抑制有害微生物，还可保持果汁中的维生素 C 和氨基酸等。将 SO_2 用果汁溶解，按 0.05% 添加到发酵罐中并搅拌均匀。

④应用先进的杀菌设备，防止杂菌二次污染等。

2. 果醋的非生物性混浊（non-biological cloudy）与沉淀（precipitation）

（1）主要原因　由果汁中一些物质引起，果醋中除水和乙酸外还存在很小一部分其他成分如单宁、色素、蛋白质、金属盐类、多糖、果胶质等，陈酿过程中铁、铜等金属离子易发生氧化还原反应，使醋液产生沉淀。随贮藏时间的延长，果胶质极易形成絮状物析出。此外，蛋白质还易与单宁形成络合物引起混浊，影响果醋感官品质。果醋与空气接触会引起明显的醋液褐变，应降低果胶质、单宁及蛋白质含量。

（2）控制措施　通常采用下胶过滤法，添加明胶、单宁、硅藻土、蛋清、蜂蜜等澄清剂，絮凝后再行过滤。也可采用机械法过滤如离心过滤、超滤等。为防止果醋混浊，一般在发酵前合理处理果汁，去除或降解其中的果胶质、蛋白质等引起混浊的物质。

①用果胶酶、纤维素酶、蛋白酶等酶制剂处理果汁，降解大分子物质。

②加入皂土，使之与蛋白质作用产生絮状沉淀，并吸附金属离子。

③加入单宁、明胶。果汁中原有的单宁量较少，不能与蛋白质形成沉淀，因此，加入适量单宁，其带负电荷与带正电荷的明胶（蛋白质）产生絮凝作用而沉淀。

④利用聚乙烯比咯烷酮强大络合能力，使其与聚丙烯酸、鞣酸、果胶酸、褐藻酸生成络合性沉淀。

（二）果醋过氧化反应（peroxidation）及控制

液态发酵果醋后期易发生过氧化反应，为避免醋酸被醋酸菌氧化分解成二氧化碳和水，应及时加入食盐以抑制醋酸菌的氧化作用。方法是醋酸发酵结束后将果醋滤出杂质及沉淀物，放入储备罐，装满陈酿，按 1% 含量加入食盐，密封罐口。

五、常见果醋饮料的生产实例

常见果醋饮料有苹果醋、葡萄醋、樱桃果醋、石榴醋、香蕉果醋、柠檬醋、草莓醋、猕猴桃醋等，其生产工艺可扫描二维码。

常见果醋饮料的
生产实例

六、果醋在保健中的应用

果醋被誉为"第四代饮料"，既有醋的功能，又兼具果汁的特点，柔和绵长，酸甜爽口，因其独特的口味、丰富的营养及多种保健功能，早在 20 世纪 90 年代就已风靡欧洲、美国、日本等发达国家和地区，如美国的苹果醋、法国的葡萄醋、日本的黑醋和酸梅醋等。目前我国各地醋吧的兴起，特别是在我国南方大中城市，食用果醋已成为一种时尚，在饮料中大有后来居上之势。

1. 果醋的营养成分

果醋是以水果为原料，经过清洗、打碎及榨汁，通过液体深层发酵酿制而成，兼具水果和醋的特点，营养丰富，适当饮用对身体健康有益。经过发酵而成的 100% 果醋营养很丰富，富含维生素 C 以及十多种有机酸和人体所需的多种氨基酸，能促进新陈代谢，调节酸碱平衡，消除疲劳。果醋中还含有甘油和醛类化合物等。研究证实，饮用果醋确实会给身体健康带来很多好处，如今喜欢喝果醋的人越来越多，酸酸甜甜的饮品不仅取代了很多餐厅宴席上的啤酒、可乐，在各超市里也成人们争相购买的畅销品。

2. 果醋的功效

果醋口感良好，且具备较高的营养价值，因此不少人将其纳入家庭饮品范畴。实际上，不同水果制成的果醋有着不同功效。苹果醋含有果胶、维生素等成分，或有助于促进肠道蠕动，在一定程度上缓解便秘；苹果醋中的酸性成分或能参与人体代谢反应，促进新陈代谢，减轻疲劳感。葡萄醋中的有益菌群和生物活性成分或能调节肠道微生态环境，抑制有害菌生长，促进有益菌繁殖。樱桃醋富含维生素 A 等对眼睛有益的营养物质，可能对视力的维护和恢复起到一定辅助功效。香蕉果醋含有膳食纤维和多种维生素，可促进肠道蠕动，利于清理肠胃、改善便秘；在传统医学观点中，香蕉本身具有清热润肺、止烦渴、填精髓、解酒毒等功效，制成果醋后或在一定程度上保留这些作用。柠檬醋富含维生素 C，该成分有助于维持牙龈健康，可能预防牙龈红肿出血问题；同时，维生素 C 强大的抗氧化性或能抑制黑色素生成，对减少黑斑、雀斑生长有辅助作用。草莓醋中所含的生物活性成分或许对调节皮肤油脂分泌、抑制痤疮丙酸杆菌生长有一定作用，有助于抑制青春痘、面疱、雀斑生长。猕猴桃醋富含多种维生素、矿物质和膳食纤维，能刺激肠胃蠕动，促进消化液分泌，有助于促进人体新陈代谢；猕猴桃醋中的某些成分或许在预防结石形成和辅助降血压方面发挥潜在作用。

（1）提高机体免疫力　果醋能提高机体的免疫力。其含有丰富的维生素、氨基酸和氧，能在体内与钙质合成醋酸钙，增强钙质的吸收，让身体更加强壮。果醋含有丰富的维生素C，维生素C是一种强大的抗氧化剂，能防止细胞癌变和细胞衰老增加身体的抵抗力。

（2）开胃养肝　果醋的酸性物质可溶解食物的营养物质，促进人体对食物中钙、磷等营养物质的吸收，提高新陈代谢功能。《本草纲目》中记载醋"散瘀血，治黄疸，黄汗"，还被认为能开胃、养肝，民间常用食醋、红糖合服改善肝病。

（3）促进血液循环　果醋有促进血液循环、辅助降脂降压作用。例如，山楂等果醋中含有可促进心血管扩张、冠状动脉血流量增加、产生降压效果的三萜类物质和黄酮成分，对高血压、高血脂、脑血栓、动脉硬化等多种疾病有缓解作用。

（4）抗菌消炎　果醋有抗菌消炎、防治感冒的作用。醋酸有较强的抗菌作用，可杀灭多种细菌。此外，醋对腮腺炎、体癣、灰指（趾）甲、胆道蛔虫、毒虫叮咬、腰腿酸痛等症都有一定的辅助效果。

（5）降低胆固醇　果醋具有降低胆固醇的作用。醋中富含的烟酸和维生素是胆固醇的克星，能促进胆固醇经肠道随粪便排出，使血浆和组织中胆固醇含量减少。研究证实，心血管病患者每天服用20mL果醋，6个月后胆固醇平均降低9.5%，中性脂肪减少11.3%，血液黏度也有所下降。

（6）美容护肤　果醋有美容护肤、延缓衰老的作用。皮肤细胞衰老是由于过氧化脂质的增多引起的。经常食用果醋能抑制和降低人体衰老过程中过氧化脂质的形成，使机体内过氧化脂质水平下降，延缓衰老。果醋所含有的有机酸、甘油和醛类物质可平衡皮肤pH，控制油脂分泌，扩张血管，加快皮肤血液循环，有益于清除堆积物，使皮肤光润。

（7）消除疲劳　果醋富含有机酸，可促进人体糖代谢，使肌肉的疲劳物质乳酸和丙酮等被分解，消除疲劳。人在经过长时间劳动和剧烈运动后，产生大量乳酸，引起疲劳，而醋酸等有机酸有助于人体三羧酸循环的正常进行，使有氧代谢顺畅，有利于清除沉积的乳酸，消除疲劳。果醋中含有的钾、锌等多种矿物元素，在体内代谢后会生成碱性物质，能防止血液酸化，调节酸碱平衡。

（8）防治肥胖　果醋富含氨基酸，可促使人体内过多的脂肪转移为体能消耗，并促进人体糖和蛋白质的代谢，进而起到一定的减肥作用。

（9）醒酒效果好　饮酒前后喝果醋，可增加胃液分泌，扩张血管，利于血液循环，提高肝脏的代谢能力，可使酒精在体内分解代谢速度加快，促进酒精从体内迅速排出；喝醉以后可直接喝一瓶200mL的凉果醋，醉酒的情况可以得到缓解，也可以用果醋泡白萝卜解酒，效果更好。

　　果醋一般人群皆可食用，但是胃酸、胃溃疡者、痛风患者、糖尿病患者、正在服用某些西药者不宜喝果醋。胃溃疡由于胃黏膜表面的黏液屏障受到破坏，如果大量喝果醋，不仅会腐蚀胃肠黏膜加重溃疡病，而且醋本身含有丰富的有机酸，能使消化器官分泌大量消化液，使胃酸增多，从而加重溃疡，引起胃痛等不适症状。所以胃溃疡等胃病患者最好少喝果醋。

　　空腹时最好不要喝醋，以免刺激产生过多胃酸，伤害胃壁。建议在每餐之间或饭后一小时再喝，这样不会刺激肠胃，还能顺便帮助消化；中年以上妇女、老年人等易患骨质疏松，少量喝醋可以加强钙质的吸收，但不宜天天饮醋，过量食醋反而会妨碍钙质的正常代谢，以致骨质疏松更严重；天然酿造的原醋最好在喝前加水稀释，稀释后如果不能一次喝完则应放进冰箱冷藏，并趁新鲜尽早喝完，以保持活性及疗效。

　　选购果醋，除留意标签外，还要留意醋的颜色和状态，合成醋的液体透明无色，摇动后泡沫瞬间消失，天然酿造醋的液体呈淡黄色，摇动后呈现泡沫，不易消失，有一定的黏稠性。

第三节　泡菜

一、泡菜的现状

　　我国是世界上蔬菜资源最丰富的国家，早在 3500 多年前就有蔬菜栽培的记载。据不完全统计，我国已知的常见蔬菜达 130 多种，在漫长的实践过程之中，我们勤劳的祖先已经掌握了食盐、曲霉、瓷器等生产和应用技术，如《禹贡》中的"青州盐"，《乐府》中的"黄帝盐"，这些都为泡菜的发展提供了极为有利的物质基础和先决条件。

　　泡菜是我国传统的大众食品，具有制作容易、设备简单、成本低廉、营养丰富、鲜香脆嫩、取食方便、四季可做等优点，深受广大群众喜爱。泡菜主要依靠乳酸菌发酵生成的大量乳酸来抑制微生物腐败。泡菜中食盐含量为 2%~4%，属低盐食品。《辞海》记述泡菜"将蔬菜用淡盐水浸渍而成"，是以半固态发酵方式加工制成的浸渍品，特点是"质脆、味香而微酸，或略带辣味，不必复制就能食用"。泡菜产地遍布全国各地，以四川泡菜最有名，销量均居全国第一，每年以 10%~25% 速度递增，涌现出全国知名的泡菜品牌，例如"吉香居""李记""味聚特""川南""惠通""新繁""广乐""盈棚""周萝卜"等，形成了"眉山东坡—成都新繁"泡菜产业集群，眉山、成都被授予"中国泡菜之乡"称号。除四川外，中国泡菜在山东省产量最大，泡菜企业以青岛、威海居多，多为外资或外向型企业，出口主要面向韩国，其次是日本，也有少量出口美国、加拿大、马来西亚、新加坡、新西兰等 20 多个国家和地区。

近年来，随着全球社会经济的快速发展以及人们生活水平的不断提高，发酵蔬果制品的益生功能得到人们的广泛关注。一些发达国家如韩国、日本及欧洲国家，大力宣扬传统发酵蔬菜制品，如韩国泡菜（kimchi）、欧洲酸菜（sauerkraut）、发酵橄榄（tble olive）、腌黄瓜（pickled cucumber）等正逐渐成为全球消费者公知的发酵蔬果食品，也形成了有影响力的产业。其中日本泡菜和韩国泡菜堪称世界一流，日本和韩国对泡菜进行了深入的研究开发，无论是泡菜发酵的微生物、风味、营养功能或是泡菜生产加工的清洁化、自动化、标准化等方面都取得了很大的成效，在国际市场中占据垄断地位。

在制作泡菜的众多容器中，以四川泡菜坛最负盛名。四川泡菜坛结构特殊（有坛沿，即坛唇），坛沿内盛水以密封坛口，而坛内发酵产生的气体又能通过水逸出，开启方便而又清洁卫生，设计创造巧妙。四川泡菜坛不仅可以隔离有害微生物的侵入，而且还能进行厌氧或兼性厌氧发酵，生产出味美脆嫩的泡菜，是世界上最原始的生物反应器，蕴含着很深的科学理论。

二、泡菜的分类

我国泡菜因使用蔬菜原辅料、制作生产工艺、地域区间等差异，品种繁多，分类各异。

1. 按泡菜加工工艺分类

根据《眉山泡菜》（T/MSAH 001—2023），按照生产工艺，眉山泡菜分为发酵泡菜和腌渍泡菜。

（1）发酵泡菜　以新鲜蔬菜为主要原料，添加或不添加辅料，经预处理、食用盐水泡渍发酵或配以泡渍母液，经乳酸发酵工艺为主加工制成的含活性乳酸菌的泡菜。

（2）腌渍泡菜　以新鲜蔬菜为主要原料，添加或不添加辅料，经食用盐或食用盐水腌渍，整理、清洗或不清洗、脱盐或不脱盐、调味或不调味、灌装、杀菌或不杀菌等工艺加工制成的泡菜。腌渍泡菜又可以分为盐渍泡菜、调味泡菜和佐料泡菜。

①盐渍泡菜：以新鲜蔬菜为主要原料，添加或不添加辅料，经食用盐或食用盐水盐渍，整理、清洗或不清洗、脱盐或不脱盐、脱水或不脱水、调味或不调味、灌装、杀菌或不杀菌等工艺加工制成的泡菜。

②调味泡菜：以新鲜蔬菜为主要原料，添加或不添加辅料，经食用盐或食用盐水低浓度泡渍，高浓度腌渍储存，整理、脱盐、脱水或不脱水、炒制或不炒制、调味、灌装、杀菌等工艺加工制成的泡菜。

③佐料泡菜：以新鲜蔬菜为主要原料，添加或不添加辅料，经食用盐水或食用盐盐渍，整理、脱盐或不脱盐、脱水或不脱水、炒制或不炒制、分料灌装或混合灌装、杀菌或不杀菌等工艺制成的泡菜包。配备或不配备调味包或（和）粉料包而组合成的烹调用泡菜。

2. 按泡菜加工原料分类

（1）叶菜类泡菜　如白菜、甘蓝等。

（2）根菜类泡菜　如萝卜、芥菜等。

（3）茎菜类泡菜　如莴笋、榨菜等。

（4）果菜类泡菜　如茄子、黄瓜等。

（5）食用菌泡菜　如木耳、香菇等。

（6）其他类泡菜　如泡凤爪、泡猪耳朵等。

3. 按泡菜产品食盐含量分类

（1）超低盐泡菜　食盐含量 1%～3%。

（2）低盐泡菜　食盐含量 4%～5%。

（3）中盐泡菜　食盐含量 5%～10%。

（4）高盐泡菜　食盐含量 10%～13%。

4. 按泡菜产品风味分类

（1）清香味　风味清香，口味清淡，突出蔬菜本质香味。

（2）甜酸味　口味既呈甜味又呈酸味。

（3）咸酸味　口味既有咸味又有酸味。

（4）红油辣味　颜色带辣椒红色，突出辣味和食用油香味。

（5）白油味　颜色不带色，突出蔬菜本质和食用油香味。

5. 按泡菜地域分类

（1）中式泡菜　以四川泡菜为代表，其制作用料考究，一般用川盐、料酒、白酒、红糖及多种香料制成盐水，用特制的土陶泡菜坛作盛器，然后将四季可取的根、茎、瓜、果、叶菜（如萝卜、辣椒、生姜、苦瓜、茄子、豇豆、蒜薹、卷心菜、青菜等）洗净投入，盖严密封，经一定时间的乳酸发酵而成。产品具有"新鲜、清香、嫩脆、味美"的特点。

（2）日式（日本）泡菜　日本泡菜起源于中国，唐玄宗天宝十二年（公元 753 年），唐高僧鉴真和尚第六次东渡日本，把我国的泡渍菜制作方法传入日本，现代日本家喻户晓的奈良渍就是鉴真所传。日本厚生劳动省定义泡菜为作为副食品，即食，以蔬菜、果实、菌类、海藻等为主要原料，使用盐、酱油、豆酱、酒粕、麴、醋、糠等及其他材料渍制而成的产品。日本泡菜生产一般用"调味液"进行"渍"，突出"渍"，大致可分为浅渍法和保存渍法两类。浅渍法由于盐味无法长期保存，2～3d 内要吃完，从盐、酱油等的调味料到沙拉酱皆可使用，其调味的方式相当多样化。

（3）韩式（韩国）泡菜　约 1300 年前我国的泡菜传入韩国。最早记载朝鲜半岛有泡菜类食品的是中国的《三国志·魏志·东夷传》。韩国泡菜中白菜、萝卜等蔬菜类经过初盐渍后拌入调制好的调料（如辣椒、大蒜、生姜、大葱及萝卜）低温发酵制成的乳酸发酵制品，色泽鲜艳、酸辣可口，堪称佐餐佳品。国际食品法典委员会对韩国泡菜的定义为由各类大白菜制成，大白菜须无明显缺陷，经整理去除不能食用部分，盐渍，清水清洗，并脱去多余水分，可通过切分或不切分达到适合大小。用复合型调味料，主要有红辣椒粉、大蒜、生姜、葱叶和小胡萝卜，可切块、切片或打碎，置于适合的容器中低温乳酸发酵，确保产品的后熟或贮藏。

（4）西方泡菜　主要原料为酸黄瓜、甘蓝、食用橄榄。发酵原理同样是自然乳酸发酵。以酸黄瓜为例，未成熟的黄瓜经过加入莳萝后放入4%~6%食盐溶液中，或者在某些情况下进行加盐干腌。通常的做法是将盐水倾倒入装有黄瓜的容器中，让其在18~20℃下发酵（如有需要，可加入葡萄糖），产生乳酸、二氧化碳及其他挥发性酸、乙醇和少量各种各样的香味物质。

三、泡菜生产原理

1. 泡菜生产的微生物

泡菜发酵依赖于环境及泡菜本身的微生物，如果这些微生物群落具有较大的可变性，则不利于发酵过程的稳定性，从而影响泡菜的品质。微生物是泡菜发酵的关键作用者，微生物群落结构及其相互作用被认为在改善泡菜风格与品质、提高发酵稳定性中至关重要。我国传统发酵泡菜的加工方式多以自然发酵为主，利用附着在蔬菜表面的微生物进行发酵。蔬菜本身携带的多种微生物迅速繁殖，呈现出以乳酸菌为主导的微生物系统，同时伴有酵母、醋酸菌及肠杆菌，有的还含少许霉菌等，泡菜中的微生物系统如图6-3所示。

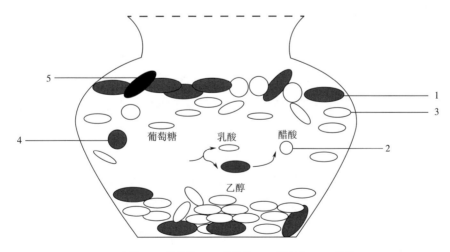

1—酵母　2—醋酸菌　3—乳酸菌　4—肠杆菌　5—霉菌

图6-3　泡菜微生物系统示意图

泡菜发酵中的乳酸菌是优势微生物，同时伴有酵母和醋酸菌，还有少量肠杆菌及霉菌等杂菌，主要包括明串珠菌属、乳杆菌属、乳球菌属等，在泡菜发酵过程中遵循着类似的三阶段变化规律，发酵前期快速生长并逐渐占据优势地位，进而主导泡菜的发酵，主要是明串珠菌属，是异型乳酸发酵，既产酸又产气；发酵到中期仍是乳酸菌占优势地位，主要是乳杆菌属，数量可达到 10^8 CFU/mL，以植物乳杆菌为主，是同型乳酸发酵，产生大量乳酸，伴有短乳杆菌发酵。随着乳酸菌发酵的进行，环境酸度的增加，pH 的降低，发酵前期中的肠杆菌及霉菌等杂菌快速减少，直至消亡；发酵到后期仍是乳酸菌占优势地位，此阶段的乳酸菌数量保持稳定或略有下降，主要是乳杆菌和乳球菌属，以戊糖乳杆菌、植物乳杆菌、乳酸乳球菌、短乳杆菌为主，是比较耐酸耐盐的乳酸菌，主要是同型乳酸发酵。酵母伴随着乳酸菌在整个发酵过程中都可以检出，但在发酵过程中不起主导作用，一般也呈现发酵前期缓慢上升，而中后期保持稳定或略有下降的趋势。

泡菜发酵初期，由于盐水的高渗透性作用，盐分进入蔬菜体内，蔬菜可溶性物质进入发酵液，发酵液中有了微生物生长的营养物质，同时坛顶有部分空气，适合好气性微生物的活动。这时醋酸菌和肠杆菌等杂菌等较为活跃，它们与乳酸菌之间存在着对营养物质的竞争关系，随着发酵的进行，乳酸菌快速生长并逐渐占据优势地位，抑制了醋酸菌和肠杆菌等杂菌的生长。发酵中、后期，进行的是同型乳酸发酵，pH 下降至 3.2 左右后保持平缓，由于乳杆菌属耐酸能力强，发酵后期占主导的乳酸菌为植物乳杆菌、戊糖乳杆菌、短乳杆菌等。整个体系中未检测出肠杆菌等杂菌，即植物乳杆菌对肠杆菌群有抑制作用，它们之间存在着拮抗关系。发酵后期还存在着一些耐酸的酵母，如酿酒酵母、毕赤酵母等，与乳杆菌之间存在着中立关系。当乳酸含量达到 1.2% 以上时，乳杆菌活性受到抑制，发酵速度逐渐变缓甚至停止。

2. 泡菜的乳酸菌发酵原理

（1）乳酸菌 乳酸菌即乳酸细菌（lactic acid bacteria，LAB），是一类能利用可发酵糖（碳水化合物）产生大量乳酸的细菌总称。乳酸菌球菌（直径）一般 $0.5 \sim 1.5 \mu m$，杆菌（宽长）一般（$0.5 \sim 1$）$\mu m \times$（$2 \sim 10$）μm；为革兰阳性菌（G^+），通常不运动，不产生芽孢，过氧化氢酶阴性，以乳酸作为主要代谢产物；属兼性厌氧菌，在有氧或无氧条件下都能生长；最适生长温度不尽相同，一般为 $15 \sim 40 ℃$，最适温度 $25 \sim 38 ℃$；菌落形态一般较湿润、光滑、透明、黏稠，菌落隆起，边缘圆整，通常为乳白色或灰白色。但一般乳酸菌菌落比酵母菌落小，比酵母更透明。乳酸菌分布于自然界，是一群相当庞杂的细菌，其中绝大部分都是人体内必不可少的且具有重要生理功能的菌群，其广泛存在于人体的肠道中。乳酸菌在食品加工中十分重要，乳酸菌发酵食品占食品总量的 25% 以上。泡菜中乳酸菌具有多样性，大多有一定的耐盐和耐酸性，可作为益生乳酸菌的重要来源。

（2）乳酸菌的发酵类型 乳酸菌根据发酵产生乳酸的情况可分为正型乳酸发酵和异型乳酸发酵两类。

乳酸菌对葡萄糖的主要三大代谢途径分别是糖酵解途径（EMP）、双歧杆菌途径和 6-

磷酸葡萄糖途径（HMP）。上述三条乳酸菌的代谢途径有一个共同点——只有己糖可以代谢利用。然而，己糖通过上述三条不同的途径时，经过快速的生物反应后，终产物的种类或数量上也会存在差异。EMP途径对大多数的微生物来说都是最重要的糖代谢途径，同型乳酸发酵菌株的能量代谢途径主要是EMP途径，而异型乳酸发酵的菌株常见的代谢途径是HMP途径和双歧杆菌代谢途径，通过这两条途径代谢己糖后，不仅可以生成乳酸，还可以产生其他的产物，如乙酸、乙醇和气体物质。

①正型乳酸发酵：正型乳酸发酵也称同型乳酸发酵，从来源上可分为动物源乳酸菌和植物源乳酸菌两类。目前我国泡菜中发现的乳酸菌主要包括乳杆菌属（*Lactobacillus*）、明串珠菌属（*Leuconostoc*）、肠球菌属（*Enterococcus*）、片球菌属（*Pediococcus*），也有少量报道含有乳球菌属（*Lactococcus*）、魏斯氏菌属（*Weissella*）等，我国泡菜大部分以乳酸杆菌发酵为主。目前在泡菜中报道较广泛的乳酸菌有20余种，其中肠膜明串珠菌、柠檬明串珠菌、植物乳杆菌、戊糖乳杆菌和短乳杆菌等已经被用作发酵的启动菌，用以提升泡菜产品的质量，如市场上出现的直投式功能菌剂等。

正型乳酸发酵乳酸菌在乳酸的发酵过程中，乳酸是唯一代谢终产物。EMP途径是同型乳酸发酵菌株的主要代谢途径，也有一些兼性异型乳酸发酵菌株会利用这条途径代谢利用碳源，葡萄糖先经过醛羧酶的作用进一步分解成3-磷酸甘油醛，然后再进一步生成丙酮酸和ATP，将葡萄糖代谢为终产物丙酮酸，而乳酸菌因其代谢途径中还存在乳酸脱氢酶，在其作用下丙酮酸可进一步被反应生成乳酸，同时需要消耗NADH（图6-4）。总的来说，EMP代谢途径中1分子的葡萄糖经过各种酶的作用后，最终生成2分子的乳酸和2个ATP，其中醛缩酶是这条代谢途径的关键酶，这个过程中并不需要氧气的参与，理论上也不会产生其他的副产物。异型乳酸发酵乳酸菌在代谢葡萄糖的过程中，既会通过EMP途径产生的乳酸，又会产生乙酸、乙醇和气体等多种产物。

②异型乳酸发酵：异型乳酸发酵途径与正型乳酸发酵途径有相同和不同之处，在葡萄糖代谢利用的前半段，该途径是经磷酸化后生成6-磷酸葡萄糖，再经过磷酸转酮酶的作用生成5-磷酸木酮糖和部分CO_2气体，再在戊糖磷酸转酮酶的催化作用下生成3-磷酸甘油醛和乙酰磷酸，经催化后最终生成乳酸、乙酸、乙醇等终产物，戊糖转酮酶是关键酶。总的来说，1分子的葡萄糖经过异型乳酸发酵途径后，可以生成1分子的乳酸、1分子的乙醇、1分子的CO_2和1分子的ATP。双歧杆菌中存在特殊的异型乳酸发酵双歧杆菌途径。这是20世纪60年代中后期发现的双歧杆菌（*Bifidobacteria*）通过HMP途径发酵葡萄糖的新途径。2分子葡萄糖可产生3分子乙酸、2分子乳酸和5分子的ATP。葡萄糖经EMP途径降解为丙酮酸，丙酮酸在乳酸脱氢酶催化下被$NADH_2$还原成乳酸。

3. 泡菜的酵母发酵原理

酵母（yeast）是一群单细胞的真核微生物，是以芽殖或裂殖进行无性繁殖的单细胞真菌的统称。酵母的细胞直径一般为（1~5）μm×（5~30）μm；细胞形态常有球状、卵圆状、椭

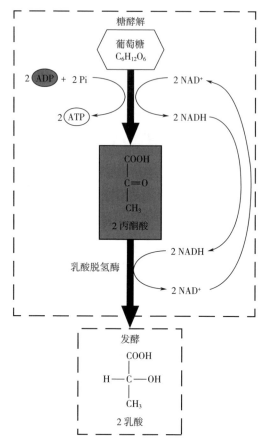

产物总反应式：$C_6H_{12}O_6 + 2ADP + 2Pi \longrightarrow 2C_3H_6O_3 + 2ATP$

图 6-4　乳酸菌糖酵解原理图

圆状、柱状和香肠状等。泡菜中最典型和重要的酵母是酿酒酵母（*Saccharomyces cerevisiae*），酵母的菌落和细菌的菌落相似，一般较湿润、光滑、透明、黏稠、易挑取。酵母透明度不如细菌，酵母菌落颜色较单调，通常为乳白色或矿烛色，少数为粉红色或黑色，菌落隆起，边缘圆整。多数酵母菌落存在酒精发酵，散发出较微弱的酒香味。酵母生长繁殖有芽殖、裂殖和孢子繁殖三种方式，最适宜温度为 25~28℃。酵母在泡菜发酵中起着重要作用。酵母能消耗可发酵糖，主要生成乙醇、少量甘油和一些特殊风味的醇类物质，代谢物可抑制有害菌如腐败菌的生长，有利于泡菜后熟阶段发生醋化反应和芳香物质的形成。酵母产生的乙醇也为醋酸菌进行醋酸发酵提供了物质基础。酿酒酵母、粗状假丝酵母和近平滑假丝酵母、汉逊酵母、黏红酵母、异变酒香酵母等被证实对泡菜发酵风味品质有益。酵母中的产醭酵母会在泡菜水表面形成一层白膜，也就是"生花"，是泡菜发酵过程中常见的一种腐败现象，严重者有馊臭味，导致泡菜软烂变质不能食用。泡菜"生花"不仅在家庭制作过程中发生，也常在工厂化生产时出现，对产品的品质造成影响，进而造成经济损失。酵母生长过程中会消耗掉蔬菜发酵过程中的一些酸类物质，如乳酸等，使环境的 pH 升高，为一些

腐败细菌（如丙酸杆菌和梭菌属）的生长提供了良好的环境条件。毕赤酵母是导致泡菜
"生花"的主要微生物之一，其分解糖的能力弱，不产生酒精，能氧化酒精，能耐高或
较高的酒精度，也常使酒类和酱油产生"白花"，形成浮膜，为酿造工业中的有害菌。
泡菜中常见的毕赤酵母有克鲁维毕赤酵母和膜璞毕赤酵母，能引起泡菜明显的"生花"，
在泡菜水表面形成白色的膜，使泡菜水混浊并降低泡菜脆度，并发酵产生酒精，使泡菜
有酒精味。

　　泡菜发酵过程中，酵母利用蔬菜的糖分作基质，把葡萄糖转化为丙酮酸，丙酮酸由脱
羧酶催化生成乙醛和二氧化碳，乙醛在乙醇脱氢酶的作用下生成乙醇，这一系列过程称为
酒精发酵（图6-5）。进行酒精发酵的微生物除酵母外，还有少量其他微生物的参与。

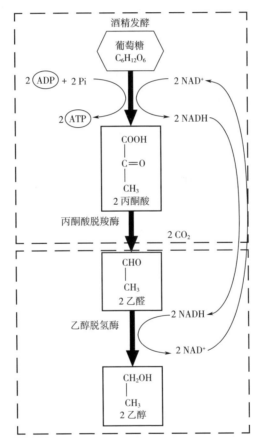

产物总反应式：$C_6H_{12}O_6 + 2ADP + 2Pi \longrightarrow 2C_2H_6O + 2CO_2 + 2ATP$

图6-5　酵母菌酒精发酵原理图

4. 泡菜的醋酸菌发酵原理

　　（1）醋酸菌　醋酸菌即醋酸杆菌，属于醋酸单胞菌属，多为杆状（长杆或短杆），有
的呈丝状、棒状、弯曲，有的呈椭圆形；革兰染色阴性；单生、成对或成链排列，不形成
孢子；大小一般为（0.5~0.8）μm×（0.9~4.2）μm；专性好氧菌，有的醋酸菌不会运动，

也具有极生或周生鞭毛的运动型；生长最适温度为 28~30℃，最适 pH 为 3.5~6.5，对酸性环境有较高的耐受力，大多数菌株能在 pH 为 5 的条件下生长。醋酸菌广泛存在于泡菜发酵中，其在供氧充足的条件下，迅速生长繁殖，将泡渍发酵液中的酒精氧化为醋酸和少量的其他有机酸、乙酸乙酯等，适量的醋酸和乙酸乙酯等是形成泡菜风味的重要物质。泡菜泡渍发酵中，适宜的醋酸发酵不仅无害，而且对风味形成有益。但和乳酸发酵、酒精发酵一样，如过量会有不良的影响，例如产酸高的醋酸菌，使发酵液中的醋酸含量可达 5%~10%，不仅严重影响风味，而且无法食用。正常情况下醋酸含量达 0.2%~0.4% 时可增进泡菜风味，醋酸含量高于 0.5% 时影响泡菜风味，泡制时要及时封缸、封坛，形成缺氧环境，减少醋酸菌的发酵活动，保证泡菜产品的正常风味。

（2）醋酸菌的种类　醋酸菌被分为醋杆菌属（*Acetobacter*）、酸单胞菌属（*Acidomonas*）、葡糖醋杆菌属（*Gluconobacter*）、葡糖酸醋酸杆菌属（*Gluconacetobacter*）。泡菜中常见的醋酸菌一般包括纹膜醋酸杆菌、奥尔兰醋酸杆菌、许氏醋杆菌、*As* 1.41 醋酸杆菌和沪酿 1.01 醋酸杆菌等。醋酸菌在糖源充足的情况下可以直接将葡萄糖转化成醋酸；在缺少糖源的情况下先将乙醇转化成乙醛，再将乙醛转化成醋酸；在氧气充足的情况下能将酒精氧化成醋酸，从而制成醋。醋酸菌在有氧条件下将乙醇氧化为醋酸（图 6-6）。

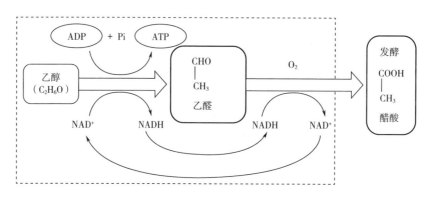

产物总反应式：$C_2H_6O+ADP+O_2+Pi \longrightarrow C_2H_4O_2+H_2O+ATP$

图 6-6　醋酸菌发酵原理图

5. 泡菜的霉菌发酵原理

霉菌即丝状真菌，其基本单位为菌丝，呈长管状，宽度 2~10μm，可不断自前端生长并分枝，常造成食品、用具大量霉腐变质，但许多有益种类已被广泛应用，是人类实践活动中最早利用和认识的一类微生物。

泡菜制作和生产过程中的真菌来自原料自身携带或环境中。真菌具有在低酸性、低水分活度和高渗透压环境下生长的能力。目前对泡菜中霉菌研究相对较少，与其在泡菜环境中数量较少或者其在泡菜发酵中的作用有限有关。泡菜发酵初始过程中微生物数量体现出乳酸菌>醋酸菌>酵母>霉菌，霉菌在发酵初期 24h 内快速生长，菌数达到 10^2 CFU/mL 水平，此后因发酵液 pH 的迅速下降和有机酸的积累，菌数不断下降，60h 后消亡。

依据 NCBI 最新生物系统，霉菌主要归属于芽枝霉门（Blastocladiomycota）、子囊菌门（Ascomycota）、球囊菌门（Glomeromycota）、毛霉亚门（Mucoromycotina）、水霉目（Saprolegniales）。食品中常见的霉菌代表有毛霉属、曲霉属、青霉属、根霉属等。目前有关霉菌的代谢研究相对较少，不同霉菌代谢不同。以泡菜中出现的白地霉为例，白地霉木糖代谢变化途径如下所示。

$$D-木糖 + TPNH + H^+ \underset{}{\overset{木糖还原酶}{\rightleftharpoons}} 木糖醇 + TPN^+$$

$$木糖醇 + DPN^+ \underset{}{\overset{木糖醇脱氢酶}{\rightleftharpoons}} D-木酮糖 + DPNH + H^+$$

$$D-木酮糖 + ATP \overset{D-木酮糖激活酶}{\longrightarrow} D-木酮糖-5-磷酸$$

随着分子微生物手段的进步，越来越多的不可培养的微生物被鉴定。但不可培养微生物在泡菜中的作用还有待阐明。泡菜中存在噬菌体可侵染乳酸菌，韩国泡菜中发现噬菌体基因，相关研究在国内尚未见报道。

6. 生产工艺对泡菜微生物的影响

（1）盐度的影响　食盐在泡菜制作中起着至关重要的作用，除改善泡菜风味外，还具有抑制不耐盐微生物生长的作用。食盐抑制微生物的生长主要是因为食盐能产生渗透压，1% 的食盐溶液可产生 0.61MPa 的渗透压力，而微生物细胞液的渗透压一般为 0.35~1.69MPa，一般细菌也不过 0.30~0.61MPa。当食盐溶液的渗透压大于微生物细胞液的渗透压时，细胞的水分外流，使细胞脱水，导致细胞质壁分离，抑制微生物的活动。食盐溶液中常含有 Na^+、K^+、Ca^{2+}、Mg^{2+} 等，这些离子在浓度较高时会对微生物产生毒害作用。食盐能降低泡菜汁中的氧气含量，抑制真菌和好氧性细菌等的生长。微生物的种类不同，其耐受食盐的能力也不同，乳酸菌、酵母及霉菌的食盐耐受能力较强，而肠杆菌科细菌、假单胞菌属细菌等微生物的食盐耐受能力较差。3% 的食盐溶液对乳酸菌的活动有轻微影响，10% 以上时乳酸菌发酵作用大大减弱。低盐泡菜发酵前期优势菌有乳酸乳球菌、戊糖乳杆菌和肠球菌，中高盐泡菜发酵前期由戊糖乳杆菌和魏斯氏菌主导；无论何种盐浓度，发酵后期都由植物乳杆菌、戊糖乳杆菌和短乳杆菌完成。

（2）温度的影响　温度对微生物的影响是广泛的，适宜的温度能刺激生长，不适的温度会改变微生物的形态、代谢、毒力等，甚至导致死亡。温度与发酵进程的影响成正相关，72h 内 35℃ 的产酸量为 25℃ 的 1.3 倍，15℃ 的 3 倍。升高发酵温度，泡菜中的微生物生长速度加快，但 26℃ 的温度对于盐度 6% 的泡菜液并不适宜，发酵过程中兼性厌氧细菌、酵母浓度太高，乳酸菌在发酵过程中不能形成生长优势，对泡菜的风味口感影响较大。低温保藏条件下，泡菜中的菌落总数会有所降低，保藏 20d 左右能达到一个最低水平菌落，总数维持在一个相对稳定的低水平。泡菜中的乳酸菌总数在保藏 10d 左右能达到最低，乳酸菌总数经过短时间的稳定后又呈线性上升趋势。37℃乳酸菌的繁殖代谢最快，乳酸产量最高，能较好地抑制大肠杆菌，对葡萄糖和果糖的利用率最高，大大缩短了发酵周期。温度的改变对泡菜发酵过程中菌系的消长、微生物的代谢影响显著，不仅表现在泡菜发酵周期和各指标差异明显，更重要的是对泡菜食用安全造成一定影响。

（3）辅料的影响　生姜、大蒜、花椒、酱、糖液、醋、酒等辅料不仅起着调味作用，还具有不同程度的抑菌能力。辅料除通过抑制微生物的生长来减少亚硝酸盐的积累外，它自身的有效功能成分，如巯基化合物还能与亚硝酸盐反应，生成硫代亚硝酸酯类化合物，有效阻碍亚硝酸盐与生物胺作用防止强致癌性亚硝胺的生成。生姜有抗菌作用，其中生姜酚、姜油酮是杀菌的主要成分，尤其对污染食物的沙门菌作用更强，此外，生姜还能阻断 N-亚硝基化合物的生成。大蒜提取液可阻断大肠杆菌、肠球菌对二乙基亚硝胺、二丁基亚硝胺合成的促进作用，并有阻断大肠杆菌还原硝酸盐为亚酸盐的作用。大蒜辣素和大蒜新素是大蒜中的主要抗菌成分，对多种球菌、霉菌有明显的抑制和杀菌作用。辣椒含有的辣椒素是一种挥发油，呈现辣味。辣椒作为一种辛辣调味料常被添加到泡菜中，不但可以使泡菜产生辣味，呈现诱人的色泽，而且能增进食欲，促进消化。1%～2%的辣椒对肠膜明串珠菌和植物乳杆菌的生长具有明显的促进作用，而且对肠膜明串珠菌的促进作用要高于植物乳杆菌。花椒中的花椒素是一类酰胺化合物，具有抑菌、杀菌作用。酱和糖液具有高渗透压的作用，使原料或微生物脱水，能有效地抑制有害微生物的生长和繁殖。此外，高浓度的糖液有隔绝氧气的能力，从而抑制了好氧微生物的活动。醋可以降低环境的 pH，有利于杀菌。酒中所含的乙醇通过使蛋白质变性、凝固而起到杀菌作用。桂皮、小茴香、丁香、白胡椒中的桂皮醛、茴香醚、丁香酚、胡椒碱等成分都属于抗菌物质。另外，芥末膏或芥末酱中的辣味成分是由芥末面中的芥子苷在芥子酶作用下分解产生的挥发性芥子油，也具有很强的杀菌能力。

（4）菜水比的影响　水是微生物生存和新陈代谢不可缺少的物质，蔬菜能为微生物的生长代谢提供营养物质，且自身附带多种微生物。在泡菜制作过程中，蔬菜与水的比例不同，会影响微生物群落结构的差异，这里最典型的例子就是四川工厂泡菜与四川家庭泡菜。家庭泡菜一般菜水比为 1∶2，而工厂泡菜主要依靠盐的渗透作用，把蔬菜细胞中的游离水渍出来，其菜水一般为 1∶0.50～1∶0.65，根据菜品种而有所不同。根据发酵过程水分相对含量，泡菜可以分为湿态发酵和半干态发酵。

（5）地域的影响　微生物的生长离不开环境，不同区域泡菜中的微生物菌群结构会因为环境而有所差异。从四川地区 20 多个市县的 180 余份泡菜样品中分离到 447 株菌种，包含乳杆菌属、片球菌属、明串珠菌属、芽孢杆菌属、魏斯氏菌属、假丝酵母属、毕赤酵母属、德巴利酵母属、有孢圆酵母属、酿酒酵母属、酵母属等共 11 个属 34 个种，确定植物乳杆菌、干酪乳杆菌、布氏乳杆菌、发酵乳杆菌、耐乙醇片球菌等乳酸菌在四川多处采样地样品中均分离获得。

四、泡菜生产工艺

1. 泡菜的传统生产工艺

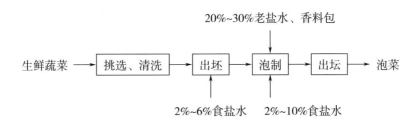

2. 泡菜的工业化生产工艺

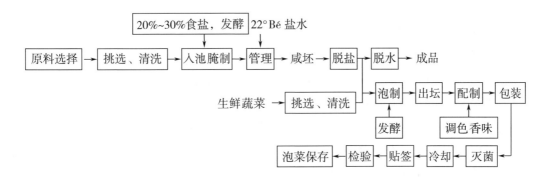

（1）原料的选择　根据其原料的耐贮性，可将制作泡菜的原料分为 3 类：

①可泡一年以上的原料：如子姜、大蒜、苦瓜、洋姜等。

②可泡 3~6 个月的原料：如萝卜、胡萝卜、青菜头、四季豆、辣椒等。

③随泡随吃的原料：如黄瓜、青笋、甘蓝等。绿叶菜类中的菠菜、小白菜等由于叶片薄，质地柔嫩，易软化，不适宜做泡菜原料。

（2）咸坯　为保证工业化生产，需先将新鲜蔬菜用食盐保藏起来，先制成咸坯，以备随时取用。咸坯制作原料的预处理同传统泡菜工艺。咸坯的制作是层菜层盐，食盐用量下层 30%，上层 60%，表面盐 10%，最后达成平衡的盐水浓度为 22°Bé。

（3）脱盐　咸坯脱盐后有两种方式，一种为入坛泡制（同传统法）后出坛配料。另一种为压榨或离心脱水后加入添加剂直接调色、调味，脱盐彻底一些（约 2%食盐）。

（4）包装　根据需求泡制或配制出不同风味的泡菜，然后包装。包装有玻璃瓶和高温蒸煮塑料袋，我国以蒸煮袋占多数，软包装有 50g、100g、150g、200g 和 250g 等，贮运和食用都很方便。将发酵蔬菜装入蒸煮袋中 0.07MPa 下密封。

（5）灭菌　工业化生产泡菜关键的工序之一是灭菌，可大大提高泡菜的保质期。一般采用巴氏灭菌，85℃、30min 杀菌。

（6）贴签、检验　应迅速冷却后贴签，检验合格后出厂。工业化生产其他工艺要求同传统方法。

（7）泡菜的保存　一般是按照泡菜泡制和取出的步骤，做到卫生，不染生水、油污等。如坛沿水要经常更换，保持一贯的清洁和满度，也可以在坛沿加入少量食盐来防菌；开坛盖不能将坛沿的生水带入坛内；取泡菜要用清洁无油污的筷子或干净的手；经常检查盐水，如果发现质量问题，要及时处理变质的盐水。如盐水变质，长霉花，切忌搅散霉花，用干净不带水的勺将霉花打捞出来；加入高浓度白酒，并密闭坛盖，因为白酒有杀菌作用；加入大蒜、洋葱、紫苏等，也可以抑制酒花菌；打捞完霉花的泡菜坛可以再加入适量食盐、蔬菜，使之发酵，使乳酸菌形成优势；对盐水浑浊、发黑、泡菜变味，甚至生蛆等现象，应将盐水及泡菜舍弃，并对泡菜坛高温消毒，再重新配制新盐水。

五、泡菜生产常见质量问题的调控及产业发展方向

泡菜富含以乳酸菌为主的功能益生菌群及其代谢产物，风味优雅、清香脆嫩、营养丰富，既可满足人们对美味的需求，又可增进食欲、帮助消化，促进健康。

1. 泡菜生产常见质量问题的调控

（1）软化　软化是泡菜生产的一个严重问题，由盐水浓度较低，植物或微生物所含的软化酶引起。最常见的软化酶是果胶酶，能分解果胶使泡菜软化。聚半乳糖醛酸酶也是一种软化酶，能使果实种子发生软化即"软心"。适当提高盐水浓度，可预防泡菜软化。不同蔬菜由于自身所含软化酶活力和抵抗微生物软化酶侵袭能力不同，故防止软化所需的盐水浓度不同，虽然高盐会抑制软化酶活力，但是考虑到高盐的诸多不利影响，故目前常通过添加钙盐（如氯化钙、醋酸钙、葡萄糖酸钙）或增大泡菜水硬度等措施来保脆。此外，必须加强卫生管理和密封状况。

（2）生花　泡菜"生花"是由于腌制过程中密封不严，某些耐盐耐酸的好气性微生物，如日本假丝酵母等产膜酵母生长繁殖所致。预防生花的关键在于保持厌氧环境并注意卫生。若泡菜已生花，可在坛内加入新鲜蔬菜并装满，使坛内形成无氧状态，抑制产膜酵母和酒花菌活动；及时除去水表面白膜，并加入少量白酒、姜、蒜、紫苏叶等，防止进一步发生更严重的腐败现象。泡菜中添加 0.02%~0.05% 的山梨酸盐便可延缓酵母膜的形成。若盐水已发生变质但尚不严重时可将盐水倒出进行澄清过滤，去除杂菌补充新盐水并洗净坛内壁，同时加入白酒、调料及香料继续泡制，若盐水或泡菜已出现严重变质时只好倒掉。

（3）产气性腐败　泡菜在腌制过程中常由于产气微生物的影响而出现膨胀等现象，包括酵母、乳酸菌、植物乳杆菌，甚至大肠杆菌，通常在食盐水浓度小于 5% 或 pH 较高（4.8~8.5）时发生，可适当提高盐水和酸的浓度来防止。若操作不当，卫生条件较差，某些芽孢杆菌、粉红色酵母、短乳杆菌、丁酸菌、大肠杆菌等还会导致泡菜变色、发黏、产

生异味等。

（4）褐变与护色　绿色蔬菜在泡制中易褐变可采用以下方法预防：

①酸碱度调节：制成咸坯可先在微碱性溶液中浸泡（pH 为 7.5~8.5）；

②含盐量：适当提高用盐量，约 20% 以上；

③加入护色剂：泡制前加入适量的护色剂如 $CuSO_4$、ZnAc 等。浅色蔬菜的护色主要是以防止酶促褐变为主，可采用漂烫或利用护色剂如食盐、植酸等延缓其色泽的变化。

（5）风味的调配　泡菜的香气和滋味，有些是蔬菜和辅料（如香辛料）本身具有的，更多是在发酵过程中形成的。发酵风味的形成需要一定的时间，所以既要保持优良的风味，又必须保证合理的泡菜生产周期，工业化生产中可采取调配的方式。影响泡菜呈味的主要因素是盐味剂、酸味剂、甜味剂和鲜味剂。盐味剂主要是食盐，人们最喜欢的盐量是 1%~2%；酸味剂主要是乳酸、醋酸、柠檬酸、苹果酸等，使用时最好两种酸混合使用，酸度在 0.5%~0.8%，乳酸：醋酸 =（5~10）：1（体积比）时，酸味口感可达最佳；甜味以 5% 为好；鲜味剂以谷氨酸（MSG）和核苷酸（I+G）为主，MSG 一般用量为 0.2%~0.5%，I+G 为 MSG 的 1%~5%，I+G 和 MSG 的协同作用有突出主味、倍增鲜味、改善风味、抑制异味等功能。

2. 泡菜产业发展存在的问题

泡菜作为人们生活必不可少的蔬菜制品，自古以来就拥有稳定成熟的国内外市场，虽然我国泡菜产业的发展取得了很大的进步，但我国泡菜生产和销售远没达到饱和状态，与日本、韩国相比，差距仍然很明显，泡菜产业整体发展比较滞后，存在以下问题。

（1）生产加工仍然粗放　我国多数泡菜生产加工企业规模较小，零星分散，清洁化程度不高，从蔬菜原料到泡菜产品，生产加工以人工操作的较多，仍然粗放。

（2）生产加工标准化程度不高　泡菜生产加工更多的是传承传统工艺，机械化、自动化程度不高，生产加工过程的规范化、标准化程度不高，生产效率低，产品成本较高，质量不稳定。例如，除龙头企业以外，多数企业的泡菜产品灌装以手工或半机械化为主。

（3）泡菜产品同质化严重　泡菜产品品种单一，附加值低，低端产品竞争激烈，高端泡菜产品研发不足。

（4）原辅料和产品质量不稳定　泡菜产品原料、辅料品种十分丰富，质量难以统一，不同地区原辅料参差不齐，而且缺乏主要泡菜专用原辅料品种。虽然龙头企业拥有固定的原料基地，但多数企业蔬菜原料基地建设比较滞后，导致原料和产品质量不稳定。

（5）创新不足，人才缺乏　大部分泡菜企业研发能力较薄弱，缺乏专业高端人才，虽然科技支撑了四川泡菜产业的发展，但对全国泡菜行业而言，创新仍然不足，科技成果转化较难，这与国家实施的创新驱动战略尚有差距。

3. 泡菜产业发展趋势

我国泡菜产业发展方兴未艾，正当其时，呈现以下发展趋势。

（1）生产由传统向现代方向发展　从过去的手工家庭作坊、小规模生产加工方式向规模化、标准化、现代化方向发展。

（2）工艺技术设备提升改造升级　传承泡菜生产加工特点，创新改造提升，向着缩短发酵期、保持原有色香味、清洁化、自控智能单元、连续发酵、冷链贮运、高效综合利用化等方向发展。

（3）产品向功能化、差异化和保健化方向发展　泡菜富含乳酸菌是保健化的基础，需深度开发并推广应用，加大宣传力度。我国泡菜发酵盐度较高，发酵时间长，不利于规模化生产，注重营养健康性、方便即食性、低盐、无防腐剂、低糖化、特色化、差异化和保健化是发展方向。

（4）建立优质泡菜原辅料基地　为保障原辅料和产品质量的稳定，不仅需建立泡菜专用主要原辅料基地，而且原辅料基地向着大型化、更专业专用化（如青菜、萝卜、辣椒等专用品种基地）、优质生态化（如有机蔬菜）方向发展。

（5）企业向规模化、国际化方向发展　企业逐步实现规模化、集团化，进一步走出国门，在国外建厂生产加工，打破韩国、日本泡菜国际垄断局面。

六、泡菜在保健中的应用

1. 泡菜的功效

（1）调节人体肠道微生态，维持肠道健康　泡菜是活的料理，泡制过程中产生了大量的乳酸菌，酸香的气息不仅能增强人们的食欲，更能抑制肠道中致病菌的生长，使肠道内微生物分布正常化，减弱腐败菌在肠道的产毒作用，并有促进胃肠道蠕动、帮助消化等作用；同时，泡菜原料里含有大量纤维素，具有预防便秘及肠道疾病的作用。乳酸菌活菌能够增进健康、维持肠道菌群平衡，当泡菜中具有肠道定植功能的乳酸菌进入肠道后会立即存活并繁殖，并对有害菌和病原菌的滋生起到抑制作用，从而达到调节肠道微生态和预防肠道感染的作用。乳酸菌主要定植于大、小肠内，利用糖类发酵，产生乳酸、乙酸、丙酸和丁酸等有机酸及其他代谢产物，利于加快肠道的蠕动和宿主消化酶的分泌以及加强食物的消化吸收，还可以降低肠道的 pH，有益于调节人体肠道微生态，维持肠道正常功能。

（2）促进营养吸收，维持体内平衡　乳酸菌产生的有机酸可提高人体对钙、铁、磷的利用率和吸收率。蔬菜经发酵后其中的钙转换为容易被人体吸收的乳酸钙，从而提高人体对发酵蔬菜食品中钙的吸收率，同时发酵蔬菜中的微生物还可转化生成丰富的 B 族维生素，乳酸菌在体内还产生各种消化酶，有利于食物的消化。乳酸菌除能产生其他微生物所具有的一些酶系外，还能产生其他微生物所不具有的一些特殊的酶系，从而使它具有特殊的生理功能，如产生有机酸的酶系、分解乳酸菌生长因子的酶系、合成多糖的酶系、合成各种维生素的酶系、分解亚硝胺的酶系、分解脂肪的酶系、降低胆固醇的酶系、分解胆酸的酶系、控制内毒素的酶系等。这些酶不但能够促进乳酸菌的生长，而且还能促进产品的营养成分的分解和吸收。乳酸菌还可以吸收锌元素，同时可以预防体内锌元素的不足。

（3）挥发油增强食欲，具有杀菌作用　泡菜制作添加的姜、蒜、葱、辣椒、花椒等调味品，含有挥发油，可促进人体血液循环，调节内分泌，起到杀菌、增强食欲的作用；泡菜发酵产生大量的有机酸，成熟泡菜的 pH 在 4 以下，因此，泡菜的高酸性对腐败菌和病原菌有很好的抑制作用；乳酸菌还能产生许多具有抗菌作用的活性物质如过氧化氢、乳酸链球菌素等。

（4）其他　泡菜除了具有上述几种生物活性外，还具有抗氧化等的功效。泡菜中含有大量的乳酸菌，乳酸菌能够产生超氧化物歧化酶（SOD），其抗氧化活性已经得到了实验证实。

2. 泡菜微生物的拓展应用

（1）发酵食品　泡菜中微生物十分丰富，主要存在乳酸菌、酵母和醋酸菌，以乳酸菌为主导。乳制品是乳酸菌应用最广泛最成熟的领域，主要包括酸乳、奶油、干酪和乳酸菌饮料，酸乳和干酪的发酵是其主要形式，植物乳杆菌和乳酸乳球菌等优良乳酸菌应用到酸乳和干酪中；具有产香型的酵母也被应用到酱油和豆瓣发酵过程中；从泡菜中分离的醋酸菌应用于醋的发酵。

（2）乳酸菌素　乳酸菌素是某些乳酸菌在代谢过程中通过核糖体合成机制产生分泌到环境中的一类具有生物活性的蛋白质、多肽或前体多肽，它对其他相近种类的细菌具有抑制作用，但是其抑制范围又不仅局限于有亲缘关系的种，且产生菌对其分泌的乳酸菌素有自身免疫性。目前对乳酸链球菌素的研究最为深入，乳酸链球菌素又称 nisin，迄今为止，乳酸链球菌素是世界上唯一被正式批准应用于食品工业的抗菌肽。乳酸链球菌素的作用类似抗生素，但是它们的作用机制并不相同，乳酸链球菌素作为一种天然抗菌肽，安全无毒，不会引起细菌的抗药性，并且可以选择性的杀死肠道内有害微生物，不破坏肠道菌群的平衡。

（3）功能性食品　将泡菜中筛选的优良菌株应用到功能性食品的开发上，市场上大受追捧的是乳酸菌胶囊、咀嚼片、冲剂等。

①乳酸菌胶囊：胶囊剂为乳酸菌活菌制剂最主要的类型。该剂型生产工艺简单，携带服用方便。胶囊壳可掩盖制剂的不良气味，减少乳酸菌受光热空气等不良环境的影响，有利于提高乳酸菌活性和稳定性，且有定位释放的作用。如使用肠溶性胶囊时，可避免乳酸菌受到胃酸的影响，顺利到达小肠。目前利用天然或合成高分子材料将物质进行包埋的新型微胶囊剂更被公认为乳酸活菌最佳剂型。

②乳酸菌片剂：片剂是乳酸菌制剂常见类型，是将乳酸菌剂加以适当辅料压制而成的片状制剂。片剂有较好的溶出度及生物利用度，剂量准确且质量稳定，经压缩的固体制剂

体积较小，与光线、空气、水分、灰尘等接触面积较小，故其物化性状和生理活性等在储存期间变化较小，必要时还可包衣保护，服用携带方便，可机械化生产。但存在婴幼儿不宜吞服，乳酸菌存活率较低，有效期较短等不足。

③乳酸菌冲剂：冲剂生产工艺简单，不需复杂的设备，且携带和服用方便。冲剂由菌粉、填充剂、稳定剂和调味剂等组成，经充分混合制成颗粒或粉剂。除主料菌粉外，还可根据产品要求，加入一些维生素等营养强化剂和低聚糖等益生因子。按所含菌数有不同规格，每克含菌数从几亿个到几百亿个。该类型的产品有法国儿童合生元、益美高乳酸菌颗粒等。

④其他：乳酸菌主要代谢产物，诸如酸性代谢产物、胞外多糖、乳酸菌素、γ-氨基丁酸（GABA）已进行了大量研究，并得到了应用。乳酸菌对葡萄糖等进行同型发酵和异型发酵时，可产生大量的乳酸、乙酸，还产生少量甲酸、丙酸等其他酸性末端产物，是乳酸菌抗菌防腐的主要物质；乳酸菌在生长代谢过程中分泌的胞外多糖具有抗肿瘤作用；乳酸菌代谢过程产生细菌素，是具有生物活性的蛋白质、多肽或前体多肽，这些物质可以杀灭或抑制与之处于相同或相似生活环境的其他微生物，具有固定的抗菌谱，对病原菌和食品腐败菌具有很强的抑制能力；乳酸菌还可以产生 γ-氨基丁酸，它属强神经抑制性氨基酸，具有镇静、催眠、抗惊厥、降血压的生理作用。此外，乳酸菌还可以生产甘露醇、肽聚糖等。

思考题

1. 请简述二氧化硫对葡萄酒的作用。

2. 白葡萄酒防止氧化采取哪些措施？

3. 葡萄酒贮藏期间的主要管理要求有哪些？

4. 葡萄酒主要的澄清方法有哪些？并试述其澄清原理。

5. 已知浓缩汁的潜在酒精含量为 50%，5000L 发酵葡萄汁潜在酒精含量为 10%，葡萄酒要求达到的酒精含量为 11.5%，则需要添浓缩汁的量为多少？

6. 醋酸发酵的原理是什么？

7. 影响乳酸发酵的主要因素有哪些？

8. 选择一种新鲜水果如草莓，设计并写出一种水果发酵酒（或醋）的酿造工艺，并对其展开营养分析。

9. 选择时令新鲜蔬菜如甘蓝、萝卜、生姜等，设计并写出泡菜的生产工艺及产品质量控制措施。

第七章

发酵豆制品

学习目标

1. 熟悉大酱、酱油的制作工艺。
2. 掌握大酱、酱油的发酵原理。
3. 熟悉腐乳的制作工艺。
4. 了解豆豉和纳豆的发酵微生物及发酵特点。
5. 掌握豆制品发酵过程中的原料和辅料及其特点。
6. 熟悉发酵豆制品的营养与健康。

第一节　酱油

酱油，是以大豆、小麦等蛋白质原料和淀粉原料为基础，利用曲霉、细菌、酵母等微生物，经过长时间发酵而制成的色香味俱佳的调味品。

一、酱油的分类

1. 按生产原料分类

大部分工厂以大豆和豆粕为主要原料，有些地区以豌豆、花生饼、葵花籽饼、棉籽饼等替代，一些沿海地区以海产小虾或小鱼为原料。

2. 按加工方式分类

（1）酿造酱油　以大豆和/或脱脂大豆、小麦和/或麸皮为原料，经微生物发酵制成的具有特殊色、香、味的液体调味品。酿造酱油按发酵工艺分为以下两类。

①高盐稀态发酵酱油：以大豆或脱脂大豆、小麦和/或小麦粉为原料，经蒸煮、曲霉菌制曲后与盐水混合成稀醪，再经发酵制成的酱油。

②低盐固态发酵酱油：以脱脂大豆及麦麸为原料，经蒸煮、曲霉菌制曲后与盐水混合成固态酱醅，再经发酵制成的酱油。

（2）改制酱油　也叫花色酱油或配制酱油，是以酱油为原料，再配以辅料制成。它具有辅料的特殊风味，如虾子酱油、蘑菇酱油、五香酱油等。

（3）配制酱油　以酿造酱油为主体与酸水解植物蛋白调味液、食品添加剂等配制而成的液体调味品。

3. 按发酵方法分类

（1）根据加温条件的不同分类

①天然晒露法：它是经过日晒夜露的自然发酵制成的，此法酿制的酱油具有优良的风味，但生产周期较长，成熟时间要半年以上，目前除传统生产酱油外，一般很少采用。

②保温速酿法：用人工保温法，提高发酵温度，缩短发酵周期，是目前常用的方法。

（2）以成曲拌水的多少分类　成曲拌盐水后所形成的混合物，如果呈固态称为酱醅，呈流动状态是酱醪。

①稀醪发酵法：拌水量为成曲质量的200%～250%，制成稀薄的酱醪进行发酵，适合大规模的机械化生产，酱油品质优良，设备占地面积大。

②固态发酵法：成曲拌水量为65%～100%，是目前生产常用的方法。

③固稀发酵法：固态发酵法和稀醪发酵法相结合进行生产。

（3）按拌盐水浓度分类

①高盐发酵法：拌曲盐水浓度为19～20°Bé，发酵周期长。

②低盐发酵法：拌曲盐水浓度为10～14°Bé，是目前生产常用的方法。

③无盐发酵法：拌曲水中不加食盐，发酵时间短，发酵温度较高，风味欠佳。

（4）按成曲的种类不同分类

①单菌种制曲发酵：以一种微生物为主的发酵方法。

②多菌种制曲发酵方法：以各种性能不同的微生物混合制曲、发酵，如米曲霉、绿色木霉、产脂酵母等混合制曲、发酵的方法。

③液体曲：制曲过程中处于液体状态，酶的活力较高，原料利用率高，适合于机械化、自动化生产，但风味差。

4. 按物理状态分类

（1）液体酱油　酱油呈液体状态。

（2）固体酱油 把液体酱油配以蔗糖、精盐、助鲜剂等原料，用真空低温浓缩的方法加工定型制成。

（3）粉末酱油 是将酱油直接干燥而制成的。固体酱油和粉末酱油均具有运输方便，便于储存优点。

5. 按酱油颜色分类

（1）浓色酱油 颜色呈深棕色或棕褐色。

（2）淡色酱油 又称白酱油，颜色为淡黄色，在我国产量很少，仅供一部分出口和加工特殊食品用。

6. 按酱油含盐量分类

（1）含盐酱油 在生产过程中加入食盐而酿造的酱油。

（2）忌盐酱油 为肾病患者的特殊需要而制成的，不加食盐而加入氯化钾等的无钠盐酱油。

二、酱油的生产原料

1. 酱油酿造主料

（1）蛋白质原料 蛋白质是生产酱油制品的重要原料，是构成酱油鲜味的主要来源，也是生成酱油色泽基质之一。因此，它的质量直接影响成品的优劣。

①大豆：大豆是生产酱油类的主要原料，应选用蛋白质含量高，色泽黄，无腐烂，无霉变，无虫蛀，颗粒均匀的优质大豆做原料。

②脱脂大豆：脱脂大豆根据提取油脂的方式不同分为豆粕和豆饼。

③花生饼：花生饼是花生经过机械加工，榨取油脂的产物。选择花生饼作为酱油原料时，选择新鲜干燥、无霉烂变质者，检验黄曲霉毒素含量，符合卫生标准后可以使用。

④葵花籽饼：葵花籽饼是葵花籽经压榨提取油脂后的饼状物质。由于葵花籽饼蛋白质含量较高，也无特殊气味，适于作为酱油原料。葵花籽饼的蛋白质含量一般在40%左右，和豆粒混合制曲效果较佳。

⑤菜籽饼：油菜是十字花科的草本油料作物，种子的含油率高达33%～50%。经过压榨提取油脂后的菜籽饼富含蛋白质。菜籽饼有特殊的气味及有毒物质菜油酚。菜油酚一般可用0.2%～0.5%浓度的稀酸和稀碱除去，如代用原料进行酿造，需经严格检验，得到有关部门批准方可使用。

⑥棉籽饼：棉籽饼是棉籽经过压榨提取油脂后的物质，棉籽饼蛋白质含量也较高，但由于棉籽饼中含有有毒物质棉酚，因此作为代用原料，必须先设法除去棉酚，并经过有关部门批准后方可使用。

⑦蚕豆：蚕豆在北方应用较少，含蛋白质约为25.6%，无氮浸出物较高，所以用蚕豆制成的成品，糖分含量较高，风味欠佳。

⑧其他蛋白质原料：芝麻饼、椰子饼、玉米浆干及豆渣也可综合利用来酿造酱油。

（2）淀粉质原料　酱油生产中的淀粉质原料，传统上以面粉和小麦为主，目前大部分都用麸皮和小麦作为主要的淀粉质原料，其他淀粉质原料有玉米、碎米、高粱等。

①小麦：采用小麦为淀粉质原料不仅因为其能提供较多的蛋白质及淀粉，而且小麦炒熟破碎处理，有利于制曲过程中通风，炒熟后的小麦香气，可构成酱油的特殊香气成分。细粒的小麦则可以将易于污染杂菌的曲料表面覆盖，防止杂菌的污染，有利于米曲霉的生长。从原料费用上来看，使用小麦成本比用麸皮成本高，但从提高质量、提高原料的利用率和成品有效成分含量上，采用小麦比较适宜。

②麸皮：麸皮是小麦经过制粉后的副产品，是目前酱油生产的主要淀粉质原料。麸皮中含有丰富的多聚糖和一定量的蛋白质，易于制曲，含有的残糖和氨基酸类物质进行反应，形成酱油的色泽。麸皮中的木质素经过酵母发酵后的产物，是酱油香气主要成分之一。麸皮中还含有大量的维生素及钙、铁等无机元素，因此采用麸皮为原料可以促进米曲霉的生长繁殖和提高酶的分泌能力。

（3）食盐水　酱油生产中的食盐应选用氯化钠含量高，颜色洁白，水分及杂质物少，卤汁少的食盐。含卤汁过多的食盐会给酱油带来苦味，使成品质量下降。卤汁过多的食盐可放入盐库中，让卤汁自然吸收空气中的水分进行潮解而脱苦。食盐能使酱油具有适当的咸味，并具有杀菌防腐作用，可以使发酵在一定程度上减少杂菌的污染，在成品中有防止腐败的功能。

2. 酱油酿造辅料

（1）增色剂　红曲即红曲米，将红曲霉菌接种于蒸熟的大米中，经培养而得到的含有红曲色素的食品添加剂。红曲为不规则的碎米，外表呈棕红色或紫红色，质轻脆，断面为粉红色，易溶于热水及酸、碱溶液。一般酱油生产企业，由于条件限制，可以采用外购解决红曲原料问题。外购红曲酶活力（特别是酒化酶）、色素均有所下降，用量上要适当增加。在酱油生产中以红曲与米曲霉成曲混合发酵酿造酱油，色泽可提高 30%，氨基酸态氮提高 8%，还原糖提高 20%以上。

在中华人民共和国国家卫生健康委员会颁布的《食品安全国家标准　食品添加剂使用标准》（GB 2760—2024）中，允许在酱油中使用焦糖色素。焦糖色的制造方法大致有常压法、加压法、挤压法等。

（2）助鲜剂　谷氨酸钠，俗称味精，是谷氨酸的钠盐，含有一分子结晶水，是一种白色结晶体。在碱性条件下，生成二钠盐而鲜味消失；在 pH 为 5 以下的酸性条件下，加热发生吡咯酮化，变成焦谷氨酸，使鲜味下降；酱油长时间加热或在高于 120℃时，鲜味丧失，并产生毒素。

核苷酸盐分为肌苷酸盐和鸟苷酸盐两种。肌苷酸是无色的结晶状，均能溶解于水，难溶于乙醇，一般用量为 0.01%~0.03%。为防止米曲霉分泌的磷酸单脂酶分解，必须将酱油在95℃以上灭菌20min后加入。谷氨酸钠和核苷酸盐混合后加入效果更佳。

（3）防腐剂 苯甲酸、苯甲酸钠、山梨酸和山梨酸钾等防腐剂也可以在酱油中使用。

（4）香辛料 香辛料是一类能够使食品呈现具有各种辛香、麻辣、苦甜等典型气味的食用植物香料的统称，它可以提供令人愉快的味道。在酱油中允许加入的香辛料有甘草、肉桂、白芷、陈皮、丁香、砂仁、高良姜等。

3. 酱油酿造微生物

（1）霉菌 目前酿制酱油的主要菌种是米曲霉沪酿3.042（中科3.951）。该菌种具有生长速度快，抑制杂菌生长能力强，蛋白酶活力高，适应性强，不产生毒素等优良性能。

（2）酵母 从酱油中分离出来的酵母有7个属23个种，它们的基本形态是圆形、卵圆形、椭圆形。一般来说，酵母的发酵最适宜pH为4.5~5.6，最适宜温度为28~30℃。酵母在酱油酿造中与酒精发酵作用、酸类发酵作用、酯化作用等都有直接或间接的关系，对酱油的香气影响很大。

（3）乳酸菌 乳酸菌和酱油的风味有很大关系。乳酸菌是指能在酱醪发酵过程中耐盐的乳酸菌，即使是在高浓度食盐环境下仍可以发挥其活性作用。耐盐性乳酸菌的细胞膜有抵制食盐侵入的功能，它们的形态多为球形，微好氧到厌氧，在pH为5.5的条件下生长良好，在酱醪发酵过程中足球菌多，后期酱油四联球菌多些。乳酸菌的作用是利用糖产生乳酸。乳酸和乙醇生成的乳酸乙酯的香气很浓。当发酵酱醪pH降至5左右时，促进了鲁氏接合酵母的繁殖和酵母联合作用，赋予酱油特殊的香味。在发酵的过程中加入乳酸菌，不会使酱醪的酸度过大；如果在制曲时加入乳酸菌，就会大量繁殖，代谢产生许多的酸，增加成曲的酸度。目前大部分厂家都是开放式制曲，产酸菌已经大量生酸，加入乳酸菌后就使成曲酸度过高，影响酱醪的发酵，不利于原料利用率的提高。

三、酱油酿造工艺

酱油制品生产工艺涉及原料的处理、制曲、发酵、酱油的提取等步骤，使用的菌种和发酵机制和大酱类制品基本相同，不同的是，酱油制品主要是通过提取发酵中产生的可溶性有效成分。

1. 原料预处理工艺

2. 制曲工艺

菌种 → 斜面试管菌种 → 三角瓶扩大培养 → 种曲

3. 发酵工艺流程

4. 酱油浸出工艺流程

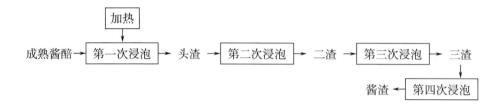

第二节　　大酱

大酱，是以豆类主要原料，利用以米曲霉、酵母、乳酸菌为主的微生物，经过自然发酵而制成的风味独特的半固体黏稠状的调味品。优质大酱大都呈红褐色或棕褐色，鲜艳有光泽，黏度适中，酱香和酯香明显，咸甜适口，无异味，无杂质，纯天然酿制无防腐剂。大酱营养丰富，极易被人体吸收，不仅在中国人食谱中占有重要的地位，而且深受日本、韩国及东南亚诸国人们的钟爱，并且随着文化的交流，逐渐成为世界性调味品。

一、大酱的分类

1. 大豆酱

以大豆为主要原料加工酿制的酱类称为大豆酱。豆酱与豆瓣酱等的区别在于其体态中有无豆瓣，是否经过磨碎工艺处理。

（1）干态大豆酱　是指原料在发酵过程中控制较少水量，使成品外观呈干涸状态的大豆酱。

（2）稀态大豆酱　是指原料在发酵过程中控制较多水量，使成品外观呈稀稠状态的大豆酱。

2. 蚕豆酱

以蚕豆为主要原料，脱壳后经制曲、发酵而制成的调味酱。

（1）生料蚕豆酱　蚕豆不经过蒸煮酿制的蚕豆酱。

（2）熟料蚕豆酱　蚕豆经过蒸煮酿制的蚕豆酱。

3. 杂豆酱

以豌豆或其他豆类及其副产品为主要原料加工酿制的酱类。

二、大酱的生产原料

大酱类制品生产过程中需要用到微生物及蛋白质原料、淀粉质原料、食盐和水，以及一些辅助原料，如增色剂、增鲜剂、防腐剂等。

1. 大酱生产主料

（1）蛋白质原料　蛋白质是生产大酱类制品的重要原料，是构成酱类鲜味的主要来源，是形成酱类固形物主要成分，也是生成酱类色泽基质之一。因此，它的质量直接影响成品的优劣。

①大豆：大豆是生产豆酱类的主要原料，应选用蛋白质含量高，色泽黄，无腐烂，无霉变，无虫蛀，颗粒均匀的优质大豆做原料。

②脱脂大豆：在酿制脱脂大豆酱生产过程中，由于脂肪酶的分解作用，使用脱脂大豆与正常大豆酿成的成品酱类基本一致。

③蚕豆：蚕豆是蚕豆瓣酱的主要原料。应选用蛋白质含量高，无腐烂，无霉变，无虫蛀，颗粒均匀的优质蚕豆做原料。

（2）淀粉质原料　大豆酱中淀粉质原料使用的主要是面粉，用量占原料的 10%~50%。面粉能提供微生物繁殖和代谢所需要的碳源，是成品甜味的重要来源之一，又是酱品酯香成分的主要来源，通常使用标准粉。面粉可焙炒或干蒸，也可加少量水蒸熟，但蒸后水分增加，不利于制曲。面粉比例大，制曲时面粉不能完全黏在大豆表面，会滞留在曲池假底上，减少了曲料的孔隙率，通风不畅，影响成曲质量。

（3）食盐　食盐赋予酱制品咸味，并具有杀菌防腐作用，保证发酵过程，其含量在酱成品中一般占 10%~15%。食盐还可以增加豆类蛋白质的溶解度，使成品鲜味增加。食盐对于形成风味物质的耐盐酵母有激活作用，可以提高酱品的风味。酱类生产中为了防止杂质进入，食盐应选用氯化钠含量高、颜色洁白、杂质少的水洗盐或精盐做原料。如果食盐中含卤汁较多则会带来苦味，使酱类品质下降。

（4）水　酱类成品中含有 50%~62%水，生产用水必须符合《生活饮用水卫生标准》（GB 5749—2022）。水质对成品质量有较大的影响，含铁过多会影响酱类的香气和风味，并使成品颜色加深；硬度大的水对酱类后熟发酵不利，影响产酯酵母的作用，使成品酯香味差；用酸性水会使产品酸度增加，影响酱品的口味和质量指标。

2. 大酱生产微生物

（1）米曲霉　米曲霉是曲霉的一种，菌丝一般为黄绿色，成熟后为淡绿褐色或黄褐色。米曲霉是好气性微生物，空气不足时生长受到抑制，其菌丝繁殖期要生产大量的呼吸热，因此，豆酱生产中培养米曲霉一定要供给充足的新鲜空气，以补充氧气，排除二氧化碳和散发热量。米曲霉生长的适宜条件为温度37℃左右，培养基水分约50%，pH为6.0左右。当温度在28℃以下时，米曲霉生长缓慢，但酶活力较高，温度高于37℃，会影响酶的分泌和活力。培养基水分低于30%，米曲霉生长受到抑制。

米曲霉能分泌多种酶，如蛋白酶、淀粉酶、谷氨酰胺酶、果胶酶、半纤维素酶、酯酶等。其中，前三种酶最为重要，酶活力的高低关系到原料利用率、生长周期及大酱成品的味道。

（2）酵母　在豆酱生产中常见的酵母是耐高盐酵母，如鲁氏接合酵母可以耐18%的食盐。此外，还有易变球拟酵母和埃契球拟酵母等。培养适宜温度28~30℃，最适pH为4.5左右。鲁氏接合酵母为发酵型酵母，能利用葡萄糖发酵成酒精、甘油、琥珀酸等，这些成分既是豆酱的香气成分，又是风味物质。易变球拟酵母和埃契球拟酵母为酯香型酵母，能生产4-乙基愈创木酚、4-乙基苯酚等香气成分。

（3）乳酸菌　乳酸菌能利用乳糖或葡萄糖发酵生成乳酸。乳酸既是豆酱重要的呈味物质，又是豆酱香气的重要成分。特别是乳酸菌和酵母的联合作用，生成乳酸乙酯，是豆酱香气的一种特殊成分。乳酸菌是否参与发酵作用，同样影响豆酱的香气和风味。但在大多数工厂，发酵豆酱不需人工添加乳酸菌，自然环境中的乳酸菌已足够用。

三、大酱生产工艺

大酱工艺涉及原料的处理、成曲的制备、发酵等步骤，使用的菌种和发酵机制和酱油基本相同。主要不同点是酱油为提取发酵中产生的可溶性有效成分；发酵酱制品是以富含蛋白质的原料为主要原料，在微生物分泌的各种酶的催化作用下分解而成的发酵型糊状调味品。传统的豆酱生产是天然发酵，即利用空气中落入的微生物来进行发酵。这种方式生产的产品风味好，但生产周期长，质量不稳定，生产受季节限制，卫生条件也差。为了适应市场的需要，使豆酱生产实现机械化，目前多数工厂采用人工培养纯菌种制曲。

1. 大曲酱

大曲（天然曲）是由曲料加水混合后，利用环境中的微生物繁殖而获得的成曲。大曲的生产受季节限制，一般在春、秋季生产的成曲效果较好，因为受到温度的限制，不能常年生产。天然菌类的繁殖能力低，酶活力小，原料分解也不彻底，发酵时间较长。但天然曲中含有多种微生物（除霉菌外还会有酵母、细菌等），由于菌种的不确定性，所以在各种酶系作用下，成品风味较佳，但质量不稳定，风味差异较大，制曲时间为20~30d。为了提高大曲酱的质量，在制曲时添加一些纯种微生物，弥补天然大曲的不足，被称为强化大曲。强化大曲解决了受环境微生物限制而不能常年生产天然曲的问题。

（1）工艺流程

（2）工艺操作要点

①配料：黄豆 100kg，面粉 40~60kg。

②清洗和浸泡：黄豆除去霉豆和虫蛀豆、杂草、石块、铁物和附着的其他杂质，清洗，浸泡。浸泡黄豆的水应符合饮用水的标准，以软水和中性水为佳。浸泡时间以夏天 4~5h，冬季 8~10h 为佳。一般清水浸泡 4~12h，使黄豆子叶吸水膨胀，制曲的水分主要来源于黄豆吸收的水分，一般黄豆的质量要增加 2.0~2.2 倍。

③蒸煮：加压（0.1MPa）蒸煮，时间 30min；常压蒸煮后微火蒸煮时间约 3h。熟豆应为红褐色，软度均匀。

④粉碎：把蒸好的大豆加入面粉（40%~60% 黄豆重量计）拌匀，放在大豆轧扁机上碾轧。

⑤制曲：具体制曲工艺以及制曲过程中应注意的问题，可扫描二维码。

2. 纯种发酵大豆酱

纯种发酵大豆酱因为颜色为黄色又称为黄酱。它是以大豆为主要原料经过经浸泡、蒸煮、拌和面粉，加入纯种微生物制曲、发酵，在微生物分泌的各种酶的作用下，将大分子的原料分解成小分子物质的过程，经过后熟作用，形成特殊形态和口味的调味品。影响纯种发酵大豆酱质

大酱生产中的
制曲工艺

量的主要因素是成曲的质量。纯种发酵大豆酱是以分泌蛋白酶活力较高的霉菌为生产菌株，制曲时间为 48~72h，酶活力高，原料分解速度快，产品质量比较稳定。制曲时，大豆经蒸煮后，有部分黄浆水滞留在种皮内。拌入面粉后，曲料黏度上升，不利于制曲。通风制曲要注意前期通风时间、风量和风压的选择，以保证成曲的质量。大豆酱制曲时，霉菌生长时间长，曲料升温慢，曲料中的水分大部分来自大豆的吸收水，水分少，加之辅料面粉中的水分较低，曲料中的霉菌生长缓慢。霉菌在生长繁殖过程中，是以水为媒介吸收营养物质和分泌各种酶类及排泄代谢产物。水分和温度是霉菌孢子发芽的充分条件，因此制曲时要防止因温度低而产生酸曲等不良现象，可采取提高种曲质量，提高室温等方法促进霉菌的生长繁殖。

（1）工艺流程

（2）工艺操作要点

①原料配比：黄豆 100kg，面粉 20~30kg。

②清洗除杂：大豆于清水中搅拌，可使轻杂质除去，然后经过多次连续冲洗，可使沙砾等杂物与大豆分离，沉积在清洗槽底部，从而达到大豆清洗除杂的目的。

③浸泡：清洗除杂后的大豆要经过浸泡 4~12h 使其充分吸水，有利于大豆蒸煮时蛋白质的适度变性、淀粉的糊化、微生物的分解和利用。浸泡直至豆粒表面无皱纹、豆内无白心并能于指间轻易压成两瓣为适度。

④蒸煮：大豆蒸煮程度要适当，在大豆含水量一定的条件下，蒸料压力和时间需确定为一个科学数值。如果蒸料压力小，时间短，大豆蒸不熟，有未变性蛋白质存在。反之，蒸料压力大，时间又过长，大豆中的蛋白质发生过度变性。未变性和过度变性的蛋白质都不能被蛋白酶所分解，最终降低出品率，也使豆酱的质量低劣。对蒸料的要求是，在适当的水分、压力、时间条件下，尽可能使大豆蒸熟蒸透，蛋白质全部成一次变性。这有利于米曲霉的生长繁殖和各种酶类的产生，同时还可以起到原料灭菌的作用。一般常压蒸料 4~6h 或在 150~200kPa 下蒸料 40min。蒸煮适度的大豆熟透而不烂，用手捻时豆皮脱落，豆瓣分开。

⑤冷却：熟豆冷却至 35~45℃时就可以拌入面粉。

⑥接种：当熟料降温至 38~40℃时，按照接种量为 0.3%~0.5%接入种曲，接种后要拌和均匀。为使豆酱中麸皮含量尽可能少，最好用曲精接种。曲精的制法是将种曲与少量生面粉拌匀，搓散孢子，再筛出麸皮即得曲精。接种后，曲料品温掌握在 30~35℃为宜。

⑦制曲：曲料水分要适宜，水分过小，米曲霉生长困难；水分过大，会引起杂菌污染，且制曲过程中，有效成分损失过多。曲料水分以冬季 47%~48%，春秋季 48%~50%，夏季50%~51%为适宜。

⑧发酵：

a. 大豆成曲入池升温。大豆曲移入发酵容器，摊平，稍稍压紧，其目的是使盐分能缓慢渗透，使面层也充分吸足盐水，并且利于保温升温。入容器后，在酶及微生物作用下，发酵产热，品温很快自然升至 40℃，在面层上淋入占大豆成曲质量 90%、温度为 60~65℃、浓度为 14.5°Bé 的盐水，使之缓慢吸收。这样既让物料吸足盐水，保证温度达到 45℃左右的发酵适温，又能保证酱醅含盐量为 9%~10%，抑制非耐盐性微生物的生长。当盐水基本渗透后，在面层上加封一层细盐，盖好罐盖，进入发酵阶段。

b. 保温发酵。品温保持 45℃，酱醅水分控制在 53%~55%较为适宜。大豆成曲中的各种微生物及各种酶在适宜条件下，作用于原料中的蛋白质和淀粉，使它们降解并生成新物质，从而形成豆酱特有的色、香、味、体。发酵前期约为 10℃，发酵温度不宜过高，高于50℃时酱醅色泽加深并伴有苦味，影响豆酱的鲜味和口感。10d 时补加大豆曲质量 40%的24°Bé 的盐水及约 10%的细盐（包括封面盐）。以翻酱机充分搅拌酱醅，使食盐全部溶化。

置室温下再发酵 4~5d，可改善制品风味。为了增加豆酱风味，也可把成熟酱醅的品温降至 30~35℃，人工添加增香酵母培养液，再发酵 1 个月。

⑨成品磨细、杀菌和包装：由于各地消费习惯不同，成品豆酱呈颗粒黏稠状，则可以不磨细；豆酱呈细黏稠状，则需用磨酱机研磨。豆酱杀菌与否主要由包装容器决定，如果生产袋装即食酱就要进行灭菌。因豆酱一般是经过烹调后才食用，所以习惯上不再进行加热杀菌，但要求达到卫生指标。

3. 蚕豆酱

蚕豆酱又称豆瓣酱，起源于四川民间，由家庭制作发展为工业生产，至今已有 200 多年的历史。根据消费者的习惯不同，在生产蚕豆豆瓣酱中配制了香油、豆油、味精、辣椒等原料，增加了豆瓣酱的品种。蚕豆酱的主要原料是蚕豆，加入辣椒的产品叫辣豆瓣，不加辣椒的叫甜豆瓣。蚕豆豆瓣酱具有鲜、甜、咸、辣、酸等多种调和的口味，能助消化、开口味，可用来代菜佐餐，是一种深受消费者欢迎的方便食品。辣豆瓣色香味美，营养丰富，是烹饪川菜的主要调味料。甜豆瓣适宜于不嗜辣味的消费者口味，烹饪和佐餐作用不如辣豆瓣广泛。蚕豆酱生产工艺与大豆酱基本相同，只是增加了蚕豆脱壳工序。

（1）工艺流程

（2）工艺操作要点

①原料配比：去皮蚕豆 100kg，面粉 30kg，盐 8kg，水 10kg。

②蚕豆处理：蚕豆要脱壳，去皮壳的方法按要求不同而不同。如果要求在蚕豆酱内豆瓣能保持原来形状者，可采用湿法处理；如果不需要考虑豆瓣形状者，就用干法处理。现在大多数酿造厂均采用机械方法处理。其机械去皮是以锤式粉碎机和干法比重去石机为主体，并配以升高机、筛子和吸尘等设备，联合装置成蚕豆干法去皮壳机。

③浸泡：将脱壳后干豆瓣，按颗粒大小分别倒在浸泡容器，用不同的水量浸泡，使豆瓣充分吸收水分后膨胀。浸泡水温 10℃ 左右，浸泡 2h；水温 20℃，浸泡 1.5h；水温 30℃ 左右，仅需浸泡 1h。浸泡后蚕豆瓣质量增加 1.8~2 倍，体积胀大 2.0~2.5 倍，以断面无白色硬心即为适度。浸泡时，可溶性成分略有溶出，水温高，渗出物多，因此水温偏高并不适宜。为了不使可溶性成分溶出流失，目前各厂均采用旋转蒸煮锅，将干豆瓣放入锅内，再加入一定数量的水，蒸煮锅旋转使水分均匀地与豆瓣接触。

④蒸煮：

a. 常压蒸熟。将浸泡的湿豆瓣沥干，装入常压锅内，圆汽后，保持 5~10min，留锅 10~15min 再出锅。

b. 旋转式蒸煮锅。按豆瓣量加水 70%，间歇旋转浸泡 30~50min，使水均匀地被豆瓣吸收，在 0.1MPa 压力下，蒸料 10min 即可出料。蒸熟的程度，以豆瓣不带水珠，用手指轻捏易成粉状，口尝无生腥味为宜。

⑤制曲：豆瓣蒸熟出锅后，应迅速冷却至 40℃左右，接入种曲，接种量为 0.1%~0.3%。由于豆瓣颗粒较大，制曲时间需适当延长。一般采用厚层机械通风，制曲时间约为 2d。

⑥制醅、发酵：

a. 制醅原料配比。蚕豆曲 100kg，15°Bé 盐水 140kg，再制盐 8kg 及水 10kg。

b. 发酵。先将蚕豆曲送入发酵池或发酵罐内，表面摊平，稍予压实，品温自然升温至 40℃左右，再按一定的比例将 15°Bé、60~65℃热盐水从面层四周徐徐注入曲中，让其逐渐全部渗入曲内，或用制醅机拌和，将蚕豆曲与盐水拌匀入发酵容器中，加盖面盐，并将盖盖好。蚕豆曲加入盐水后，品温保持在 45℃左右。发酵 10d 后，酱醅成熟，按每 100kg 蚕豆曲补加再制盐 8kg 及水 10kg，并以压缩空气或翻酱机充分搅拌均匀，促使食盐全部溶化，再保温发酵 3~5d 或移室外数天，则香气更为浓厚，风味也更佳。

⑦成品杀菌、包装及质量标准：由于各地消费习惯不同，需要蚕豆酱呈颗粒黏稠状，则可以不磨细，需要蚕豆酱呈黏稠状，则需用磨酱机磨成酱体。蚕豆风味酱一般用纸罐、陶瓷坛、塑料包装，将新配制的各种蚕豆酱，再封坛后熟半个月包装出厂，风味更好。蚕豆酱杀菌与否主要由包装容器决定，如果袋装即食酱就要进行灭菌。因蚕豆酱一般是经过烹调后才食用，所以习惯上不再进行加热杀菌，但要求达到卫生指标。

四、大酱风味物质的形成

大酱为黏稠的半流动状态，含水分 60%左右，其他为固形物。豆酱所具有的独特色、香、味、体是在微生物所分泌的酶的作用下，通过一系列的生物化学反应形成的，其中包括蛋白质水解、淀粉糖化、酒精发酵、有机酸发酵、酯类形成等。豆酱的风味是咸、甜、酸、鲜、苦五味俱全，诸味协调，突出咸味和鲜味。豆酱含有 12%左右的食盐，为咸味之来源，这种咸味由于有其他成分的衬托，口感很柔和。甜味主要来自淀粉的水解产物葡萄糖和麦芽糖以及一些多元醇类。有机酸给豆酱以爽口的酸味，但要求其总酸含量不超过 2%（以乳酸计），否则酸味突出，品质降低。豆酱的鲜味主要来源于谷氨酸钠，另外，也可以人工添加助鲜剂。豆酱不应突出苦味，但微苦使其口感醇厚。苦味来自多肽及某一些呈苦味的氨基酸。一般说来，低温长时间发酵有利于豆酱风味的提高。

五、大酱在保健中的应用

大酱在发酵过程中蕴含了蛋白质、矿物质、脂肪、维生素、钙等众多种类的营养成分，可补充机体所需脂肪酸。也正是由于其发酵工艺，使得其富含多种微生物，包括乳酸菌、霉菌等，随着人们对食品科学研究的不断深入，大酱的众多功效已被发掘。

（1）强化肝脏　肝脏是人体中主要的代谢性能器官，是尿素合成的主要器官，更是新陈代谢的重要器官，因此，肝脏的健康与否极为重要。据已发表的研究表明，黄豆酱能够有效作用于肝脏的解毒以及肝脏的功能恢复，从而使得氨基转移酶这一肝脏毒性指标活性得到有效的降低，使得肝功能得到有效的强化。

（2）促进消化　发酵生成的黄豆酱含有丰富的酵母及乳酸菌等微生物，其不仅提高食欲，还能够促进消化器官的蠕动从而起到促进消化的作用。民间小妙方中，如果遇到了积食的情况，喝一碗稀释了的黄豆酱，能得到有效缓解。调查显示，经常服用黄豆酱汤的人，胃溃疡的患病率较低，正是依靠于其助消化的功能。

（3）其他　黄豆酱在传统医学上有保持血管弹性、降低胆固醇、预防脂肪肝、预防胃溃疡等生理功能。

第三节　腐乳

腐乳又称乳腐、霉豆腐等，腐乳是以大豆为原料，经加工磨浆、制坯、培菌、发酵而制成的发酵豆制品，因其颜色鲜亮、口感绵密、气味香醇等特性，受到广大消费者的偏爱，因其具有营养价值高、滋味鲜香、品种多样等特点，通常用作开胃菜或是辅助饪菜品中的调味料，在欧洲、美国享有"东方奶酪"的美誉。

一、腐乳的分类

1. 按生产工艺分类

（1）腌制型腐乳　生产时豆腐坯不经微生物生长的前期发酵，而直接进行腌制和后酵。由于没有微生物生长的前酵，缺少蛋白酶，风味的形成完全依赖于添加的辅料，如面曲、红曲、米酒、黄酒等，因此发酵周期长、品质不够细腻、游离氨基酸含量低。目前，以此工艺生产腐乳的厂家已很少。

（2）发霉型腐乳　生产时豆腐坯先经天然的或纯菌种的微生物生长前期发酵，再添加配料进行后期发酵。前期发酵阶段在豆腐坯表面长满了菌体，同时分泌出大量的酶，后期发酵阶段豆腐坯经酶分解，产品质地细腻、游离氨基酸含量低。现在国内大部分企业都是采用此工艺生产腐乳。

2. 按发酵微生物分类

（1）毛霉腐乳　毛霉能分泌的蛋白酶活力较高，使豆腐坯蛋白质水解度加大，毛霉不耐高温，高温季节培养霉菌时容易产生豆腐坯脱霉现象，不能全年生产。腐乳质地柔糯、滋味鲜美。

（2）根霉腐乳　根霉菌耐高温，是伏天炎热季节生产腐乳的主要微生物。腐乳质地细腻、滋味鲜美。

（3）细菌型腐乳　北方以藤黄球菌为主，南方以枯草杆菌为主。细菌型腐乳菌种易培养，酶活力高，质地细腻，有特殊香气，但成型性差，不宜长途运输。

3. 按产地分类

如北京王致和腐乳、上海鼎丰腐乳、绍兴腐乳、桂林腐乳、克东腐乳、夹江腐乳等。

4. 按腐乳标准分类

（1）红腐乳　又称红乳腐，北方称红酱豆腐，南方称红方或南乳，是腐乳中的一大类产品。表面鲜红或紫红，断面为杏黄色，滋味鲜咸适口，质地细腻，是十分普及的一种佐餐小菜或烹饪用调味料。其最大的工艺特点是在后酵用的汤料中添加了着色剂——红曲。

（2）白腐乳　白腐乳也是腐乳中的一大类产品。此类产品颜色表里一致，为乳黄色、淡黄色或青白色，醇香浓郁，鲜味突出，质地细腻。其主要特点是含盐量低，发酵期短，成熟较快，大部分在南方生产。

（3）青腐乳　又名青方，俗称臭豆腐。此类产品表里颜色均呈青色或豆青色，具有刺激性的臭味，最具有代表性的是北京王致和臭豆腐。

（4）酱腐乳　这类腐乳在后期发酵中以酱曲为主要辅料酿制而成，本类产品表面和内部颜色基本一致，具有自然生成的红褐或棕褐色，酱香浓郁，质地细腻。它与红腐乳的区别是不添加着色剂红曲，与白腐乳的区别是酱香味浓而醇香味差。

（5）花色腐乳　又称别味腐乳，因添加了各种不同风味的辅料而酿成了各具特色的腐乳。这类产品的品种最多，有辣味型、甜味型、香辛型和咸鲜型等。

二、腐乳的生产原料

1. 腐乳生产的主料

用于生产腐乳的主要原料是大豆。大豆中的蛋白质、脂肪、碳水化合物等都是腐乳的主要营养成分，蛋白质的分解产物又是构成产品鲜味的主要来源。腐乳质量好坏首先取决于大豆的品质，要求含有蛋白质 30%~40%，粗脂肪 15%~20%，无氮浸出物 25%~35%，灰分 5% 左右。

2. 腐乳生产的辅料

腐乳品种繁多，与所用的辅料在后熟中产生独特的色、香、味有密切关系。腐乳中主要辅料有食盐、酒类、面曲、红曲、普曲、凝固剂、香辛料等。

（1）食盐　食盐是腐乳生产中重要辅料。腐乳腌坯所用盐要符合食用盐标准，尽量使用氯化钠含量高，钙和镁含量低、杂质少的白色食盐。

（2）酒类 南方生产的腐乳品种所用酒类以黄酒和酒酿为主，北方以白酒为主。

①黄酒：酒精含量 12%~18%，酸度低于 0.45%，糖分在 7% 左右。

②酒酿：槽方用发酵期短的甜酒酿，其他腐乳用酒酿卤较多。

③白酒：腐乳使用的白酒，一般是以高粱为主要原料，含酒精度为 50%~60%（体积比）的无混浊、无异味、风味好的白酒。

（3）面曲 面曲是面粉加水后经发酵（或不发酵）、添加米曲器培养制成的辅助原料。要求面曲颜色均匀，酶活力高，杂菌少。

（4）红曲 红曲即红曲米，将红曲霉菌接种于蒸熟的籼米中，经培养而得到的含有红曲色素的食品添加剂。在培养红曲时，原料配比氮源比例大，产生的色素偏向紫色；原料配比碳源比例大，产生的色素偏向黄色，因此在生产红曲时，应增加蛋白质的含量，提高红曲色素质量。红曲应有红曲特有的香气，手感柔软。

（5）水 水是腐乳的主要成分之一，又是大豆蛋白质的溶解剂。水中的微量无机盐类是豆腐坯微生物发育繁殖所必需的营养成分和不可缺少的物质。酿造腐乳用水，一般饮用水均可使用。

（6）香辛料 香辛料是能够提高腐乳香气和特殊口味物质，在腐乳中加入的香辛料必须符合国家对食品添加剂的规定。在腐乳中允许加入的香辛料有甘草、肉桂、白芷、陈皮、丁香、砂仁、高良姜等。

（7）凝固剂 凝固剂是大豆蛋白质由溶胶变成蛋白质凝胶的物质。腐乳豆腐坯制作以盐卤为主。盐卤是海水制盐后的副产品。主要成分是氯化镁，含量约为 30%，盐卤的用量为大豆量的 5%~7%。盐卤用量过多，蛋白质收缩过度，保水性差，豆腐坯粗糙，无弹性。盐卤用量少，大豆蛋白质凝聚不完全，形成的凝胶不稳定。

3. 腐乳生产微生物

在腐乳生产中，人工接入的菌种有毛霉、根霉、细菌、米曲霉、红曲霉和酵母等，腐乳的前期培养是在开放式的自然条件下进行的，外界微生物极容易侵入，而且配料过程中会带入很多微生物，所以腐乳发酵的微生物十分复杂。虽然在腐乳行业称腐乳发酵为纯种发酵，实际上，在扩大培养各种菌类的同时，自然地混入许多种非人工培养的菌类。腐乳发酵实际上是多种菌类的混合发酵。从腐乳中分离出的微生物有霉菌、细菌、酵母等 20 余种。

（1）腐乳生产菌种选择原则

①不产生毒素（特别是黄曲霉毒素等），符合食品的安全和卫生要求。

②培养条件粗放，繁殖速度快。

③菌种性能稳定，不易退化，抗杂菌能力强。

④培养温度范围大，受季节限制小。

⑤能够分泌蛋白酶、脂肪酶、肽酶及有益于腐乳产品质量的酶系。

⑥能使产品质地细腻柔糯，气味鲜香。

（2）腐乳生产中常用菌株 在发酵腐乳中，毛霉占主要地位，因为毛霉生长的菌丝又细又高，能够将腐乳坯完好地包围住，从而保持腐乳成品整齐的外部形态。目前，全国各地生产腐乳应用的菌种多数是毛霉，还有根霉、藤黄小球菌等其他菌类。

①五通桥毛霉（AS3.25）：五通桥毛霉是从四川乐山五通桥竹根滩德昌酱园生产腐乳坯中分离得到的，是我国腐乳生产应用最多的菌种。该菌种的形态为菌丛高 10~35mm；菌丝白色，老后稍黄；孢子梗不分支，很少成串或有假分支，宽 20~30μm；孢子囊呈圆形，直径为 60~130μm，色淡；囊膜成熟后，多溶于水，有小须；中轴呈圆形或卵形（6~9.5）×（7~13）μm；厚垣孢子很多，梗口有孢子囊 20~30μm。五通桥毛霉最适生长温度为 10~25℃，低于4℃勉强能生长，高于37℃不能生长。

②腐乳毛霉：腐乳毛霉是从浙江绍兴、江苏镇江和苏州等地生产的腐乳上分离得到的。菌丝初期为白色，后期为灰黄色；孢子囊为球性，呈灰黄色，直径 1.46~28.4μm；孢子轴为圆形，直径 8.12~12.08μm。孢子呈椭圆形，表面平滑。它的最适生长温度为30℃。

③总状毛霉：菌丝初期为白色，后期为黄褐色，高 10~35mm；孢子梗初期不分支，后期为单轴或不规则分支，长短不一；孢子囊为球形，呈褐色，直径 20~100μm；孢子较短，呈卵形；厚垣孢子的形成数量很多，大小均匀，表面光滑，为无色或黄色。该菌种的最适生长温度为23℃，在低于4℃或高于37℃的环境下都不生长。

④雅致放射毛霉：雅致放射毛霉是从北京腐乳和台湾腐乳中分离得到的，它也是当前我国推广应用的优良菌种之一。该菌种的菌丝呈棉絮状，高约为 10mm，白色或浅橙黄色，有匍匐菌丝和不发达的假根，孢子梗直立，分支多集中于顶端；主支顶端有一较大的孢子、子囊，孢子囊呈球形，直径为 30~120μm，老后为深黄色，囊壁粗糙，有草酸钙结晶；成熟后孢子囊壁溶解或裂开，留有囊领，孢子轴在较大的孢子囊内呈球形或扁球形；孢子为圆形，光滑或粗糙，壁厚；厚垣孢子产生于气生菌丝，为圆形，壁厚，呈黄色，内含油脂。生长最适温度为30℃。

⑤根霉：根霉生长最适温度为32℃，生长温度比毛霉高，在夏季高温情况下也能生长，而且生长速度较快，前期培养只需要 2d，而且菌丝生长健壮，均匀紧密，在高温季节能减轻杂菌的污染，打破了季节对生产的限制。虽然根霉的菌丝不如毛霉柔软细致，但它耐高温，可以保证腐乳常年生产。有的厂家用毛霉和根霉混合效果也较好。

⑥藤黄微球菌：该菌株在豆粉营养盐培养基上生长速度快，易培养，不易退化。在豆腐坯表面形成的菌膜厚，成品成型性好；蛋白酶活力高，成熟期短，成品具有细菌型腐乳的特有香味，无异味，在嗅觉上、感官上都有较好的特性，风味较好。菌株呈球形，直径 0.95~1.10μm，成对、四联或成簇排列；革兰阳性；不运动；不生芽花；严格好氧；菌落为浅金黄色，培养时间长呈粉红色；不能利用前萄糖产酸；接触酶阳性；耐盐，可以在含盐量5%培养基上生长。该菌株产蛋白酶的最适 pH 为 6.6，最适温度为33℃。

三、腐乳生产工艺

腐乳的生产工艺流程如下：

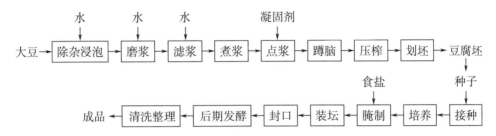

（1）浸泡　浸泡时间以夏天 4~5h，冬季 8~10h 为佳。浸泡时间短，大豆颗粒不能充分吸水膨胀，大豆中的蛋白质不能转变为溶胶性蛋白质，影响蛋白质的浸出率；浸泡时间长，增加了微生物繁殖的机会，容易使泡豆水 pH 下降，磨浆后豆浆泡沫多，夏季浸泡时应经常换水，避免浸泡水温度高，而引起微生物大量繁殖，产生异味。浸泡大豆用水量一般以 1:3.5 左右为宜。为了提高大豆中碱溶性蛋白质溶解度及中和泡豆中产生的酸，在大豆浸泡时可以加入 0.2%~0.3% 的碳酸钠。当浸泡水上面有少量泡沫出现，用手搓豆很容易把子叶分开，开面光滑平整，中心部位和边缘色泽一致，无白心存在即可。如果使用豆粕或者豆饼要用稀碱水浸泡，浸泡液 pH9~10，并且要不断搅拌，由于浸泡时产生酸，结束时 pH 可达 7 左右。

（2）磨浆　可用石磨或者钢磨来磨浆。磨浆就是使大豆蛋白质受到摩擦、剪切等机械力的破坏，使大豆蛋白质形成溶胶状态豆乳的过程。磨浆的设备有钢磨、砂轮磨等。磨浆的粒度要适宜，一般为 1.5μm。粒度小易使一些豆渣透过筛网混入豆浆中，制成的豆腐坯无弹性、粗糙易碎，腐乳成品有豆腥味；粒度大，阻碍了大豆蛋白质的释放，大豆蛋白质溶出率低，影响产品收得率。磨浆的加水量一般为 1:6 左右。加水量少，豆糊浓度大，分离困难；加水量大，豆浆浓度低，影响蛋白质的凝固和成型，黄浆水增多。

（3）滤浆　滤浆是使大豆蛋白质等可溶物和滤渣分离的过程。采用的方式有人工扯浆、电动扯浆与刮浆、六角滚筛和离心机滤浆。在常用的离心分离时一般采用 4 次洗涤。洗涤的淡浆水可降低豆渣中蛋白质含量，提高豆浆的浓度和原料利用率。常用的是锥形离心机，滤布的孔径为 100 目左右。豆浆浓度以 5°Bé 左右为宜，100kg 大豆可出豆浆为 1000kg 左右。在滤浆时，可加入油脚来减少泡沫。

（4）煮浆　加热到 95~100℃，加热可以促进蛋白质变性和凝聚。采用的设备有敞口式常压煮浆锅、封闭式高压煮浆锅、阶梯式密闭溢流煮浆罐。

（5）点浆　也称点花，是添加凝固剂使蛋白质凝聚的过程。将凝固剂以细流缓缓滴入热浆中，并不断搅拌。点浆操作的关键是保证凝固剂与豆浆的混合接触。豆浆灌满装浆容器后，待品温达到80℃时，先搅拌，使豆浆在缸内上、下翻动起来后再加卤水，卤水量要先大后小，搅拌也要先快后慢，边搅拌边下卤水，缸内出现50%脑花时，搅拌的速度要减慢，卤水流量也应该相应减少。脑花达80%时，结束下卤，脑花游动缓慢并且开始下沉时停止搅拌。值得注意的是，在搅拌过程中动作一定要缓慢，以免使已经形成的凝胶被破坏掉。

（6）蹲脑　点浆后静止一段时间，为了使蛋白质充分凝集成一体。蹲脑时间20~30min。

（7）压榨　用模框上加粗纱布后，加入豆腐脑，加满后，包起纱布加压滤水。

（8）划坯　划坯是将已压榨成形的豆腐坯翻到另外一块豆腐板上，经冷却，再送到划块操作台，用豆腐坯切块机进行划块，成为制作腐乳所需要大小的豆腐坯，将缺角、发泡、水分高、厚度不符合标准的次品别出。

（9）接种　在接种前豆腐坯品温必须降至30℃，达到毛霉生长的最适温度。腐乳生产中，制备菌种和使用菌种的方法有3种。

①固体培养，液体使用：将固体培养的菌种粉碎，用无菌水稀释后采用喷雾器喷洒在豆腐坯上，接种均匀，但在夏季种子容易感染杂菌，影响前期培菌的质量。

②固体培养，固体使用：将菌种破碎成粉，按比例混合到载体（大米粉）上，然后将扩大的菌粉均匀地撒到豆腐坯上，进行前期培菌，存在的问题是接种不均匀。

③液体培养，液体使用：是目前国内最先进的方法。培养过程中必须保证在种子罐中进行，必须使用无菌空气，技术要求高，设备投入大，效果好。液体种子要采用喷雾法接种，喷洒时菌液浓度要适当。如菌液量过大，就会增加豆腐坯表面的含水量，使豆腐坯水分活性升高，增加杂菌污染的机会，影响毛霉的正常生长。菌液量少，易造成接种不均现象。菌液不能放置时间过长，要防止杂菌污染，如果有异常，则不能使用。接种若使用固体菌粉，必须均匀地洒在豆腐坯上，要求六面都要沾上菌粉。

（10）培养　摆好豆腐坯培养屉，要立即送到培养室进行培养。培养室温度要控制在20~25℃，最高不能超过28℃，培养室内相对湿度为95%。夏季气温高，必须使用通风降温设备进行降温。为了调节各培养屉中豆腐坯的品温，培养过程中要进行倒屉。一般在25℃室温下，22h左右时菌丝生长旺盛，产生大量呼吸热，此时进行第一次上下倒屉，以散发热量，调节品温，补给新鲜空气。到28h时进入生长旺盛期，品温上升很快，这时需要第二次倒屉。48h左右，菌丝大部分已近成熟，此时要打开培养室门窗（俗称凉花），通风降温，一般48h菌丝开始发黄，生长成熟的菌如棉絮状，长度为6~10mm。

在前期培菌阶段，应特别注意：一是采用毛霉菌，品温不要超过30℃；如果使用根霉菌，品温不可超过35℃。因为品温过高会影响霉菌的生长及蛋白酶的分泌，最终会影响腐乳的质量。二是注意控制好湿度，因为毛霉菌的气生菌丝是十分娇嫩的，只有湿度达到95%以上，毛霉菌丝才正常生长。三是在培菌期间，注意检查菌丝生长情况，如出现起黏、有异味等现象，必须立即采取通风降温措施。

（11）腌制 毛坯搓毛后，即可加盐进行腌制，制成盐坯。腌坯的目的：一是降低豆腐坯中的水分，盐分的渗透作用使豆腐坯内的水分排出毛坯，使霉菌菌丝及豆腐坯发生收缩，毛坯变得硬挺，菌丝在豆腐坯外面形成了一层皮膜，保证后期发酵不会松散。腌制后的盐坯含水量从豆腐坯的 75%左右，下降到 56%左右；二是利用食盐的防腐功能，防止后发酵期间杂菌感染，提高生产的安全性；三是高浓度的食盐对蛋白酶活力有抑制作用，缓解蛋白酶的作用来控制各种水解作用进行的速度，保持成品的外形；四是提供咸味，和氨基酸作用产生鲜味物质，起到调味的作用。

（12）后期发酵 后期发酵是指毛坯经过腌制后，在微生物以及各种辅料的作用下进行后期成熟过程。由于地区的差异、腐乳品种不同，后期发酵的成熟期也有所不同。

四、腐乳风味物质的形成

1. 腐乳颜色的形成

（1）添加的辅料决定了腐乳成品的颜色 如红腐乳，在生产过程中添加的含有红色素的红曲；棕腐乳在生产过程中添加了酱曲或酱类，成品的颜色因酱类的影响，也变成了棕褐色。

（2）在发酵过程中发生生物氧化反应 发酵作用使颜色有较大的改变，因为腐乳原料大豆中含有一种可溶于水的黄酮类色素，在磨浆的时候，黄酮类色素就会溶于水中，在点浆时，加凝固剂于豆浆中使蛋白质凝结时，小部分黄酮类色素和水分便会一起被包围在蛋白质的凝胶内。腐乳在后期发酵的长时间内，在毛霉（或根霉）以及细菌的氧化酶作用下，黄酮类色素逐渐被氧化，因而成熟的腐乳呈现黄白色或金黄色。如果要使成熟的腐乳具有金黄色泽，应在前发酵阶段让毛霉（或根霉）老熟一些。当腐乳离开汁液时，会逐渐变黑，这是毛霉（或根霉）中的酪氨酸酶在空气中的氧气作用下，氧化酪氨酸使其聚合成黑色素的结果。为了防止白腐乳变黑，应尽量避免离开汁液而在空气中暴露。有的工厂在后期发酵时用纸盖在腐乳表面，让腐乳汁液封盖腐乳表面，后发酵结束时将纸取出；添加封面食用油脂，从而减少空气与腐乳的接触机会。青腐乳的颜色为豆青色或灰青色，这是硫的金属化合物形成的，如豆青色的硫化钠等。

2. 腐乳香气的形成

腐乳的主要香气成分是酯类、醇、醛、有机酸等。白腐乳的主要香气成分是茴香脑，红腐乳的主要香气成分是酯和醇。

腐乳的香气是在发酵后期产生的，香气的形成主要有两个途径，一是生产所添加的辅料对风味的贡献；另一个是参与发酵的各微生物的协同作用。

腐乳发酵主要依靠毛霉（或根霉）蛋白酶的作用，但整个生产过程是在一个开放的自然条件下进行，在后期发酵过程中添加了许多辅料，各种辅料又会把许多的微生物带进腐乳发酵中，使参与腐乳发酵的微生物十分复杂，其中霉菌、细菌、酵母等微生物会形成的复杂的酶系统。它们协同作用形成了多种醇类、有机酸、酯类、醛类、酮类等，这些有机成分与人为添加的香辛料一起构成腐乳极为特殊的香气。

3. 腐乳味道的形成

腐乳的味道是在发酵后期产生的。味道的形成有两个渠道：一是添加的辅料而引入的呈味物质的味道，如咸味、甜味、辣味、香辛味等；另一个来自参与发酵的各种微生物的协同作用。如腐乳鲜味主要来源于蛋白质的水解产物氨基酸的钠盐，其中谷氨酸钠是鲜味的主要成分。另外微生物菌体中的核酸经有关核酸酶水解后，生成的 $5'$-鸟苷酸及 $5'$-肌苷酸也增加了腐乳的鲜味。腐乳中的甜味主要来源于汤汁中的酒酿和面曲，将淀粉经淀粉酶水解生成葡萄糖、麦芽糖。发酵过程中生成的乳酸和琥珀酸赋予腐乳的酸味，而腌制加入的食盐赋予了腐乳的咸味。

4. 腐乳体的形成

腐乳的体表现为两个方面，一是要保持一定的块形；二是在完整的块形里面有细腻、柔糯的质地。

在腐乳的前期培养过程中，毛霉生长良好，毛霉菌丝生长均匀，能形成坚韧的菌膜，将豆腐坯完整地包住，在较长的发酵后期中豆腐坯不碎不烂，直至产品成熟，块形保持完好。前期培养产生蛋白酶，在后期发酵时将蛋白质分解成氨基酸，腐乳中蛋白质分解过多，造成腐乳失去骨架，不能保持一定的形态。相反，则腐乳体态完好，但质地会偏硬、不细腻，风味变差。细菌型腐乳没有菌丝体包围，所以成型性差。

五、腐乳在保健中的应用

腐乳是经过多种微生物共同作用生产的发酵性豆制品。腐乳中含有大量水解蛋白质、游离氨基酸，蛋白质消化率可达 92%~96%，可与动物蛋白质相媲美。腐乳中维生素 B_{12} 的含量仅次于乳制品，维生素 B_2（核黄素）的含量比豆腐高 6~7 倍。腐乳中还含有促进人体正常发育和维持正常生理机能所必需的钙、磷、铁和锌等矿物质，含量高于一般性食品。此外，腐乳中含有的不饱和游离脂肪可以减少脂肪在血管内的沉积。

第四节　豆豉

豆豉是我国南方地区的传统发酵食品之一，在四川、湖南、江苏和广东等省普遍生产。生产原料为黑大豆或大豆，生产原理和方法与酱油十分相似，原料蒸煮后，经制曲、发酵而成，产品呈黑褐或黄褐色，颗粒完整，美味回香，既可以作调味料，也可直接食用。

一、豆豉的分类

1. 按照微生物种类分类

（1）毛霉型豆豉 利用天然的毛霉进行豆豉的制曲，一般在气温较低的冬季（5~10℃）生产，以四川的三台、重庆的永川豆豉为代表。

（2）曲霉型豆豉 利用天然的或纯种接种的曲霉菌进行制曲，曲霉菌的培养温度可以比毛霉菌高，一般制曲温度在26~35℃，因此生产时间长。如广东的阳江豆豉是利用空气中的黄曲霉进行天然制曲，上海、武汉和江苏等地采用接种米曲霉进行通风制曲。

（3）根霉型豆豉（又名天培、丹贝） 一种起源于印度尼西亚的大豆发酵食品。利用天然的或纯种的根霉菌在脱皮大豆上进行制曲，30℃左右生产，以印度尼西亚的田北豆豉为代表。

（4）脉孢菌型豆豉 利用花生或榨油后的花生饼，或以大豆为原料接种好食脉孢菌培养而成的，以印度尼西亚的昂巧豆豉为代表。

2. 按照产品形态分类

（1）干豆豉 发酵好的豆豉再进行晾晒，成品含水量为25%~30%。豆粒松散完整，油润光亮。由毛霉型或曲霉型豆豉制成干豆豉。

（2）水豆豉 产品为湿态，含水量较大。豆豉柔软粘连，由细菌型豆豉制成。

3. 按照产品原料分类

（1）大豆豆豉 采用大豆为原料生产的豆豉，如广东的阳江豆豉，上海和江苏一带的豆豉等。

（2）黑豆豆豉 采用黑豆为原料生产的豆豉，如江西豆豉、浏阳豆豉、临沂豆豉、潼川豆豉等。

（3）花生豆豉 采用花生或榨油后的花生饼为原料生产的豆豉，如印度尼西亚的昂巧豆豉。

4. 按照产品口味分类

（1）淡豆豉 又称家常豆豉，它是将煮熟的黄豆或黑豆，盖上稻草或南瓜叶，自然发酵而成的。发酵后的豆豉不加盐腌制，口味较淡，如浏阳豆豉。

（2）咸豆豉 咸豆豉是将煮熟的大豆，先经制曲、再添加食盐及其他辅料，入缸发酵而成的，成品口味以咸为主。大部分豆豉属于这类产品。

5. 按照辅料分类

根据添加的辅料不同，分为酒豉、椒豉、茄豉、瓜豉、姜豉、香豉、酱豉、葱豉、香油豉等。

二、豆豉的生产原料

1. 豆豉生产主料

用于生产豆豉的主要原料是大豆、黑豆和花生等。其中大豆中的主要成分如蛋白质、脂肪、碳水化合物等都是豆豉的主要营养成分。大豆蛋白质的氨基酸组成合理，氨基酸中谷氨酸、亮氨酸含量较多，与谷物相比赖氨酸含量较多，甲硫氨酸和半胱氨酸含量稍少。大豆中亚油酸是人体必需脂肪酸，并有防止胆固醇在血管中沉积的功效。大豆有特有的气味成分，在微生物分泌的各种酶的作用下，也会产生香气物质。要求大豆蛋白质含量高、密度大、干燥、无霉烂变质、颗粒均匀无皱皮、无僵豆、青豆、皮薄、富有光泽、无泥沙、杂质少。

2. 豆豉生产辅料

豆豉中主要辅料有食盐、酒类、香辛料等。

（1）食盐　食盐是豆豉咸味的主要来源。豆豉所用盐要符合食用盐标准，尽量使用氯化钠含量高，颜色洁白，水分及杂质少的水洗盐或精盐，减少钙和镁含量，钙镁含量高导致产品有苦味，杂质多导致产品质地粗硬、不够滑腻。

（2）酒类　酒类能增加豆豉的酒香成分，为成品提供香气成分。

三、豆豉生产工艺

1. 豆豉生产工艺流程

2. 生产工艺要点

（1）清选与浸泡

生产豆豉要选择蛋白质含量高、颗粒饱满的小型豆。新鲜豆比陈豆为佳。生产黑豆豆豉所用的黑豆，尤其应注意新鲜程度。长期贮藏的黑豆由于种皮中的单宁及配糖体受酶的水解和氧化，会使苦涩味增加，影响成品风味，同时，其表面的角质蜡状物由于受酶的作用而油润性变淡，失去光泽。

原料豆浸泡后的含水量在45%左右为宜，浸泡时间一般为冬季5~6h，春、秋季3h，夏季2h。

（2）蒸煮

①水煮法：先将清水煮沸，然后将泡好的豆放入沸水中，约经2h，待锅中的水再煮沸，

即可出锅。

②汽蒸法：将浸泡好的大豆沥尽水，直接用常压蒸汽蒸 2h 左右为宜。

蒸好的大豆会散发出豆香气。常用的感官鉴定方法是用手压迫豆粒，豆粒柔软，豆皮能用手搓破，豆肉充分变色，咀嚼时豆青味不明显，且有豆香味。未蒸好的大豆，豆粒生硬，表皮多皱纹；蒸煮过度的大豆，组织太软、豆粒脱皮。

（3）制曲　制曲的目的是使蒸熟的豆粒在霉菌或细菌的作用下产生相应的酶系，为发酵创造条件。制曲的方法有两种，即天然制曲法和接种制曲法。

①天然制曲：由于生长的微生物较杂，故酶系也复杂，豆豉风味丰富，缺点是制曲技术较难控制，质量不容易稳定，生产周期长，生产受季节限制。

②接种制曲法：曲子质量稳定，生产周期短。人工纯培养制曲，成品豆豉风味较单一，生产中应考虑多菌种发酵，如添加米曲霉和毛霉混合制曲等，来提高豆豉质量。

不论是天然制曲还是接种制曲，一般制曲过程中都要翻曲两次，翻曲时要用力把豆曲抖散，要求每粒都要翻开，不得粘连，以免造成菌丝难以深入豆内生长，致使发酵后成品豆豉硬实、不疏松。

（4）拌曲　豆豉成曲附着许多孢子和菌丝。若将附有大量孢子和菌丝的成曲不经清洗直接发酵，则产品会带有强烈的苦涩味和霉味，且豆豉晾晒后外观干瘪，色泽暗淡无光。为了保证产品质量，豆豉的成曲必须用清水把表面的霉以及污物清洗干净，但洗曲时应尽可能降低成曲的脱皮率，豆曲不宜长时间浸泡在水里，以免含水量增加。洗涤后的豆豉表面无菌丝，豆身油润，不脱皮。

（5）发酵与干燥　豆曲经洗涤后即可喷水、加盐、加香辛料，入坛发酵。

发酵容器有木桶、缸、坛等，最好采用陶瓷坛。装坛时豆曲要装满，层层压实，用塑料薄膜封口，在一定温度下进行后期发酵。在此期间利用微生物所分泌的各种酶，通过一系列复杂的生化反应，形成豆豉所特有的色、香、味。这样发酵成熟的豆豉即为水豆豉，可以直接食用。

水豆豉出坛后干燥，水分降至 20% 左右，即为干豆豉。

四、豆豉在保健中的应用

豆豉中含有蛋白质 31.2%、脂肪 20.0%、粗纤维 4.5%、并含有丰富氨基酸、钙、铁等多种矿物质和维生素 B_{12}（3.9 μg/100 g）、维生素 B_2（0.61mg/100 g）、维生素 K 等，具有多种功效。

（1）豆豉中含有大量溶解血栓的尿激酶以及大量 B 族生物素，可以激活人体血栓溶解系统，改善血液循环，预防心脑血栓等疾病。

（2）豆豉中的皂青素有助于预防大肠癌，并且能软化血管。

（3）豆豉中的异黄酮具有抗氧化、增强免疫等生物活性。

纳豆和丹贝是与豆豉同源的大豆发酵制品，可参考二维码。

纳豆　　　　　　　　丹贝

📝 **思考题**

1. 酱油中参与的微生物种类有哪些？

2. 酱油的主原料不同，产品的品质有哪些差异？

3. 酱油、大酱的发酵原理是什么？

4. 腐乳制作过程中风味是如何形成的？

5. 豆豉有哪些营养功能？

第八章

发酵乳制品

学习目标

1. 熟悉乳制品的发酵理论。
2. 熟悉发酵乳制品的制作工艺。
3. 了解酸乳与干酪的质量标准。
4. 掌握酸乳的营养价值。
5. 掌握发酵干酪的营养价值。

乳类含蛋白质 3%~3.5%，乳类及其制品，如牛乳、酸乳、干酪等，提供了高质量的蛋白质，这些蛋白质含有所有必需的氨基酸，与人体所需较为接近，因此被称为优质蛋白质。被认为是人体摄入蛋白质最优质的动物性食物之一。乳蛋白中富含人体必需的 9 种氨基酸，同时含有钙、磷、铁等多种人体必需的矿物质。然而，人体内缺乏乳糖分解酶，乳糖在消化道内容易造成肚胀、腹痛、腹泻等不适症状，影响了乳类中营养物质的利用。乳类经过体外微生物的发酵作用，乳中的乳糖被分解，有利于乳中营养物质的吸收和利用。加强发酵乳的研发和应用是满足人民美好生活需要的重要途径。发酵乳制品种类繁多，最为常见的有酸乳和干酪。

第一节　酸乳

《食品安全国家标准　发酵乳》（GB 19302—2010）中规定，酸乳是以生牛（羊）乳或乳粉为原料，经杀菌、接种嗜热链球菌和德氏乳杆菌保加利亚亚种发酵制成的产品。而发酵乳是以生牛（羊）乳或乳粉为原料，经杀菌、发酵制成的低 pH 的产品。

酸乳消费量最大的国家集中在地中海地区、亚洲和中欧地区。

一、酸乳的分类

酸乳通常可以根据其成品的组织状态、风味、原料中乳脂肪含量、生产工艺和菌种的组成等方面来分成不同的种类。

1. 按组织状态分类

（1）凝固型酸乳（set yoghurt）　这类酸乳的发酵过程在最终的包装容器中进行，因此成品呈凝乳状。

（2）搅拌型酸乳（stirred yoghurt）　这类酸乳是先进行发酵再灌装进包装容器里而成的。发酵后的凝乳在灌装前和灌装过程中进行搅碎后会形成黏稠状流体状态。此外，有一种基本成分组成与搅拌型酸乳相似，但其组织状态更稀且可直接饮用的制品称之为饮用酸乳（drinking yoghurt）。

2. 按风味分类

（1）天然纯酸乳（natural yoghurt）　天然纯酸乳仅由原料乳经过添加菌种发酵而成，不再添加任何辅料和添加剂。

（2）加糖酸乳（sweeten yoghurt）　加糖酸乳由原料乳和糖进行混合后加入菌种发酵而成。

（3）调味酸乳（flavored yoghurt）　调味酸乳是在天然酸乳或加糖酸乳中加入调味的香料而成。

（4）果料酸乳（yoghurt with fruit）　果料酸乳是在天然纯酸乳中添加糖、果料混合而成。

（5）复合型或营养型酸乳　这类产品通常会在酸乳中强化不同的营养素如维生素、食用纤维素等，或在酸乳中加入不同的辅料如谷物颗粒、干果等混合而成，可使产品营养更加丰富全面。这种酸乳在西方国家的早餐中很受欢迎。

3. 按菌种分类

（1）酸乳　酸乳通常指仅用德氏乳杆菌保加利亚亚种和嗜热链球菌发酵而成的产品。

（2）嗜酸乳杆菌酸乳　产品中含有嗜酸乳杆菌和其他乳酸菌。

（3）双歧杆菌酸乳　产品中含有双歧杆菌和其他乳酸菌。

（4）干酪乳杆菌酸乳　产品中含有干酪乳杆菌和其他乳酸菌。

我国目前生产的酸乳主要分为凝固型酸乳和搅拌型酸乳两大类。在此基础上强化营养素，或添加谷物、果料、蔬菜等制成风味型和营养保健型酸乳。

4. 按营养成分中脂肪含量分类

据联合国粮食及农业组织（Food and Agriculture Organization of the United Nations，FAO）

和世界卫生组织（World Health Organization，WHO）（FAO/WHO）规定，全脂酸乳中的脂肪含量为3.0%，部分脱脂酸乳为3.0%~0.5%，脱脂酸乳为0.5%，酸乳非脂乳固体含量为8.2%，高脂酸乳为7.5%左右。法国的希腊酸乳（greek yoghurt）产品就属于高脂酸乳。

二、酸乳的生产原料

我国对于原料乳并无专门的规定。酸乳生产所用原料主要有原料乳、乳粉、添加剂、发酵剂、果料等。

1. 酸乳的生产原料

（1）原料乳 我国市场主要以牛乳为原料制成酸乳。原料乳的质量要求需符合我国现行的原料乳标准《食品安全国家标准 生乳》（GB 19301—2010），此外还必须满足以下要求。

①原料乳中总乳固形物含量大于11.5%，其中非脂乳固形物含量大于8.5%；

②原料乳中的总菌数需控制在$5×10^5$CFU/mL以下；

③常用的发酵剂菌种对于抗生素和残留杀菌剂、清洗剂非常敏感，乳酸菌不能生长繁殖。因此不得使用含有抗生素或含有有效氯残留等杀菌剂的鲜乳，抗菌物质检查结果应为阴性，不得使用乳牛在注射抗生素后的4天内所产的乳；

④不得使用患有乳腺炎的乳牛所产的牛乳，会影响酸乳风味和蛋白质凝胶效果。

（2）乳粉 酸乳生产中常用的乳粉有全脂乳粉和脱脂乳粉。添加的乳粉量会决定酸乳的黏度、持水力以及凝胶强度。许多研究表明，添加量与酸乳的流变性能和物理特性呈现正相关。对于乳粉的质量标准可以参考《食品安全国家标准 乳粉》（GB 19644—2010）。

2. 酸乳的生产辅料

（1）果料 目前消费者市场越来越倾向于购买果料酸乳，该种酸乳生产常添加的是加工过的水果或浆果，呈现糖浆状、酱状，便于加工时加入。果料可以在进行包装操作以前加入或在包装的同时与酸乳混合，也可以在包装前先灌入到包装容器的底部后加入酸乳。在选用果料时应注意以下几点。

①干物质含量：果料中的干物质含量可以在20%~68%，干物质含量低有助于果料与酸乳的混合相容，但需使用稳定增稠剂以防止果粒的漂浮或聚集。

②添加比例：需根据果料酸乳的具体特征决定果料的添加量，我国果料酸乳的果料添加量通常在6%~10%，而国外一般在12%~18%。

③pH：加入果料的pH应与原本酸乳的pH接近，以防止由于果料的混入而影响酸乳的最终质量。果料的含糖总量会直接影响产品的甜度，选用时必须从总体含量上予以考虑。

④果料质地：通常使用黏稠度来衡量果料的质地。酸乳中使用的果料通常质地较稠，具体黏稠度由工厂所用设备和酸乳成品特征要求决定。

⑤果料卫生标准：果料的卫生指标应严格加以控制，关于果酱的国家标准《果酱》（GB/T 22474—2008）中表明，酸乳类用果酱的大肠菌群、霉菌、致病菌指标应符合《食品国家安全标准　发酵乳》（GB 19032—2010）的规定，菌落总数应符合《食品安全国家标准　糕点面包》（GB 7099—2015）中"冷加工"的规定。

（2）稳定剂　正常情况下，天然酸乳不需要添加稳定剂，在果料酸乳里通过添加稳定剂，使果料均匀分散在酸乳中，而巴氏灭菌的酸乳则必须添加稳定剂。在酸乳中使用稳定剂和乳化剂的主要目的有以下几点。

①维持加工过程中的黏度和提高产品的最终黏度；

②改善产品质构；

③增加稳定性，有助于减少生产、贮藏和运输中的乳清分离析出；

④改善口感，使水果颗粒在酸乳中悬浮呈现均匀状态。

生产过程中要考虑稳定剂的溶解度、凝固性、不同温度下的稳定特性等。稳定剂浓度过低，则达不到效果，过高和不合适的用量会导致口感变差、表面失去光泽、黏性、弹性发生不良变化。

（3）甜味剂　甜味剂的用量取决于以下因素：

①所用果料的种类、含量、酸度；

②所用甜味剂的种类；

③顾客偏好、经济成本、法律规定；

④对于发酵剂微生物的抑制作用强弱。

甜味剂的种类有蔗糖、葡萄糖、麦芽糖、半乳糖、果糖、果葡糖浆、甜菊糖苷、赤藓糖醇等。我国生产酸乳主要使用蔗糖，蔗糖应符合《白砂糖》（GB 317—2018）标准。由于渗透压和水分活度极大影响德氏乳杆菌保加利亚亚种等的生长繁殖，所以通常建议蔗糖的使用量不超过 10%。

（4）风味剂　风味剂在不同的国家有不同的允许添加标准。

（5）色素　色素通常与风味剂同时添加，在凝固型酸乳生产过程中，可以在灌装时加到零售容器内或者直接加到乳中。着色剂种类很多，我国批准可用于食品生产的有 60 多种，根据来源与性质不同分为食品天然着色剂与食品合成着色剂两个大类。由于食品合成着色剂对人体有一定的危害性，世界各国对使用范围和使用量均有严格限制，因此，严格按照《食品安全国家标准　食品添加剂使用标准》（GB 2760—2024）规定使用。GB 2760—2024 中允许使用的着色剂已有 79 余种。

（6）防腐剂　在酸乳生产中，防腐剂可在发酵之前直接添加到乳中，或者加入果料中。最常用的防腐剂是山梨酸钾、苯甲酸钠和二氧化硫。山梨酸及其钾盐的作用主要是抑制酵母和霉菌，对发酵剂微生物的抑制作用不明显；二氧化硫加到果料中则是为了保鲜。很多国家对酸乳中允许使用的防腐剂的用量都加以限制，对于天然酸乳的限量更为严格。

3. 酸乳生产微生物

根据 FAO 对酸乳的定义，酸乳中所用的特征菌为嗜热链球菌与德氏乳杆菌保加利亚亚种这两种。在加拿大、新西兰和德国，发酵菌中只要包含德氏乳杆菌保加利亚亚种和嗜热链球菌，均可称为酸乳，而英国规定必须使用德氏乳杆菌保加利亚亚种，澳大利亚则规定必须使用嗜热链球菌，其他乳酸菌的加入并不影响酸乳之名称。在日本，可以使用各种乳酸菌和某些酵母。GB 19302—2010 中规定，酸乳是以生牛（羊）乳或乳粉为原料，经杀菌、接种嗜热链球菌和德氏乳杆菌保加利亚亚种发酵制成的产品。目前在生产中常会加入一些其他的乳酸菌，如双歧杆菌、嗜酸乳杆菌等。

嗜热链球菌与德氏乳杆菌保加利亚亚种在乳中呈现协同作用，两者是互利共生关系。乳蛋白经德氏乳杆菌保加利亚亚种作用后释放出的游离氨基酸和肽类物质对链球菌的生长有促进作用；反之，经嗜热链球菌作用释放的甲酸或 CO_2 又能促进德氏乳杆菌保加利亚亚种的生长。大多数酸乳中球菌和杆菌的比例为 1∶1 或 2∶1。杆菌如果占优势大量存在则会导致酸度太强。影响球菌和杆菌比率的因素之一是培养温度，如图 8-1 可以看出，培养温度对杆菌与球菌数量的影响，在 40℃ 时约为 4∶1，在 45℃ 时约为 1∶2。在酸乳生产中，以 2.5%~3% 的接种量和 2~3h 的培养时间条件下，要达到球菌和杆菌比例为 1∶1，则最适接种和培养温度为 43℃。

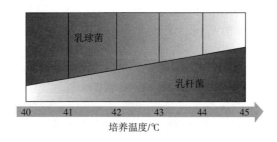

图 8-1　培养温度对杆菌与球菌数量的影响

三、酸乳生产工艺

酸乳生产工艺流程如下。

（1）工艺流程

标准化原料乳 → 添加配料 → 预热 → 均质 → 杀菌 → 冷却 → 接种 → 灌装 → 发酵 → 冷却 → 冷藏后熟

（2）生产工艺要点

①原料乳：应使用满足质量要求的原料乳。

②添加配料：国内生产的酸乳一般添加 4% ~ 7% 的糖。先将部分原料乳加热到 50℃ 左右，加砂糖溶解，过滤，再移入标准化乳罐中。凝固型酸乳一般不添加稳定剂，但如果原料乳质量不好，可考虑适当添加稳定剂。

③均质：为了阻止乳脂上浮，使之分布均匀，要进行均质处理，即使脂肪含量较低，均质也能提高酸乳的稳定性和稠度。一般均质的压力为 20~25MPa，温度为 65~75℃。

④杀菌及冷却：采用 90~95℃、5min 的条件杀菌效果最佳，因为 70% ~ 80% 的乳清蛋白在此条件下产生变性。变性后，乳清蛋白-β-乳球蛋白会与 κ-酪蛋白相互作用，形成一个稳定的酸乳凝固体。杀菌后，按接种所需的温度进行冷却，加入发酵剂培养。

⑤接种：接种前应充分搅拌发酵剂，使凝乳完全破坏。接种时要注意保持乳温，接种量应为 2% ~ 4%，发酵剂的产酸活力在 0.7% ~ 1.0%。

⑥灌装：接种后，搅拌均匀的牛乳应立即连续地灌装进零售包装容器。

⑦发酵：灌装后运至 42 ~ 43℃ 的发酵室发酵 2.5 ~ 4h。发酵终点一般依据如下条件判断：

a. 滴定酸度达 80°T 以上。但实际酸度还要考虑当地消费者的喜好。

b. pH 低于 4.6。

c. 表面产生少量水痕。

发酵过程中应避免振动影响其组织状态、保持发酵温度恒定、掌握好发酵时间，防止酸度不够或过度，产生乳清析出现象。

⑧冷却：冷却可以终止发酵过程，使酸乳的质地、口感、风味、酸度等成品特征达到目标要求。

⑨冷藏后熟：冷藏后熟可促进酸乳中香味物质产生，改善酸乳硬度。形成酸乳特征风味是多种风味物质相互平衡的结果，一般在 2~7℃，12~24h 才能完成，因此，发酵凝固后，酸乳必须在 4℃ 左右贮藏 24h 后再出售，一般最长冷藏期为一周。

四、酸乳在保健中的应用

酸乳具有丰富的营养物质，同时也拥有各种保健功能，是现代人类理想食品之一。

1. 增强人体对牛乳中宏量营养素吸收

酸乳通过乳酸菌的发酵产生大量小分子营养物质，大大提高了人体对其的吸收利用率，增加了酸乳的营养价值。酸乳摄入 1h 后的人体吸收率高达 90% 左右，而鲜牛乳只有 30% 左右。

（1）对于乳糖的分解作用　据报道，乳糖酶缺乏症影响着世界一半以上的人口，我国超过 80% 的人都由于体内缺乏乳糖酶，而导致不同程度的乳糖吸收不良症，导致腹痛、胀气、腹鸣、腹泻等症状。乳酸菌通过两种方式促进乳糖消化，第一种是乳糖酶可将乳糖水解成葡萄糖及半乳糖，最终分解成乳酸，一般情况下，乳酸菌发酵能分解 20%～30% 的乳糖，缓解乳糖不耐受症；另一种是通过乳酸菌的 β-半乳糖苷酶进一步促进乳糖消化。乳酸菌中含有一种活性的 β-半乳糖苷酶，这是一种胞内酶，可存在于所有能通过发酵产生乳酸的细菌内部。当乳酸菌到达小肠后，由于经过胆酸的作用使乳酸菌的细胞壁受到破坏，从而释放出 β-半乳糖苷酶，最终促进人体内乳糖的消化。

（2）对乳蛋白的分解作用　在乳酸发酵过程中，乳酸菌会产生蛋白水解酶，将原料乳中的部分蛋白质水解，生成更丰富的多肽和必需氨基酸，其具有更好的生物利用率。原料乳的酸化会使酪蛋白凝结，导致在肠道环境中，酸乳中的蛋白质释放速度比牛乳中的蛋白质更慢更稳定，从而使蛋白质分解酶在肠道中充分发挥作用，提高了牛乳中营养物质的利用率。

（3）促进对钙质的吸收　原料乳中的钙质大部分与酪蛋白、柠檬酸、磷酸结合成胶体状态，经过乳酸菌发酵，被转化为更易被人体吸收利用的状态。

2. 维持人体肠道微生态平衡

人体肠道内有 100 多种细菌。有益菌的补充可有效抑制肠道内有害菌的大量繁殖，维持肠道微生态的平衡。

3. 杀死具有抗药性的细菌，增加免疫功能

乳酸菌在肠道内可产生一种四聚酸，具有杀死耐药性的细菌的功能，为解决医疗领域的难题提供了新的研究方向。乳酸菌菌体抗原及其代谢物可刺激到肠道黏膜淋巴结，从而刺激免疫活性细胞，产出特异性抗体和致敏淋巴细胞，调节人体的免疫应答。此外，还可以激活巨噬细胞，促进吞噬作用。

4. 分解毒素，防止人体器官病变

亚胺类物质会引起基因与染色体变异，从而诱发癌症。人体过量食用动物类食品时，肠道内会产生亚硝胺类物质，在体内积累而不能及时排出体外，会引起人体器官功能衰退和老化，引起疾病。乳酸菌可以将亚硝胺分解成无毒物质，降低人体发生癌症的概率。

乳酸菌大多为耐氧菌，产生的超氧化物歧化酶和过氧化物酶可将超氧自由基反应还原成水。

酸乳中添加的双歧杆菌是一种专性厌氧杆菌，在大肠中可生成醋酸、乳酸和甲酸，形成低 pH 环境，利于抑制肠道有害菌和致病菌的繁殖。双歧杆菌还可抑制硝酸盐还原为亚硝酸盐，其代谢产物可抑制肠道中的硝酸盐还原菌，利于降低亚硝酸盐致癌物对人体的危害。双歧杆菌具有在肠道内合成各种维生素的能力，其含有的磷蛋白分解酶可促进人体消化吸收蛋白质。

酸乳中添加的嗜酸乳杆菌，在代谢过程中进行乳酸发酵，会产生乳酸、醋酸及抗生素（嗜酸菌素、嗜酸乳菌素、乳酸杆菌素、乳酸杆菌乳素等），能抑制大肠杆菌等有害菌的异常发酵，具有调节肠道生态平衡作用。某些国家几十年来一直将嗜酸乳杆菌酸乳作为保健乳制品来辅助治疗肠胃病。近年来还发现嗜酸乳杆菌可以降低血液中胆固醇含量，可以抑制某些癌细胞生长，拓展了嗜酸乳杆菌的研究和应用的新方向。由于该菌具有耐酸、耐胆汁特性，经胃肠道可以残存，因此国内外认为该菌在食品上的应用前景广阔，是一种保健功能极强的菌种，将它称为第三代酸乳发酵剂。

酸乳制作过程中添加一些大豆、金针菇、枸杞、黑木耳等活性提取物，在原有的酸乳营养物中丰富了更多营养与功能成分，增加了更多保健功效。

第二节　发酵干酪

一、干酪及发酵干酪的定义

干酪（cheese），又称为奶酪，它是一种牛乳的浓缩聚合物。起源于底格里斯河和幼发拉底河的两河流域一带，它起源于一种经过发酵的乳制品（酸乳酪），是从前以游牧为生的人们偶然发现后发展起来的。后来，由于游牧民族的战争与迁徙，干酪的最初的加工技术就被广泛流传开来。

FAO 和世界贸易组织（World Trade Organization，WTO）制定的国际通用定义为"通过将牛乳、脱脂乳或部分脱脂乳，或以上乳的混合物凝结后分离出乳清得到的新鲜或发酵成熟的乳产品。"

我国在 2021 年发布的关于干酪的最新国家标准《食品安全国家标准　干酪》（GB 5420—2021）中指出：①乳和（或）乳制品中的蛋白质在凝乳酶或其他适当的凝乳剂的作用下凝固或部分凝固后（或直接使用凝乳后的凝乳块为原料），添加或不添加发酵菌种、食用盐、食品添加剂、食品营养强化剂，排出或不排出（以凝乳后的蛋白质凝块为原料时）乳清，经发酵或不发酵等工序制得的固态或半固态产品；②加工工艺中包含乳和（或）乳制品中蛋白质的凝固过程，并赋予成品与①所描述产品类似的物理、化学和感官特性。

未经发酵成熟制成的产品称为新鲜干酪；经过长时间发酵成熟制成的产品称为成熟干酪（发酵干酪）。这两种干酪在国际上统称为天然干酪（natural cheese）。而由于各国的国情和奶酪发展历史的不同，对于干酪的定义也不尽相同。

长期以来，美国一直是世界上最大的干酪加工生产国和消费国。随着中国积极的对外交流与蓬勃的发展，干酪以其丰富的营养价值和多样的保健作用受到中国人的喜爱，干酪的消费呈直线式上升。

二、干酪的分类

1. 国际分类

国际上通常把干酪分为三个大类：天然干酪、融化干酪（processed cheese）和干酪食品（cheese food），这三类干酪的主要规格、要求如表8-1所示。

表8-1 天然干酪、融化干酪和干酪食品的主要规格

名称	规格
天然干酪	以乳、稀奶油、部分脱脂乳、酪乳或混合乳为原料，经凝固后，排出乳清而获得的新鲜或成熟的产品，允许添加天然香辛料以增加香味和滋味
融化干酪	用一种或一种以上的天然干酪，添加食品卫生标准所允许的添加剂（或不加添加剂），经粉碎、混合、加热融化、乳化后而制成的产品，含乳固体40%以上。此外，还有下列两条规定： ①允许添加稀奶油、奶油或乳脂以调整脂肪含量； ②为了增加香味和滋味，添加香料、调味料及其他食品时，必须控制在乳固体的1/6以内。但不得添加脱脂乳粉、全脂乳粉、乳糖、干酪素以及不是来自乳中的脂肪、蛋白质及碳水化合物
干酪食品	用一种或一种以上的天然干酪或融化干酪，添加食品卫生标准所规定的添加剂（或不加添加剂），经粉碎、混合、加热融化面成的产品，产品中干酪质量需占50%以上。此外，还规定： ①添加香料、调味料或其他食品时，需控制在产品干物质的1/6以内； ②添加不是来自乳中的脂肪、蛋白质、碳水化合物时，不得超过产品的10%

2. 按干酪质地、脂肪含量进行分类（表8-2）

表8-2 干酪分类

MFFB/%	质地	FDB/%	脂肪含量
<41	特硬	>60	高脂
49~56	硬质	45~60	全脂
54~63	半硬	25~45	中脂
61~69	半软	10~25	低脂
>67	软质	>10	脱脂

注：不含脂肪的水分含量（moisture content on a fat free basis，MFFB）；脂肪在干物质中的含量（fat content in dry basis，FDB）

3. 根据加工方式和凝乳原理分类

根据干酪加工方式和凝乳原理，分为酸凝型干酪、酶凝型干酪、酸酶结合型干酪。

（1）酸凝型干酪　是加入酸使蛋白质凝固制作而成的一种干酪。加入的这种酸可以是乳酸菌进行发酵产生的酸，也可以是直接添加的化学酸。

（2）酶凝型干酪　在凝乳加工过程添加凝乳酶使乳凝结而成的干酪制品。

（3）酸酶结合型干酪　是酸和凝乳酶的协同作用制作而成的。乳酸菌进行乳酸发酵会产酸使它的pH降低，同时凝乳酶进行凝结作用形成细腻均匀的凝块，在此过程中形成的蛋白酶使干酪形成特有的风味和口感。这种加工方式保证了干酪成品的优良状态和稳定的质

地，大大有利于干酪的保存和延长保质期与货架期。

三、发酵干酪生产微生物

1. 细菌

乳酸菌在发酵干酪的生产过程中产酸和相应的风味物质。使用的乳酸菌包括有德氏乳杆菌保加利亚亚种、嗜酸乳杆菌、乳油链球菌、乳链球菌、干酪乳杆菌、丁二酮链球菌以及噬柠檬酸明串珠菌等。有时若要使干酪形成特有的组织状态，还要使用丙酸菌等能产生气体使干酪内部形成孔洞的菌。

2. 真菌

使用真菌生产的发酵干酪，具有不同于细菌的风味和质构特性。使用的真菌包括脂肪分解力强的酪青霉、卡门培尔干酪青霉、干娄地青霉等霉菌和解脂假丝酵母等。发酵干酪品种及其发酵菌如表8-3所示。

表8-3 发酵干酪品种及其发酵菌

干酪品种	发酵菌	发酵菌的作用
酪农干酪	乳酸乳球菌乳亚种丁二酮变种（*Lactococcus lactis* ssp. *Lactis biovar diacetylactis*）、肠膜明串珠菌乳脂亚种（*Leuconostoc mesenteroides* ssp. *cremoris*）	产酸、丁二酮
马苏里拉干酪	唾液链球菌嗜热亚种（*Streptococcus salivarius* ssp. *thermophilus*）、德氏乳杆菌保加利亚亚种（*Lactobacillus delbrueckii* ssp. *bulgaricus*）	产酸
卡门培尔干酪	乳酸乳球菌乳脂亚种（*Lactococcus lactis* ssp. *cremoris.*）	产酸
布里干酪	乳酸乳球菌乳亚种（*Lactococcus lactis* ssp. *Lactis*）	产酸
卡尔菲利干酪	乳酸乳球菌乳亚种丁二酮变种、肠膜明串珠菌乳脂亚种、乳酸乳球菌乳脂亚种、乳酸乳球菌乳亚种	产酸、丁二酮
林堡干酪	乳酸乳球菌乳脂亚种、乳酸乳球菌乳亚种	产酸
切达干酪	乳酸乳球菌乳脂亚种、乳酸乳球菌乳亚种	产酸
荷兰干酪	乳酸乳球菌乳脂亚种、乳酸乳球菌乳亚种、乳酸乳球菌乳亚种丁二酮变种、肠膜明串珠菌乳脂亚种	产酸、CO_2
埃曼塔尔干酪	唾液链球菌嗜热亚种、瑞士乳杆菌（*Lactobacillusheloeticus*）、德氏乳杆菌乳亚种（*Lactobacillus delbrueckii* ssp. *Lactis*）、德氏乳杆菌保加利亚亚种、谢氏丙酸杆菌	产酸、丙酸、CO_2
格鲁耶尔干酪	唾液链球菌嗜热亚种、瑞士乳杆菌、德式乳杆菌乳亚种、德氏乳杆菌保加利亚亚种、谢氏丙酸杆菌（次级微生物菌群）（*Propionibacterium shermanii*）	产酸、丙酸、CO_2

续表

干酪品种	发酵菌	发酵菌的作用
罗奎福特干酪	乳酸乳球菌乳亚种	产酸、CO_2
古冈左拉干酪	乳酸乳球菌乳亚种丁二酮变种	产酸、CO_2
斯蒂尔顿干酪	乳酸乳球菌乳脂亚种、肠膜明串珠菌乳脂亚种	产酸、CO_2

根据发酵干酪制品需要，可使用单菌种发酵剂或混合菌种发酵剂。

（1）单菌种发酵剂 发酵剂只含一种菌种。具有长期活化和使用、活力与性状的变化较小等优点。缺点是容易被噬菌体侵染，导致繁殖受阻和产酸迟缓等。

（2）混合菌种发酵剂 由两种或两种以上菌种进行发酵产酸和产出芳香物质、形成特殊组织状态。一般在生产时根据对于制品的预期，按一定的比例混合组成特定的干酪发酵剂。实际生产中常采用这一类发酵剂。优点是乳酸菌活性的平衡能满足干酪发酵成熟的要求，并且所有菌种不会同时被噬菌体污染，从而降低其危害程度。缺点是培养与生产的要求较为严格，由于菌相的变化，活化培养将会很难保证初始菌种的组成比例，培养后也较难进行长期保存。

微生物在发酵干酪生产中可以促进凝块收缩排除乳清；防止杂菌的污染和繁殖；增加产品的组织状态多样性，形成孔洞特性；创造适当的 pH 环境，增加酶活性，对原料进行分解作用，提高产品营养价值。

四、发酵干酪的生产工艺

1. 工艺流程

原料乳→ 验收 → 净化 → 标准化 → 杀菌 → 冷却 → 添加发酵剂和预酸化 → 加凝乳酶进行凝乳 →

凝块切割 → 搅拌 → 加温 → 乳清排出 → 成型压榨 → 盐渍 → 成熟 → 上色挂蜡 → 成品→ 贮藏

2. 操作要点

（1）原料乳的净化、标准化、杀菌 生产发酵干酪的原料乳（牛乳或羊乳），必须经过严格的质量检验后再验收，如抗生素检验呈阴性等。原料乳在 4℃ 条件下储存 1~2d 后发酵干酪成品质量可能会受到影响，主要有两个原因：

①在冷藏过程中，乳中钙以磷酸盐的形式沉淀而出，β-酪蛋白也会脱离酪蛋白胶束，从而破坏干酪生产特性。然而这些影响经巴氏杀菌后也差不多能完全恢复；

②发生假单胞菌属污染时，产生的酶-蛋白质水解酶和脂肪酶在低温下就能分别使蛋白质和脂肪发生降解，同时，在低温储存时，脱离酪蛋白胶束的 β-酪蛋白被降解，释放出苦味。因此，鲜乳挤出后应尽快投入生产，最好采用 65℃、15s 进行预杀菌处理，随后再冷

却至4℃，防止污染与抑制嗜冷菌的生长。

在干酪生产中，净化有两个目的，一是除去生乳中的机械杂质以及附着在机械杂质上的细菌，一般采用网袋和普通净乳机可除去这些机械杂质；二是去除生乳中的一部分杂菌，尤其是芽孢杆菌，通常采用离心除菌技术或微滤除菌技术。

为了使每一批干酪成品品质均衡，符合统一的销售标准，需对原料乳进行标准化。对于原料乳的标准化，可在罐中将脱脂乳与全脂乳混合来完成。

在实际生产中，杀菌一般都作为干酪生产过程中必不可少的一道工序。杀菌的温度设定直接影响到产品质量。如果温度过高，时间过长，则受热产生变性的蛋白质量增多，后面用凝乳酶凝固时，会发生凝块松软收缩变弱，形成水分过多的干酪。因此，多采用63℃、30min或72~73℃、15s的高温短时间杀菌。在一般的杀菌操作下，大部分有害菌被杀死，但芽孢杆菌可能还会生存下来造成危害，所以许多工厂采用离心除菌技术或微滤技术来去除芽孢杆菌，降低危害。

（2）添加发酵剂和预酸化　原料乳经过杀菌后，直接送入干酪槽中冷却至30~32℃，根据情况加入发酵剂。在加入发酵剂后应进行短时间的发酵，以保证乳酸菌的数量，促进凝乳和正常成熟，该过程被称为预酸化。预酸化进行10~15min后采样测定酸度。

除发酵剂外，根据生产需要，可添加色素、氯化钙、防腐性盐类等添加剂。

①色素：干酪的颜色取决于原料乳中脂肪的颜色。但脂肪色泽受到季节和投喂饲料的影响，导致不同时期的产品颜色可能产生较大差异，可加胡萝卜素或胭脂红等色素使干酪的外观颜色不受季节影响。色素的添加量随季节或市场需要以及标准允许的可添加量而定。在生产青纹干酪时，有时会添加叶绿素来凸显霉菌产生的青绿色条纹。

②氯化钙：凝乳性能较差的原料乳，形成的凝块组织状态松软，经切割后形成较多碎粒，酪蛋白和脂肪大量损失，同时乳清排除困难，难以保证干酪品质。为了解决这一问题可在每100kg乳中加入5~20g氯化钙用于改善凝乳性能，形成正常的凝乳时间和凝块硬度。但若过量会使凝块过硬难于切割。

③硝酸盐：硝酸盐可以抑制原料乳中会引起异常发酵的产气菌作用。但其添加用量需根据牛乳的成分和生产工艺进行精确计算，一旦过多会抑制原本发酵剂中乳酸菌的生长，影响干酪的发酵和成熟，同时也易使干酪变色，出现红色条纹和不良风味。通常硝酸盐的添加量每100kg中不超过30g。

④调整酸度：添加发酵剂经发酵后，酸度为通常0.18%~0.22%，但实际乳酸发酵最终酸度很难控制。为使最终的干酪产品质量一致，可用1mol/L HCl来调整酸度，一般调整至0.21%左右。具体的酸度值根据工厂所生产的干酪品种而定。

（3）凝乳　在干酪的生产中过程中，添加凝乳酶形成凝乳是工艺环节中的重中之重。凝乳酶的添加量按其酶活力和原料乳的量来计算。用1%的食盐水配制成2%的凝乳酶（活力1：10000~1：15000），在28~32℃条件下保温30min后，每100kg乳中分散喷洒30mL

于牛乳表面，搅拌 2~3min 后，在 32℃ 条件下需静置 30min 左右，达到凝乳的要求。

（4）凝块切割和乳清排出 当乳凝块达到适当的硬度时，切割凝乳来使乳清排出。这时要判断出恰当的切割时机，若在尚未充分凝固时切割，会使酪蛋白或脂肪大量损失，且干酪质地变得柔软；反之，切割时间迟，凝乳变硬后不易脱出乳清。乳清排出是指将凝乳颗粒从液态乳清中分离的过程。排乳清的时机由酸度或凝乳颗粒硬度来判断。

凝块切割后，当乳清酸度达到 0.17%~0.18% 时，用干酪搅拌器轻轻搅拌，由于凝块脆弱应防止将其碰碎。经过 15min 后，可加快搅拌速度。与此同时，热水通入干酪槽夹层中，进行升温，并控制升温速度，根据干酪的品种确定终止温度。在整个升温过程中应不停地搅拌，防止凝块沉淀和相互粘连，促进凝块的收缩和乳清的渗出。

排乳清有很多种方式，不同的排乳清方式最终得到的产品组织结构不同。常用的方式有三种：捞出式、吊袋式、堆积式。

①捞出式：由于凝乳颗粒接触到空气，压模时不能完全融合，成型时干酪内部会形成不规则的细小孔隙。在成熟过程中，乳酸菌发酵产生的二氧化碳气体就进入孔隙，使孔隙进一步扩大，最终形成一类特有的不规则多孔结构干酪，称为粒纹质地。

②吊袋式：指将凝乳颗粒和乳清全部用粗布包住后，吊出干酪槽将乳清滤出，乳酸菌在孔隙中的乳清中生长繁殖，产生二氧化碳使干酪内形成小孔。由于二氧化碳的逸散，无数的小孔汇集成几个较大的孔洞，最终形成这种干酪所特有的圆孔结构。

③堆积式：是通过滤筛将乳清从干酪槽中排出后，将凝乳颗粒在热的干酪槽中堆放一定时间排掉内部孔隙中的乳清。其最终组织结构光滑均匀，孔的数量极少，这种结构则称为致密结构。

通过挤压排掉乳清，使凝乳颗粒聚合成型，表面变硬成型。为保持产品一致性，压榨参数如压力、时间、温度和酸度等在生产每一批干酪的过程中都统一保持恒定。

（5）盐渍 在添加原始发酵剂 5~6h 后，pH 在 5.3~5.6 时向凝块中加入盐。加盐是为了改善干酪的风味、组织形态和外观，增加干酪硬度，排出干酪内部乳清或多余水分。还可以限制乳酸菌的活性，调节乳酸产量和干酪的成熟过程，抑制杂菌的繁殖。加盐引起的乳酪蛋白上的钠和钙交换可使干酪组织更加顺滑。一般情况下，干酪中加盐量为 0.5%~2%，但一些通过霉菌发酵成熟的干酪盐含量在 3%~7%。

加盐的方法通常有以下几种。

①干盐法：在定型压榨前，将食盐撒在干酪粒中或者涂布在生干酪表面。

②湿盐法：将压榨后的生干酪浸在盐水池中腌制，第 1~2d 盐水浓度为 17%~18%，之后保持 20%~23% 的浓度。盐水温度控制在 8℃ 左右以防止干酪内部产生气体，浸盐时间为 4~6d。

③混合法：在定型压榨后先涂布食盐，过一段时间后再浸入食盐水中。

（6）干酪的成熟与贮藏 干酪的成熟就是在乳酸菌和凝乳酶的作用下，使干酪发生一系列物理和生物化学变化的过程。通过成熟，改善干酪的组织状态、营养价值，增加干酪的特色风味。细菌成熟的硬质和半硬质干酪的相对湿度为 85%~90%，而软质干酪及霉菌成熟干酪则为 95%。当相对湿度一定时，硬质干酪在 7℃ 条件下需 8 个月以上时间，在 10℃ 时需 6 个月以上，15℃ 时则需 4 个月左右。软质干酪或霉菌成熟干酪需 20~30d。

待成熟的新鲜干酪放入温度、湿度适宜的成熟库中，每日用干净的棉布擦拭其表面防止霉菌的繁殖，并反转放置使表面的水分均匀蒸发。此前期成熟过程一般要持续 15~20d。将前期成熟后的干酪清洗干净后，用食用色素染色，增添美观。待色素完全干燥后，在 160℃ 的石蜡中进行挂蜡操作。如今为了食用方便和防止干酪皮形成，现多采用塑料真空及热缩密封。挂蜡后的干酪放在成熟库中 2~6 个月直至完全成熟，形成良好的口感、风味。最终的成品发酵干酪应放在 5℃ 及相对湿度 80%~90% 条件下来贮藏。

成熟过程中化学成分的变化主要包括以下 6 点：

①水分减少：成熟期间干酪的水分蒸发使重量减轻。

②乳糖的变化：生干酪中含 1%~2% 的乳糖，其大部分会在 48h 内被分解，成熟后两周内消失。所形成的乳酸会变成丙酸或乙酸等挥发性酸。

③蛋白质的分解：干酪的成熟变化过程中，蛋白质的变化十分复杂。成熟过程中蛋白质变化的程度通常由总蛋白质中所含的水溶性蛋白质和氨基酸量为指标测定。水溶性氮与总氮的比例被称为干酪成熟度。一般硬质干酪的成熟度约为 30%，软质干酪则为 60%。

④脂肪的分解：成熟过程中，部分乳脂肪被解脂酶分解，产生多种水溶性挥发脂肪酸及其他挥发性酸等，此过程与干酪风味的形成密切相关。

⑤气体的产生：在微生物作用下，干酪中产生各种气体。有的品种在丙酸菌作用下生成 CO_2，使干酪内部形成带孔眼的特殊结构。

⑥风味物质的形成：成熟过程中所形成的各种氨基酸及各种水溶性挥发脂肪酸是干酪主要的风味物质。

五、发酵干酪在保健中的应用

1. 发酵干酪的营养成分

发酵干酪的营养丰富而均衡，尤其是蛋白质（5%~38%）和脂肪（45%），相当于近十倍原料乳。原料乳中的蛋白质在发酵过程中分解，产生更易被人体消化吸收的胨、肽、氨基酸等可溶性物质。发酵干酪中蛋白质的消化率为 96%~98%。原料乳脂肪的微生物代谢产物能够改善干酪硬度、产生良好的风味，让其具有令人愉悦的口感。除此之外，还富含糖类、有机酸、矿物质（钙、铁、钾、钠、磷、锌、镁等）以及微量维生素 A、B 族维生素、泛酸、叶酸、烟酸、辅酶 R 等各种营养物质和生物活性物质。

随着消费需求的不断升级，消费者和特殊人群的需求变得更加精细化和多样化，发酵干酪产品种类也越来越丰富，如低脂肪、低盐、钙强化产品，添加膳食纤维、N-乙酰基葡萄糖胺、低聚糖、酪蛋白磷酸肽（CPP）等，因含有保健功能成分，发酵干酪具有促进肠道内优良菌群的生长繁殖与生态平衡，增强人体对钙、磷等矿物质的吸收补充，同时使自身具有降低血液内胆固醇含量等功效。几种常见发酵干酪所含的营养成分见表8-4。

表8-4　每100g发酵干酪所含的营养成分

干酪品种	水/g	能量/kJ	蛋白质/g	脂肪/g	碳水化合物/g	Ca/mg	P/mg	维生素A/μg	维生素B$_1$/mg	维生素B$_2$/mg	烟酸/mg
布里干酪	48.42	1397	20.75	27.7	0.45	540	390	285	0.04	0.43	0.43
切达干酪	36.75	1685	24.9	33.1	1.28	720	490	325	0.03	0.4	0.07
酪农干酪	78.96	431	12.49	4.51	2.68	73	160	44	0.03	0.26	0.13
蓝纹干酪	42.41	1476	21.4	28.7	2.34	500	370	280	0.03	0.41	0.48
马苏里拉干酪	50.01	1255	22.17	22.4	2.19	590	420	240	0.03	0.31	0.08
高达干酪	41.46	1489	24.94	27.4	2.22	740	490	245	0.03	0.3	0.05
稀奶油干酪	53.75	1460	7.55	34.9	2.66	98	100	385	0	0.06	
菲塔干酪	55.22	1104	14.21	21.3	4.09	360	280	220	0.04	0.21	0.19
罗奎福特干酪	39.38	1543	21.54	30.6	2.00	530	400	295	0.04	0.65	0.57

2. 发酵干酪的营养功效

（1）强健骨骼　大多数发酵干酪可作为钙的良好来源，且发酵干酪中的钙非常容易吸收。

（2）预防龋齿　龋齿是一种关于牙齿硬组织的慢性疾病，在多种因素影响下，牙釉质受破坏、造成缺损，逐渐会发展成为龋洞，最终形成龋齿。研究发现，食用发酵干酪不仅能防止牙齿的脱矿化，还能加速牙齿再矿化。发酵干酪中的矿物质钙和磷均可减少酸的产生，防止牙菌斑pH下降，切达干酪、瑞士干酪、砖状干酪等，都已被证实能有效降低龋齿的发病率。食用过含糖食物后嚼一块发酵干酪，口腔中的pH可快速恢复到中性，餐后或在两餐之间作为零食食用发酵干酪，有助于预防龋齿。有研究表明，对于抑制牙菌斑pH降低方面，发酵干酪较新鲜干酪效果更加明显。食用发酵干酪可以刺激具有缓冲作用的唾液生成，唾液中钙和磷离子达到过饱和状态，故在中性的环境可使牙齿釉质矿化。此外，发酵干酪中的酪蛋白胶束能影响牙菌斑中的微生物组成，而酪蛋白磷酸肽中含高浓度的磷酸钙复合物，可促使牙齿再矿化。

（3）儿童营养　发酵干酪能为儿童的生长发育提供能量和营养，发酵干酪中的钙、蛋白质、磷、镁、维生素A等营养素，可增进骨骼健康，预防龋齿。美国儿童研究院认为充足的钙摄入对促进骨骼健康非常重要，并鼓励儿童每日至少摄入三份富含钙的乳制品，帮助儿童通过膳食来获得充足的钙，达成骨骼和健康的需求。骨质疏松症常常被认为是随着年龄增长而产生的老年疾病，但其根源还在于儿童时期。

（4）维持肠道健康　人体缺乏乳糖酶或乳糖酶活性低会导致乳糖无法分解代谢，从而引起腹痛、胀气、恶心、腹泻等症状，就称为乳糖不耐受症。据统计，全球近75%的成年人体内乳糖酶的活力有减弱的趋势，该症状的发生概率在北欧约为5%，而在亚洲和非洲国家却超过90%。发酵干酪中只含少量乳糖或几乎不含乳糖，因为发酵干酪在加工过程中乳糖大部分被发酵利用掉，所以发酵干酪成了乳糖不耐受症消费者补充钙和其他营养素的重要来源。此外，发酵干酪中的乳酸菌及其代谢产物同样对人体具有保健作用，利于维持人体肠道正常菌群的稳定，调节人体内环境的平衡。

（5）控制体重　脱脂干酪、低脂干酪富含蛋白质和钙，能量和脂肪含量都较低，适用于减肥人群。流行病学研究表明，摄入足够量的钙或乳制品的儿童，体脂含量与摄入乳制品相对较少的儿童相比更少。

（6）辅助降血压　引起冠心病和脑卒中的危险因素之一就是高血压。某些研究表明，从乳制品中摄入的钙和活性肽有助于控制血压，其机制主要与调节钙代谢的因素有关。当人体缺钙时，甲状旁腺激素会促进活性维生素D生成，使钙进入血管平滑肌的细胞内，引起细胞内钙浓度升高，最终导致血管收缩、血管阻力增加、血压升高。钙摄入充足的情况下，则抑制维生素D的活性，使细胞内钙浓度恢复正常。发酵干酪作为钙的良好来源，通过食物摄入的方式比起服用补充剂对于人体健康益处更大。

思考题

1. 酸乳、干酪的定义。
2. 酸乳、发酵干酪的发酵剂种类分别有哪些？
3. 请试述酸乳、发酵干酪的生产工艺。
4. 请试述凝乳酶的凝乳关键条件以及凝乳酶的分类。
5. 酸乳保健功效有什么？
6. 发酵干酪对于人体的营养价值与功能有什么？

第九章

发酵肉制品

学习目标

1. 掌握发酵肉制品的特点及分类。
2. 理解发酵过程中肉制品的变化。
3. 熟悉发酵肉制品常见的质量问题及原因。
4. 掌握发酵肉制品常见的发酵剂。

第一节 发酵肉制品的特点及分类

发酵肉制品是指在自然或人工控制发酵条件下，以腌渍肉为原料，利用微生物发酵产生具有独特风味、色泽和质地，延长保质期的一类肉制品。发酵方法包括自然发酵和利用人工添加发酵剂来调节发酵。

地中海国家的肉类发酵历史可以追溯到 2000 年前，古罗马人用碎肉加盐、糖和香辛料等，通过自然发酵、成熟和天然干燥制作成美味可口的香肠，产品具有较长的贮藏期。该地区的发酵肉制品特点为色、香、味浓郁，工艺条件要求高，制作繁杂。

国外对发酵肉制品的研究工作主要集中在两方面，一方面是对具有优良性状的微生物菌种的研究。为了获得更多具有优良性状的微生物发酵菌种，国外进行了大量的研究实验，最近报道较多的是有关成香菌（对发酵肉成熟过程中风味物质形成有利的细菌）的研究。另外，筛选没有脱羧能力的发酵剂菌种，从而提高产品的安全性，也成为一个重要的研究领域。另一方面是改善生产工艺的研究。研究在发酵和成熟过程中生化和微生物变化以及生产工艺条件对终产品质量的影响已成为近年来主要的研究内容。许多国外研究人员专注于研究酶制剂对发酵肉制品发酵和成熟的作用。其目的是试图采用酶（如蛋白酶和脂肪酶，多为微生物来源）取代发酵剂添加在发酵肉制品中，从而达到微生物作用的效果，缩短其成熟时间。

我国的发酵肉制品生产具有悠久的历史，采用低温腌制干燥等方法加工腊肉制品早在周朝时已盛行，但这种腊肉制品在整个加工过程中，没有发生乳酸菌利用碳水化合物发酵生成乳酸的变化（或只有极弱的发酵），所以从严格意义上来说不能算作发酵肉制品。我国较早的发酵肉制品是名扬中外的金华火腿以及各种火腿和香肠，属于低酸发酵肉制品。金华火腿至今已有 800 余年生产历史，加工技术领先全球，但发展极其缓慢。20 世纪 80 年代末，我国引进西式发酵香肠，并随之开展了加工工艺、发酵菌种筛选、发酵剂配制等大量研究工作。目前我国用于生产西式发酵肉制品的发酵剂主要依靠进口，产品感官、口味等与国内市场消费者的需求有所差异，并且生产周期长、成本高、产量较低，生产、消费发展缓慢。

一、发酵肉制品的特点

1. 营养价值丰富、风味独特

在微生物发酵过程中，肉中氨基酸、多肽、醛、酸以及酯等物质含量增加，在提高人体蛋白质吸收率的同时，形成与一般肉制品不同的独特风味。

2. 有益健康

发酵肉制品中含有乳酸菌等有益菌，能提高人体中所含菌群数量，从而提高机体的免疫能力。

3. 贮藏期长、安全性好

发酵肉制品 pH 的下降有利于提升产品的贮藏期。发酵肉制品的最终 pH 是由发酵产生的乳酸和蛋白质的降解决定的。肉制品在发酵时，乳酸菌糖代谢产生的乳酸，降低肉制品的 pH。而蛋白质在蛋白酶的作用下发生降解，降低了肌纤维蛋白和肌浆蛋白的含量，同时氨基酸、肽、非蛋白氮化合物和氨的形成使得肉制品的 pH 有所上升。

发酵肉制品在制作过程中会伴随着水分活度的变化。发酵开始时，肉制品的水分活度较高，而后由于食盐等的添加，使得水分活度有所下降。此外，发酵过程中脱水和烟熏过程都会使肉制品的水分活度降低，从而提高了发酵肉制品的安全性，并延长了保质期。在肉制品的制作工艺中，可通过控制发酵时间、菌种配比、接种量、发酵温度等来控制发酵肉制品的水分活度。肉制品在发酵过程中水分含量有所降低，能有效抑制病原微生物以及腐败菌的生长。

4. 色泽美观、不易变色

发酵肉制品在生产的过程中的低 pH，影响肉制品的色泽。有相关研究证明，乳酸菌的发酵使得肉制品通常具有美丽的玫瑰色泽，且经过一定的热处理也不会产生明显的不良影响，其颜色的形成主要由于亚硝酸盐的发色作用，如图 9-1 所示。

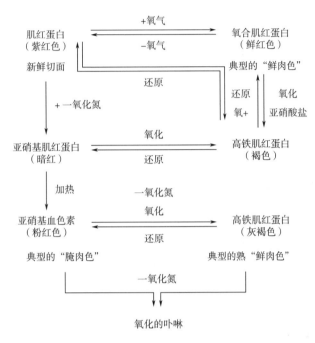

图 9-1　发酵肉制品的颜色变化

肌红蛋白（myoglobin，Mb）是肉的主要呈色物质，新鲜肉中肌红蛋白以还原型存在，呈现紫红色；还原型肌红蛋白不稳定，易被氧化成氧合肌红蛋白（oxymyoglobin，MbO_2），呈鲜红色；若继续氧化，则变成氧化肌红蛋白（metmyoglobin，Mb^+），呈褐色。因此，为了保持肉制品的鲜红色泽，加工过程中添加硝酸钠或亚硝酸钠，在 H^+ 的作用下，NO^{2-} 能被分解为 NO，而 NO 又与 $MbFe^{2+}$（肌红蛋白）进行结合生成亚硝基肌红蛋白。肌红蛋白被氧化成氧化肌红蛋白之前先行稳色，使得发酵肉制品呈现出特有的良好色泽。此外，由于在发酵过程产生的 H_2O_2 被分解为 H_2O 和 O_2，避免了发酵肉制品被氧化或发生变色。

5. 质地良好、口感适宜

肉制品在发酵过程中还伴随着弹性、硬度、黏度的变化，使其肉质鲜美细嫩、口感适宜、美味可口，具有增进食欲的作用。例如发酵香肠在成熟过程中，由于微生物的作用和盐溶蛋白的析出，其弹性、黏度、硬度都会增加。随着脱水程度提高，香肠的结构结合得越紧密，黏度和硬度越大，咀嚼性增加。但是，在香肠发酵成熟时干燥脱水又会使香肠的黏性和弹性减小。发酵型猪肉干中的蛋白质会受到微生物的分解作用，蛋白质结构受到破坏，肌纤维断裂，使得肌肉间的相互作用力降低，因此降低了发酵猪肉干的弹性、硬度、胶着性和咀嚼性。

二、发酵肉制品的分类

1. 按照原料形态分类

主要分为两类：发酵香肠以及发酵火腿。

（1）发酵香肠　发酵香肠即将选用的原料肉进行充分斩碎、搅拌后与食盐、糖、香辛料以及发酵剂等混合并灌装进肠衣中，经微生物发酵制成的具有独特风味和口感的一种肉类香肠制品。如中国的腊肠、意大利的萨拉米香肠、德国的图林根香肠等。

（2）发酵火腿　发酵火腿即以大块畜禽肉为主要原料，经过腌制、清洗、整形、发酵而制成的肉类火腿制品。如中国的金华火腿和恩施火腿、西班牙的伊比利亚火腿、意大利的巴马火腿等。同时，发酵火腿又可分为中式发酵火腿和西式发酵火腿，中式发酵火腿包括金华火腿以及如皋火腿等，西式发酵火腿包括伊比利亚火腿、帕尔马火腿等。

2. 按照产地分类

有些发酵香肠会根据生产的场地进行相关的命名，这种分类方法是最直白也是最简便的方法，如萨拉米大香肠、塞尔维拉特香肠、欧洲干香肠、黎巴嫩香肠等。

3. 按照发酵程度分类

主要分为低酸发酵肉制品以及高酸发酵肉制品两类，这种分类方式可直接反映出发酵肉制品的品质。

（1）低酸发酵肉制品　通常将 $pH \geqslant 5.5$ 的发酵肉制品称为低酸发酵肉制品，一般需通过低温发酵和干燥等相关操作制成，其中干燥导致发酵肉制品中的水分活度下降，能够抑制大多数病原微生物的生长，同时，发酵过程中所使用的盐和低温也可控制发酵肉制品中的杂菌，抑制其生长。如意大利的萨拉米香肠、西班牙火腿等。

（2）高酸发酵肉制品　通常将 $pH \leqslant 5.4$ 的发酵肉制品称为高酸发酵肉制品，这类肉制品大多是通过直接接种发酵剂或者发酵香肠的成品制成的，同时接种的某些微生物菌种具有能发酵添加进肉制品的碳水化合物并产酸的功能，从而使得发酵肉制品的 pH 较低。如夏季香肠。

4. 按照加工过程中产品水分散失的情况

主要分为半干发酵香肠以及干发酵香肠两类。

（1）半干发酵香肠　一般将水分含量处于 40% 以上的发酵肉制品称为半干发酵香肠，又名快速发酵香肠。在发酵结束后，半干发酵香肠还需要通过蒸煮，使得肉制品的中心温度 $\geqslant 68℃$，并对肉制品进行适当的干燥处理，同时，多数半干香肠需要经过烟熏的步骤，通常情况下，熏制的温度 $\leqslant 45℃$。由于半干香肠所具有的水分含量较高，制作完成后需对产品进行冷藏处理，以防止微生物的生长和繁殖，如图林根香肠、黎巴嫩大红肠、夏季香肠等。

（2）干发酵香肠　一般将水分含量处于40%以下的发酵肉制品称为干发酵香肠，又名慢速发酵香肠或者不完全发酵香肠。与半干发酵香肠相比，干发酵香肠不需要进行蒸煮处理，大部分也不需要经过烟熏，同时，这种发酵香肠的水分活度以及 pH 较低，所以在贮藏的过程中不需要冷藏也能保存的很久，如热那亚式萨拉米香肠、意大利腊肠等。

5. 按照加工过程中是否产生霉菌分类

在加工过程中，可根据发酵香肠的表面是否具有霉菌将发酵肉制品分为霉菌发酵制品以及无霉发酵制品。与其他种类的肉制品相比，霉菌发酵制品具有独特的表面特性和不同的风味，同时，霉菌也会引起蛋白质和脂肪的分解，给发酵肉制品带来变化，如金华火腿；无霉发酵制品则是在火腿发酵期间，通过人工来抑制火腿表面霉菌的生长，该制品含有的蛋白质、磷等较高，而亚硝酸钠等有害物质含量较少。

第二节　肉制品发酵微生物

微生物在肉制品发酵过程中通过糖代谢产生乳酸，改善肉制品的色泽、风味以及质地，也具有抑制产品腐败等作用，可以提高产品品质。作为发酵肉制品的发酵剂，对亚硝酸盐和食盐具有一定的耐受性；对人体安全无危害；是同型发酵，利用葡萄糖只能产生乳酸；不会影响肉制品的风味；在26.7~43℃能够正常生长，在57~60℃不具有活性。

在肉制品生产过程中，常用的微生物有细菌、霉菌和酵母，它们在肉制品中所发挥的作用也各不相同。

1. 细菌

美国在20世纪30年代就已经利用乳酸菌来作为发酵剂使用，并有着非常好的消费市场。乳酸菌作为一种益生菌，是一类能够分解碳水化合物产生乳酸，无芽孢，革兰阳性细菌的统称。乳酸菌大多数是不能运动的，只有其中少数能够依靠周毛运动。乳酸菌最早从肉制品中分离出来，在肉制品的发酵过程中具有非常重要的作用，是优势菌群。在发酵过程中，乳酸菌能够通过分解其中的碳水化合物产生乳酸和乙酸等酸性物质，降低产品的pH，抑制致病菌的生长，提高产品品质，延长贮藏期，并且能够分解肉中的蛋白质产生氨基酸，使产品具有特有的风味和色泽。

植物乳植杆菌在经过24h发酵之后，可以使其发酵液的 pH 降低至4.4左右，可以明显降低肉制品的 pH，从而抑制有害菌的生长繁殖。植物乳植杆菌不仅产酸能力强，还具有很好的耐盐和亚硝酸盐的能力，符合肉制品发酵剂的条件，是一种非常好的肉用乳酸菌。经过一系列的生化实验表明，植物乳植杆菌对蛋白质和脂肪没有很好的分解作用；对实验菌株如大肠杆菌有很好的抑制效果；有较好的耐食盐和亚硝酸盐的能力；在70℃条件下处理

30min 后，存活率基本为 0；并对 5 种 L 型氨基酸进行了脱羧酶活性的实验，植物乳杆菌对其均不具有脱羧作用。

除了植物乳植杆菌之外，清酒乳杆菌、弯曲乳杆菌、干酪乳杆菌等乳酸菌在肉制品的发酵过程中也得到了广泛的应用。探讨清酒乳杆菌对臭鳜鱼品质以及风味的影响，有研究表明，清酒乳杆菌是臭鳜鱼的优势菌株。利用清酒乳杆菌对臭鳜鱼进行发酵发现，鱼肉的蒜瓣状较自然发酵出现的时间更早，形状更加规则；提升了鱼肉的白度，使其鱼肉色泽得到较大的改善；硬度降低，弹性、咀嚼性等增加，提升了鱼肉的口感；降低了具有恶臭味的甲硫醇的含量，产生了具有植物花香的物质，提升了产品的风味。利用干酪乳杆菌作为牛肉香肠的发酵剂，在保障最优发酵条件下，发现牛肉香肠的肉质更加细嫩，口感更佳，发酵香味更加浓郁。

乳酸菌可以利用葡萄糖进行同型和异型发酵，会产生大量的乳酸、乙酸以及过氧化氢、乙醇等，降低肉制品的 pH，抑制腐败微生物在肉制品中的滋生。乳酸菌作为有益菌，对一些肠道细菌也具有抑制作用。

2. 霉菌

利用霉菌进行发酵的肉制品会具有特有的外观以及香味。由于自然接种的霉菌会存有霉菌毒素，因此在使用霉菌作为肉制品的发酵剂时，必须进行筛选，确保不会产生霉菌毒素。常用的两种不产生毒素的霉菌是产黄青霉和纳地毒霉。使用产黄青霉作为鸭肉的发酵剂发现，经过产黄青霉发酵处理过的鸭肉硬度和弹性指数减少，提高了肉的黏度，增加了鸭肉中的挥发性物质，丰富了肉制品的风味。

霉菌在肉制品表面的大量繁殖，会将肉制品与氧气隔离，从而抑制产品酸败。

3. 酵母

酵母一直在牛乳、酒类中作为发酵菌株使用，最近几年，酵母开始在肉制品的发酵中得到应用，并通过与乳酸菌复合来提高发酵性能。酵母在肉制品的发酵过程中通过消耗氧气降低氧化还原电势；有益于腌制肉制品色泽的形成；防止肉制品酸败；提高肉制品的品质和风味。从腊肉中对菌株进行分离，发现季也蒙毕赤酵母、假丝酵母、汉逊德巴利酵母有较好的发酵性能，可以作为腊肉的发酵剂使用。

在肉制品的发酵生产中，最常见的酵母分别是德巴利酵母和假丝酵母。利用乳酸菌和酵母对香肠进行混合发酵发现混合发酵与单独使用乳酸发酵相比，产品的酸度更加适中；产品红色色泽加深，风味也得到了提升。

研究发现利用菌种进行混合发酵，其效果好于单独使用一种发酵剂，可以很好地弥补单一发酵剂的不足。但是复合发酵剂之间要具有很好的协同作用，如果菌株之间存在拮抗作用，效果往往不理想。利用戊糖片球菌和肉汤葡萄球菌进行混合发酵，确定了两者没有拮抗作用，可以用于发酵香肠的生产。

第三节　发酵火腿

发酵火腿即以大块畜禽肉为主要原料，经过腌制、清洗、整形、发酵等加工步骤而制成的肉类火腿制品，又称干火腿或干熏火腿，可生食或熟食。发酵火腿可分为中式发酵火腿和西式发酵火腿，虽然在世界范围内有很多不同品种的火腿，但它们的加工工艺大致上都是相同的。火腿营养丰富、味道鲜美、具有独特的色泽和风味且耐久藏，在火腿加工过程中加入的食盐是最主要的配料，它不仅能防腐还能增加肉制品的风味，同时，食盐也能降低肉制品的水分活度，抑制食品中微生物的增长，延长食品的贮藏期。

一、中式发酵火腿

中式火腿中以金华火腿、如皋火腿以及宣威火腿最为出名，称为"三大名腿"。

金华火腿又称"南腿"，产自浙江省金华地区，在"三大名腿"中加工最精细、口感最好、质量最佳、风味独特，是中式火腿的杰出代表，具有悠久的历史。金华火腿的种类繁多，如"蒋腿""茶腿"等，其中"蒋腿"质量及味道最优，常被人们称为"贡腿"，而"茶腿"是在春分后进行腌制的，它的味道较淡，却很香，能够搭配茶食用，有助于品茗。

如皋火腿产于江苏省如皋市，因如皋市所处地理位置较为偏北，所以如皋火腿又被称为"北腿"，与"南腿"齐名，选用如皋当地饲养的优质猪腿，该腿形如琵琶，皮色金黄，肉色红白，肉质鲜嫩且肥而不腻，具有独特的风味。

宣威火腿是云南省的特产，又称"榕峰火腿""云腿"，具有悠久的历史，其火腿形状类似于琵琶，表皮呈蜡黄色，断面红白分明，瘦肉玫瑰色而肥肉乳白色，并且其含有丰富的脂肪，香味浓郁，肉质鲜嫩，具有独特的色、香、味。

1. 工艺流程

原料选择→ 预冷 → 修整 → 腌制 → 洗腿 → 风干 → 整形 → 发酵 → 修整 → 堆码 →成品

2. 操作要点

（1）原料选择　一般选择宰后不超过 24h 的新鲜猪后腿，每只腿的重量处于 4.5～6.5kg 为宜，应达到放血完全，皮薄肉嫩，肉色鲜红，色泽良好，瘦肉多肥肉少的标准。

（2）预冷　将经过严格检验合格且新鲜无损伤的猪后腿移至 0～5℃ 的预冷间挂架、预冷处理 12h 左右，猪后腿内部最深处的肌肉温度应下降至 7～8℃，且猪腿表面不可出现结冰现象。

（3）修整　除去毛、多余的肥膘、表面的油膜，削平腿部的耻骨、尾椎骨以及脊骨，将肌肉暴露出来，洗净。修整过的猪脚一般呈柳叶型，左右对称。

（4）腌制　腌制是火腿加工的重要工艺步骤，决定产品的质量。将经预冷修整后的猪后腿送至低温腌制间进行上盐腌制。腌制间温度为 6~10℃，平均温度 8℃及以上，湿度控制在 75%~85%，平均湿度 80%及以上，其中温度应保持先低后高，而湿度则相反，先高后低。腌制过程中腌制间需要每隔 4h 进行一次换气。腌制遵循少量多次的加盐原则，总腌制时间为 20d，腌制过程中每翻堆一次就要上盐一次。首次撒盐要均匀，但盐的用量不宜过多，先在肉的表面涂上一层盐，主要目的是将肉中的水分以及未除尽的淤血排尽。

（5）洗腿、风干　腌制成熟后的猪后腿用 20~25℃清水进行洗刷，将洗净的猪后腿悬挂于 15~25℃、相对湿度小于 70%的中温恒温柜中进行风干。要注意摆放的猪腿之间的距离，风干温度要逐步升高，适时调换每只腿的位置，从而使得每只腿都能够得到完全的风干。风干 20d，猪后腿表面会变得干燥且触感较硬，但内部尚且柔软，可适当修整，在猪脚皮面上盖印厂名以及商标。

（6）整形　整形就是让加工的猪腿制品呈现出一定的形状，美观造型。在大致上可分为三个步骤，首先是两手于大腿部向腿心处用力挤压，使得腿心丰满起来；其次将脚爪弯曲，并用刀将脚爪修剪成镰刀状；最后将脚骨拉直，使得小腿部正直，脚踝处无褶皱。

（7）发酵　发酵的主要目的除了使得火腿中的水分进一步蒸发干燥以外，还能使得肉制品中的脂肪和蛋白质发生分解，从而给予火腿独特的风味和色泽。

将整形后的火腿悬挂在木架或者不锈钢架子上，两火腿间应留有适当的距离，不可发生相互碰撞，发酵使用的场地应具有适当的温度和湿度以及良好的通风，且发酵时间一般为 4~5 个月，经发酵后的火腿制品水分蒸发，腿身干燥，腿骨暴露，皮面呈橘黄色。

（8）修整　由于在发酵过程中出现腿骨暴露，且会有部位因干燥收缩导致表面不平，因此必须用刀对火腿制品进行进一步的修整，使得表面平整，造型美观。

（9）堆码　发酵成熟且修整后的火腿可在恒温库中按照不同大小，不同等级进行堆叠放置，堆叠层数应控制在 8~10 层，白天时库中温度设置在 25~30℃，温度应逐步升高，相对湿度设置在 60%以下，夜晚时要打开库门进行通风。每隔 3~5d 进行一次翻堆，且要在火腿上涂抹菜油等，使得火腿香味更加浓郁，具有独特的风味。一般时间为 10d。

（10）成品　经过一系列加工制成的发酵火腿成品皮色黄亮，肉色紫红，味道鲜美，风味独特，造型美观，且具有较长的保质期。

二、西式发酵火腿

中国式火腿注重整形，而西班牙火腿的侧重点在于"发酵"。

1. 伊比利亚火腿

伊比利亚火腿分为三种，伊比利亚黑毛猪火腿、杜洛克猪火腿和塞拉诺火腿。伊比利亚火腿的生产仅限于西班牙西南部，在伊比利亚半岛西南部的天然山区生态系统，有广阔的牧场，纯净的生态，水草丰茂。伊比利亚黑猪采用纯散养的饲养方式，以橡果作为主要食物，严格控制发酵工艺，因此造就了闻名世界的"西班牙伊比利亚黑毛猪火腿"。根据饲养情况，火腿有三种质量类别，"pienso"或"cebo"（猪用商业饲料喂养和育肥）、"recebo"（猪在地中海森林"dehesa"饲养，带有橡子和牧场，辅以谷物）和"montanera"或"bellota"（猪只在"Deheas"饲养，配有橡子和牧草）。伊比利亚猪大约在18个月时屠宰，体重约为160kg。伊比利亚猪的特点在于脂肪在肉中大量渗透，形成了大理石花纹、坚实的质地和强烈、微妙和非常特殊的风味。伊比利亚火腿的感官品质主要受肉质（猪基因型、饲料和饲养系统）和加工方法（含盐量、加工长度和加工条件）的影响。杂交、饲养系统和加工条件等因素对最终产品的质量有根本性的影响。传统的伊比利亚火腿干法腌制是一个漫长的过程。在控制湿度和温度的条件下，这个过程需要24~36个月。在环境空气中干燥18~24个月之后的火腿最受消费者欢迎，尤其是橡子型火腿。

依据腌制时间的长短，可以分成三个等级，bodega（窖藏）、reserva（珍藏）和gran reserva（特级珍藏）。制作时间越长，价格越高。根据血统级别和喂养方式，伊比利亚火腿级别由高到低见表9-1。

表9-1 伊比利亚火腿级别

级别	伊比利亚猪品种	喂养方式
黑标	100%伊比利亚黑猪血统	全橡果喂养（散养）
红标	50%~75%伊比利亚黑猪血统	全橡果喂养（散养）
绿标	50%~75%伊比利亚黑猪血统	全橡果喂养（散养）
白标	50%伊比利亚黑猪血统	谷饲喂养（圈养）

在这个过程中，生火腿经历三个阶段：盐（0~5℃，相对湿度70%~90%），盐后盐平衡（1~3℃，70%~90%）和干燥成熟阶段。在成熟阶段，火腿被移至自然环境中，温度逐渐升高到20~35℃，并通过打开和关闭窗户来控制生产条件。

伊比利亚火腿的品鉴和葡萄酒大致相同，分为观色、品味和回味。

（1）观色 100%伊比利亚火腿有3种颜色，从最成熟部位的深红色到浅红色，深浅不一。在室温下，有如大理石般条纹分布的白色脂肪光泽和细小的白色"晶体"，这是低盐分和缓慢腌制的品质标志。肌肉纤维呈现出粉红的色调，这是伊比利亚黑毛猪长时间的饲养和品种纯正的证明。

（2）品味 伊比利亚有前腿和后腿，前腿相对肉少、筋多，且肉质较硬，而猪后腿肥肉更多、油脂丰富，因此做出来的火腿味道更好，价格也更高，通常说的火腿为后腿。伊比利亚火腿肉质柔软、滑腻，火腿蹄尖处和肘处肉质多纤维，更有韧劲并呈褐色，增加了咀嚼和口中享受的时间。香气让人回想起橡果、湿润的青草和百里香，入口的香味清爽而不油腻，可逐渐闻到烧烤的味道和木头的香气。

（3）回味　可以品味到橡树果、烤榛子、潮湿木头和野花香味。在猪蹄的某些部分，味道更具有甜味和脂肪的鲜美。在嘴里回味绵长，火腿呈现出的鲜味诱惑让消费者垂涎欲滴。

2. 塞拉诺火腿

火腿是西班牙最具代表性的美食，其中最出名的是用黑毛猪做的伊比利亚火腿和用白毛猪做的塞拉诺火腿（Serrano ham），相较于昂贵稀少的伊比利亚火腿，塞拉诺火腿比较平价而且非常容易入手。2006年，其年产量持续增长，约为26.5万t。近几十年来，尽管伊比利亚火腿产量目前正在恢复，但由于白猪早熟、产量更高、更好地适应集约化养殖，白猪仍然占据了西班牙火腿市场的很大一部分。据统计，西班牙国内市场上90%的火腿皆是塞拉诺火腿，是当地人常吃的传统猪肉美食。西班牙很多地区都有生产塞拉诺火腿，最著名的是特拉维莱斯镇（Trevélez）和特鲁埃尔省（Teruel），这两个地区生产的火腿都有PDO认证保护。塞拉诺火腿已被法律认可为对欧盟美食文化的杰出贡献，并带有传统特色保证（TSG）印章，由 Jamón Serrano 基金会对其进行认证，监管火腿生产的特定原材料和加工条件。

塞拉诺火腿的制作首先是用盐和其他固化剂（硝酸盐和亚硝酸盐）摩擦白猪的后腿，然后在低温下将其分层处理，中间添加大量盐并且保证高相对湿度（90%~95%）。在这个过程中，通过增加盐含量和降低水分活性来实现微生物稳定性。盐和脂肪对塞拉诺干腌火腿的质量起着重要作用，在盐析后或休息阶段保持盐分平衡。盐有助于微生物的稳定，增强蛋白质的溶解，影响蛋白质分解、脂肪分解和脂质过氧化，并直接有助于风味的形成。然后在低于5℃的温度下进行1~2个月的后腌制阶段，直到水分活度降至0.96以下，以防止不良微生物的生长。之后，在干燥阶段，温度通常从10℃升高到12℃，最大值为25℃，持续2~4个月，在此阶段会形成这种肉制品的典型风味，然后在12~20℃下发酵成熟4~6个月。就其脂肪渗透量而言，白猪远低于伊比利亚黑猪。上等的塞拉诺火腿肉与油脂分布均匀呈现玫瑰色、咸度较低，口感咸香细致。

3. 帕尔马火腿（Prosciutto di Parma）

最早提到帕尔马火腿产品的是公元前100年左右卡托的著作，把猪腿埋在装满盐的桶中，然后把肉风干或烟熏干。后来，风干制作火腿的做法得以提升，不再使用烟熏。在古典时代，帕尔马生产的火腿是餐席上特色的美味佳肴之一。帕尔马火腿上的五角星公爵的皇冠标志正是对帕尔马大公国的记忆。

帕尔玛火腿是意大利艾米里亚-罗马涅区帕尔玛省特产。帕尔玛火腿原产地是帕尔玛省南部山区。帕尔玛火腿是全世界最著名的生火腿，其色泽嫩红，如粉红玫瑰般，脂肪分布均匀，口感于各种火腿中最为柔软。2012年获批中国地理标志产品保护登记。

上好的帕尔玛火腿至少有9kg以上，色泽呈暗红，切片后有透视感，带云石纹理的脂肪，嗅起来有陈年的肉香及烟熏的气味，入口味道咸香，脂肪能在口中溶解，有回味。帕尔玛火腿原料猪必须采用意大利特有猪种，体重超过 150kg。而在意大利中北部，对晚出栏的重型猪的饲养从伊特鲁立亚时代延续至今。一开始是饲养本地品种，后来随着环境、社会和经济条件的变化不断发展，最终制作出天然、独一无二的受保护的原产地名称产品帕尔玛火腿。

4. 圣丹尼火腿

圣丹尼火腿是除了帕尔马火腿之外的另一种意大利顶级火腿，制作原料是一种在意大利中部与北部出生、成长的猪，并加以天然海盐腌制，因此产量比帕尔马火腿少。地处阿尔卑斯山脚，面向地中海，受山风和海风交替影响，气候独特，使其产出的火腿也带有芳香，具有独特的风味和极高的营养价值，为此圣丹尼火腿受到了产地认证体系的保护，具有严格的制作工艺，制作完成后还要加盖专属的印章才能流入到市场。

圣丹尼火腿的颜色呈淡粉色，口感更加柔软，相对于帕尔玛火腿而言，没有那么咸，吃到口中有淡淡的甜味，吃完感觉唇齿留香。圣丹尼火腿有很多种吃法，可以直接食用，也可以搭配蜜瓜、西葫芦，做成沙拉、搭配马苏里拉干酪直接吃，或者把圣丹尼火腿作为披萨的配料，也很常见。

圣丹尼火腿整个腌制过程至少需要 13 个月，所有的带蹄原料猪腿不得少于 12kg，且腌制过程只使用海盐，不采用任何添加剂和防腐剂。意大利火腿大多去蹄，尤其是帕尔玛地区气候潮湿，需要去除蹄部以加速水分流失。而圣丹尼火腿则是特例，当地气候较为干燥，因此将蹄部进行保留。此外，圣丹尼火腿的腌制流程也颇为独特。初腌过程为 24~48h。随后，圣丹尼火腿区别于意大利其他火腿的工艺就是抹盐按摩，人工将海盐抹匀，让盐分渗入肌肉中，随后，将火腿放置在控温控湿的静置室中继续腌制四个月时间。

腌制完成后，工人会洗掉火腿表面的海盐，进行风干，随后将面粉和猪油的混合物抹在火腿表面，以恢复表面的弹性并保持肉质柔软，直至 13 个月后火腿彻底熟成，方可上市。

第四节　发酵香肠

发酵香肠是指将绞碎的肉（常指猪肉或牛肉）和动物脂肪同糖、盐、发酵剂和香辛料等混合后灌进肠衣，经过微生物发酵而制成的具有稳定的微生物特性和典型的发酵香味的肉制品。发酵香肠的发展历史十分悠久，大约在 2000 多年以前，居住在地中海地区的古罗马人便知道如何制作具有独特风味且方便储藏的香肠。目前发酵香肠快速发展，在发酵肉制品中具有重要地位，成为其中产量最大的一类产品。发酵香肠遍布世界各地区，开始进入了标准化、规模化、高效化的现代化生产阶段。与此同时，由于原料肉、香辛料的选用和组成的不同以及发酵方式与成熟条件的不同，发酵香肠产品也呈现出很大的多样性。

一、发酵香肠的分类与特点

1. 发酵香肠的分类

发酵香肠的分类如表9-2所示。

（1）根据肉馅颗粒的大小，可分为粗绞香肠和细绞香肠。

（2）根据产品的发酵方法，可分为添加和不添加微生物发酵剂的香肠。

（3）根据产地分为意式、德式、美式和中式香肠。意式香肠具有低酸，低水分含量的特点，如米兰萨拉米、那不勒萨斯萨拉米；德式香肠口味相对较酸，水分含量较高，如Dauerwurst；美式香肠采用高酸发酵，水分含量高，如夏季香肠；中式香肠大多是自然风干，有低水分含量，低酸的特点，如哈尔滨红肠、川味腊肠、广味腊肠等。

（4）根据发酵程度可分为低酸发酵香肠和高酸发酵香肠。

低酸发酵香肠一般 pH≥5.5，如法国、意大利、匈牙利的萨拉米香肠；高酸发酵香肠pH<5.4，如夏季香肠。

（5）根据产品在加工过程中脱水程度，可分为干发酵香肠、半干发酵香肠。这是目前最常用的分类法。在发酵香肠加工过程中，水分失重率大，水分含量<40%的为干发酵香肠。这种发酵香肠起源于欧洲南部，是意大利香肠的改良品种，用料主要为猪肉，含调味料较多，常采用低温成熟的方式。在发酵香肠加工过程中，水分失重率小，水分含量>40%的为半干发酵香肠。半干发酵香肠起源于北欧，经德国香肠改良而成，由牛肉或牛肉与猪肉混合肉料加工而成，调味料添加量少，采用传统的烟熏和煮制工艺使其成熟。

表9-2 发酵香肠的分类

分类方式	产品
肉馅颗粒大小	粗绞香肠、细绞香肠
发酵方法	添加微生物发酵剂、不添加微生物发酵剂
产地	中式、意式、德式、美式
发酵程度	低酸发酵香肠、高酸发酵香肠
脱水程度	干发酵香肠、半干发酵香肠

2. 发酵香肠的特点

（1）发酵香肠在微生物的作用下，肉中的蛋白质被分解为容易被人体吸收的小分子物质，提高了营养价值。

（2）可形成大量香味成分，经过腌制的肉在微生物的作用下产生了独特的风味物质。

（3）人体必需氨基酸、维生素和双歧杆菌素增加，使其营养性和保健性增强。

（4）肉中大量有益微生物的存在，可起到对致病菌和腐败菌的竞争性抑制作用，同时微生物发酵作用使肉制品的 pH 和水分活度迅速降低，腐败微生物难以在发酵肉制品上生长，保证产品的安全性，延长保质期。

（5）即食性，现代社会是快节奏发展，而经过发酵后的香肠，可以开袋即食，给人们的生活带来了很多方便。

二、发酵香肠的生产工艺

发酵香肠的工艺流程：

原料肉处理 → 绞肉 → 配料 → 充填 → 发酵 → 干燥与熏制 → 包装

（1）原料肉处理 原料通常选用猪肉、羊肉和牛肉，修整时去除皮毛血污和筋腱。当以猪肉为原料时，其 pH 应调整为 5.6~5.8。老龄动物的肉较适合加工干发酵香肠。如果使用白肌肉（PSE 肉）生产发酵香肠，其用量应低于 20%。瘦肉在发酵香肠肉糜中的含量较高，为 50%~70%，而脂肪的含量在产品干燥后有时会达到 50%。发酵香肠的保质期较长，因此，选择使用的脂肪要求不饱和脂肪酸含量低、熔点高。色白而结实的猪背脂能够生产出品质较高的发酵香肠。

（2）绞肉 原料肉的温度一般控制在 0~4℃，脂肪的温度控制在-8℃。产品的类型决定了肉糜粒度，一般情况下肉馅中脂肪粒度应控制在 2mm 左右。

（3）配料 将各种配料按照一定比例加入肉糜中。先将精肉斩拌至合适粒度，然后再加入脂肪斩拌均匀，最后将其他配料包括食盐、添加剂、腌制剂和发酵剂等加入，混合均匀。氧气会对产品的色泽和风味会产生较大影响，搅拌时应该尽量减少空气的混入，可使用真空搅拌机。在生产过程中发酵剂大多采用冻干菌，因此在使用前通常需要放在室温下活化 18~24h。

（4）充填 肉馅在斩拌机中混合均匀后使用灌肠机灌入肠衣，灌制时要特别注意充填均匀，松紧适度。肉馅在灌制过程时的温度应控制在 4℃ 以下。灌制时可使用真空灌肠机以减少气体混入，有助于降低破肠率，保持产品良好品质和质构特性，不同的产品可以根据要求选择不同的模具。

（5）发酵 发酵有两种方式，即自然发酵和接种发酵。工业化生产大多采用接种发酵。干发酵香肠和半干发酵香肠在发酵条件上略有差异，如表 9-3 所示。

表 9-3 干发酵香肠和半干发酵香肠的发酵工艺区别

发酵条件	干发酵香肠	半干发酵香肠
发酵时间	1~3d	8~20h
发酵温度	21~24℃	30~37℃
相对湿度	75%~90%	75%~90%

（6）干燥与熏制 干燥是影响产品的理化性质、食用品质和保质期的重要过程。干燥

过程中的主要变化是形成风味物质。干发酵香肠在发酵结束后进行脱水操作。干燥时环境温度一般控制在 7~13℃，相对湿度在 70%~72%，干燥时间视产品性质而定，干发酵香肠的成熟时间一般为 10d 到 3 个月。

干发酵香肠不需要蒸煮，大部分产品也不需要烟熏，水分活度和 pH 较低的特点使其在贮运和销售过程不需要冷藏。而半干发酵香肠通常需要蒸煮，使产品中心温度至少达到 68℃，然后再进行合适的干燥处理，并且半干发酵香肠一般需要烟熏。半干发酵香肠具有较高的水分活度，因此需冷藏来抑制微生物的生长繁殖。

（7）包装　包装后的产品不仅运输和贮藏方便，也是保持产品的色泽和避免氧化劣变的一种有效方式。目前，最常用的包装方式是真空包装。

思考题

1. 请简述发酵肉制品的分类。
2. 发酵肉制品有哪些特点？
3. 发酵肉制品的色泽是如何形成的？
4. 请论述发酵肉制品特色风味物质的形成机制。
5. 请论述发酵肉制品在加工过程中的变化。
6. 请简述发酵火腿和发酵香肠的定义。
7. 亚硝酸盐在发酵肉制品中的作用是什么？

第十章

发酵水产品

学习目标

1. 掌握鱼露、虾酱等级的评判指标。
2. 熟悉鱼露发酵的基本原理。
3. 掌握虾酱生产原料及其发酵微生物种类。
4. 熟悉虾酱快速发酵工艺。
5. 了解虾酱工业化生产中的问题。
6. 熟悉发酵水产品的营养与健康。

水产物富含蛋白质、脂肪、核酸关联物等，经过水产物本身的酶系以及微生物代谢作用，产生大量的滋味和气味物质，使发酵水产品具有独特的风味，发酵水产品是食物烹调时典型的调味品之一，其研究和开发是满足人民美好生活需要的重要途径。常见的发酵水产品包括鱼露、虾酱、虾油等，其含有丰富的肽类、必需氨基酸、矿物质以及发酵代谢产物，具有多种保健功效。

第一节　鱼露

鱼露，又称鱼酱油、鱼油、绮油、盐汁、鱼汁、煎汁等。传统的鱼露生产通常以低值鱼虾或水产加工废弃物（鱼头、内脏及鱼卤水、煮汁等）为原料，采用盐渍手段来抑制腐败微生物的作用，利用鱼体所含的蛋白酶及其他酶，并在各种耐盐细菌的共同参与下，对原料鱼中的蛋白质、脂肪等成分进行发酵分解酿制而成。鱼露呈红褐色、澄清有光泽、味道略咸，口感鲜美温和，伴有一点鱼虾的腥味。鱼露富含多种氨基酸、蛋白质、维生素和矿物质，具有较高的营养价值和独特的风味，在烹饪中常被用作风味增强剂或盐替代品。

目前生产和食用鱼露的地区比较分散，主要分布在东南亚、中国东部沿海地带、日本及菲律宾北部。作为岛国，日本的海洋资源非常丰富，其鱼露生产技术成熟，鱼露是日本常用的调味品，常被广泛应用于水产加工制品（如鱼糜制品）和农副产品加工中（如泡菜及汤、面条、沙司）。在东南亚国家，如泰国、柬埔寨、马来西亚、菲律宾等国家，鱼露除调味用，还一直作为人们获取蛋白质的重要来源。泰国是鱼露的生产和消费大国，其鱼露加工业历史悠久，生产技术水平全球领先。在越南，鱼露是人们每餐不可缺少的调味品。我国是最早开发水产调味料的国家之一，《齐民要术》早已详细记载了鱼酱油等制作工艺。我国辽宁、天津、福建、山东、广东、江苏、浙江、广西等地都有生产鱼露。在我国，鱼露除作日常调味品外，大部分被外销至东南亚各国。

一、鱼露的生产工艺

1. 工艺流程

鱼露的加工工艺流程如下：

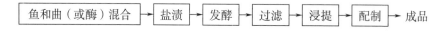

鱼和曲（或酶）混合 → 盐渍 → 发酵 → 过滤 → 浸提 → 配制 → 成品

2. 操作要点

（1）原料鱼的选择　原料可选择新鲜的淡水鱼、海水硬骨鱼、海水软骨鱼，如鳀鱼、鳗鱼、七星鱼、蓝园鲹、三角鱼、金色小沙丁鱼、比目鱼等。

（2）盐渍　盐渍一般在渔场就地加部分盐，趁鲜腌渍，运回后再检查补盐。先将新捕捞的鲜鱼按鱼品种大小、鲜度分等级处理，大型的鱼应用绞肉机绞碎，加入鱼重30%~40%的食盐，搅拌均匀，一层盐，一层鱼，顶层鱼用盐覆盖，腌制2~3d后，由于食盐的渗透作用，渍出卤汁后要及时封面压实。腌渍时间一般为半年到一年，期间要多次进行翻拌，并进行1~2次倒桶，使最终腌渍后的鱼体含盐量在24%~26%。在多脂鱼的腌制中一定要除去上面的浮油，这是因为鱼类的油脂多为不饱和脂肪酸，容易氧化酸败，影响产品最终品质。食盐在鱼露发酵过程中主要起到抑制腐败微生物繁殖的作用；食盐还可以破坏鱼细胞组织结构，促进蛋白质溶出，加快酶解反应速率；此外，食盐还能与谷氨酸结合为谷氨酸钠，增加产品的鲜味。但是过高的盐浓度会抑制蛋白酶的活力，延长发酵周期。为了缩短发酵周期，可以采取先低盐发酵，使蛋白酶充分作用一段时间后，再补足盐量的方法。加盐量也不能太低，加盐量太低除影响风味外，还会影响到产品的保存。因为在利用鱼体自身的组织蛋白酶和附带的细菌酶类分解蛋白质时，也同时存在着氨基酸被细菌进一步利用而发生腐败，产生发臭的挥发性含氮物（氨、胺、吲哚及硫化氢等）而使其失去食用价值。

（3）发酵 发酵可采用保温发酵法、加酶发酵法、加曲发酵法进行。

①保温发酵法：鱼体自身酶系在最适温度下具有最高的酶活性（一般为 45~50℃），所以可以采用一定的措施维持鱼体内源酶适宜的发酵温度，来加快鱼体蛋白质和脂肪水解的速度。保温发酵法是一种较早采用且容易实现的提高鱼露发酵速度的方法。该方法主要是调节发酵早期盐浓度和温度，并找到两者间平衡点，使鱼露既能快速发酵又能保持鱼露应有的独特风味。保温方法可以分为电热保温发酵和蒸气保温发酵两种方法，两者均分为室内保温发酵和发酵池的周壁保温发酵。两者的原理一样，是使发酵池内的品温达到理想的要求。如蒸汽盘旋管保温发酵池，是在水泥池或铁制发酵池的中央装有蒸汽盘旋管，由间接蒸汽加热，通过传导对流使池或罐内的发酵物达到发酵所需求的温度。人工保温发酵成熟的时间视原料的用盐量多少，以及盐渍时间长短而不同，一般经 15~30d 发酵基本完毕。期间用压缩空气搅拌，使原料受热均匀。

②加酶发酵法：外加蛋白酶是一种较为简便的速酿方法，通过外加蛋白酶人为地加速鱼体蛋白质分解，如添加鱿鱼肝脏来加速鱼露发酵，就是利用肝脏中的蛋白酶来水解蛋白质；也有直接添加酶制剂，如菠萝蛋白酶、枯草杆菌蛋白酶、木瓜蛋白酶、胰蛋白酶、复合蛋白酶等都有较好的水解效果，发酵周期可缩短一半。用胃蛋白酶可以在一周内完成发酵，但其总体感官质量远远不如传统方法生产的鱼露。而采用多酶法工艺则可以在一定程度上改善单酶法工艺所带来的苦味及风味不足等问题，经多酶水解和适当调配可制得风味较好的鱼露。

③加曲发酵法：加曲发酵法的工艺过程较为复杂，曲是在适当条件下由试管斜面菌种经逐级扩大培养而成的曲种，在产生大量繁殖力强的孢子后，接种到盐渍的原料鱼上，利用曲种繁殖时分泌的酶系，如蛋白酶、脂肪酶、淀粉酶等，将发酵基料进行分解和消耗，从而达到快速发酵的目的。该方法可以缩短发酵周期 1~2 个月。且由于种曲发酵时能分泌多种酶系，在较短的时间内释放出各种重要的氨基酸，而鱼露的鲜味又主要来自氨基酸，发酵所得的鱼露呈味更好，风味更佳。目前，鱼露加曲发酵所选用的菌种主要是酿造酱油用的米曲霉。加曲发酵法相对于保温发酵法及外加酶发酵法在滋味及风味方面效果更好，国内外许多学者在外加曲发酵生产鱼露方面做了相关研究，且越来越多学者将微生物检测技术，如高通量测序技术应用于鱼露发酵生产过程，通过分析鱼露微生物的动态变化，从而控制鱼露生产的质量。

④其他快速发酵法：除以上几种发酵法以外，混合发酵法也是当前许多学者研究的热点。混合发酵法指的是利用外加酶和接种曲联用的方式或添加混合曲等进行水产品加工副产物的发酵。研究者发现采用前期外加发酵成熟曲液，后期添加乳酸乳球菌方法制备鱼露，所得鱼露达到一级标准，相比于传统发酵其鱼露氨基态氮、挥发性化合物等物质含量较低，

但高于简单的低盐加曲发酵法。

（4）过滤　发酵完毕后，将发酵醪经布袋过滤器进行过滤，使发酵液与渣分离，得到原油。

（5）浸提　抽取原油后的渣可采用套浸的方式进行浸提，即用第二次的过滤液浸泡第一次滤渣，第三次过滤液浸泡第二次滤渣，先后得到中油和三油。过滤后的渣浸提时将浸提液加到渣中，搅拌均匀，浸泡几小时，尽量使氨基酸溶出，过滤再浸提，反复几次，直至氨基酸含量低于 0.2g/100mL 为止。

（6）配制　取不同比例的原油、中油、三油混合，配制成各种级别的鱼露。较稀的可用浓缩锅浓缩，蒸发部分水分，使氨基酸含量及其他指标达到国家标准。

商业标准中鱼露有一级、二级、三级，以氨基酸态氮、总氮及食盐含量的不同为划分依据，《食品安全国家标准　水产调味品》（GB 10133—2014）中明确了鱼露的品质标准。

二、鱼露风味的形成

鱼露的风味形成是利用天然水产物组织中的多种酶以及微生物的作用，将原料中的蛋白质、脂肪等成分进行分解、发酵，再经过脂肪氧化、美拉德反应、Strecker 降解等多种反应形成富含氨基酸、肽等复杂的、呈香和呈味的化合物体系。鱼露蛋白质和脂肪分解形成风味的主要途径如图 10-1 所示。

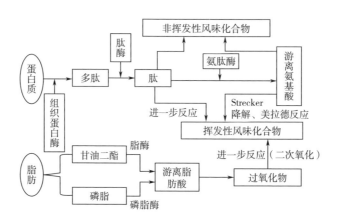

图 10-1　鱼露风味的形成途径

鱼露的风味主要由滋味与气味组成，滋味即非挥发性成分，主要包括氨基酸、多肽、有机酸和核酸关联物，它们可产生酸、甜、咸、鲜、苦五种基本味道，主要通过氨基酸组分分析和电子舌滋味分析。气味指挥发性成分，是评价鱼露品质的重要指标，主要包括醇、醛、酮、酸和酯类以及一定量的胺类化合物与腥味物质。它们易于挥发，可刺激鼻腔神经感受到炙烤香、鱼腥味、干酪香、肉香、黄油爆米花味等复杂风味，常采用气相色谱-质谱联用法进行分析。目前人们对挥发性香味成分的研究较多，而对滋味部分的研究已由对鱼露中氨基酸组分进行分析，发展到对鱼露中肽类呈味作用进行研究。

1. 非挥发性风味物质

（1）氨基酸 鱼露在发酵过程中，水产物蛋白质在自身的酶和微生物的共同作用下被分解，产生风味氨基酸，其中甘氨酸、丙氨酸的酯味和谷氨酸、天冬氨酸则是鱼露鲜味的主要贡献者，含量越多，鲜味越浓。

（2）多肽 研究表明，鱼类中的多肽对鱼露的呈味具有重要的影响，部分多肽具有鲜味、苦味或酸味，如α-亚氨基酸三肽具有苦涩味，且鱼露中相对分子质量大的肽类越多，鱼露的味道越差。

（3）有机酸 已有研究证实，鱼露中总有机酸含量对鱼露的呈味有一定的影响，一般认为有机酸钠盐是鱼露鲜味成分的主要贡献者，如肌苷酸钠、鸟苷酸钠、琥珀酸钠等，其中琥珀酸作为鲜味物质，含量越多，鱼露越美味。而低分子质量的挥发性酸，特别是甲酸、乙酸、丙酸、正丁酸、异戊酸、正戊酸，是构成鱼露风味的关键成分。

（4）核酸关联物 核酸关联物对鱼露的呈味影响较大，其中比较典型的5′-肌苷酸具有呈味力强、呈味丰富等特点，它在鱼露中含量较高。普遍认为5′-肌苷酸是由鱼露熟成过程中混入微生物的核苷酸酶的分解作用产生的。另外，研究表明，L-谷氨酸和5′-核苷酸有显著的相乘作用，鱼露添加呈味核苷酸，产品的内在和外观品质都会有显著的提高，并且可以增加可口浑厚的味道。

2. 挥发性风味物质

鱼露中挥发性成分主要来源于原料中内源酶和微生物分解蛋白质和脂肪而产生的，如图10-2所示。

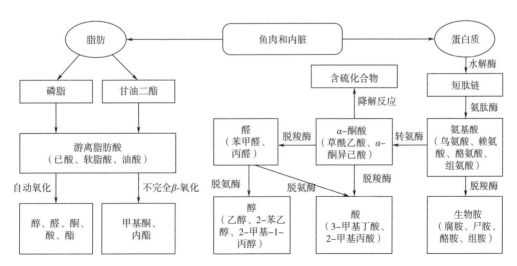

图 10-2 鱼露中挥发性风味物质的形成途径

鱼肉和内脏中的脂肪在内源酶和微生物的作用下，被水解为磷脂和甘油二酯等，进一步降解为游离脂肪酸（初级代谢产物），游离脂肪酸在发酵过程中会通过一定的生化反应（如自动氧化、还原、氧化或酯化反应）生成醇、醛、酮、酸、酯类等小分子代谢产物；此外，部分饱和脂肪酸还可以通过不完全 β-氧化生成甲基酮和内酯等重要风味物质。研究发现，鱼露发酵过程中脂肪氧化产物与挥发性化合物含量成正比，鱼露中挥发性小分子风味物质的前体大多来源于脂肪的氧化代谢。

蛋白质经蛋白酶水解为短肽，短肽在氨肽酶作用下分解成游离氨基酸，短肽和游离氨基酸本身具有一定的滋味，同时他们也是挥发性物质的前体物质。在脱羧酶、脱氨酶、转氨酶等微生物酶的催化下，短肽和游离氨基酸通过转氨、脱氨、脱羧等生成醛、酸、酯、醇和含硫化合物等小分子挥发性风味物质。

鱼露的挥发性风味物质主要包括挥发性含氮化合物、挥发性酸、挥发性硫化物以及其他挥发性成分。

（1）挥发性含氮化合物　鱼露中挥发性含氮化合物主要包括三甲胺、组胺，还有一些微量的吡嗪、吡啶、腈、四氢吡咯、哌啶、苯异唑磷和吡咯等，其中三甲胺具有"陈旧的鱼味"和鱼的"类巢味"，其他微量的含氮化合物对鱼露的烧焦味和氨味有贡献。

（2）挥发性酸　挥发性酸在鱼露中含量比较大，主要来源于脂肪氧化和水解，如醋酸、异丁酸、n-丁酸、吉草酸等。它们常带有汗味、腐败味等不愉快气味，但是由于挥发性酸的气味阈值较高，所以可能不是鱼露气味的主要贡献者。

（3）挥发性含硫化合物　鱼露中挥发性含硫化合物主要有甲基硫醇、二甲基硫、二甲基二硫、二甲基三硫等，这些挥发性硫化物是由鱼肉中游离的半胱氨酸和甲硫氨酸经微生物降解产生，含量较低时对香味有一定的贡献。如二甲基硫，该化合物能够产生新鲜海鲜味中令人愉快的海滨香气味，在浓度小于 100 μg/kg 时产生一种令人愉快的类蟹味。但含量高时，会产生变质的海鲜味。

（4）其他挥发性风味物质　鱼露中还包含一些其他挥发性风味物质，对鱼露的风味同样具有重要贡献。例如蛋白质和脂肪降解的一些小分子物质包括醛、酮、醇和酯等。醛类化合物来源于脂质氧化的降解产物，一般有草味、甜味、麦芽味和果香味等令人愉快的气味；酮类化合物与多不饱和脂肪酸和氨基酸的降解有关，一般有醚味和干酪味；醇类化合物中的不饱和醇阈值较低，对鱼露风味的贡献较大；酯类化合物主要来源于醇类和酸类物质的酯化反应，阈值较低，呈现果香味和花香味。如 γ-丁基内酯、4-羟基戊酸酯、γ-己酸内酯、3-丙醇、2,3-丁二醇、3-甲基丁醛和 2-甲基丁醛等，其中 γ-丁基内酯、γ-己酸内酯味微甜，有黄油味；3-甲基丁醛和 2-甲基丁醛具有果香味、麦芽风味；3-丙醇、2,3-丁二醇具有强烈的硫味。

虽然鱼露发酵过程中产生了令人愉悦的风味物质，但如果发酵条件控制不好，鱼露在发酵过程中易出现氨味等不良气味，因此，需要通过添加调味物质或改变发酵条件，调控鱼露的风味。如向盐渍的原料中添加辣椒素，可以抑制腐败微生物的生长，避免不良风味的产生。在生产工艺环节，如低盐发酵、分段保温、混合制曲等方式也可达到改善鱼露风味的目的。

第二节　虾酱

　　虾酱又名虾糕或虾膏，是一传统发酵食品，因其独特的风味和优良的营养价值而深受喜爱，是韩国、日本、泰国、马来西亚、缅甸、新加坡、老挝、印尼、菲律宾和越南等国家常用的调味品。我国主要产区分布在海南、广东、广西、辽宁、天津、山东、江苏、浙江、福建等沿海地区，其中广东、山东和福建等地生产规模较大。虾酱的种类很多，包括沙茶酱、银虾酱、麻虾酱、低盐无腥海虾酱、蠓子虾酱、台山虾膏等，它通常由小虾制成，经过盐渍和发酵，作为开胃菜食用或作为烹饪过程中的调味料，以提高食物的适口性。开发和利用低值经济的小型虾类生产虾酱，可以大大提高现有的动物蛋白的产量，充分利用资源，提高经济效益和社会效益。

一、虾酱的生产工艺

1. 虾酱的制备
虾酱生产工艺流程如图10-3所示：

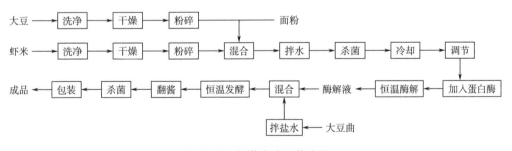

图10-3　虾酱生产工艺流程

（1）原料处理

①大豆处理：将大豆除杂、洗净，干燥，粉碎，过40目筛。

②虾米处理：传统虾酱原料以小型虾类为主，常用的有毛虾、小白虾、蠓子虾、眼子虾、蚝子虾、沟虾、糠虾等，这些虾仔虾体长1~2 cm，适合作为加工虾酱的原料。选用新鲜、个体成熟、外壳完整的虾，用网筛筛去杂质（小鱼等），清水洗净表面泥沙，并剔除死虾，洗干净后沥干水分。如捕捞后不能及时加工，需先加入25%~30%的食盐保存。

③面粉处理：将面粉置于恒温干燥箱内，120℃恒温焙干15min。

（2）混合、拌水、杀菌　将大豆粉、虾皮粉和面粉按照一定比例混合（大豆∶虾皮∶面粉=6∶3∶1）后，加入1∶1的水拌匀，在121℃杀菌30min，冷却至55℃。

（3）加蛋白酶　原料中加入10%食盐和0.5%的蛋白酶充分混匀后，移至发酵罐40℃恒温发酵约3h，待虾香浓郁时停止酶解，降温至室温，获得酶解物。此法除适合整虾发酵外，也适用以虾壳、虾头等虾制品下脚料为原料生产虾酱。以鲜全虾生产虾酱受季节限制，以虾下脚料为原料可常年生产。此法所制虾酱含盐量较低，也适于大规模工业化生产。

（4）恒温发酵　酶解物中加入大豆曲、14%食盐水混匀制成酱醅进行发酵。酱醅起始发酵温度为42~45℃，此时是米曲霉产蛋白酶的最适温度。酱醅发酵2d后，开始进行浇淋，每天1~2次，以后可减少到3~4d浇淋1次，最后几天补食盐水，使酱醅含盐量约15%。

（5）杀菌、包装　发酵制成的特有浓郁风味的虾酱进行装瓶、压盖后放入杀菌罐中进行120℃高温瞬时杀菌。包装为成品，保质期至少可达6个月。

《食品安全国家标准　水产调味品》（GB 10133—2014）明确了虾酱的品质标准。《虾酱》（SC/T 3602—2016）对其中的虾酱指标进行了细化。色红黄鲜明，质细味纯香，盐足，含水分少，具有虾米的特有鲜味，无虫、无臭味者为佳。

2. 大豆种曲的制备

大豆种曲的制作工艺流程如图10-4所示。

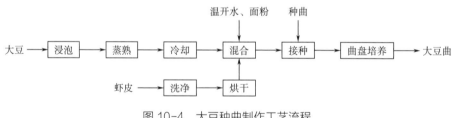

图10-4　大豆种曲制作工艺流程

（1）原料处理

①大豆处理：将大豆除杂、洗净，用冷水浸泡，夏季4~5h，春秋季8~10h，冬季15~16h。至豆粒表面无皱纹，豆内无白心，并能于指间容易压成两瓣为宜。蒸熟、冷却，备用。

②虾皮处理：将洗净脱盐的虾皮置于50℃恒温干燥箱内烘干，备用。

③面粉处理：将面粉置于恒温干燥箱内，120℃恒温焙干15min。备用。

（2）种曲　将170 g麸皮、30 g豆粕和160mL水混合均匀，装入三角瓶中高压蒸汽杀菌（0.1MPa，121℃）30min，趁热摇松三角瓶里的曲料，冷却至30℃，接入活化的米曲霉，30℃恒温培养18h左右，待三角瓶内曲料稍发白结饼时，摇瓶防止结块，之后每隔6h

摇瓶一次，2~3d 后，全部长满黄绿色孢子，即为成熟的种曲。

（3）大豆曲 将蒸熟的大豆、面粉和虾皮粉按照一定比例混合（大豆：虾皮：面粉＝6：3：1），用适量的温开水搅拌均匀，接入种曲0.5%，将拌好种曲的曲盘蒙上纱布，30℃恒温培养18h 左右，拌曲防止结块，之后每隔6h 左右拌曲防止结饼，同时，防止曲温升高烧曲。培养2~3d 后，全部长满黄绿色孢子，即为成熟的大豆曲。

二、虾酱风味的形成

虾原料在微生物和酶的共同作用下，通过蛋白质和脂肪分解，产生醇类、醛类、酯类、酮类、吡嗪类等风味化合物，使虾酱具有独特的风味。

1. 挥发性风味物质

虾酱在发酵加工制作的过程中，其风味成分处于动态变化的状态，制作过程中伴随着蛋白质、糖类、脂肪等物质的分解、缩合和进一步的反应，虾酱中的风味物质逐渐发生变化。虾酱中包含的挥发性风味成分主要分为挥发性含氮化合物、醛、酮、醇、酯，另外还有一些酚类和含硫的化合物，这些物质综合作用的结果赋予了虾酱独特的风味。虾酱中的主要挥发性风味成分见表 10-1。

表 10-1 虾酱中的主要挥发性风味成分

风味组分	相对含量/%
二甲胺（N，N-dimethyl-methanamine）	57~68
N-甲基甲胺（N-methyl-methanamine）	0.6~3.3
3-甲基-丁醛（3-methyl-butanal）	0.08~0.32
乙醇（ethanol）	0.3~5.6
1-戊烯-3-醇（1-penten-3-ol）	0.1~0.82
二甲氨基-乙腈（dimethylamino-acetonitrile）	0.1~0.4
1-戊醇（1-pentanol）	0.05~0.34
2,5-二甲基-吡嗪（2,5-dimethyl-pyrazine）	1.1~2.7
2,6-二甲基-吡嗪（2,6-dimethyl-pyrazine）	0.3~3.6
2-乙基-5-甲基-吡嗪（2-ethyl-5-methyl-pyrazine）	0.1~0.65
2,3,5-三甲基吡嗪（2,3,5-trimethyl-pyrazine）	0.4~7.0
1-辛烯-3-醇（1-octen-3-ol）	1.0~1.4
四甲基吡嗪（tetramethyl-pyrazine）	0.27~3.8
1,5-二乙烯基-3-辛醇 [（5Z）-octa-1,5-dien-3-ol]	0.7~2.2

续表

风味组分	相对含量/%
2-乙基己醇（2-ethyl-hexanol）	0.1~4.4
苯甲醛（benzaldehyde）	1.0~9.7
4-甲基-1-（1-甲基乙基）-3-环己烯-1-醇［4-methyl-1-（1-methylethyl）-3-cyclohexen-1-ol］	0.08~1.0
2-反-辛烯醇（2-trans-octenol）	0.13~0.26
丙烯酸-5,7-辛二烯酯（acrylic acid, 5,7-octadien-1-yl ester）	0.4~0.6
2-乙基-1-己醇（2-ethyl-1-hexanol）	0.2~0.5
顺, 顺-3,6-壬二烯醛［（Z,Z）-3,6-nonadienal］	0.1~0.8
苯甲醇（benzyl alcohol）	0.1~0.3
苯酚（phenol）	0.1~16
肽酸乙酯（diethyl-phthalate）	0.1~1.2

（1）挥发性含氮化合物 虾酱中挥发性含氮化合物有二甲胺、甲基甲胺、吡嗪等。二甲胺的含量比较高，二甲胺是三甲胺氧化物通过酶解产生的，其含量随着原料新鲜度的变化而变化，有类似氨的气味，水产品的腥臭味与二甲胺直接相关。海产品渔获后会发生生物胺的变化，为避免二甲胺的形成，需尽可能减少渔获后停留的时间，及时清理原料表面的杂物及微生物，减少其对产品新鲜度及风味的影响。但传统虾酱一般采用自然发酵工艺，盐、虾混合后经历了较为漫长的发酵过程，二甲胺的形成无可避免。吡嗪类物质是脂肪氧化后参与美拉德反应的产物，吡嗪类物质是赋予虾酱浓香发酵味、新鲜虾味、烘烤香和坚果香的主要香气物质。吡嗪具有较低的气味阈值，因此对食品的整体风味有较大的影响。研究发现泰国传统发酵虾酱（kapi）的主要香气物质是含氮化合物，尤其是吡嗪类化合物。其中，2,3,5-三甲基吡嗪具有一种烘烤气味，为虾酱提供一种特殊而愉悦的烘烤风味。

（2）醛类物质 醛类主要来源于虾酱发酵过程中的脂质氧化。苯甲醛、丁醛等主要由不饱和脂肪酸氧化产生。醛类化合物与其他影响产品整体香气形成的物质重叠，对味道有很强的影响。醛类化合物是赋予虾酱杏仁香、水果香等风味的主要香气物质。

（3）醇类物质 醇是脂质氧化过程中产生的二级产物，虾酱中各种醇的种类和相对含量随虾酱制备过程中所使用的盐含量的不同而不同。是赋予虾酱蘑菇味、肉味和温和油脂味的主要香气物质。

（4）酮类物质 酮是由微生物酶在食物中的脂质或氨基酸的活动中产生的，虽然酮类物质的气味阈值高于醛类异构体，但由于其独特的果香味属性，可能对虾酱风味的发展产生一定的影响。

（5）酯类物质 酯类化合物主要是短链脂肪酸和醇类化合物通过酯化反应缩合形成的，

是发酵虾酱独特风味的主要来源。

2. 非挥发性风味物质

虾酱中非挥发性物质使虾酱呈现特有的滋味，主要包括游离氨基酸、有机酸等。

（1）游离氨基酸 游离氨基酸是虾酱中含量最丰富的代谢物，作为水产品中一类重要的滋味物质和风味前体物质，其呈味作用主要取决于其味道特征，如鲜味、苦味、甜味等，及其各自的阈值、含量和其他成分的相互作用。赖氨酸、脯氨酸、丙氨酸、甘氨酸、丝氨酸、谷氨酸和亮氨酸已被证明是虾酱的重要味觉化合物，这些氨基酸的增加将进一步提高其诱人的风味。由表 10-2 可知，虾酱中的游离氨基酸根据其呈味特性可以分为鲜味氨基酸（Asp、Glu）、甜味氨基酸（Thr、Ser、Pro、Gly、Ala 和 Lys）、苦味氨基酸（Val、Met、Ile、Leu、Tyr、Phe、Arg 和 His）和无味氨基酸（Cys）4 类呈味氨基酸。

表 10-2 不同温度发酵的低盐虾酱中游离氨基酸含量

游离氨基酸	质量分数/%			
	10℃	15℃	20℃	25℃
天冬氨酸（Asp）	0.764±0.000[a]	0.745±0.001[b]	0.408±0.000[c]	0.305±0.001[d]
谷氨酸（Gln）	1.096±0.021[a]	1.028±0.002[b]	0.685±0.001[c]	0.672±0.003[c]
组氨酸（His）	0.287±0.025[b]	0.325±0.001[a]	0.202±0.001[c]	0.226±0.002[c]
丝氨酸（Ser）	0.200±0.001[a]	0.195±0.001[b]	0.051±0.001[d]	0.058±0.001[c]
精氨酸（Arg）	0.225±0.001[a]	0.222±0.000[a]	0.099±0.000[c]	0.103±0.001[b]
甘氨酸（Gly）	0.339±0.011[a]	0.350±0.014[a]	0.146±0.001[b]	0.142±0.006[b]
苏氨酸（Thr）	0.504±0.013[a]	0.501±0.021[a]	0.212±0.010[b]	0.215±0.009[b]
脯氨酸（Pro）	0.635±0.015[a]	0.601±0.001[b]	0.433±0.000[d]	0.540±0.001[c]
丙氨酸（Phe）	0.914±0.004[a]	0.886±0.002[b]	0.628±0.001[d]	0.791±0.001[c]
缬氨酸（Val）	0.698±0.000[a]	0.678±0.000[b]	0.463±0.001[d]	0.501±0.001[c]
蛋氨酸（Met）	0.320±0.000[a]	0.302±0.000[b]	0.199±0.001[c]	0.192±0.000[c]
半胱氨酸（Cys）	0.459±0.043[a]	0.508±0.024[a]	0.362±0.020[b]	0.334±0.018[b]
异亮氨酸（Ile）	0.681±0.007[a]	0.645±0.003[b]	0.449±0.004[c]	0.461±0.002[c]
亮氨酸（Leu）	1.158±0.009[a]	1.129±0.005[b]	0.751±0.002[c]	0.738±0.001[d]
苯丙氨酸（Phe）	0.548±0.004[a]	0.531±0.001[b]	0.366±0.001[d]	0.377±0.000[c]
赖氨酸（Lys）	0.912±0.001[a]	0.885±0.002[b]	0.559±0.001[c]	0.546±0.001[d]
酪氨酸（Tyr）	0.651±0.002[a]	0.637±0.001[b]	0.386±0.001[c]	0.230±0.001[d]
总氨基酸	10.398±0.034[a]	10.174±0.021[b]	6.405±0.025[c]	6.433±0.036[d]

注：a~d 同行字母不同表示差异显著（P<0.05）。

（2）有机酸 有机酸是低盐虾酱中重要的组成部分，在原料虾中含有较少部分有机酸，在发酵过程中有机酸的含量有所升高。酸类物质在低盐虾酱发酵过程中不仅有呈味作用，同时也能在发酵过程中对杂菌起到抑制作用，有的有机酸类还可以通过磷酸化参与糖酵解为细胞提供能量，在低盐虾酱样品中，有机酸含量最高的是 3-苯乳酸、苯甲酸和 L-乳酸。L-乳酸在食品、制药、化妆品和其他化学工业中具有广泛的用途，其具有爽口的酸味，是发酵水产品中主要的有机酸类。但有机酸含量过高会导致低盐虾酱产品的酸化，对产品的品质造成不利影响，所以在发酵过程中更应该控制有机酸的过量产生。

（3）其他挥发性风味物质 除了以上非挥发性风味物质，虾酱中还包含一些其他非挥发性风味物质，例如多肽、核酸关联物等，它们对虾酱的风味也有一定的帮助。多肽在食品的呈味中具有非常重要的作用，可以提供甜味、鲜味、苦味等。5'-肌苷酸钠（IMP）和 5'-鸟核酸钠（GMP）具有呈味作用，研究发现不同种类的虾酱中几乎都含有 GMP，但并非所有样品都含有 IMP，原因可能是 IMP 在处理过程中（如解冻和盐渍）很容易丢失。

第三节 蚝油

蚝油又称牡蛎油，是我国福建、广东两省的传统调味料。目前蚝油的主要产地在香港，但用作原料的蚝油浓缩液却由广东、福建等地区供应。传统的蚝油是牡蛎煮汁经浓缩、调配等工艺加工配制而成的复合调味料，再配上一些特色风味配料（如香鲜增强剂等）进行调和以去除牡蛎的腥味。蚝油颜色呈深棕红色，具有浓郁的鲜蚝特有香气，营养丰富，光亮圆滑，味道咸甜适中，对于增进食欲有较好的效果。可广泛应用于各类食品，是东南亚以及日本等国家的家庭和餐馆的常备调味料，近年来，蚝油在日本尤其受到推崇。随着中国风味小吃在西欧和美国的兴起，蚝油在这些地区也倍受欢迎。

一、蚝油的生产工艺

蚝油是利用牡蛎经过发酵制备的蚝汁经浓缩调配而成的，极具鲜味的红褐色或棕褐色的黏稠状调味品。蚝油的制备分为两个步骤，一是浓缩蚝汁的制备，二是蚝油的配制。而浓缩蚝汁的制备方式有两种，一种是发酵法，另一种是抽提法，发酵法工艺流程如下所示。

$$牡蛎 \longrightarrow \boxed{盐渍} \longrightarrow \boxed{发酵} \longrightarrow \boxed{过滤与浸提} \longrightarrow 浓缩蚝汁$$

1. 蚝汁的制备

（1）原料选择 收获的牡蛎按品种大小、鲜度等分等级，加入清水轻轻搅拌，洗除附着于牡蛎身上的泥沙及黏液，拣去碎壳，捞起沥干，放入绞肉机磨碎，磨得越细越好。以增加微生物酶与牡蛎的接触面积，有利于加速酶解。

（2）盐渍　把牡蛎与盐混合均匀或分层下盐，顶层用盐覆盖，用盐量应足以抑制腐败微生物的繁殖发育，但又不影响牡蛎的发酵速度。牡蛎经过一段时间盐渍，渗出大量卤水，由于牡蛎内源酶类和有益微生物的共同参与作用，牡蛎自体溶化。用盐量为30%~45%。

（3）发酵　发酵分天然发酵和人工保温发酵两种。天然发酵周期长，成品风味好；人工保温发酵生产周期短，成品风味不及天然发酵的好。在常温条件下，天然发酵利用牡蛎自体的酶类并添加适量的蛋白酶、脂肪酶、纤维素酶加速牡蛎降解，此外，空气中落下的耐盐酵母、耐盐乳酸菌等有益微生物共同作用，促进发酵过程。天然发酵分为以下两类。

①不加盐水发酵：只利用自身的卤水进行发酵，发酵成熟后所得的滤液氨基酸含量很高，风味很好，称原汁。原汁不作商品出售，只作调配用。

②加盐水或卤水发酵：加入一定量的盐水或卤水进行发酵，得到的发酵液，可直接调配成不同等级的蚝油。在发酵过程中应经常检测发酵液中的各种理化卫生指标，观察发酵期微生物的变化情况，并加以控制。发酵液中氨基酸含量是逐渐升高的，当氨基酸含量趋于稳定，发酵液上层澄清、颜色变深、蚝香四溢、味道鲜美，即表示发酵成熟。

人工保温发酵分蒸汽盘管保温池/缸、水浴保温池/缸和电热保温池/缸三种。人工保温发酵成熟时间视原料的用盐量、卤水含盐量和发酵液温度而不同。盐度高会抑制酶和微生物活性，温度高不利低温生长的微生物繁殖。发酵液中生长的微生物不同，成品的风味和成熟时间也不同。一般发酵时间长，成品的风味好，因为醋香味合成的时间长。盐渍时间长的牡蛎，蛋白质已分解或全部酶解，醋香味合成的时间比发酵所需的时间短。

（4）过滤与浸提　牡蛎发酵成熟后，从发酵池或缸中抽取滤液，得到原蚝汁，其渣用盐水或卤水反复浸提数次，以收尽渣中的蚝味及氨基酸，作调配蚝油用。

2. 蚝油的配制

蚝油的配制工艺流程如图10-5所示。

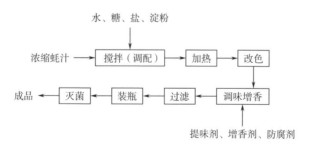

图 10-5　蚝油的配制工艺流程

（1）搅拌（调配）、加热　以浓缩蚝汁为原料，加水搅拌情况下依次序加入各种辅料（糖、盐、淀粉等），搅拌均匀后，夹层加热至沸，并保持20min。加水量以使蚝汁稀释至氨基酸>0.4%，总固形物>28%，总酸<1.4%为宜。加盐量以使蚝汁含氯化钠达到7%~14%为宜。采用一定比例的淀粉及食用羧甲基纤维素作为增稠剂，使液体不分层，并具有浓厚

的外观以提高产品的质量。淀粉作为增黏剂，以支链淀粉含量高者为佳，用量以使蚝油呈稀糊状为度。蚝油呈鲜、甜、咸、酸调和的复合味感，主味为鲜味，甜味为次味。含糖量不可过多，否则会掩盖蚝油鲜味。

（2）改色　利用牡蛎作为蚝油原料时，因色泽灰暗，外观不佳，可利用焦糖反应和羰氨反应达到蚝油改色的目的。具体方法为：热锅中加入适量油，然后放入糖加热溶化，温度控制在200℃以下，至糖脱水，使糖液起泡黏稠至金黄色后，加入水和蚝汁，加水量以稀释后游离氨基酸含量符合标准为原则，再加热到90℃以上，使颜色转变为红色。

（3）调味增香　增香主要决定于蚝汁新鲜程度及配料量，一般可以用少量优质酒作为增香剂，用之得当可使酯香明显，并可去腥味，使蚝香纯正。增鲜主要决定于蚝汁本身含有的呈味物质，因为蚝油的鲜美感是以谷氨酸为核心，加上各种氨基酸、有机酸等形成的复杂而有特色的味。由于肌苷酸（IMP）、鸟苷酸（GMP）等核酸关联化合物同 Glu 有相乘作用，故添加一定量的肌苷酸和鸟苷酸（I+G）可调整蚝油的整体风味。

（4）过滤、装瓶　配料过 120 目筛，趁热灌入已洗净灭菌的加热瓶中，压盖，封口。

（5）灭菌、成品　可在 70～80℃，灭菌 20～30min 巴氏灭菌，冷却后贴上商标，即为成品。成品应符合国家标准《蚝油》（GB/T 2199—2008）。

二、蚝油风味的形成

1. 氨基酸

蚝油中的氨基酸含量及种类与呈味关系最为密切，直接决定了蚝油的鲜味程度以及蚝油的营养价值，氨基酸的含量越多，味道越鲜美，营养价值就越高。蚝油中谷氨酸的含量最多，甘氨酸、脯氨酸、丙氨酸、天冬氨酸、赖氨酸、苏氨酸、丝氨酸等的含量依次减少。甘氨酸、脯氨酸、丙氨酸、丝氨酸、天冬氨酸等甜味氨基酸是构成蚝油天然甜味的主体，其甜味与葡萄糖大体相同，品质上与普通的甜味相异，且还有少许酸味。谷氨酸的钠盐是呈味氨基酸，是构成蚝油味和酯味的主体，含量越高，蚝油味和酯味越浓。

2. 核糖核酸

牡蛎核酸含量较多，它与谷氨酸构成蚝油呈味的主体，其含量越多，蚝味越鲜美，酯味越浓。核酸的鲜度是味精的两倍以上，加入食品中，能突出食品原有的天然主味，对腥、膻、焦、苦、咸和霉等异味有掩盖作用，并且可以促进食欲，提高免疫力。

3. 糖类

蚝油中的糖类包括葡萄糖、果糖、半乳糖、核糖、糖原等，葡萄糖的含量较少，呈味弱；果糖、半乳糖、核糖含量较多，与蚝油呈味的关系最为密切；糖原量最多，为蚝油甜味的主体。此外，糖对蚝油的流变性也有重要影响，随着温度的升高，蚝油的黏度会逐渐下降，但是随着蚝油中糖浓度的增加，温度对黏度的影响会减小，蚝油黏度与糖浓度的关系符合指数模型。在配制蚝油时，混合添加几种糖可使蚝油更接近天然蚝肉的风味，也可使蚝油有较好的形态。

4. 有机酸

乳酸、丙酮酸、延胡索酸、乙酸、琥珀酸是蚝油含有的主要有机酸。乳酸是一种较好的调味剂，其酸味较乙酸柔和、爽口。琥珀酸在贝类中含量较多，是贝类食物的固有呈味成分。每年的四、五月份，牡蛎的琥珀酸含量最多，由这种牡蛎制作的蚝油更加美味。人工配制蚝油时，适当添加几种有机酸也会起到使蚝油接近天然蚝肉味道的效果。

水产品是人体蛋白质摄入的重要来源，含有丰富的钙、铁、锌、硒等矿物质，以及丰富的不饱和脂肪酸。因此，水产食品对于人类调节和改善食物结构，供应健康所必需的营养素起着重要的作用。水产物经过微生物代谢，产生种类复杂的风味代谢产物，赋予其独特的风味。此外，这一个过程还会生成对健康有促进作用的生物活性物质，从而使发酵食品具有保健作用。

第四节　发酵水产品的营养

水产物中含有丰富的脂肪、蛋白质、核酸等大分子营养物质，通过微生物的发酵，发酵水产品中含有大量多不饱和脂肪酸、多肽、人体必需氨基酸、矿物质、维生素等营养物质。因此，发酵水产品具有许多生物学功能，如抗菌、抗氧化、辅助降血压等。

1. 蛋白质分解物

发酵水产品可以使水产物的蛋白质吸收率提高到98%以上。在微生物蛋白酶作用下将蛋白质降解成一些小分子肽、氨基酸，与核酸共同构成呈味物质，为人们提供鲜美的味道。分解生成的生物活性肽，具有抗炎、提高免疫力、抗氧化、辅助降血压等多种人体保健功效。

2. 糖类

水产中含量最为丰富的碳水化合物是糖原。糖原是组织能源的一种储备形式，具有抗疲劳的功效，补充糖原可以改善心脏及血循环功能，并增强肝脏功能。它可以被机体直接吸收，减轻胰腺负担，对糖尿病的辅助治疗十分有效。中国药科大学生化研究室研究证明，牡蛎糖原有明显的防治心血管疾病、降血脂、提高机体免疫力和抗白细胞降低等作用。日本也有专利表明，添加牡蛎糖原到润肤品中，可以延缓肌肤衰老。牡蛎除含有较多的糖原外，还含有一定量生物活性多糖，分离提纯后可用于生产保健食品或药品。

3. 微量元素

水产品中含有丰富的钙、铁、硒、锌、锰、维生素 A 等多种微量元素，其中钙是骨骼发育的基本原料，水产品经过发酵，钙质转化为更易于人体吸收的形式，因此，水产品是补钙的良好来源。牡蛎中含有丰富的锌、锰，锰在增强人体免疫功能、抗衰老和补肾壮阳方面具有重要作用。

4. 脂肪

水产品在发酵过程中极性油脂水解成多种多不饱和脂肪酸（PUFA），为 C16:0、C16:1（n-7）、C18:0、C18:1（n-9）、C20:4（n-6）、C20:5（n-3，EPA）和 C22:6（n-3，DHA）。其中含量较多的是人体必需的多不饱和脂肪酸二十碳五烯酸（eicosapentaenoic acid，EPA）、二十二碳六烯酸（docosahexaenoic acid，DHA）。EPA 和 DHA 是水产脂质中 n-3 PUFA 的两种代表性脂肪酸。DHA 是神经系统中细胞生长及维持的主要成分，是大脑和视网膜的重要构成成分，对胎儿和婴儿的智力和视力发展至关重要，可以促进胎儿的大脑发育，促进视网膜感光细胞的成熟。EPA 主要功效是治疗自身免疫缺陷、促进循环系统健康、有助于生长发育，对肺病、肾病和糖尿病等起到很好的作用。EPA 还可以帮助降低胆固醇和甘油三酯的含量。DHA 和 EPA 有助于降低冠心病的发病率和死亡率，调节体内的抗氧化能力，消除自由基，具有一定抗衰老的作用。研究发现包括 EPA 和 DHA 在内的多不饱和脂肪酸在严峻的发酵条件下仍然保持完整性。蚝油中 n-3 不饱和脂肪酸（DHA 和 EPA）的含量较高，占总脂肪的 28%。

5. 其他营养物质

除了以上营养物质，虾酱中还存在虾青素、甲壳素等重要的生物活性成分。虾青素是一种强效天然抗氧化剂，可抑制不饱和脂肪酸的氧化，提高免疫力，抵御紫外线，改善视力以及改善生育等。虾酱越红，虾青素含量越高。如今，虾青素广泛应用于营养保健食品和药品中。甲壳素也具有一定的功能性，被广泛应用于医药、食品保鲜和制作功能材料等领域。这些抗氧化物质可以抑制脂质过氧化来预防或延缓氧化损伤，如食物变质，蛋白质修饰和酶失活。因此，虾酱是一种既美味又健康的食品，适量食用虾酱对身体具有益处。蚝油中含有的醇类、呋喃类、醛类和嘌呤类化合物。牛磺酸是蚝油的重要成分，磷酸盐和钾被认为有助于咸味，也是蚝香的重要来源，它们含量的多少直接影响蚝油的质量。作为蚝油的重要成分，牛磺酸能增强细胞抗氧化、抗自由基损伤，是良好的护肝剂，它还可以促进大脑发育，并具有一定的抗肿瘤活性。

📝 思考题

1. 比较鱼露、虾酱、蚝油生产中风味物质的形成。
2. 试述鱼露生产过程中影响质量问题的因素及解决措施。
3. 请简述鱼露的生产工艺。
4. 请简述虾酱的生产工艺。
5. 请简述蚝油的生产工艺。
6. 请论述发酵水产品的主要营养物质及其保健功效。

第十一章

微生物源食品添加剂

学习目标

1. 掌握鲜味剂的特点。

2. 熟悉鲜味剂的生产原理。

3. 了解鲜味剂在食品工业中的应用。

4. 了解乳酸链球菌素在食品工业中的应用。

5. 掌握红曲红色素的提取方法。

6. 了解酵母抽提物的特点及其在食品中的应用。

7. 熟悉微生物源食品添加剂的营养与健康。

为改善食品品质和色、香、味以及为防腐和加工工艺的需要而加入食品中的化学物质或者天然物质称为食品添加剂，其在食品工业的发展中起着非常重要的作用，它既能增加食品的保藏性，还能改善食品的感官品质，有利于食品加工操作，适应生产的机械化和连续化，又能保持或提高食品的营养价值。

微生物由于自身的特点使其在生产食品添加剂方面具有许多独到的优点：①生产周期短、效率高；②生产原料便宜，一般为农副产品，成本低；③培养微生物不受季节、气候影响；④微生物反应条件温和，生产设备简单；⑤有较易实现的提高微生物产品质量和数量的方法。因此，通过微生物生产食品添加剂成为极具前途的产业，开发利用微生物生产食品添加剂已经得到了很大的发展。

第一节 鲜味剂

从汉字的结构来看，有"鱼"有"羊"谓之"鲜"。说明在我国古代，人们已经知道鱼类和动物的肉类具有鲜美的味道。在日常生活中经常利用各种鱼、肉以及蘑菇、海藻、各种蔬菜等制成味道鲜美的汤类，用于增强食品的风味。食品的味道除了酸、甜、苦、咸四种基本味以外，还有给人以鲜美感觉的鲜味。随着社会和科学的发展，人们知道，鲜味物质能刺激人的感官产生鲜美感觉，这种能够产生鲜美感觉的物质称为鲜味剂。鱼类和肉类中还含有大量的蛋白质和核酸类物质，这些物质经过水解可生成各种 L-氨基酸和 5'-核苷酸及其盐类等鲜味物质。

至今为止，已发现的鲜味物质有 40 多种。我国目前许可使用的食品增味剂有谷氨酸钠、5'-鸟苷酸二钠、5'-肌苷酸二钠、5'-呈味核苷酸二钠和琥珀酸二钠等 5 种。鲜味物质可以补充或增强食品原有的风味，所以又称为风味增强剂（flavour enhancers），简称增味剂。食品鲜味剂不影响酸、甜、苦、咸等 4 种基本味和其他呈味物质的味觉刺激，但会增强其各自的风味特征，从而改进食品的可口性。

一、食品鲜味剂的分类

1. 根据其来源分类

（1）动物性鲜味剂 各种肉类抽提物、水解动物蛋白质均属于此类。例如，鸡精就是利用鸡肉水解而得到的一种食品鲜味剂。

（2）植物鲜味剂 植物来源的食品鲜味剂称为植物性鲜味剂，主要包括各种植物抽提物、水解植物蛋白等。例如，蘑菇抽提物等属于植物性鲜味剂。

（3）微生物鲜味剂 微生物来源的食品鲜味剂称为微生物鲜味剂。包括从微生物中提取得到的、由微生物蛋白质经水解得到的或经微生物发酵而得到的鲜味剂，例如，从酵母蛋白质水解、提取得到的酵母精；从酵母 RNA 水解得到的 5'-呈味核苷酸；经微生物发酵得到的味精、肌苷酸等。

（4）化学合成鲜味剂 用化学合成方法得到的食品鲜味剂称为化学合成鲜味剂。例如，由琥珀酸与氢氧化钠反应制得的琥珀酸二钠等。

2. 根据食品鲜味剂的化学成分的不同分类

（1）氨基酸类鲜味剂 化学组成为氨基酸及其盐类的食品鲜味剂统称为氨基酸类鲜味剂，是目前世界上生产最多、用量最大的一类食品鲜味剂。

蛋白质经水解可得到各种 α-氨基酸。即分子中的氨基（—NH$_2$）连接于与羧基（—COOH）

相邻的碳原子（α-碳原子）上，其结构通式为：

$$H_2N-\underset{\underset{R}{|}}{\overset{\overset{COOH}{|}}{C}}-H$$

α-氨基酸

氨基酸的异构体有 L-型和 D-型之分。其命名方法是以乳酸作为参考标准，即是把 α-羧基在上方，α-氨基在右边者为 D-型氨基酸，α-氨基在左边者为 L-型氨基酸。其结构如下：

$$H-\underset{\underset{R}{|}}{\overset{\overset{COOH}{|}}{C}}-NH_2 \qquad H_2N-\underset{\underset{R}{|}}{\overset{\overset{COOH}{|}}{C}}-H$$

D-型氨基酸　　　　L-型氨基酸

D-型氨基酸和 L-型氨基酸的化学组成相同，但是其生理功能却不一样。各种生物一般只能利用 L-氨基酸，而不能利用 D-氨基酸。所以，作为鲜味剂使用的氨基酸，一般都是 L-氨基酸，如 L-谷氨酸、L-天冬氨酸等。

$$H_2N-\underset{\underset{\underset{\underset{COOH}{|}}{CH_2}}{\overset{|}{\underset{CH_2}{|}}}}{\overset{\overset{COOH}{|}}{C}}-H \qquad H_2N-\underset{\underset{\underset{COOH}{|}}{CH_2}}{\overset{\overset{COOH}{|}}{C}}-H$$

L-谷氨酸　　　　L-天冬氨酸

根据氨基酸分子中所含的氨基和羧基的数目的不同，氨基酸可分为中性氨基酸（一氨基一羧基氨基酸），碱性氨基酸（二氨基一羧基氨基酸）和酸性氨基酸（一氨基二羧基氨基酸）。其中，酸性氨基酸及其盐类作为食品增味剂使用的效果最为显著。

氨基酸与碱或盐反应可生成氨基酸盐。氨基酸盐中有不少也具有鲜味，可以用作食品鲜味剂，如谷氨酸钠、谷氨酸钾、谷氨酸钠、谷氨酸钙、天冬氨酸钠等。

目前，我国仅许可使用谷氨酸钠一种氨基酸类鲜味剂。国际上一些国家许可使用的氨基酸类鲜味剂还有 L-谷氨酸、L-谷氨酸钠、L-谷氨酸钾、L-谷氨酸钙、L-天冬氨酸钠等。但是，使用最广、用量最多的还是 L-谷氨酸钠。

（2）微生物鲜味剂　酵母抽提物（yeast extract）又称酵母提取物或酵母浸出物，是一种国际流行的微生物源营养型多功能鲜味剂和风味增强剂，是通过酵母细胞溶解后经过蒸发、干燥等步骤制得的产品，其状态为颗粒或粉末状。酵母抽提物中含有丰富的氨基酸、呈味肽等，所以酵母抽提物的味道非常丰富，具有鲜美、醇厚、层次感鲜明等特点，具备十分良好的调味特性。

（3）核苷酸类鲜味剂　5′-肌苷酸、5′-鸟苷酸、5′-黄苷酸均具有鲜味，可用作食品鲜味剂。

（4）有机酸类鲜味剂　目前我国许可使用的有机酸类食品鲜味剂只有琥珀酸二钠一种。琥珀酸二钠是由琥珀酸与氢氧化钠反应而制得，其分子式为 $C_4H_4Na_2O_4 \cdot nH_2O$，（$n=6$ 或 0），结构式为：

$$
\begin{array}{c}
COONa \\
| \\
H-C-H \\
| \\
H-C-H \\
| \\
COONa
\end{array}
$$

琥珀酸二钠

琥珀酸二钠通常与谷氨酸钠并用，用量为谷氨酸钠的 10% 左右。

（5）复合鲜味剂　复合鲜味剂是由两种或多种鲜味剂复合而成。大多数是由天然的动物、植物、微生物组织细胞或其细胞内生物大分子物质经过水解而制成。

将两种或两种以上鲜味剂复合使用，往往具有协同增效作用，可提高增鲜效果，降低鲜味阈值（能感觉出鲜味的最低浓度），很受人们欢迎。例如，5′-肌苷酸二钠的鲜味阈值为 0.025%，5′-鸟苷酸二钠的鲜味阈值为 0.0125%，5′-肌苷酸二钠与 5′-鸟苷酸二钠以 1：1 混合时，其鲜味阈值降低为 0.0063%。再如，谷氨酸钠与 5% 的 5′-肌苷酸二钠复合，其鲜味强度可提高到谷氨酸钠的 8 倍。谷氨酸钠与肌苷酸钠以 1：1 混合时，鲜味强度可达到谷氨酸钠的 16 倍。

许多天然鲜味抽提物和水解产物都属于复合鲜味剂，如各种肉类抽提物、酵母抽提物、水解动物蛋白质、水解植物蛋白质、水解微生物蛋白质等。

二、食品鲜味剂的生产工艺

食品鲜味剂的生产技术可归纳为五大类：抽提法、水解法、发酵法、酶促合成法和化学合成法等。

1. 抽提法

抽提法生产食品鲜味剂是指在一定条件下，用适当的溶剂处理原料，使原料中的游离增味剂充分溶解到溶剂中而得到增味剂的过程，又称为提取法。抽提法生产食品鲜味剂具有工艺简单、操作容易、设备要求不高、成本较低等特点。但抽提法得到的只是原料中游离的鲜味剂，含量较低。许多动物、植物和微生物中都含有游离的食品鲜味剂，可以通过抽提法得到。

抽提法生产食品鲜味剂主要包括细胞破碎和鲜味剂提取两个过程。

（1）细胞破碎　首先要进行细胞破碎。细胞破碎的方法多种多样，归纳起来可以分为机械破碎法、物理破碎法、化学破碎法和酶法破碎法等。在实际使用时可根据具体情况选用一种方法进行破碎，必要时可以采用两种或两种以上方法联合使用。

（2）食品鲜味剂的提取　食品鲜味剂的提取应根据食品鲜味剂的溶解特性，选择适当的溶剂。食品增味剂都可溶解于水，所以一般采用水或盐溶液进行抽提，有时也可采用酒或酒精溶液进行抽提。在提取过程中为了提高效率，还应该注意温度、pH以及提取液体积等。

2. 水解法

水解法生产食品鲜味剂是通过酶或酸的催化作用，将动物、植物和微生物中的蛋白质或核酸水解生成氨基酸或核苷酸，再经分离、纯化而得到食品鲜味剂的过程。我国传统的调味品酱油、酱类的生产，就是通过微生物酶的催化作用将大豆蛋白质等物质水解而制成。将小麦蛋白质（面筋）加酸水解，制造L-谷氨酸钠（味精），这是20世纪50年代采用发酵法生产味精之前的主要方法。将酵母RNA经磷酸二酯酶作用，水解制成的5'-呈味核苷酸，是多种5'-核苷酸的混合物。

现在很受人们欢迎的动物蛋白质水解物、植物蛋白质水解物、微生物蛋白质水解物等也都属于用水解法生产的复合食品鲜味剂。水解法生产食品鲜味剂具有原料来源丰富、工艺简单、操作简便、得率较稳定等特点。在水解过程中，要选择好催化剂并控制好基质浓度、催化剂浓度、温度、pH、水解时间等因素以加快水解速度、提高产率、保证产品质量。

3. 发酵法

发酵法生产食品鲜味剂是在人工控制的条件下，通过微生物的生命活动而获得食品鲜味剂的技术过程，是当今食品鲜味剂生产的主要方法。

利用发酵法可以生产L-谷氨酸、L-天冬氨酸、5'-肌苷酸、5'-鸟苷酸、5'-黄苷酸等食品鲜味剂，其工艺流程如下。

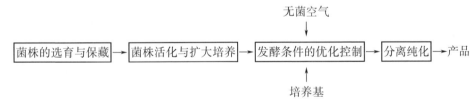

操作要点如下。

（1）菌株的选育与保藏　食品鲜味剂的发酵生产，首先要选育得到优良的微生物菌株。一般说来，用于鲜味剂发酵的菌株必须具备下列几个条件。

①鲜味剂产量高：优良的生产菌株首先要具有高产的特性，才有较好的开发应用价值。高产菌株可以通过筛选、诱变或采用基因工程、细胞工程等技术而获得。

②容易培养和管理：用于生产食品鲜味剂的菌株，要求容易生长繁殖，适应性较强，便于管理，易于控制。

③生产稳定性好：在通常的生产条件下，菌株能够稳定地生产，不易退化。一旦菌株产生退化现象，要经过复壮处理，以恢复优良的生产性能。

④利于产物的分离纯化：发酵完成后，需要经过分离纯化过程，才能得到所需的产品，这就要求细胞本身及其他杂质易于和产物分离。

⑤安全可靠：要求采用的菌株及其代谢物没有毒性，不会影响生产人员和环境，也不会对加入鲜味剂的食品产生不良影响。

（2）菌株活化与扩大培养　为了使选育得到的优良菌株得以保存，便于用于生产，菌株需要在一定的条件下进行保藏，一般可采用低温斜面保藏，也可采用砂土管或液氮保藏。保藏菌株在使用之前必须接种于新鲜的种子培养基上，在一定的条件下进行培养，以恢复细胞的生命活动能力，这就是菌株活化过程。

为了保证发酵时有足够数量的优质细胞，活化了的细胞一般要经过一级至数级的扩大培养。用于种子扩大培养的培养基称为种子培养基。种子培养基中一般氮源要求丰富些，碳源可相对少些。种子培养条件包括温度、pH、溶解氧等，应尽量满足细胞生长的需要，以使细胞生长得既快又好。种子培养的时间不宜过长，一般培养至对数生长期，即可接入下一级扩大培养或接入发酵。但是若以孢子接种的则要培养至孢子成熟期，才能接入发酵。接入发酵的种子量一般为种子培养基总量的 1%～10%。

（3）发酵条件的优化控制　在食品增味剂的发酵生产过程中，为了获得优质、高产的产品，必须对发酵工艺条件进行科学、严格的优化控制，主要包括温度、pH、溶解氧等。

①温度的调节控制：温度是微生物生长繁殖和新陈代谢的重要条件之一。不同的微生物有各自不同的最适生长温度，如枯草芽孢杆菌的最适生长温度为 34～37℃，黑曲霉的最适生长温度为 28～32℃。

微生物发酵生产食品增味剂的最适温度往往与其最适生长温度有所不同。所以，在发酵过程中，要在不同阶段控制不同的温度条件。在生长阶段要控制在细胞生长最适温度范围内，以利于细胞的生长繁殖，而在产物生成阶段，则要控制在发酵最适温度范围内，以利于食品增味剂的发酵生产。

②pH 的调节控制：pH 是培养基中氢离子（H^+）浓度的指标，对微生物生长和食品增味剂的生产有很大影响。随着微生物种类的不同，其生长繁殖的最适 pH 也不一样。一般细菌和放线菌的生长最适 pH 为 6.5～8.0；霉菌和酵母的最适生长 pH 为偏酸性（pH 4.0～6.0）。在食品增味剂的发酵生产中，一般采用细菌为生产菌株，所以发酵过程生长阶段的pH 大多控制在中性或微碱性范围。

微生物发酵生成产物的最适 pH 往往与其生长最适 pH 有所不同。对于此类微生物要根据情况在生长阶段和发酵阶段对培养基的 pH 作适当的改变。

③溶解氧的调节控制：食品增味剂的发酵生产都属于好气性发酵，微生物细胞的生长繁殖和新陈代谢过程需要大量的能量。这些能量一般由三磷酸腺苷（ATP）等高能化合物来提供。高能化合物大多数经过氧化磷酸化途径而生成。微生物细胞要进行氧化磷酸化，必须有足量的氧存在。因此在发酵过程中必须供给充足的氧气。

溶解氧的调节控制，就是要根据微生物细胞对溶解氧的需求量，进行连续不断的供氧，以使培养基中的溶解氧维持在一定的浓度范围。在食品增味剂的生产过程中，在不同的阶段，微生物细胞的呼吸强度和浓度各不相同，致使其耗氧速率有很大差别。因此，必须根据各阶段细胞耗氧速率的不同而供给适量的溶解氧。

4. 酶促合成法

利用酶的催化作用，将底物转化为食品鲜味剂的技术过程称为食品鲜味剂的酶促合成。由于酶具有专一性强、催化效率高、作用条件温和等特点，利用酶促合成法生产食品鲜味剂可以提高产率、降低设备投资、减轻劳动强度、提高产品质量，是一种很有前途的生产方法。但是，由于有些酶的生产成本较高，酶活力较低，容易受到外界条件的影响而失活，使酶促合成法的应用受到限制。随着生物工程技术的不断发展，这些不足之处将被不断克服，酶促合成法将越来越广泛地被应用。

蛋白酶是一类催化蛋白质水解的酶。根据来源不同，蛋白酶可以分为动物蛋白酶，如胰蛋白酶、胃蛋白酶等；植物蛋白酶，如木瓜蛋白酶、菠萝蛋白酶等；微生物蛋白酶，如枯草芽孢杆菌蛋白酶、黑曲霉蛋白酶等。蛋白酶和核糖核酸酶属于水解酶类，其作用是将蛋白质或核糖核酸水解生成氨基酸或核苷酸，在食品增味剂的生产中，特别是在复合增味剂的生产中广泛使用。天冬氨酸酶促合成中应用的酶主要有天冬氨酸转氨酶、天冬酰胺酶、天冬氨酸酶等。

5. 化学合成法

通过化学反应而合成氨基酸或核苷酸等食品鲜味剂的方法称为鲜味剂的化学合成法。通过化学合成法得到的氨基酸均为外消旋的 dl-氨基酸，需经过光学拆分，才能得到所需的 l-氨基酸。采用化学合成法生产 $5'$-核苷酸，存在需要使用大量溶剂，并易造成设备腐蚀等缺点，加上会造成环境污染以及原料供应等问题，所以在实际生产中很少使用。

三、食品鲜味剂的应用及注意事项

随着食品鲜味剂生产的不断发展，应用越来越广泛。使用时要按照国家的有关标准，注意各种鲜味剂的使用范围和用量，并采用科学的使用方法。同时，对使用过程的各种条件和注意事项也逐渐成为人们关注的内容。

1. 谷氨酸和谷氨酸钠的应用

谷氨酸和谷氨酸钠是主要的食品鲜味剂。本身具有强烈的鲜味，并可增加食品的风味，广泛应用于各种食品的烹调和加工之中。

谷氨酸和谷氨酸钠的使用过程中，要注意温度、pH、离子强度、与其他食品增味剂或调味剂配合使用等有关问题。

（1）温度　谷氨酸和谷氨酸钠在通常的烹调、加工条件下是相当稳定的。但是要避免在高温条件下长时间加热，否则会引起谷氨酸和谷氨酸钠脱水环化生成没有鲜味的焦谷氨酸或焦谷氨酸钠。

（2）pH　谷氨酸或谷氨酸钠应在微酸性的食品中使用。在微酸性的条件下，谷氨酸钠可充分发挥其增味功能，而谷氨酸则会与食品中的钠、钾等离子生成增味效果更好的谷氨酸盐。在 pH 较低时，谷氨酸钠即变成鲜味较弱的谷氨酸。pH 过低，生成酸味很重的谷氨酸盐酸盐等。如果在 pH 过高的碱性条件下使用，谷氨酸或谷氨酸钠则会与金属离子反应，生成难溶的或鲜味效果较差的谷氨酸金属盐，降低或失去其增味效果。

（3）离子强度　在离子强度过高的条件下使用谷氨酸或谷氨酸钠时，可能会与某些离子发生反应，生成难溶的或者鲜味较差的谷氨酸盐。例如，与钙离子反应生成谷氨酸钙等。

（4）与其他增味剂配合使用　谷氨酸和谷氨酸钠作为食品鲜味剂可以与核苷酸类鲜味剂、有机酸类鲜味剂、复合鲜味剂等配合使用。通常谷氨酸钠都与食盐配合使用才能充分发挥其鲜味剂的作用。

2. 呈味核苷酸的应用

Kuninaka 提出，在 5′-核苷酸分子中，核糖与碱基之间的键易被水解破坏，这个键比核糖与磷酸之间的酯键更弱。肌苷酸和鸟苷酸在固体状态时比较稳定，在 pH 为 3.1 的溶液中 115℃加热 40min，损失 29%，在 pH 为 6.1 时进行同样的加热，则损失 23%。可见肌苷酸和鸟苷酸的热稳定性与它们的状态和溶液的酸碱度皆有关。在一般烹饪过程中呈味核苷酸的稳定性较好。

在家庭的食物烹饪过程中并不单独使用核苷酸类调味品，通常与谷氨酸钠配合使用。市场上的强力味精等产品就是家庭烹调用的，是以谷氨酸钠和 5′-核苷酸配制好的复合化学调味品。在食品加工过程中，可以使用肌苷酸钠或者肌苷酸钠和鸟苷酸钠的等量混合物。将这些物质与谷氨酸钠配合使用，构成基本调味品。

核苷酸类鲜味剂性质比较稳定，在常规储存和食品焙烤、烹调加工中都不容易被破坏。但是，动、植物组织中广泛存在的某些酶能将核苷酸分解，分解产物失去鲜味，所以不能将核苷酸直接加入生鲜的动、植物原料中。此外，还要设法采取必要的技术措施防止二次污染，例如，对酱油储存桶（罐）清洗灭菌后进行专用；对包装容器要加强消毒灭菌；对包装机器要定期清洗灭菌；加强对包装人员知识教育等。

3. 动、植物蛋白质水解物的应用

（1）在医药、保健食品中的应用　蛋白质水解物有很高的营养价值，它已被广泛应用于医药和其他保健食品中。近年研究发现，小分子多肽可由肠道直接吸收，且肽的吸收途径比氨基酸的吸收途径具有更大输送量。因此，易消化吸收肽可作为肠道营养剂或以流质食物形式提供给需要人群。例如，婴幼儿等消化功能不健全人群或消化功能衰退的老年人，手术后康复或患病有待治疗者，过度疲劳或运动量大需摄入大量蛋白质且肠道不堪重负者，

蛋白质水解物可以作为这些特殊需要的功能性食品基料。

（2）在调味品中的应用 蛋白质水解物可作为一种天然氨基酸调味剂，可以增强食品的鲜美味；呈味力强；含有人体不可缺少的 8 种必需氨基酸，能增加食品的营养成分；可抑制食品中的不良风味。

蛋白质水解物的应用范围非常广泛，据资料介绍，常见的应用主要包括虾片等零食、调味汁、罐头食品、香肠等加工肉类。由于动物蛋白质水解物的成本较高，植物蛋白质水解物（HVP）目前也被广泛用作肉类香精、调味料等食品的风味增强剂。

蛋白质水解物在食品行业中应用时，除了考虑风味等因素外，更主要的是其应用的安全性，其中氯丙醇等物质的含量一定要严格监控。今后，蛋白质水解物在各应用行业中应该制定并完善卫生规范，完善监督机制。

第二节 酵母抽提物鲜味剂

一、酵母和酵母抽提物

酵母抽提物是一种富含蛋白质、多肽、核苷酸、维生素、矿物质、游离氨基酸的功能性营养物质，具有品质优良、易于消化的特点，因而是一种非常优良的蛋白质资源。但因酵母细胞壁坚硬、不易消化，因而不利于人体吸收。此外，酵母中的核酸含量非常高，食用过多会导致痛风以及尿中毒等病症，因而限制了酵母的应用。为了解决上述问题，科学家通过使用各种方法去除 RNA 或降低 RNA 含量，大大地提高了酵母单细胞蛋白等新食品原料的食用性。此外，也可利用现代生物技术将酵母菌体消化，并将其中的核酸降解成为小分子物质，制得容易被人体吸收并且具有调味功能的产品——酵母抽提物。

酵母抽提物是一种优良的天然调味料，广泛应用于各种加工食品，如汤类、酱油、香肠、米果等中，用作调味剂、增香剂、营养强化剂、稳定剂、乳化剂、增稠剂。酵母抽提物作为食品工业中三大鲜味调味料（味精、呈味核苷酸二钠、酵母抽提物）之一，是最为理想的生物培养基原料和发酵工业中的主要原料，其功效与 8 倍的酵母相当，可以大大提高菌种的生产速率及发酵产品得率。酵母抽提物呈深褐色糊状或淡黄褐色粉末，持有酵母所特有的鲜味和气味。粉末制品具有很强的吸湿性。一般糊状品含水 20%～30%，粉状品含水 5%～10%。5% 的水溶液 pH 为 5.0～6.0。

二、酵母抽提物的生产工艺

制造酵母抽提物的原料可以选用啤酒酵母、面包酵母、假丝酵母、乳酸酵母等。一方面，可选用啤酒厂的废弃酵母，另一方面，可通过培养获得酵母菌体。原料来源充足，一般是采用啤酒厂的废弃酵母泥。酵母抽提物根据酵母原料的不同形态采取以下三种不同的生产方法：①自溶法；②酶分解法；③酸分解法。机械破碎法（高压匀浆法、高速球磨法）在小规模生产中也有应用。

自溶法是利用酵母本身含有的糖酶系、蛋白酶系以及核酸酶系等，在添加一定的自溶促进剂，控制一定的条件之下，将酵母体内的蛋白质、核酸、糖类物质等分解为氨基酸、肽类、核苷酸、还原糖等小分子物质，并从酵母细胞内抽提出来的一种方法。自溶生产工艺使用的原料是具有酶活力的新鲜活酵母，主要是面包生产中的面包酵母和啤酒酿造的副产物啤酒酵母。

在生产过程中，通过改变环境条件如温度、pH 等或加入某些自溶促进剂，使酵母细胞膜的结构发生变化，释放出大量水解酶类，同时水解酶类被激活，对酵母细胞内的大分子物质进行降解作用。酵母自溶过程中，由于自身酶系活力有限，并且随着自溶过程进行活力不断降低，因此在生产过程中还需要外加一定量的蛋白酶和核酸酶，从而加速酵母的自溶。

与另外两种生产方法相比，利用自溶法生产得到的酵母抽提物，蛋白质分解率高、鲜味氨基酸游离率高、风味好、呈味性强、成本也比较低。目前欧洲、美国和我国所生产的酵母抽提物绝大多数都是采用这种方法。

1. 自溶法

采用自溶法生产酵母抽提物的主要工艺流程如图 11-1 所示。

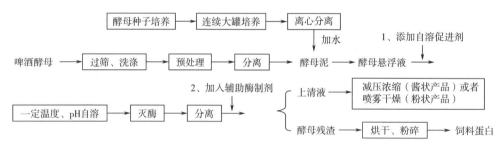

图 11-1　酵母抽提物的自溶法生产工艺流程

工艺操作关键步骤如下。

（1）过筛、洗涤　原料啤酒酵母加水搅拌均匀，较高速离心洗涤除去泡沫及啤酒味，用 200 目筛过滤，除去酵母泥中的不溶性颗粒杂质。

（2）预处理　一般采用适当浓度的碳酸氢钠或者酒精对原料废啤酒酵母处理多次，在抽提物感官质量方面可有明显的提高和改善。

（3）分离　碳酸氢钠用量较小，加入 8.5%（质量分数）作用 2h 可有效分离除去因酒花成分引起的苦味，还能有效除去其他异味和酵母味。产品鲜味强烈，又有醇厚味，口味协调，肉香味浓郁。

（4）酵母泥　加入酵母泥时，一般调配成 10%~15% 的酵母悬浮液。

（5）添加自溶促进剂　添加自溶促进剂主要是为了激活酵母细胞内的有关水解酶类，促进自溶过程，缩短生产时间。同时在自溶开始或进行一段时间后外加部分水解酶类，更有利于蛋白质、核酸的降解，提高抽提率。

食盐作为主要的促溶剂之一，还具有防腐调味的作用。有研究报道，食盐浓度 2%（质量分数）以下，在温度低于 43℃ 时自溶，自溶液容易发生腐败变质。用盐量 3%~5%（质量分数）制得的酵母精在色、香、味、氨基氮得率和总氮含量上均无显著差异，但用盐量必须考虑酵母精成品的含盐量，用盐量 5% 以上制得的成品抽提物味道过咸，一般用盐量 3% 左右比较合适。

（6）自溶　关键在于控制好自溶的工艺参数，如温度、pH、自溶时间、自溶用水选择等。一般自溶过程以 pH 为 6~7 较为适合。

用蒸馏水和用自来水自溶相比，前者条件下得到的产品口味稍好，香味浓郁、纯正，在感官质量上有优势，但氨基氮含量及得率无明显增加。自溶用水较少时，产品中氨基氮得率较低，主要是酵母残渣损失的酵母抽提物较多。自溶用水较多时，虽然氨基氮含量较低，但有利于提高氨基氮得率。当然，用水量较大时，产品浓缩工序较麻烦。一般在酵母泥干物质含量在 20% 左右的情况下，自溶用水量为酵母泥重量的两倍左右比较合适。

自溶温度可控制在 40~60℃，因为在 35℃ 以下低温环境中自溶，不利于蛋白酶发挥作用，不仅产品的氨基氮含量及得率低，质量差，而且自溶过程中容易发生腐败变质。自溶时间也不能过长。自溶 60h 以上得到的产品略带氨味，表明自溶过度。根据自溶过程中氨基氮变化的变化规律，自溶时间可选择在 40h 左右。

在酵母自溶过程中，某些葡聚糖酶系会对细胞壁有一定水解作用，但大部分时间里细胞壁仍保持较完整的轮廓并且具有半透膜作用，其中的降解产物如氨基酸、低分子多肽、核苷酸等只能通过扩散作用而抽提出来，因此大大限制了酵母细胞内物质的溶出，降低产品得率。因此可以对酵母细胞破壁处理，促进细胞内降解产物的扩散，提高抽提物得率，另外在一定程度上诱导和促进酵母自溶，增强水解酶系作用，缩短自溶过程。

（7）灭酶　自溶过程结束后迅速升温至 95℃ 左右，保温一段时间，不仅可以起到灭酶的作用，还可因为美拉德反应的发生赋予最终产品特殊的肉香味。

（8）分离　灭酶后冷却，离心分离得到自溶上清液。

2. 酶分解法

酶分解法工艺不同于自溶工艺。它用细胞内酶已经失活的酵母为原料，一般是通过加热和干燥处理得到的。在控制一定的工艺条件下（包括一定的酵母浓度、酶量比例、温度和 pH 等），干燥的酵母原料在破壁酶、蛋白酶、5′-磷酸二酯酶等的共同作用下，分解成为小分子的糖类、氨基酸、多肽以及 5′-核苷酸等呈味物质。离心分离细胞碎片后将上清液减压浓缩或者喷雾干燥就可以得到酵母抽提物产品。

酶分解工艺的优点在于可利用的原料广泛，可以是传统发酵工厂如酒精、啤酒、葡萄酒厂的酵母副产物，也可以是利用废液培养得到的大量酵母细胞等。但是由于酶制剂的成本较高，因此该工艺一般适用于高档酵母抽提物的生产。日本由于其酶制剂工业发达，大部分的酵母抽提物都是采用酶法分解工艺生产的，而我国基本上很少用这种工艺。

3. 酸分解法

和酶分解法工艺一样，该工艺同样是以干燥酵母为原料，利用盐酸或者硫酸进行分解生产。酵母酸分解法工艺得到的抽提物产品相当于动物水解蛋白（hydrolyzed animal protein，HAP）或者植物水解蛋白（hydrolyzed vegetable protein，HVP）。基本的生产工艺是将酵母悬浮液在一定的酸浓度、压力、温度以及 pH 条件下水解一段时间，然后进行过滤、脱色、脱臭以及碱中和，最后经过减压浓缩或者喷雾干燥就可以得到酵母抽提物产品。酸法工艺的分解率相当高，得到大量游离氨基酸，但欠缺的是体现酵母抽提物特征的呈味性较差，并且碱中和时使用了大量的碱，生成了大量的盐，需要进行脱盐处理。酸法分解工艺的适用性较差，目前一般较少用来生产酵母抽提物。

三、酵母抽提物的应用

酵母抽提物作为一种重要的调味原料，在 21 世纪初的欧洲、美国、日本等发达国家和地区的食品工业中得到了广泛应用，我国也不例外。酵母抽提物营养丰富、加工性能良好，在一些食品加工中往往能起到有效增强产品鲜美味和醇厚感，同时缓和产品咸味、酸味，掩盖异味等作用，在食品加工业中都得到了较好的应用。

在食品工业中，酵母抽提物主要用作液体调料、特鲜酱油、粉末调料、肉类加工、鱼类加工、动植物抽提物、罐头食品、蔬菜加工、饮食业等鲜味增强剂以及风味掩盖剂。

1. 食品领域

（1）方便面　在方便面的调料包中添加可增强产品的鲜味、醇厚感，提高产品适口性和营养价值。在面身中添加可以改善和提高面饼的口感，增加营养。方便面、干面食的制作中，和面时可以直接加入酵母抽提物，添加量 0.5%。

（2）鸡精　有效提高鸡精中的氨基氮、总氮及呈味核苷酸含量，更容易达到标准要求。有效增鲜，使鸡精的香味纯正、口感醇厚、鲜美，提升产品档次。

（3）食用香精　作为香精基料，提供口感及香气的载体，使香精效果充分体现。

（4）肉制品　增强色泽；烘托肉风味，掩蔽不良气味；增强产品鲜美感，改善产品肉质原味及醇厚味，提高象真度；改善切片性能；使组织更致密，切面更光滑。将酵母抽提物添加到肉类食品如火腿、香肠、肉馅等中，可抑制肉类的不愉快气味，有强化肉味、增进肉香形成等效果，赋予肉汁特殊的浓郁香味。在火腿肠中添加糊状酵母精，添加量 0.2% 左右，火腿肠的色、香、味均得到明显改善，效果极好，与对照相比，不仅色感好，而且颜色稳定，储存过程中不易褪色，香气更为浓郁，味道更为醇厚，肉香味增强。

（5）水产品类　酵母抽提物可应用在鱼肉火腿、鱼糕等制品中。由于水产品本身缺乏天然肉香呈味成分，有腥臭味，因此在制作水产品时，可以将酵母抽提物和香辛料同时使用，减少或消除腥臭气味，增加肉香，以达到较理想的调香效果。

啤酒酵母抽提物是一类富含蛋白质、核苷酸、多糖、促生长因子、抗氧化活性物质的营养物质，自20世纪90年代起就用作水产饲料添加剂。啤酒酵母抽提物最显著的特点体现在它的促生长和抗氧化作用，通常归因于其活性成分的作用，在畜禽水产中具有广阔的应用前景。

（6）酱卤制品　能够增强色泽；强化风味，增强产品鲜味、肉质感及厚味，增进食欲。提高了卤水老汤的利用率。

（7）快餐食品、火锅　可以增强鲜美感及醇厚感、掩盖肉腥味。

（8）焙烤食品　可以为食品提供风味，改善口感及结构。

（9）饼干、膨化食品以及各类风味小吃　膨化食品的生产中，选用合适的调味料是决定产品成败的关键。添加0.5%~1.5%酵母抽提物的葱油饼、炸薯条等经过高温烘烤，会变得更加美味，香酥可口。也可直接喷洒于食品表面，按最佳赋味比来测算，一般为4%~8%。协调各种香辛料的香气；平衡各种滋味料的口感；增强醇厚感，丰富味道。

（10）酱油　掩蔽加工中产生的不良气味，突出产品酱香。协调、平衡滋味，缓和产品直冲感，使口感更自然柔和、醇厚。提高产品氨基酸态氮等质量指标。

（11）腌制菜类佐料　如榨菜、咸菜、梅干菜等，添加0.8%~1.5%酵母抽提物，可以起到降低咸味的效果，并可掩盖异味，使酸味更加柔和，风味更加香浓持久。

2. 生物发酵领域

（1）发酵工业原料　氨基酸、抗生素、原料药、维生素C及肌苷等。

（2）微生物培养基　假单胞杆菌、醋酸杆菌、葡萄糖酸杆菌、大肠杆菌、枯草芽孢杆菌、乳酸链球菌、葡萄球菌、酵母及支原体。

3. 化妆品领域

酵母经破壁后将其中蛋白质、核酸、维生素等抽提，再经生物酶解成富含小分子的氨基酸、肽、核苷酸、维生素等天然活性成分的淡黄色粉末。其中氨基酸含量30%以上，总蛋白含量50%以上，核苷酸含量10%以上，在化妆品中具有保湿、赋活等功效。

氨基酸是皮肤角质层中自然保湿因子的主要成分，易被皮肤吸收，使老化的表皮恢复弹性，延缓皮肤衰老。核酸及核苷酸是人体的主要遗传物质，具有促进新陈代谢、提高蛋白质合成速度等作用，增强免疫机能、增强SOD活性，提高皮肤抗自由基能力。此外，产品中少量的维生素和矿物质等营养素还可以为皮肤提供充足的营养。

随着人们对酵母抽提物认识的加深，其市场越来越大，应用范围也越来越广，食品生产厂家对酵母抽提物的要求也越来越高。酵母抽提物在研制和应用方面出现了一些进展和趋势，包括高纯度高蛋白型酵母抽提物、高 I+G 型酵母抽提物、风味型酵母抽提物的开发，以及在方便面行业中使用酵母抽提物的尝试等。

四、国内外研究情况

酵母抽提物作为增鲜剂和风味增强剂，它保留了酵母所含的各种营养，还能掩盖苦味、异味，使食品获得更好的口感。在发现了核苷酸呈味物质和谷氨酸在一起有增效作用后，国际上很多商家广泛采用，在市场上采购鸟苷酸和肌苷酸，作为添加剂加入酵母抽提物中，以提高酵母抽提物的风味和鲜味。而酵母自身含有核酸，有可能成为酵母抽提物中鸟苷酸和肌苷酸的来源，但在正常的自溶条件下，核酸降解为 5-AMP（腺苷酸）、5-GMP（鸟苷酸）、5-CMP（胞苷酸）、5-UMP（尿苷酸），其中有 3 种不具有呈味增强剂的作用，而只有腺苷酸（MAP）在有脱氨酶的存在时，才能使之转化成呈味的肌苷酸，而酵母自身不含这种酶。日本发明的 5-腺苷酸脱氨酶，能使酵母自溶得到的腺苷酸 AMP 转化成肌苷酸（IMP），由此日本所产酵母抽提物的呈味核苷酸、肌苷酸和鸟苷酸含量有了新的提高。后来又研发出高核酸酵母，因为面包酵母中含核酸一般为 6%~8%，新研发的高核酸酵母核酸的含量可达 14%。我国福建莆田糖厂曾经专门建立了高核酸酵母车间，产品出口到日本。三菱兴人株式会社用高核酸酵母经特殊的工艺制取的酵母抽提物，其肌苷酸和鸟苷酸盐含量达 20%。

在欧洲，酵母抽提物以自溶物占优势，也就是说不另加外来的酶进行水解。市场产品规定有浆状和粉状两种。浆状又分两种规格即 50%~60% 及 78%~80% 固形物两种。在欧洲，因酵母抽提物有一定的肉类香味，故常作肉类提取物替代品使用。但酵母抽提物有一种特别的、有时难以被消费者接受的怪味。所以国际上对酵母抽提物仍进一步的加工改性，主要的是将酵母抽提物进一步和糖类发生美拉德反应而产生新的香味物质，因为酵母抽提物中含的不仅仅是游离氨基酸，还有不少肽类物质，它们能和糖类产生特殊的芳香。在所采用的糖类中，高纯木糖被推荐为能产生较好的烤牛肉、烤猪肉、鱼肉、鸡肉等风味的首选单糖，和其他还原糖比较，木糖的反应时间短，产生的肉香较逼真。日本米满宗明发明的肉类香味强化的酵母抽提物，是由含谷胱甘肽、胱氨酸等含硫氨基酸的酵母抽提物和 L-谷氨酸钠、木糖共存下，加热而成，产生了非常好的牛肉风味。

近年来，随着对人们对酵母抽提物认识的加深，酵母抽提物市场越来越大，应用范围也越来越广，而食品生产厂家对酵母抽提物的相应要求也越来越高，酵母抽提物在研制和应用方面出现了这样一些进展和趋势。

1. 高纯度高蛋白型酵母抽提物

由于拓展国际市场和满足国内高端市场的需要，酵母抽提物生产厂家已经通过调整改进生产工艺和设备，生产出浅色、溶解性好的高纯度酵母抽提物。相比较以前的抽提物产品，新的高纯度酵母抽提物产品在理化指标、溶解性能、加工性能等方面更加接近国际同类产品，这就为产品进入国际市场提供了保证。另一方面，国内的一些使用进口酵母抽提物的客户在比较国内外酵母抽提物的性价比后，也开始在产品中尝试使用国产酵母抽提物。

2. 高 I+G 型酵母抽提物

高 I+G 含量的强鲜型酵母抽提物随着调味行业对天然、营养、健康的强烈鲜味剂的大量需求而出现并受到普遍关注。由于中国人对鲜味的偏爱，市场上销售的各种调味品往往都会突出一个鲜字，因而各种鲜味增强剂如味精、I+G 等产品都具有较大的市场。一般的酵母抽提物虽然在整体呈味上比味精强，但往往给人鲜度不够的感觉；高 I+G 含量的强鲜型酵母抽提物通过在自溶过程中控制核酸的降解，使产品中呈味核苷酸（I+G）的含量增加，从而提高产品的鲜度，再加上酵母抽提物天然、营养的特性和良好的加工性能，这样就大大提高了酵母抽提物在与其他鲜味剂竞争中的优势。目前，国际上酵母抽提物中的 I+G 含量一般在 14% 左右。

3. 风味型酵母抽提物

酵母抽提物开始向风味化方向发展。与普通酵母抽提物和香精都不同，风味化酵母抽提物由于在酵母抽提物基础上糅合了热反应技术，且其主要原料就是酵母抽提物，因此其可以看作是酵母抽提物和香精的结合体。风味化酵母抽提物既具有酵母抽提物呈味好的优势，又具有热反应香精主体风味突出的特点，深受广大客户的喜爱。

4. 方便面行业开始尝试在干脆面的面身中使用酵母抽提物

方便面行业在调料中使用酵母抽提物已经形成了一种共识，一些厂家在其即食干脆面面身中使用酵母抽提物也获得了满意的效果。相信随着应用技术的逐步提高，面身中使用酵母抽提物也一定会得到越来越多厂家的认可。

酵母抽提物在其他领域也有应用。

（1）工业级酵母抽提物 酵母膏是以新鲜啤酒酵母乳液经（酶解）分离、浓缩得到的纯天然制品，富含均衡的各种人体必需氨基酸、B 族维生素、核苷酸、多肽及微量元素，是各种微生物所必需的生长元素。

酵母膏是棕黄色浓厚黏稠液体，具有特殊的臭味，但无腐败气味。能溶于水，溶解呈黄色至棕色，呈弱酸性。经酶解方法处理的酵母膏氨基氮含量较高，更有利于细菌的培养。

（2）医药发酵领域 酵母抽提物在医药领域的应用主要体现在其作为医药原料和保健食品添加剂上。酵母抽提物，作为一种纯天然、营养丰富的食品配料，不仅在食品行业中广泛应用，而且在医药领域也发挥着重要作用。它的主要成分包括多肽、氨基酸、呈味核苷酸、B 族维生素及微量元素等，这些成分对于提高药品效果和增强人体健康具有积极作用。

第三节 酸味剂

酸味是食物的一种基础风味，是由具有酸味的成分所赋予的。生活中带有酸味的食物有很多，如酸乳、醋、泡菜等，它们中的酸味成分，如乳酸、醋酸等，为食品风味的构建发挥了关键性作用。GB 2760—2024 中规定，用于改变或维持食品酸碱度的物质称为酸度调节剂（acidity regulator），又称食品酸味剂。酸味剂是一种能够使食品具有一定酸味的食品添加剂，能增进食欲，促进唾液的分泌，有助于钙、磷等物质的溶解，促进人体对营养素的消化、吸收，同时还兼有抑制微生物生长、护色的作用，已在食品工业中广泛使用。

一、食品酸味剂的作用

食品酸味剂与其他调味剂配合使用，可以调节食品的口味，科学地使用酸味剂，不仅可以起到调味作用，使食品更具备最佳口感和风味，还可改善杀菌条件，在食品生产工艺中发挥着不可或缺的作用。食品酸味剂在食品中的主要作用如下。

1. 赋予酸味

酸味给人以爽快的刺激，酸味剂可起到调味作用，使食品具备最佳的风味和口感。因此，酸味剂在食品加工中被广泛应用。

2. 调节 pH 值

酸味剂在食品中可用于控制食品体系的酸碱性。如在凝胶、干酪、果冻、软糖、果酱等产品中，为了取得产品的最佳性状和质构特征，必须正确调整 pH，果胶的凝胶、干酪的凝固尤其如此。

3. 形成特征风味的基础

不同的特征风味具有特殊的酸味。酸味剂在食品中可作香味辅助剂，广泛应用于调香。许多酸味剂都得益于特定的香味，如酒石酸可以辅助葡萄的特征风味，磷酸可以辅助可乐饮料的特征风味，苹果酸可辅助许多水果和果酱的特征风味。还可用做香味辅助剂，酸味剂能平衡风味、修饰蔗糖或甜味剂的甜味。

4. 可作螯合剂

某些金属离子如镍、铬、铜、锡等能加速食品氧化作用，产生不良影响，如变色、腐败、营养素的损失等。许多酸味剂具有螯合这些金属离子的能力，酸味剂与抗氧化剂结合使用，能起到增效的作用。

5. 使碳酸盐分解产生 CO_2 气体

化学膨松剂是产气的基础，酸味剂的性质决定了膨松剂的反应速率。此外，酸味剂还有一定的稳定泡沫的作用。

6. 可作为护色剂

由于酸味剂具有还原性，在水果、蔬菜制品的加工中可以起到护色的作用，在肉类加工中可作为护色助剂。

7. 酸水解作用，蔗糖的转化

酸味剂具有催化水解作用，能够在酸性环境中促进蔗糖转化为葡萄糖和果糖。该反应常用于糖果生产中，用以提高糖果的甜味和口感。

8. 酸味剂作为缓冲剂

在糖果生产中，酸味剂可作为缓冲剂，帮助调节和稳定产品的酸碱度，抑制蔗糖的褐变反应，并提高产品的稳定性和外观。

9. 抑菌防腐作用

酸味剂降低了体系的 pH，可以抑制许多有害微生物的繁殖，抑制不良的发酵过程；并有助于提高酸型防腐剂的防腐效果；降低食品高温杀菌温度并减少时间，从而减少高温对食品结构与风味的不良影响。

二、食品酸味剂的分类

1. 按照其酸味分类

食品酸味剂按其酸味可以分为令人愉快的（柠檬酸、抗坏血酸葡萄糖酸等）、带有苦味的（dl-苹果酸等）、带有涩味的（酒石酸、乳酸等）、有刺激性气味的（乙酸等）、有鲜味的（谷氨酸等）酸味剂。

2. 按照分子结构组成分类

食品酸味剂按其分子结构组成可以分为有机酸和无机酸两大类。

（1）有机酸味剂　天然有机酸（natural organic acids）是一类具有一个或多个羧基的酸性有机化合物，广泛分布于各种生物体细胞中，常见于植物的叶、茎、根，尤其是果实中。天然有机酸主要包括柠檬酸、乳酸、酒石酸、苹果酸醋酸、葡萄糖酸等。

①柠檬酸：柠檬酸（citric acid，CA），又名枸橼酸，分子式为 $C_6H_8O_7$，是一种重要的有机酸，在果蔬中分布最广，是一种无色晶体，常含一分子结晶水，无臭，有强酸味，在潮湿的空气中微有潮解性，易溶于水，20℃时溶解度为 59%，其 2% 水溶液的 pH 为 2.1。柠檬酸的酸味圆润滋美，使人具有愉快感，有迅速达到最高点并很快降低的特点。

柠檬酸发酵有固态发酵、液态浅盘发酵和深层发酵 3 种方法。

固态发酵是以薯干粉、淀粉粕以及含淀粉的农副产品为原料，配好培养基后，在常压下蒸煮，冷却至接种温度，接入种曲，装入曲盘，在一定温度和湿度条件下发酵。采用固态发酵生产柠檬酸，设备简单，操作容易。

液态浅盘发酵多以糖蜜为原料，其生产方法是将灭菌的培养液通过管道转入一个个发酵盘中，接入菌种，待菌体繁殖形成菌膜后添加糖液发酵。发酵时要求在发酵室内通入无菌空气。

深层发酵生产柠檬酸的主体设备是发酵罐，微生物在密闭发酵罐内繁殖与发酵。常用的发酵罐有通用式发酵罐、带升式发酵罐、塔式发酵罐和喷射自吸式发酵罐等。

微生物生成柠檬酸要求低 pH，最适 pH 为 2~4，这不仅有利于生成柠檬酸，减少草酸等杂酸的形成，同时可避免杂菌的污染。柠檬酸发酵要求较强的通风条件，有利于在发酵液中维持一定的溶解氧量，促进产酸。柠檬酸生成和菌体形态有密切关系，若发酵后期形成正常的菌球体，有利于降低发酵液黏度而增加溶解氧，因而产酸就高。若出现异状菌丝体，而且菌体大量繁殖，造成溶解氧降低，使产酸迅速下降。发酵液中金属离子的含量对柠檬酸的合成有非常重要的影响，过量的金属离子引起产酸率的降低，由于铁离子能刺激乌头酸水合酶的活性，从而影响柠檬酸的积累，然而微量的锌、铜离子又可以促进产酸。

②乳酸：乳酸（lactic acid）（2-羟基丙酸），分子式为 $C_3H_6O_3$，是乳制品中的天然固有成分。无色或微黄色的糖浆状液体，是乳酸和乳酸酐的混合物。一般乳酸的浓度为 85%~92%，几乎无臭，有吸湿性，能与水、乙醇、甘油混溶。酸味柔和，具有涩味感。

乳酸发酵使用原料一般是玉米、大米、甘薯等淀粉质原料，发酵使用产乳酸菌（主要来自乳酸杆菌属）以及一些酵母。这些细菌分解食物中的糖分，形成乳酸，有时还会产生酒精或二氧化碳。乳酸发酵阶段能够产酸的乳酸菌很多，但产酸质量较高的却不多，主要是根霉菌和乳酸杆菌等菌系。不同菌系其发酵途径不同，可分同型发酵和异型发酵，实际由于存在微生物其他生理活动，可能不是单纯某一种发酵途径。

③酒石酸：酒石酸（tartaric acid）（2,3-二羟基丁二酸），是一种羧酸，分子式为 $C_4H_6O_6$，是葡萄酒中主要的有机酸之一。呈无色至半透明的结晶或白色微细至颗粒状结晶性粉末，无臭，溶于水和乙醇，稍有吸湿性。酸味比柠檬酸强，其强度为柠檬酸的 1.2~1.3 倍，口感稍涩。

利用微生物菌体将含碳化合物如葡萄糖及其衍生物、有机酸、氨基酸、醇等碳源转化生成酒石酸。70 年代初期，日本就利用葡萄糖酸杆菌变异株将葡萄糖转化为酒石酸，收率为 20%~30%。一般来说，用发酵法进行生产的投资比较多，成本只是化学合成法的几分之一，操作简便，原料来源广，而且没有化学法带来的污染问题。

④苹果酸：苹果酸（malic acid）（2-羟基丁二酸），分子式 $C_4H_6O_5$，为白色或荧白色粉末、粒状或结晶，不含结晶水，易溶于水，20℃时溶解度 55.5%，有吸湿性。在自然界中苹果酸多与柠檬酸共存，在苹果、葡萄、山楂、樱桃等天然水果中含量较高。酸味柔和，较柠檬酸强，别致爽口，略带刺激性，稍有苦涩感，持久性强。

苹果酸的发酵工艺有一步发酵法和两步发酵法。不同的发酵工艺所使用的微生物菌种也不同。

一步发酵法大多采用黄曲霉，它能利用葡萄糖、麦芽糖、蔗糖、果糖以及淀粉等多种糖质原料产生 L-苹果酸。培养基成分比较复杂，发酵过程一般会有延胡索酸等其他的有机酸产生，给苹果酸的分离提纯带来困难，很难得到高纯度的苹果酸晶体，另外产酸也比较低，对于糖的转化率只有 30%~40%，发酵周期长。

两步发酵法的第一步是先用根霉菌将糖类发酵生成延胡索酸，即延胡索酸的发酵，原料多数使用葡萄糖，葡萄糖通常可由淀粉经过酶水解转化而来。第二步是将在第一步所产的延胡索酸中接入酵母或细菌进行发酵，将延胡索酸转化为 L-苹果酸，即转化发酵。

⑤醋酸：醋酸又称乙酸，是一种有机化合物，分子式为 $C_2O_2H_4$，是食醋的主要成分。纯的无水乙酸（冰醋酸）是无色的吸湿性液体，凝固点为 16.6℃，凝固后为无色晶体，其水溶液呈弱酸性且腐蚀性强，对金属有强烈腐蚀性，蒸汽对眼和鼻有刺激性作用。在自然界分布很广，如在水果或者植物油中，醋酸主要以酯的形式存在。而在动物的组织内、排泄物和血液中醋酸又以游离酸的形式存在。许多微生物都可以通过发酵将不同的有机物转化为醋酸。酸味较柠檬酸强，能给人以爽快、刺激的感觉，具有增强食欲的作用。

醋的酿造有固体发酵和液体发酵两种方式。

固体发酵为传统工艺，参与微生物种类较多，产品风味较好，如以淀粉物质为原料需先进行糖化及酒精发酵，最后进行醋酸发酵。

液体发酵一般为工业化生产，用纯培养菌种，产量多、成本低，但产品风味较差。醋酸发酵过程中，主要利用的是醋酸菌所具有的氧化酒精生成醋酸的能力。醋酸菌为好气性菌，发酵在通气条件下进行，发酵温度一般为 25~30℃，醋酸菌发酵需要氨基酸及维生素类物质，因此发酵液中除乙醇外还需添加酵母汁、曲汁或其他含氮有机质。

⑥葡萄糖酸：葡萄糖酸（gluconic acid），又称 D-葡萄糖酸，分子式为 $C_6H_{12}O_7$，为黄色至棕色液体，温度在 4~25℃时，密度 1.24g/cm³。葡萄糖酸溶于水，微溶于醇，不溶于乙醇及大多数有机溶剂。葡萄糖酸的水溶液一般用作食品酸味剂。葡萄糖酸水溶液的酸味爽快。

葡萄糖酸是通过黑曲霉、木醋杆菌和葡糖杆菌的发酵大量产生的。

（2）无机酸味剂　磷酸（phosphoric acid）是可用于食品调味的唯一无机酸，分子式为 H_3PO_4，无色透明糖浆状液体，无臭，不易挥发，不易分解，几乎没有氧化性，在空气中容易潮解。在食品中可作为酸味剂、酵母营养剂，磷酸盐也是重要的食品添加剂，可作为营养增强剂，有强烈的收敛味和涩味。

GB 2760—2024 中规定，在干酪、蚕豆类蔬菜罐头、复合调味料、果冻和除包装饮用水类之外的饮料类中按生产需要适量使用，但未将其列入可在各类食品中按生产需要适量使用的食品添加剂名单中，过多摄入会影响人体对钙的吸收。

三、食品酸味剂的应用

1. 柠檬酸的应用

柠檬酸是广泛应用于食品、医药、日化等行业的食用有机酸。在糕点制作过程中，柠檬酸在增进风味的同时，其形成的酸性环境可以抑制细菌的生长，从而避免食品变质，达到防腐的效果。柠檬酸在食品加工中一般可作为蔗糖转化剂、果蔬护色剂、抗氧化剂的增效剂等。除此之外，柠檬酸能够有效地伸展小麦蛋白结构，是一种可以代替盐酸脱酰胺的有效酸原料，有助于拓宽小麦面筋蛋白应用范围。

2. 乳酸的应用

乳酸酸味剂多用于乳酸饮料和果味露中，且与柠檬酸并用。乳酸独特的酸味可增加食物的美味，可保持产品中的微生物的稳定性、安全性，同时使口味更加温和，同时具有调节 pH，防止食品腐败，延长食品保质期等多方面的作用。在酿造啤酒时，加入适量乳酸既能调整 pH 促进糖化，有利于酵母发酵，提高啤酒质量，又能增加啤酒风味，延长保质期。在白酒、清酒和果酒中用于调节 pH，防止杂菌生长，增强酸味和清爽口感。

3. 酒石酸的应用

酒石酸是葡萄风味的特征酸。很少单独使用，多与柠檬酸、苹果酸等并用，特别适用于添加到葡萄汁及其制品中。

4. 苹果酸的应用

苹果酸在食品、医药和化工领域都有广泛的用途。苹果酸具特殊香味，不损害口腔与牙齿，代谢上有利于氨基酸吸收，不积累脂肪，是新一代的食品酸味剂，被生物界和营养界誉为"最理想的食品酸味剂"，2013 年以来在老年及儿童食品中正取代柠檬酸。另外，苹果酸可用于葡萄酒二次发酵，L-苹果酸可以促进酒类酒球菌生物量的增加，对酿造高质量的葡萄酒起到了促进作用。

5. 醋酸的应用

醋酸可以作为调味品调节风味，也可以作为防腐剂延长食品保质期，但由于其味道太重，现在多数情况下只是作为调味剂使用。

6. 葡萄糖酸的应用

通常以葡萄糖酸的水溶液作为食品酸味剂，用于饼干的膨胀剂。葡萄糖酸的内脂具有加速蛋白质凝固的作用，常用来制作豆腐、豆腐脑、内酯豆腐等豆腐类制品，同时也可用来作食品防腐剂。

7. 磷酸的应用

磷酸可作为调味料、罐头、清凉饮料的酸味剂，多用于碳酸型饮料，也可制备食品级磷酸盐。

8. 食品酸味剂的复合应用

酸味剂的复合使用分为不同酸味剂的复配使用，以及酸味剂与其他多种食品添加剂搭配使用。食品酸味剂与其他食品添加剂混合使用在食品工业的应用也十分广泛，不仅使食品的感官特点更为突出，还能达到更好的抑菌防腐效果。酸味剂与甜味剂之间有拮抗作用，在饮料、糖果等食品的生产加工中，常将酸味剂与甜味剂搭配使用，控制好一定的甜酸比，可以获得风味更佳的产品。

利用酸味剂发酵辣椒的试验中将多种常用酸味剂复配使用，在一定程度上增加了辣椒的风味。试验表明，仅使用一种酸味剂一般难以达到发酵产品的酸味感要求，需要多种酸味剂的配合使用。

第四节　生物防腐剂：乳酸链球菌素

生物防腐剂是从生物体通过生物培养、提取和分离技术获得的，具有抑制和杀灭微生物作用的一类高效防腐剂，在食品中的应用越来越受关注。目前已发现的商业化并被许多国家批准的有乳酸链球菌素、纳他霉素和 ε-聚赖氨酸。本节将对乳酸链球菌素的抑菌作用及其应用进行介绍。

一、乳酸链球菌素概述

乳酸链球菌素（Nisin）是一种由乳酸菌代谢所产生的具有很强杀菌作用的天然代谢产物，被认为是一种高效、天然、绿色食品防腐剂。早在 1928 年，美国学者 Rogers 和 Whiaer 首先发现乳酸链球菌的代谢产物能抑制乳酸杆菌的生长。1933 年，Whitehead 及其合作者观察到，抑制乳酸菌生长的乳酸链球菌代谢产物实质上是一种多肽，并分离出这种物质。1947 年，Mattick 和 Hirsch 研究发现血清学 N 群中的一些乳酸链球菌产生具有蛋白质性质的抑制物，证明该物质可抑制许多革兰阳性菌，并将其命名为"NISIN"，取自"Ninhibitory substance"。

1953 年乳酸链球菌素的第一批商业产品——Nisaplin 在英国面市，乳酸链球菌素作为商品进入市场。1969 年联合国粮食及农业组织/世界卫生组织（FAO/WHO）食品添加剂联合专家委员会确认乳酸链球菌素可作为食品添加剂。1971 年，Gross 和 Morell 阐明了乳酸链球菌素分子的完整结构。1988 年，Buchman 等克隆了编码乳酸链球菌素前体的结构基因并测定了 DNA 序列。1991 年，Mulders 等发现乳酸链球菌素有 2 个天然变异体-乳酸链球菌素 A 和乳酸链球菌素 Z。我国于 1990 年开始批准使用乳酸链球菌素。目前，乳酸链球菌素已经被全世界许多个国家和地区广泛使用，并实现了工业化生产。

随着人们生活水平的提高，健康食品、绿色食品的概念越来越被人们接受，对高效、无毒的天然防腐剂的研究和应用也越来越引起人们的重视。乳酸链球菌素作为一种高效、无毒的天然食品添加剂符合未来食品防腐剂的要求，不仅有较好的防腐抑菌作用，而且能减弱热处理强度，降低加工成本，改善食品风味、外观和营养价值。

二、乳酸链球菌素的结构及特性

乳酸链球菌素（Nisin；CNS：17.019；INS：234）又称尼生素、乳球菌肽，是在乳酸链球菌代谢过程中合成并分泌到环境中的一类对革兰阳性菌（尤其是亲缘性较近的细菌）具有抑制作用的蛋白质或多肽（30~60个氨基酸残基），是由核糖体合成的小蛋白质抗菌素，包含常见氨基酸（丝氨酸、苏氨酸和半胱氨酸）转录后修饰引进的脱氢残留（脱氢丙氨酸和脱氢酪氨酸）和硫醚交联的羊毛硫氨酸和 β-甲基羊毛硫氨酸，是一种由乳酸链球菌合成的多肽抗生素类物质。分子式为 $C_{143}H_{228}N_{42}O_{37}S_7$，相对分子质量 3510。

目前，已发现9种乳酸链球菌素，分别为 A、B、C、D、E、F、Q、U 和 Z 型，F、Q、U 型是近几年发现的新类型。自然状态下的乳酸链球菌素主要是 A 型和 Z 型，其差别是第 27 位的氨基酸不同，A 型为组氨酸，Z 型为天冬氨酸。在同等浓度下，A 型的溶解度和抑菌能力强于 Z 型。一些研究表明，乳酸链菌素活性形式经常出现二聚体和四聚体，相对分子质量分别为 7000 和 14000。乳酸链球菌素在天然状态下主要有两种形式，分别为乳酸链球菌素 A（NisinA）和乳酸链球菌素 Z（NisinZ）。

乳酸链球菌素是一种多肽，人体食入后可被胃蛋白酶迅速分解为氨基酸，被人体吸收。不会改变人体肠道内正常菌群的存活，也不会像抗生素一样产生交叉抗性。乳酸链球菌素作为防腐剂添加于食品中，不会对食品的色、香、味和口感产生副作用。乳酸链球菌素的使用可降低食品的杀菌温度、减少热处理时间，从而保持食品的良好风味和营养价值，并节省能源，提高工作效率。乳酸链球菌素的酸热稳定性和低温贮藏稳定性，有利于持久发挥其防腐效果，延长食品的保质期。乳酸链球菌素与热处理杀菌相结合，可大大提高腐败菌对热的敏感性，尤其是芽孢。

乳酸链球菌素能有效地杀死或抑制引起食品腐败变质的革兰阳性菌，特别是细菌孢子。如葡萄球菌、链球菌、乳杆菌、小球菌、明串珠菌、芽孢杆菌等均对乳酸链球菌素很敏感。通常细菌孢子耐热性很强，一般杀菌条件难以将其杀灭，如鲜乳 135℃，2s 超高温瞬时灭菌，芽孢死亡率为 90%，若同样条件下再添加 2.0~4.0IU/mL Nisin，则芽孢死亡率 100%。而对革兰阴性菌、酵母和霉菌均无作用，可能是因为革兰阴性菌的细胞壁较复杂，仅能允许相对分子质量 60 以下的物质通过，乳酸链球菌素的相对分子质量达到 3150，因此无法到达细胞膜。但在一定条件下，如冷冻、加热、降低 pH、EDTA 处理等，乳酸链球菌素也可抑制一些革兰阴性菌，如沙门菌、大肠杆菌、假单胞菌等的生长。

乳酸链球菌素为天然的多肽物质，食用后可被体内的蛋白酶消化分解成氨基酸，无微生物毒性或致病作用，因此其安全性较高。每日容许摄入量（allowable daily intake，ADI）：0~300IU/kg（FAO /WHO，1994）。

英国 Aplin 公司从 251 份牛乳样品中检测到其中的 109 份样品含有可产生乳酸链球菌素的乳酸链球菌，说明乳酸链球菌素天然存在于人们日常饮用的牛乳中。乳酸链球菌素是多肽，食用后在消化道中很快被蛋白酶水解成氨基酸，不会引起常用其他抗菌素出现的抗药性，也不会改变人体肠道内的正常菌群。病理学研究以及毒理学试验证明，乳酸链球菌素对人体安全无毒。

三、乳酸链球菌素的抑菌作用机制

目前乳酸链球菌素的抑菌机制仍在研究中，在多数情况下，乳酸链球菌素对细菌孢子的作用方式是抑菌而不是杀菌，当孢子萌发时，因对乳酸链球菌素敏感而被杀死，从而抑制了芽孢的萌发过程。通过分子模型分析了乳酸链球菌素与质膜之间的相互作用及其对磷脂的影响表明，乳酸链球菌素吸附在质膜上，其 N 末端比 C 末端更深入地插入脂肪层中，表明 N 末端和 C 末端具有不同的疏水特点。对乳酸链球菌素与不同的中性和负电性磷脂模型的研究结果表明，乳酸链球菌素扰乱了膜中脂肪，尤其是磷脂酰甘油的正常排列。对乳酸链球菌素与卵磷脂模型的作用方式研究表明，乳酸链球菌素可显著地改善二软酯酰-sn-甘油酰-3-卵磷脂的多层分散形态，而不会引起脂肪晶相的显著改变。乳酸链球菌素能显著地干扰膜的渗透性与膜结构。

Driessen 等提出了"孔道理论"，在"孔道理论"中，将乳酸链球菌素比作阳离子，当存在一定的膜电位时，乳酸链球菌素可以吸附到细胞膜上，侵入细菌内部，使细菌的细胞膜内外渗透压发生改变，直至死亡。有研究发现，经乳酸链球菌素处理后，金黄色葡萄球菌培养液的电导率增大，蛋白质含量提高。作者对乳酸链球菌素进行分析发现，乳酸链球菌作用于细胞膜后，会使菌体内部的蛋白质泄露出来，从而导致条带蛋白增多，通过分析乳酸菌在细胞膜上的生长曲线，证实了乳酸链球菌是在细胞膜上发挥作用的，当乳酸链球菌吸附在细胞膜上时，会破坏细胞膜的完整性，使细菌菌体裂解死亡，从而抑制细菌的增长。

有些学者认为，乳酸链球菌素之所以可以杀死细菌，是因为乳酸链球菌素分子中的DHA 和 DHB 对细菌有影响，其可以与细菌细胞膜上的酶发生化学反应，使细胞内的物质流出来，导致细菌细胞发生改变，影响细胞膜、磷脂化合物的合成，进而导致细胞裂解死亡。

四、乳酸链球菌素的应用

乳酸链球菌素作为一种天然、无毒的防腐剂，在食品工业中的应用相当广泛，如乳制品、肉制品、水产品、罐头制品、酱菜、酿酒、果蔬保鲜等。

1. 在乳制品中的应用

乳制品营养丰富，极易受到微生物的污染，从而导致腐败变质，经巴氏灭菌和冷藏可延长保存期，但其中肉毒梭状芽孢杆菌仍能存活，并产生一定毒素。乳酸链球菌素可有效抑制芽孢的萌发及其毒素的形成，延长食品保质期，同时可降低杀菌温度，缩短杀菌时间，从而提高产品品质。乳酸链球菌素可用于巴氏灭菌牛乳，现已成功地应用于全脂消毒牛乳、灭菌乳、风味乳、淡炼乳、再制乳等各种乳制品的防腐和保鲜，添加 30～50IU/mL 的乳酸链球菌素可使鲜乳的保质期延长 1 倍。曾生林在鲜乳中添加了剂量为 50mg/kg 的乳酸链球菌素，发现可以使鲜奶的保存延长至 6d，在豆乳中添加乳酸链球菌素，可改善豆乳的色泽，可见乳酸链球菌素在乳制品中有着非常好的防腐效果。

2. 在肉制品中的应用

乳酸链球菌素作为天然的食品防腐剂，广泛应用于肉类工业，目前使用乳酸链球菌素的肉制品有罐装火腿、熏猪肉、咸猪肉、香肠和真空包装新鲜牛肉等。生产过程通常使用适量的硝酸盐、亚硝酸盐对肉制品进行防腐和护色。微生物发酵会使部分硝酸盐转化成亚硝酸盐，从而抑制肉毒梭状芽孢杆菌等微生物的生长。亚硝酸盐与仲胺或叔胺在一定条件下发生反应，产生高浓度的致癌物亚硝胺。乳酸链球菌素应用于肉类制品中，可以改善其质地和外观，达到更好的防腐效果，延长肉制品的保存时间，还可明显降低硝酸盐的使用，有效抑制肉毒梭状芽孢杆菌等其他杂菌的生长。有研究表明，乳酸链球菌素对真空包装的桶子鸡具有很好的保鲜作用，在室温条件下，可有效抑制鸡肉中腐败微生物的生长，延长其保质期。

3. 在水产品中的应用

近年来，乳酸链球菌素作为食品防腐剂在水产品中应用广泛。水产品在捕捞、贮藏、加工等过程中极易受到微生物的侵袭而腐败变质，导致其保质期缩短，商品价值降低。郑玉秀等研究发现，乳酸链球菌素能有效抑制美国红鱼片中鱼腐微生物菌群，显著缓解鱼片鲜度指标的变化，从而减缓鱼片的酸败速度，提高美国红鱼片品质。裴帅波等采用 0.5g/L 乳酸链球菌素保鲜液浸渍处理青占鱼，贮藏 8d 后青占鱼感官品质无显著变化，仍能达到鲜度标准，保质期延长 4～5d。

4. 在罐头制品中的应用

乳酸链球菌素在酸性条件下易溶、稳定，抑菌活力也高，因此可用于高酸性（pH 为 4.6）罐头的保鲜，可以很好地保持内容物的营养价值和良好感观（色、香、味、形、质地等）。现已广泛应用于番茄、马铃薯、蘑菇、水果等罐头中。

在马铃薯、蘑菇、水果罐头等低酸性罐头中，即使经过高温加热处理，也会有一些嗜热菌的芽孢存在，导致罐头变质，并且罐头在经过高温处理之后，口感会改变，所以在罐头中添加乳酸链球菌素可以有效抑制细菌的繁殖，延长罐头的保存时间，且不会影响罐头的口感，从而降低了罐头的生产成本。

5. 在酱菜中的应用

瓶装酱菜是可供长期储存的方便食品。目前，各类酱菜中含盐量偏高，在 10%~20%，但高盐食品易诱发高血压等疾病。加入 100mg/kg 乳酸链球菌素，可抑制杂菌生长，并使盐的浓度下降。

由于一些国家在食品中不准使用苯甲酸钠，所以乳酸链球菌素用于瓶装酱菜出口，具有现实意义。

6. 在酿酒中的应用

将乳酸链球菌素添加到发酵罐中防止和控制污染、延长非巴氏灭菌或生啤的保质期，如啤酒在生产中易受到乳酸杆菌和片球菌污染，发生浑浊、发黏、变酸等现象。在啤酒发酵过程中即使加入 1000IU/mL 的乳酸链球菌素也不会影响啤酒酵母的生长和旺盛发酵而杂菌却得到有效抑制。

7. 在果蔬保鲜中的应用

近几年，我国在不断改革和创新果蔬的贮藏方法。杨小又等通过研究发现，乳酸链球菌素可以降低水果的失水率，延长水果的贮藏时间，并且色泽也更艳丽，味道没有发生改变，水果经过乳酸链球菌素处理之后，基本没有缩水，这证明乳酸链球菌素可以用来储存果蔬。也有研究表明，乳酸链球菌素在梨汁中表现出显著的抑菌作用。

8. 其他

乳酸链球菌素也可用于焙烤食品中，以防止蜡样芽孢杆菌生长。Jenson 等用乳酸链球菌素作防腐剂，在制作烤饼的面团中，添加不同浓度的乳酸链球菌素作试验，结果显示，乳酸链球菌素添加量为 6.25 μg/g 即可有效地抑制蜡样芽孢杆菌的生长。乳酸链球菌素还可用于对乳酸链球菌素不敏感的微生物发酵过程中，以防止革兰阳性菌的污染。如单细胞蛋白有机酸、氨基酸和维生素等工业发酵过程。

乳酸链球菌素作为一种高效、无毒的天然食品防腐剂符合未来食品防腐剂的发展要求。它可广泛地应用于食品，特别是需经热处理的食品中，具有良好的抑菌防腐作用、减弱热处理强度，从而降低加工成本，改善风味、外观。然而，作为食品防腐保鲜剂的乳酸链球菌素存在着一些缺点，如抗菌谱窄，只对 G^+ 菌有作用，对 G^- 致病菌、酵母、霉菌及病毒无效；在未经热加工或经简单热加工的食品中，来源于微生物、植物或动物有机体的蛋白酶在食品保质期内可使乳酸链球菌素降解；乳酸链球菌素可对液体和均一性的食品发挥最佳作用，对固体和异质性食品作用较差。

在固体和异质性食品中需要适当增加乳酸链球菌素的使用量。若将乳酸链球菌素配制成复配型防腐剂，可发挥广谱抑菌作用。孙京新等将乳酸链球菌素和乳酸钠联合加于西式火腿中，结果表明，二者联合使用，保质期比单独使用乳酸链球菌素长，并且降低了亚硝酸盐的含量。刘喜荣等通过对乳酸链球菌素在延长豆乳保质期方面的研究表明，乳酸链球菌素与某些盐类复合使用要比乳酸链球菌素单独使用效果好。由单一型向复配型防腐剂转变，乳酸链球菌素的应用前景将更为广阔。另一方面，虽然乳酸链球菌素在各个食品保鲜领域中的应用效果较好，但目前国内外对其抑菌机制的研究还不明晰。因此，今后应着重研究乳酸链球菌素保鲜机制，为其指导商业应用奠定理论基础。

第五节　食品天然着色剂红曲红色素

食品着色剂又称食品色素，是以食品着色为主要目的，使食品赋予色泽和改善食品色泽的物质。目前世界上常用的食品着色剂有 60 多种，我国允许使用的有 46 种，按其来源和性质分为食品合成着色剂和食品天然着色剂。红曲红是目前世界上唯一的一种利用微生物发酵生产的食品天然着色剂，是红曲霉次级代谢产物之一。

一、红曲红色素的特性

红曲米（red kojic rice）又名红曲，是将稻米蒸熟后接种红曲霉发酵制成。它是中国自古以来使用广泛的传统天然着色剂。

红曲红（monascus red；CNS；08.120）是指将红曲米用乙醇抽提得到的液体红曲色素或从红曲霉的深层培养液中提取、结晶、精制得到的产物。

红曲红色素作为天然着色剂可添加于熟肉制品、乳制品、糖果、糕点等食品中。

红曲红色素为棕红色到紫色的颗粒或粉末，断面呈粉红色，质地轻而脆，带油脂状，微有酸味，略带异臭。溶于热水及酸、碱溶液，对 pH 稳定，溶液浅薄时呈鲜红色，深厚时带黑褐色并有荧光，极易溶于乙醇、丙二醇、丙三醇及它们的水溶液，不溶于油脂及非极性溶剂。耐酸性、耐碱性、耐热性、耐光性均较好。几乎不受金属离子（Ca^{2+}、Mg^{2+}、Fe^{2+}、Cu^{2+}）和 0.1% 过氧化氢、维生素 C、亚硫酸钠等氧化剂、还原剂的影响，但遇氯易变色。

红曲红色素对含蛋白质高的食品染着性好，一旦染色后，经水洗也不褪色，但经阳光直射可使其褪色。

二、红曲红色素的生产工艺

红曲红色素可由红曲米提取而得或由红曲霉经液体发酵培养制得，获得的红曲红色素应符合《食品安全国家标准　食品添加剂　红曲红》（GB 1886.181—2016）的规定的理化指标。

1. 红曲米生产红曲红色素

（1）红曲米的制作　将籼米或糯米煮熟后，在 40～50℃时接入红曲种子，保持室温 33℃左右，相对湿度 80%左右，经 3d 的培养，米粒上出现白色菌丝时进行翻曲降温，室内要保持温度，并经常检查保持品温不超过 40℃。到 4～5d 时，将曲浸入净水中 5～10min，使其充分吸水，并使米粒中的菌丝破碎，待水沥干，重新放入曲盘中制曲。此时注意品温不超过 40℃及翻曲保温操作，米粒渐变红色，7～8d 时，品温开始下降，趋于成熟。整个周期约 10d 左右。

（2）红曲红色素的提取工艺流程

红曲米→研碎→加乙醇→调 pH→浸提→离心→干燥→成品

红曲米研磨粉碎，加入 70%乙醇溶液后将 pH 调至 8，在 45℃下加热浸提 24h，离心，获得的上清液可采用真空干燥，获得色素粗品。再用正己烷将色素粗品中的黄色素萃取分离，得到红色的红曲红色素，红紫两种色素分离效果不好，一般混合使用。

2. 红曲霉液体发酵生产红曲红色素

液体发酵法的工艺流程如图 11-2 所示。

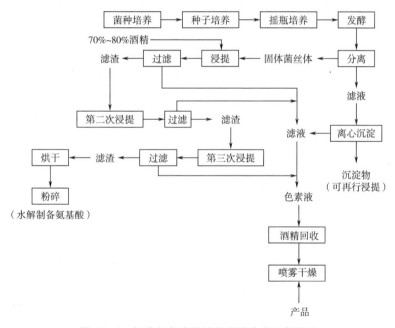

图 11-2　红曲红色素的液体发酵生产工艺流程

红曲红色素的液体发酵生产工艺主要包括菌种培养、发酵、色素提取、分离和干燥等。

（1）菌种培养及液体发酵　首先取少量完整的红曲米，用酒精消毒后在无菌条件下研磨粉碎，加到盛有无菌水的小三角瓶中，用灭菌脱脂棉过滤，滤液在 20～32℃下让菌种活化 24h。然后，取少量菌液稀释后在培养皿上于 30～32℃培养，使其形成单独菌落。再从培养皿上面将红曲霉菌移至斜面培养基上。斜面培养繁殖 7d 后，再以无菌水加入斜面，吸取菌液移接于液体培养基中，在 30~32℃ 及 160~200r/min 下旋转式摇床培养 72h。

①平板与斜面培养基组成：可溶性淀粉 3%，饴糖水 93%（6°Bé），蛋白胨 2%，琼脂 2%，pH5.5，压力 0.1MPa，灭菌时间 20min。

②种子培养基：淀粉 3%，硝酸钠 0.3%，KH_2PO_4 0.15%，$MgSO_4 \cdot 7H_2O$ 0.1%，黄豆饼粉 0.5%，pH5.5~6.0，压力 0.1MPa，灭菌时间 30min，温度 30~32℃，转速 160~200r/min，培养时间 72h。

③液体培养基：淀粉 3%，硝酸钠 0.15%，KH_2PO_4 0.15%，$MgSO_4 \cdot 7H_2O$ 0.10%，pH5.5~6.0，压力 0.1MPa，灭菌时间 30min，温度 30~32℃，转速 160~200r/min，培养时间 72h。

（2）色素提取、分离和干燥　液体发酵是生产色素的关键步骤。其周期一般为 50~60h，总糖分为 4.5%~5.5%，残糖控制在 0.13%~0.25%。发酵后将发酵液进行压滤或离心分离提取色素。为保证提取完全，滤渣用 70%~80% 的乙醇进行多次提取，所得滤液与发酵液分离后的澄清滤液合并，回收酒精后浓缩，再进行喷雾干燥。为了使溶液容易成粉，可添加适量添加剂作为色素载体。

红曲红色素主要是脂溶性色素，因而在发酵过程中主要积累于细胞内。当色素浓度达到较高水平时候可能会产生反馈机制，并且红曲黄色素也可能通过胞内酶进一步反应，从而降低了红曲红色素的浓度。细胞内成分复杂，使得破坏菌体来获得细胞内红曲红色素时分离纯化难度。

3. 萃取发酵生产红曲红色素

萃取发酵通过在培养基中加入一种非离子性表面活性剂形成胶束水溶液，让细胞内的红曲红色素经过半透性细胞膜渗透到细胞外，大量积累了红曲红色素，同时也方便下游的分离。经过研究发现，表面活性剂的萃取能力越强，浓度越高，红曲红色素的产量也会相应增加。Kang 等发现红曲霉在低 pH 条件下不会生成橘霉素，并且通过发酵可以得到浓度较高的橙色素，根据红曲色素的合成途径，橙色素可以转变为黄色素。因此，浓度较高的黄色素可以通过在低 pH 的条件下渗透萃取发酵的方法得到。

萃取发酵可以代替沉浸式发酵，操作参数易于控制，被污染的可能性小，有利于扩大生产，缓和产物抑制机制，防止产物被进一步降解，简化下游操作。

三、红曲红色素的护色措施

红曲红色素的不稳定性给日常生产和应用带来了严重的影响，因此，必须采取措施进行护色。

1. 调整酸碱度

实验表明，pH 对红曲红色调有影响，在酸性条件（pH<4）时溶解度减小，红曲红色

素可能从溶液中析出，色度降低，同时，在不同 pH 的介质中，红曲红色素中的红色和黄色组分含量会发生较明显的变化。pH 减小，黄色组分的含量增加，色调发生变化，pH 为 5.7~6.7 时对红曲红色素的最大吸收波长色调影响较小。所以，把 pH 调整在 5.7~6.7 能有效稳定红曲红色素。

2. 添加护色剂

添加护色剂是为克服天然色素稳定性不足，促进天然色素工艺发展的最简便的方法。

（1）添加抗氧化剂代替色素的发色团与助色团被氧化。

（2）在不影响发色团与助色团的情况下护色剂与色素形成结构稳定的新物质。

黄宇峰实验室研究开发出一种特有的护色剂，适用于天然色素。研究结果表明，添加护色剂没有改变色素的结构，护色剂具有很强的抗氧化作用，从而保护了色素的发色团，降低了减色效应。当添加量在 0.0001%（质量分数），pH7 时能大幅度地提高红曲红色素的光稳定性。此外，护色剂对红曲黄色素、姜黄色素等天然色素也具有增强光稳定性的作用。护色剂添加方便，成本低廉，从而大力拓展天然色素的应用范围，为天然色素生产、运输、销售提供质量保证依据，促进了天然色素工艺的发展。

3. 添加载体

添加各种载体也是提高色素稳定性的方法。如水溶性蛋白类载体为目前市场销售红曲红产品中主要载体，可使红曲红色素光稳定性由 35.6% 提高到 54.6%，海藻酸钠、明胶和 β-环状糊精作载体可使红曲红色素光稳定性由 35.6% 分别提高到 66.5%、66.3% 和 60.6%。

四、红曲红色素的应用

1. 在肉制品中的应用

肉制品在加工过程中会颜色变暗，影响产品的可接受性，所以在肉类腌制过程中常添加发色剂来改善这种劣变。亚硝酸盐是目前卤煮肉制品生产中非常重要的发色剂，同时亚硝酸盐也是食品添加剂中公认的化学危害物，长期过量食用有致癌风险。为了避免肉制品中亚硝酸盐带来的健康危害，国内外许多学者都在致力于寻找更为安全的产品，来取代亚硝酸盐作为肉制品的发色剂，天然可食用红色素引起了人们的关注。与其他天然产品提取物相比，许多天然红色素不但本身具有良好的着色效果，还兼具抗氧化、清除自由基及其他保健功能，将其用于肉制品低硝着色配方，往往显示出良好效果。目前，无硝肉制品的研究已经成为肉类工业发展的一个重要方向。

红曲红色素具有良好的着色性能和较强的抑菌作用，因此可以代替亚硝酸盐作为肉制品的着色剂。红曲红色素与亚硝酸盐的着色原理完全不同，亚硝酸盐是与肌红蛋白形成亚硝基肌红蛋白，而红曲红色素是直接染色，两者都能赋予肉制品特有的肉红色和风味，都能抑制有害微生物的生长繁殖，延长保存期，但红曲红色素的应用安全性更高。在腌制类产品中添加红曲红色素后，完全可以将亚硝酸盐量减少 60%，而其感官特性和可贮性不受影响，颜色稳定性也远优于原产品。

经研究证明，红曲红色素对蛋白质染色性好，并且具有降低血清中甘油三酯，降低胆固醇，改善紊乱的脂肪代谢，防止动脉硬化等保健功能。同时还发现红曲红色素对肉毒梭状芽孢杆菌有明显的毒害作用，可抑制其生长繁殖。利用这种色素作为添加剂能够为绿色肉制品的开发提供一定的参考价值。

红曲红色素是我国香肠、火腿、叉烧肉的主要着色剂，有研究报道以红曲红色素作为发酵香肠的着色剂，其颜色接近发色剂制作的香肠。此外，还可使亚硝酸盐值大幅度减少，可使产品中的亚硝胺类致癌物质出现的概率大大降低。

红曲红色素有一定的抑菌作用。红曲红色素对肉毒梭状芽孢杆菌、枯草芽孢杆菌、金黄色葡萄球菌具有较强的抑制作用，但对大肠杆菌、灰色链球菌的抑制作用较弱，对酵母、霉菌没有抑制作用。但是红曲红色素成本高，并含有对人畜都有害的真菌毒素——桔霉素，这限制了红曲红色素在肉制品的用量。

2. 在调味品中的应用

酱油中专用的糖化增香曲就是以红曲为出发菌种而制得的复合红曲菌种，在酱油酿造中使用糖化增香曲，可使原料全氮利用率和酱油出品率明显提高，同时酱油鲜艳红润、清香明显、鲜而后甜，质量优于普通工艺酱油。而在酱油中使用的红曲红色素大多为经新工艺研制的专用型红曲红色素，在高盐体系中，具有良好的抗沉淀性能。通过在底版酱油中添加红曲红色素，可以明显提高酱油的色泽和红色指数，并且对热和光具有较好的稳定性，用于炒菜时，食物红亮不褪色；因此，红曲红色素可用于高档酱油的生产，具有良好的市场应用前景。

3. 红曲色素在酒类中的应用

中国白酒的酿造技术主要是以粮食作为原料通过酒曲进行发酵，在白酒的发酵过程中，酒曲提供主要的微生物成为白酒发酵的动力。红曲霉在代谢过程中产生的糖化酶、酯化酶等对白酒酿造极为关键，而且红曲霉具备耐酸、耐湿、耐高温和耐酒精等优势，为酒曲中的热门。如将红曲霉应用于白酒酿造中，不仅能缩短发酵时间，还能促进发酵过程中所需酯类的合成，进而生产具有独特口感和香味的白酒。红曲霉一方面凭借丰富的糖化酶、酯化酶、淀粉酶和蛋白酶等酶类参与酿酒过程，在中国白酒的酿造中产生丰富的香味物质中发挥着不可缺少的作用，铸造着中国白酒的风味和口感。另一方面红曲霉具有生物活性的次级代谢产物使中国白酒拥有了丰富的功能性成分，为人们提高血液循环、减少胆固醇的合成、防治动脉硬化做出了贡献。多数企业对红曲白酒的开发意识相对较弱，产品创新理念也欠缺。但红曲霉作为白酒领域产香产酯的超能菌，自然得到了各香型白酒公司的高度重视。目前大多都用红曲霉制成的粗酶制剂或强化大曲参与白酒酿造中来提高酯类的合成，但仍出现活性较低、不稳定、效果不佳等状况，因此可利用提纯工艺提取高稳定性的酯化酶；除此之外，透彻了解红曲霉的物质代谢、物质结构与功能，再进行基因敲除及定向改造，以培养出稳定高产的功能红曲菌株，应用于白酒酿造，将传统酿造工艺完美结合于现代科技，将为我国的白酒行业增添新的生机。

福建老酒是特色突出的一类红曲黄酒，通常以红曲加入大米中经糖化发酵酿制而成。酒液通常呈棕红色酒味醇厚香浓，口感淡雅、爽口宜人、酒精度较低。作为红曲黄酒酿造中常用的功能活性酒曲，红曲霉在发酵过程中产生的多种功能性成分，赋予红曲黄酒独特的风味和药用保健价值。

第六节　微生物源食品添加剂在保健中的应用

微生物源天然功能食品添加剂，是微生物发酵过程中产生的次级代谢产物，被广泛地应用于食品工业，也可用于医药和化妆品等行业，赋予产品营养性、天然性、多功能性。

微生物源鲜味剂作为肽类及氨基酸，不仅能提供氨基酸营养素，还具有辅助降血压、抗氧化等人体保健功效。酵母抽提物中富含 B 族维生素、含氮 4%~8%（含粗蛋白 25%~50%），含有 19 种氨基酸，尤其富含谷物中含量不足的赖氨酸。酵母抽提物含有较多的谷胱甘肽以及 RNA 降解的副产物鸟苷、肌苷等，具有抗衰老、预防和辅助治疗心血管疾病的功效。在国外，酵母抽提物已经广泛用于婴幼儿和老年人食品、营养强化剂和保健品中。

酵母抽提物中含有丰富的还原糖和氨基酸，在加热过程中会发生美拉德反应，酵母抽提物的浓郁肉香味就来自于此反应的产物。大量研究表明，美拉德反应的某些中间产物及其终产物都具有一定的调节免疫作用和抗氧化作用。

微生物源酸味剂大多具有抑菌、消炎、抗氧化、缓解疲劳、调节机体免疫等生物活性，也可增加冠状动脉血流量、软化血管、促进钙以及铁元素的吸收，同时还具有预防疾病和促进新陈代谢等作用。

现有研究证明，红曲红色素具有辅助降血脂和降血糖等功效，故被广泛用于黄酒生产中。黄酒中含有的红曲红色素，不仅赋予黄酒独有的色泽，还可以延长酒的保质期。在酿造过程中采取红曲共酵的客家黄酒，不仅维持黄酒高营养和低酒精度的特点，还使其具有红曲发酵产物特有的天然色泽及保健功能。

在红曲甜米酒酿造中，将红曲霉作为糖化增香着色剂应用于甜米酒的生产。在发酵过程中，红曲霉的生物活性产物分泌到甜米酒中，不仅丰富了甜米酒的色、香、味，而且提高了甜米酒的营养价值和保健功效。长期适量食用，能有活血通脉、防病驱寒、强身健体等保健功能。作为保健型的功能食品，红曲甜米酒在生产中添加红曲发酵的目的是利用红曲在酿造中产生的多种有益次生代谢产物，使甜米酒的外观、色泽以及营养、保健价值都有所提升，从而改善甜米酒的感官。红曲甜米酒发酵后除了含有酯类、蛋白质、有机酸，还含有维生素、钙、磷、铁等元素，有些红曲甜米酒还含有硒、锰、铜、锌等微量元素，由此可见红曲甜米酒营养物质成分齐全。红曲甜米酒还具有很高的食疗保健作用，可以健胃，改善睡眠，产妇食用后可促进乳汁分泌，适量饮用可提高免疫力，促进血液循环，同时提高人体对钙离子的吸收率，加快新陈代谢。红曲甜米酒的生产工艺简单，具有发酵周期短、技术简单、成本低、效率高、不受季节限制等优点，同时所得产品口感醇厚、营养充足、富含人体所需的多种营养元素。由于红曲的医食同源性，在米酒中加入红曲进行发酵，可使红曲代谢的多种生物活性物质分泌到米酒中，更增添了米酒的营养和保健功能。对中小食品加工企业来说，该项目的投资少，工艺简单，市场认知度高，因此该产品具有一定的市场开发前景。

📝 **思考题**

1. 什么是鲜味剂？简述增味剂分类及各鲜味剂的特点。
2. 请举例说明增味剂在食品工业中的应用。
3. 酵母抽提物的特性有哪些？
4. 酵母抽提物在食品工业中可用于哪些方面？有何发展前景？
5. 什么叫酸味剂？酸味剂在食品中有什么作用？
6. 请简述乳酸链球菌素在食品中的作用。
7. 请举例说明乳酸链球菌素在食品工业的应用。
8. 请论述红曲红色素提取方法。
9. 请简要谈谈的红曲红色素在食品加工领域中的前景。

第十二章

发酵食品营养与健康

学习目标

1. 了解常见影响健康的病症及其特征。
2. 熟悉常见的病症概念及其分类。
3. 理解常见病症发病原因及其与相关食品功能评价的关系。
4. 掌握可干预常见病症的发酵食品类别。

随着社会经济的快速发展和人民生活水平的不断提高，"营养、健康"已成为现代食品产业发展的首要趋势。发酵食品不仅具有独特的滋味和香气，且营养价值丰富，已成为人们日常饮食的重要组成部分。近年来，越来越多的研究证实发酵食品有降低疾病风险、改善机体状态和提高生活质量等健康作用。

第一节　发酵食品与心血管疾病

一、心血管疾病概述

心血管疾病（cardiovascular disease，CVD）是一组以心脏和血管（动脉、静脉、微血管）异常为主的循环系统疾病，包括高血压、冠心病、动脉硬化等，其已成为全球范围内造成死亡的最主要原因。引起心血管疾病的主要病因是脂肪物质在动脉血管壁慢性沉积，形成局部损伤或粥样斑块，随着时间的推移，这些局部损伤会逐渐增大、增厚，致使血管管径变细，血流量、血管弹性降低，从而导致心血管疾病的发生。

1. 高血压

高血压是一种以动脉血压升高为主要表现的全身性慢性血管疾病，判断标准为收缩压≥140mmHg、舒张压≥90mmHg（血压水平的定义和分类详见表12-1），可分为原发性高血压和继发性高血压。原发性高血压是指病因尚未完全阐明的一类高血压，占高血压人群的90%以上，目前认为是40%的遗传因素和60%的环境因素（如高盐、低钾、低钙、高脂饮食、精神紧张等）共同作用的结果。继发性高血压病因明确，其继发于其他疾病或原因，血压升高只是某些疾病的一种表现，又称症状性高血压，占高血压人群的5%~10%。

表12-1 血压水平的定义和分类

类别	收缩压（SBP/mmHg）	舒张压（DBP/mmHg）
正常	<120	<80
正常高值	120~139	80~89
高血压	≥140	≥90
1级高血压（轻度）	140~159	90~99
2级高血压（中度）	160~179	100~109
3级高血压（重度）	≥180	≥110
单纯收缩性高血压	≥140	<90

注：当SBP和DBP分属不同的级别时，以较高的分级为准。

原发性高血压临床表现主要为头晕、头胀、头痛、心悸、后颈部不适，以及健忘、失眠、多梦、情绪容易波动等。其起病隐匿，进展缓慢，病程可长达十多年至数十年。继发性高血压的临床表现主要是有关原发病的症状和体征，高血压仅是其中表现之一。继发性高血压除了高血压本身造成的危害以外，与之伴随的电解质紊乱、内分泌失衡、低氧血症等还可导致独立于血压之外的心血管损害，其危害程度较原发性高血压更大，早期识别、早期治疗尤为重要。

2. 冠心病

冠心病（coronary heart disease，CHD）一般是指冠状动脉粥样硬化、血管壁增厚、管腔变小或者冠状动脉痉挛后管腔变小，使该血管负责供血的心肌发生缺血或坏死，临床出现心绞痛、心肌梗死，或者引起心律失常、心源性猝死、心力衰竭的缺血性心肌病。流行病学研究表明，我国的冠心病发病率呈上升趋势，并且是我国居民死因构成中上升最快的疾病。冠心病多发生在40岁以后，男性多于女性，脑力劳动者多于体力劳动者，城市多于农村。此外，随着生活方式的改变，近年来我国冠心病发病率还出现年轻化趋势。因此，现阶段应加强我国人群冠心病防治工作，努力提高公众的健康和防病意识。

冠状动脉粥样硬化是冠心病最常见的病因，约占冠心病的90%，其他的病因有高热量、高脂肪、高糖饮食、体力活动过少、情绪紧张、肥胖、高血压、高血脂、糖尿病、吸烟等，少数是由遗传引起。

冠心病的临床症状有典型胸痛、持续胸痛、不典型胸痛、猝死或伴有其他全身症状如发热、出汗、恶心、呕吐、惊恐等。典型胸痛表现为因体力活动、情绪激动等因素诱发，突感心前区疼痛，多为发作性绞痛或压榨痛，也可为憋闷感。持续胸痛表现为发生心肌梗死时胸痛剧烈，持续时间长（往往超过半小时），含服硝酸甘油不能缓解，并可伴有恶心、呕吐、发热、出汗，甚至发绀、血压下降、休克、心衰等。不典型胸痛是指症状不典型，仅表现为心前区不适、心悸或乏力，或以胃肠道症状为主，某些患者可能没有疼痛。

3. 动脉粥样硬化

动脉粥样硬化（atherosclerosis，AS）主要由脂质代谢障碍引起，一般先由脂质和复合糖类在动脉内膜积聚、出血，并形成血栓，而后纤维组织增生、钙质沉着，进而动脉中层蜕变、钙化，是一种进行性病变。动脉粥样硬化的特点是血管壁中有富含脂质的斑块形成，外观呈黄色粥样，故称动脉粥样硬化。动脉粥样硬化使管壁变硬、动脉弹性降低、管腔变窄，临床上最常见的并发症是冠心病、心肌梗死和脑卒中。

动脉粥样硬化的病因至今仍不十分清楚，但高脂血症、高血压、吸烟、糖尿病、高胰岛素血症、代谢综合征以及遗传因素、年龄、性别等因素被认为与动脉粥样硬化的发病密切相关，其中，高脂血症是 AS 的主要危险因素。高胆固醇血症和高甘油三酯血症会促进动脉粥样硬化的发生和发展。不同的脂蛋白对动脉粥样硬化的作用不一样，低密度脂蛋白（low density lipoprotein，LDL）是目前公认的首要致动脉粥样硬化的脂蛋白。单纯 LDL 升高而不需要其他危险因素的协同作用，就足以诱发和推进动脉粥样硬化的发生发展。极低密度脂蛋白（very low density lipoprotein，VLDL）和乳糜微粒（chylomicron，CM）也与动脉粥样硬化的发生密切相关。与上述脂蛋白相比，高密度脂蛋白（high density lipoprotein，HDL）具有较强的抗动脉粥样硬化和冠心病发病的作用，被誉为"血管清道夫"。

二、改善心血管疾病的发酵食品

1. 有助于维持血压健康水平的发酵食品

（1）乳酸菌及其发酵乳制品　目前已经发现了多种具有降血压作用的乳酸菌，其中主要以瑞士乳杆菌（*Lactobacillus helveticus*）为主。瑞士乳杆菌发酵的牛乳或干酪中含有大量降压肽，这些降压肽具有明显的降压效果。除瑞士乳杆菌外，研究也发现德氏乳杆菌保加利亚亚种、乳脂乳球菌（*Lactococcus cremoris*）等其他一些乳酸菌同样会产生降压肽。乳酸菌降血压的作用机制在于以下几点：

①乳酸菌及菌体自溶物：研究表明乳酸菌通过调节试验鼠的肠神经功能而具有降血压

作用，还有研究发现干酪乳杆菌的细胞自溶物对试验鼠具有显著的降压作用，单次口服10mg细胞自溶物可使大鼠的收缩压明显降低，而且这种降压作用主要来自细胞自溶物的多糖-肽聚糖复合物。

②降血压肽（ACE抑制肽）：人体内血压的调节主要是由肾素-血管紧张素系统（RAS系统）和激肽-激肽生成酶系统（KKS系统）相互作用控制的。肾素进入血液后将血浆中的血管紧张素原水解为血管紧张素Ⅰ（ATⅠ），血管紧张素Ⅰ在血管紧张素转化酶（angiotensin converting enzyme，ACE）的作用下转化成血管紧张素Ⅱ（AngⅡ），而血管紧张素Ⅱ可加强心肌的收缩力，同时使血管平滑肌收缩造成血压上升。另一方面，KKS系统也受到血管紧张素转化酶的调控，血管紧张素转化酶的催化作用可使激肽的C末端脱去两个氨基酸残基而失活，从而使具有血管舒张作用的缓激肽转变为没有活力的缓释肽，削弱缓激肽的降血压作用。两个系统在血管紧张素转化酶的协同作用下造成了人体内血压的升高，如果能够抑制血管紧张素转化酶的活性，就可以实现降压作用，如图12-1所示。乳酸菌在发酵过程中所分泌的蛋白酶将一些活性肽类片段切割下来释放到发酵乳制品中，这些活性降压肽类（表12-2）能与血管紧张素转化酶活性中心结合，竞争性地抑制血管紧张素转化酶活性，使血管紧张素Ⅰ不能转化为血管紧张素Ⅱ，从而起到降血压的作用。

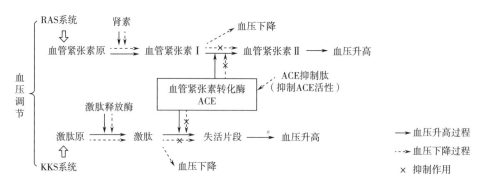

12-1　ACE抑制肽的降压作用

表12-2　发酵乳制品中的降压肽及其氨基酸序列

食品来源	降压肽	氨基酸序列
干酪	三肽	Ile-Pro-Pro
		Val-Pro-Pro
	四肽	Val-Arg-Tyr-Leu
	五肽	Phe-Phe-Val-Ala-Pro
		Glu-Ile-Val-Pro-Asn
	六肽	Glu-Lys-Asp-Glu-Arg-Phe
		Asp-Lys-Ile-His-Pro-Phe
	九肽	Tyr-Pro-Phe-Pro-Gly-Pro-Ile-Pro-Asn

续表

食品来源	降压肽	氨基酸序列
发酵乳	三肽	Val-Pro-Pro
	六肽	Asp-Lys-Ile-His-Pro-Phe
		Leu-His-Leu-Pro-Leu-Pro
		Glu-Met-Pro-Phe-Pro-Lys
	七肽	His-Leu-Pro-Leu-Pro-Leu-Leu
	九肽	Glu-Leu-Gln-Asp-Lys-Ile-His-Pro-Phe

③γ-氨基丁酸：L-谷氨酸脱羧酶能高效专一性地催化 L-谷氨酸脱羧产生 γ-氨基丁酸和 CO_2。某些乳酸菌具有 L-谷氨酸脱羧酶活性，催化产生的 γ-氨基丁酸是中枢神经系统重要的抑制性神经递质之一，哺乳动物的脑血管中存在 γ-氨基丁酸的相应受体，可通过调节中枢神经系统，作用于脊髓的血管运动中枢，与起扩张血管作用的突触后 γ-氨基丁酸 A 受体和对交感神经末梢有抑制作用的 γ-氨基丁酸 B 受体相结合，能有效促进血管扩张，从而达到降血压的目的。

（2）发酵豆制品 发酵豆制品也是血管紧张素转化酶抑制肽的优良来源。目前，在酱油、大酱、腐乳、豆豉、纳豆等发酵豆制品中均发现了不同氨基酸序列的血管紧张素转化酶抑制活性肽，如表 12-3 所示。例如，从无盐酱油中纯化出了 Ala-Phe 和 Ile-Phe 两种具有血管紧张素转化酶抑制活性的二肽；从韩国豆酱中分离出氨基酸序列为 His-His-Leu 的降血压活性肽；在腐乳中分离出血管紧张素转化酶抑制活性肽 Ile-Phe-Leu 和 Trp-Leu，此两种活性肽在动物实验中表现出降血压的作用；在豆豉中也发现了血管紧张素转化酶抑制肽，其氨基酸序列为 Phe-Ile-Gly。这说明随着发酵的进行，大豆中的长链蛋白质可在微生物分泌蛋白酶的作用下，水解释放出不同氨基酸序列的生物活性肽，同时还可能会合成新的多肽序列，从而产生更多有益的物质。此外，大豆加工副产物如豆饼也是优质蛋白质的来源，也可作为发酵法生产活性肽的原料，实现副产物的有效利用。

表 12-3　发酵豆制品中的降压肽及其氨基酸序列

食品来源	降压肽	氨基酸序列	
发酵大豆蛋白	五肽	Leu-Ile-Val-Thr-Gln	
酱油	二肽	Ala-Trp	Gly-Trp
		Ala-Tyr	Ser-Tyr
		Gly-Tyr	Ala-Phe
		Val-Pro	Ala-Ile
		Val-Gly	Ile-Phe
豆酱	三肽	His-His-Leu	

续表

食品来源	降压肽	氨基酸序列
豆豉	三肽	Phe-Ile-Gly
腐乳	二肽	Trp-Leu
	三肽	Ile-Phe-Leu

纳豆是日本的一种传统发酵食品，含有丰富的纳豆激酶、皂苷、异黄酮、维生素 K_2、不饱和脂肪酸、卵磷脂、叶酸、钙、铁、钾等营养成分，具有很好的保健功能。纳豆中的纳豆激酶是一种丝氨酸蛋白酶，具有很强的纤溶活性，不仅能直接作用于纤溶蛋白，还能激活体内纤溶酶原，从而增加内源性纤溶酶量与作用。纳豆激酶具有明显的溶解血栓作用，可降血压、预防脑梗死、心肌梗死等。研究表明纳豆激酶可通过抑制血管壁血栓形成而抑制血管内膜增厚，从而发挥抗动脉粥样硬化和预防心血管疾病的作用。

（3）发酵谷物制品　食醋是我国自古以来就使用的调味料，性温，味酸、苦。食醋可以帮助消化、增强肝脏功能、促进新陈代谢，还具有扩张血管、辅助降低血压的作用。研究证实，醋可通过抑制血管紧张素转化酶生成而直接抑制血压的升高，同时也有间接稳定血压的作用。此外，米醋中含有 20 多种氨基酸和 16 种有机酸，可促进糖代谢、消除疲劳、降低胆固醇、预防动脉硬化。

研究还发现微生物发酵可以积累谷物中的 γ-氨基丁酸，如在豆乳和小麦饮料等谷物制品中可以通过乳酸菌发酵产生 γ-氨基丁酸，乳酸菌发酵使高粱中 γ-氨基丁酸含量显著增加，乳酸乳球菌发酵大米后生产出富含 γ-氨基丁酸的米粉，玉米经过自然发酵和乳酸发酵后其 γ-氨基丁酸含量上升等。γ-氨基丁酸对人体的健康生理作用主要表现为通过降血压而预防和治疗心血管疾病。γ-氨基丁酸降低血压的 2 种方式：一种是作用于中枢神经系统，调节脊髓的血管运动中枢，从而使血管扩张；另一种是通过抑制血管紧张素转化酶活性，减少血管紧张素 II 合成，从而使血压降低。

2. 有助于维持血脂健康水平的发酵食品

（1）红曲　红曲是以大米（主要是早籼米）为原料，采用现代生物工程技术分离出优质的红曲霉菌，经液体深层发酵而成的一种纯天然、安全性高、有益于人体健康的发酵产物及红曲米，可产生莫纳可林类红、甾醇类、红曲红色素等多种代谢产物，其具有重要的降血脂活性。红曲降血脂的作用及其机制主要体现在以下几点。

①阻断内源性胆固醇合成：羟甲基戊二酰辅酶 A（HMG-CoA）经 HMG-CoA 还原酶催化生成甲羟戊酸是胆固醇合成的限速反应，HMG-CoA 还原酶是限速酶，因此只要抑制 HMG-CoA 还原酶的活性即可减少内源性胆固醇的形成。因 HMG-CoA 结构和红曲中酸型莫纳可林类（monacolins）的结构极其相似，因而 monacolins 对 HMG-CoA 还原酶具有竞争性抑制作用，从而抑制胆固醇的合成。

②促进 LDL 受体的合成：红曲中的莫纳克林 K（monacolin K）不仅能阻断内源性胆固醇

的合成，还可促进细胞表面 LDL 受体的合成。LDL 受体越多，对极低密度脂蛋白、中密度脂蛋白和低密度脂蛋白的吸收和清除速度越快。此外，由于肝脏胆固醇合成减少，使 VLDL、LDL 的来源减少，HDL 含量增加，从而发挥调节血脂的作用。

③提高 HDL 胆固醇水平：红曲中的红曲红色素是红曲霉利用大米中蛋白质、糖类等在不同发酵阶段产生的生物活性物质。红曲红色素主要通过降低血液中脂类物质含量、降低低密度脂蛋白胆固醇水平、增加高密度脂蛋白胆固醇水平和改善肠道菌群组成等途径来发挥降血脂的作用，从而表现出干预以动脉粥样硬化为代表的心血管疾病的功效。

（2）益生菌　人体对胆固醇的合成和吸收主要在肠道中进行，肠道菌群对胆固醇的新陈代谢具有极重要的作用。益生菌具有良好的营养和保健功效，突出的是其较好的辅助降血脂作用。目前认可度较高的益生菌降低胆固醇的机制主要包括以下几点。①同化作用：益生菌活细胞能在小肠内同化胆固醇，减少血液中胆固醇浓度，从而降低其在肠道内的重吸收作用。②益生菌将胆固醇固定到细菌表面或吸收到细胞膜内，减少了胆固醇的吸收效能，从而去除胆固醇。③胆盐水解酶的水解作用：益生菌中的乳酸杆菌具有明确的胆盐水解酶活性，如嗜酸乳杆菌、约氏乳杆菌、加氏乳杆菌、布氏乳杆菌、植物乳植杆菌等，能够水解结合胆盐为游离胆汁酸，而游离胆汁酸具有不溶性，可有效避免其重新吸收进入肠道。与结合胆盐相比，游离胆汁酸更易随粪便排出体外，同时加大体内对新胆汁酸合成的需要来弥补损失部分，而胆固醇是胆汁酸合成的前体，新合成胆汁酸必然会导致哺乳动物体内血清胆固醇水平的降低。④益生菌在发酵过程中产生的短链脂肪酸及其盐类，特别是丙酸盐，可通过限制肝脏对脂肪酸和胆固醇的合成作用而减少胆固醇含量，从而发挥降脂活性。

（3）发酵谷物制品　采用发酵技术制成的谷物产品中含有更高的膳食纤维比例，而膳食纤维可与胆固醇和胆汁酸结合，促进两者直接从粪便中排出，实现辅助降血脂作用。膳食纤维也可通过调节肠道微生物群，缓解机体脂质代谢紊乱来发挥辅助降血脂功能。此外，膳食纤维中的黏性纤维可改变胃肠道的消化黏度，从而抑制胆固醇的吸收。目前，市场已有用干酵母或乳酸杆菌发酵糙米、小米、麦麸、玉米麸、大麦等原料制成的谷物酵素，广受消费者好评。

（4）药食同源中药发酵物　药食同源中药是指既是药材也是食品的植物，经发酵后其中含有多酚、有机酸、多糖、皂苷类、功能酶等活性成分和各种益生菌，充分结合了药食同源中药的药用价值和发酵食品的营养保健功能，具有良好的菌群调节作用，可有效降低血脂水平。如以植物乳植杆菌为发酵菌种，所制备出的山药和茯苓发酵产物的降血脂活性物质总多糖含量较发酵前含量明显升高；以荷叶方（荷叶、陈皮、山楂）为原料，制备的荷叶方中药酵素与甘氨胆酸钠和牛磺胆酸钠的结合率较发酵前大幅增高，说明发酵荷叶方具有更好的体外降血脂活性；以莲子、酸枣仁、肉桂和人参等为原料，制成的莲子酸枣仁酵素含有丰富的多酚和氨基酸物质，可提高肠道中有益菌含量、降低有害菌含量，发挥良好的菌群调节作用，从而可有效改善机体的血脂水平。

（5）发酵果蔬制品　发酵果蔬制品是经低温长时间发酵而成的功能性微生物发酵产品，食用品质好，营养价值高，很受消费者喜爱。研究表明，发酵后的海棠果中黄酮、多酚、总酸浓度升高，可有效清除人体内胆固醇，调节人体肠道平衡。发酵后山楂能抑制胰脂肪酶活性，有效抑制脂质代谢过程，从而控制血浆脂蛋白浓度的升高，达到一定的辅助降血脂的功效。发酵后的葡萄中含有丰富的白藜芦醇，可增强胆固醇酯水解酶活性，加速机体脂质代谢，抑制脂质过氧化，防止脂质黏附血管壁，同时还能增强肝脏对脂质的逆转化，从而降低高脂血症、动脉粥样硬化等疾病发生的风险。蓝莓和黑莓的混合发酵物中含有丰富的花青素，可使高脂小鼠体脂率下降、血浆中总胆固醇、甘油三酯等含量明显降低，表现出潜在的降血脂功效。

（6）其他　发酵豆制品、发酵食用菌等也具有良好的降血脂作用。使用芽孢杆菌发酵纳豆产生的纳豆激酶不仅能抑制 ACE 活性，发挥有效的预防高血压作用，还可预防高血脂的发生。以豆渣为培养基，利用羊肚菌进行半固体发酵后，所得的羊肚菌多糖对无水胆酸盐、脱氧胆酸盐、牛磺胆酸盐均有结合效果，表明发酵后的羊肚菌可能具有一定的辅助降血脂功能。

第二节　发酵食品与糖尿病

一、糖尿病概述

糖尿病是以血糖升高为特征、以胰岛素缺乏和（或）利用障碍（胰岛素抵抗）引起的糖代谢异常性疾病。在正常情况下，人体摄入的碳水化合物在肠道内通过多种消化酶的作用，可分解为葡萄糖、果糖、半乳糖等单糖。这些单糖主要以葡萄糖的形式被小肠黏膜上皮细胞吸收进入血液。血糖即是指血液中所含的葡萄糖。

血糖除主要来自肠道吸收外，还有部分来自肝糖原分解和肝脏内糖异生。血液中葡萄糖的绝大部分会经氧化转变为组织细胞所需的热能，还有一部分会转化为糖原储存于肝脏、肾脏、肌肉等组织中或转变为脂肪、蛋白质等非糖营养物质。血糖的来源和去路保持着正常的动态平衡，从而维持人体血糖浓度的相对稳定，如图 12-2 所示。人体正常空腹血糖含量为 3.9~6.1mmol/L，餐后 2h 血糖含量小于 7.8mmol/L。当空腹血糖浓度高于 7.0mmol/L 时，称为高血糖。当血糖浓度达到 8.89~10.00mmol/L 或以上时，已超过了肾小管的重吸收能力，就会在尿中出现有葡萄糖的糖尿现象。持续性出现高血糖和糖尿就是糖尿病。

糖尿病的发病机制可归纳为不同病因导致胰岛 B 细胞分泌缺陷和（或）周围组织胰岛素作用不足。一般情况将糖尿病分型为 1 型、2 型、其他特异型和妊娠糖尿病四种类型，常

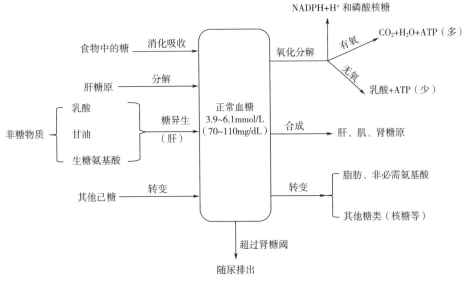

图 12-2 血糖的来源和去路

见的为 1 型和 2 型。

　　1 型糖尿病又称胰岛素依赖型糖尿病（insulin dependent mellitus，IDDM）。此型的病因是由于胰岛 B 细胞受到细胞介导性自身免疫性破坏，从而导致了胰岛素的绝对性缺乏。临床症状为起病急、多尿、多饮、多食、体重减轻等，有发生酮症酸中毒的倾向，必须依赖胰岛素维持生命。此型糖尿病常发生于儿童和青少年，也可发生在任何年龄，占糖尿病患者总数的 5% 左右。

　　2 型糖尿病又称为非胰岛素依赖型糖尿病（non-insulin dependent mellitus，NIDDM）。其特点是基础胰岛素分泌正常或增高，但胰岛 B 细胞对葡萄糖刺激反应减弱。常伴有明显的遗传因素，有些患者伴有遗传缺陷的亚型。在各种环境因素中，肥胖是 2 型糖尿病的重要诱因之一。感染、缺少体力活动、多次妊娠等也是 2 型糖尿病的诱发因素。一般来说，这种类型起病慢，临床症状相对较轻，但在一定诱因下也可发生酮症酸中毒或非酮症高渗性糖尿病昏迷，通常不依赖胰岛素，但在特殊情况下有时也需要用胰岛素控制高血糖。此型糖尿病患者年龄多在 40 岁以上，常伴有肥胖，过去称成年型糖尿病，占糖尿病患者总数的 95% 左右，如表 12-4 所示。

表 12-4　1 型和 2 型糖尿病的特征

分型	1 型糖尿病	2 型糖尿病
病因	胰岛素绝对性缺乏	胰岛素利用障碍
诱发因素	遗传因素、病毒感染等	遗传因素、肥胖、感染、缺少体力活动、多次妊娠等
临床症状	起病急、三多一少明显	起病慢、三多一少相对较轻
胰岛素依赖性	必须依赖	通常不依赖

续表

分型	1 型糖尿病	2 型糖尿病
发病年龄	儿童和青少年	中老年
发病率	5%	95%

依赖型和非依赖型糖尿病共有的临床表现体现在以下几个方面。

1. 多尿、多饮、多食（"三多"）

当血糖超过肾糖阈值时会出现尿糖，尿糖使尿渗透压升高导致肾小管回吸收水分减少，尿量增多。而多尿、脱水及高血糖又会导致患者血浆渗透压增高，引起烦渴多饮，严重者出现糖尿病高渗性昏迷。同时，尿糖造成葡萄糖的大量丢失，组织细胞所需能量来源减少，患者必须多食补充能量来源。不少人空腹时出现低血糖症状，饥饿感明显，心慌、手抖和多汗。

2. 消瘦、乏力且虚弱（"一少"）

非依赖型糖尿病早期可致肥胖，但随时间的推移会因蛋白质负平衡、能量利用减少、脱水及钠、钾离子丢失等而出现乏力、软弱、体重明显下降等现象，最终发生消瘦。依赖型糖尿病患者消瘦明显。

3. 感染

由于胰岛素不足，能量代谢障碍，导致蛋白质负平衡，加之长期高血糖、电解质紊乱等因素，患者可出现经久不愈的皮肤疖痈、泌尿系感染、胆系感染、肺结核、皮肤感染和牙周炎等，部分患者可发生皮肤瘙痒症。

4. 出现并发症

酮症酸中毒并昏迷、乳酸酸中毒并昏迷、高渗性昏迷、水与矿物质平衡失调等为常见的急性并发症，脑血管并发症、心血管并发症、糖尿病肾病、视网膜病变、青光眼、玻璃体出血、外周神经病变和脊髓病变等为常见的慢性并发症。

5. 其他症状

关节酸痛、骨骼病变、腰痛、贫血、腹胀、月经失调、不孕等，部分患者会出现脱水、营养障碍、肌萎缩、下肢水肿等症状。

二、有助于维持血糖健康水平的发酵食品

糖尿病患者体内碳水化合物、脂肪和蛋白质代谢均出现不同程度的紊乱，由此引起一系列上述并发症。合理的饮食与营养是预防和控制糖尿病及其并发症的重要手段。糖尿病患者的营养需满足以下几个特点：①总能量控制在仅能维持标准的体重水平；②一定数量的优质蛋白与碳水化合物；③低脂肪；④高纤维；⑤杜绝能引起血糖波动的低分子糖类

（包括蔗糖、葡萄糖等）；⑥足够的维生素、微量元素与活性物质。发酵食品是利用微生物发酵作用所生产的一类食品，许多发酵食品中既有营养成分又有非营养成分，它们具有调节血糖的潜力。

1. 发酵果蔬制品

大量研究发现，发酵果蔬制品具有调节血糖的功效，这与发酵后的产物（如短链脂肪酸、酚类物质等）促进肠泌素的分泌和抑制碳水化合物水解酶的活性有关。如植物乳植杆菌发酵胡萝卜汁可产生短链脂肪酸，短链脂肪酸能促进胰高血糖素样肽-1 的分泌，该激素主要功能是刺激葡萄糖依赖性胰岛素的释放和促进葡萄糖稳态，从而达到辅助降血糖的效果。

α-葡萄糖苷酶和 α-淀粉酶是两种重要的碳水化合物水解酶，抑制两种酶的活性会减少游离葡萄糖的产生，进而调节人体血糖。研究表明，乳酸菌发酵后的苹果汁对 α-葡萄糖苷酶抑制能力显著高于未发酵苹果汁，这可能与乳酸菌产生的胞外多糖有关。胞外多糖可以与酶通过静电引力或氢键相互作用，从而改变 α-葡萄糖苷酶的结构，导致其活性降低。植物乳植杆菌发酵后的蓝莓汁对 α-葡萄糖苷酶和 α-淀粉酶的抑制能力较发酵前均有所增强，这与发酵增加了酚类物质的含量有关。多酚通过氢键、疏水相互作用等与酶形成稳定复合物，从而能有效抑制 α-葡萄糖苷酶和 α-淀粉酶的酶活性，表现出潜在的降血糖功效。

2. 发酵豆制品

豆类本身含有丰富的植物化学成分，如大豆中的蛋白质、皂苷、异黄酮等。在微生物分泌酶的作用下，这些化学成分会发生不同程度的降解和改变，转化为不同结构的、具有更高生物活性的物质，使发酵豆制品具有与其他豆类食品相比更高、更丰富的营养价值。发酵豆制品包括豆腐乳、豆豉、酱油等，其富含大豆多肽、类黑素、异黄酮、豆豉纤溶酶、功能性低聚糖、大豆皂苷、不饱和脂肪酸、γ-氨基丁酸等多种活性物质。这些物质具有抑制物质转化、吸收的功能，并可促进物质代谢、调节血压、溶解血栓，从而调节血脂和改善血糖。

（1）大豆抗毒素 大豆抗毒素（glyceollins）属于紫檀素类家族，包括多个化合物，如大豆抗毒素Ⅰ、Ⅱ和Ⅲ等，是一种具有抗雌激素活性的植物抗毒素。大豆抗毒素具有调节葡萄糖代谢的潜在作用，如有研究表明，发酵豆制品中含有的大豆抗毒素可以提高 2 型糖尿病小鼠体内糖代谢的稳定水平，有助于提高肝胰岛素的敏感性。

（2）降糖肽 采用传统方式发酵及采用枯草芽孢杆菌（*Bacillus subtilis*）和米曲霉（*Aspergillus oryzae*）发酵的大豆都能促进胰岛素的分泌，并可能增加胰岛 B 细胞数量，但后者则具有更好的促胰岛素分泌作用，其机制是通过增加异黄酮苷元和小肽含量对 2 型糖尿病大鼠起到辅助降血糖的作用。由此可见，发酵豆制品的降糖活性及机制与发酵所用的菌株具有一定的相关性。

（3）特色酱类 研究表明，朝鲜发酵豆制品 Meju（由熟大豆制成的块状或球状酱曲）在

2 个月的无盐发酵过程中，肽和异黄酮组分的变化使得其降糖作用更加显著。韩国的清曲酱（cheonggukjang）是比较流行的发酵豆制品，是由附着在稻草上的枯草芽孢杆菌发酵而成，只需发酵两三天即可食用。研究表明长期食用清曲酱可以减弱胰岛素抵抗而控制糖尿病。

（4）豆酸乳　鹰嘴豆酸乳能够调整和控制链脲佐菌素诱导糖尿病小鼠的血糖，降低糖尿病小鼠的氧化胁迫程度，缓解小鼠体重降低和饮水量增加的症状，可能在糖尿病及其并发症的控制方面起到积极作用。

3. 发酵乳制品

不同乳制品降低糖尿病风险的有效用量不尽相同，如低脂牛乳每天需摄入 200g 才能显著降低糖尿病发生的风险，而干酪每天仅需摄入 30g，酸乳每天仅需摄入 50g 就可以显著降低糖尿病发生的风险，由此可见与未发酵乳制品相比，发酵乳制品更有助于预防糖尿病。发酵乳过程中产生的生物活性物质可改善葡萄糖耐受不良、高血糖、高胰岛素血症和血脂异常等症状，从而降低患糖尿病的风险，但发酵乳制品预防胰岛素抵抗和 2 型糖尿病的机制尚不清楚。分析表明，其潜在机制可能与下列因素有关。

（1）发酵乳制品血糖负荷较低、富含钙、镁以及含有一定数量的乳清蛋白。发酵乳制品多数是低升糖指数（GI）食品，如加糖酸乳 GI 为 48.0，适合高血糖人群食用。发酵乳制品中富含的钙是胰岛素介导细胞内反应的介质，Ca^{2+} 浓度的升高可增强葡萄糖转运蛋白的作用，预防胰岛素抵抗；而镁是胰岛素分泌的辅助因子，镁缺乏会导致胰岛素分泌障碍，使胰岛素敏感性降低，从而引发胰岛素抵抗。乳清蛋白富含必需氨基酸及支链氨基酸，被证明具有促进胰岛素分泌、提高胰岛素敏感性的作用，同时支链氨基酸（特别是亮氨酸）也被证明具有促进肝脏合成葡萄糖，进而调整血糖稳态以及通过 mTOR 通路调节胰岛素信号通路的作用。临床数据表明，乳清蛋白不但可以显著降低健康人群摄入富含碳水化合物导致的餐后血糖升高，且乳清蛋白摄入量越高，餐后血糖降低越明显，同时，糖尿病人高 GI 饮食时摄入乳清蛋白也同样可以显著提高胰岛素水平，降低餐后 2h 血糖曲线下面积，这些数据表明乳清蛋白具有稳定餐后血糖水平的作用。

（2）发酵乳制品中含有相对丰富的活性肽、独特的益生菌及发酵产物。研究表明，乳清蛋白水解物比乳清蛋白本身更有助于糖尿病人的血糖控制，而乳清蛋白水解物富含多肽类物质。在微生物所分泌酶的作用下，随着发酵的进行，乳制品中的蛋白质会被分解为肽类产物，从而更好发挥血糖控制的作用。此外，发酵乳制品常使用的嗜热链球菌、德氏乳杆菌保加利亚亚种、植物乳植杆菌等乳酸菌是典型的益生菌，具有显著的血糖调节功能，对于预防和控制糖尿病具有明显作用。

总之，发酵乳制品对于糖尿病人来说是有益的，但是相关机制还需要更多的科学研究来证实。

4. 发酵谷物制品

谷物发酵过程中所积累的 γ-氨基丁酸（GABA）是发酵谷物制品降血糖的活性成分之

一。GABA 在动物体内是一种抑制性神经递质，除存在于大脑外，GABA 还存在于内分泌胰腺中，由胰岛 B 细胞产生，与胰岛 A 细胞相邻的胰岛受体结合，抑制胰高血糖素分泌。GABA 不仅可以刺激胰岛 B 细胞复制，维持其存活，还可以将胰岛 A 细胞转化为胰岛 B 细胞，刺激胰岛素的释放，从而有效预防糖尿病。

此外，发酵谷物制品也是低 GI 食品研究的主要关注点。GI 反映了食物升高血糖的速度和能力，根据评分高低可将食物分为低 GI（GI<55）、中 GI（GI 为 55~70）和高 GI（GI>70）食物。由燕麦、大麦、谷麦、大豆、小扁豆、抗性淀粉等制成的面包、餐包、发酵液等是常见的低 GI 发酵食物。

低 GI 食物可减低葡萄糖进入血液后的峰值、下降速度减缓，对餐后血糖的骤升有控制作用，同时低 GI 膳食能降低血脂，改善胰岛素抵抗，其原因是低 GI 食物可抑制血液游离脂肪酸水平，同时拮抗激素的反应，进而使外周组织对葡萄糖的摄取利用率增加。

5. 食用菌发酵液

食用菌是指可供食用的大型真菌，如香菇、鸡腿菇、灵芝、金针菇、灰树花、蛹虫草、桦褐孔菌等，都具有丰富的营养价值。研究显示，食用菌具有巨大的糖尿病干预潜力。如有研究对比了黄褐孔菌液体发酵菌丝体和子实体多糖的降血糖活性，发现其子实体和液体发酵菌丝体多糖对四氧嘧啶糖尿病小鼠有明显的降血糖作用，然而液体发酵菌丝体的降糖活性相对较弱，可能是菌丝体有效成分积累较少。但也有研究表明，同一菌种的子实体、菌核、菌丝体和发酵液生物活性并无显著差异，如桦褐孔菌子实体、菌核和液体发酵菌丝体的多糖粗提物均有降血糖作用，且效果无显著性差异；如冬虫夏草子实体、发酵菌丝体、发酵液均可显著降低链脲佐菌素所致糖尿病大鼠餐后 2h 的血糖浓度。食用菌及其发酵液、发酵菌丝体的降血糖作用机制可能与糖脂代谢调节、改善胰岛素抵抗、修复胰岛 B 细胞、抗氧化、清除自由基等有关，具体机制的阐明还需要更系统深入的研究。

第三节　发酵食品与肥胖

一、肥胖症概述

肥胖症是指因人体生理机能改变而引起体内脂肪堆积过多，导致体重增加，进而机体发生一系列病理、生理变化的病症。肥胖症的判断或评价常采用人体测量法、物理测量法和化学分析法三大类方法。

1. 人体测量法

测定身高、体重、胸围、腰围、臀围、皮褶厚度等参数，然后采用身高标准体重法、体质指数、皮褶厚度法、腰臀比等方法来判定肥胖。

（1）身高标准体重法 世界卫生组织推荐的肥胖衡量方法。判断标准为肥胖度>10%属超重；肥胖度20%~29%属轻度肥胖；肥胖度30%~49%属中度肥胖；肥胖度≥50%属重度肥胖。其中，肥胖度计算公式如式（12-1）所示

$$肥胖度 = \frac{实际体重(kg) - 身高标准体重(kg)}{身高标准体重(kg)} \times 100\% \qquad (12-1)$$

（2）体质指数（body mass index，BMI） 评价肥胖最经典的指标。我国的判断标准为BMI<18.5为体重过低；BMI 18.5~23.9为正常范围；BMI 24.0~27.9为超重；BMI≥28.0为肥胖。其中，BMI=体重（kg）/[身高（m）]^2。

（3）皮褶厚度法 采用皮褶厚度测量仪或皮褶计测量上臂肱三头肌、肩胛下角部、腹部脐旁1cm处等部位的皮褶厚度，然后换算为身体的脂肪含量。以三头肌为例，我国男性为8.7mm左右，女性为14.6mm左右。

（4）腰臀比（waist-hip ratio，WHR） 腰围和臀围的比值，是世界卫生组织最早推荐用于中心型肥胖的指标。世界卫生组织推荐将男性腰臀比≥0.90或女性腰臀比≥0.85作为中心型肥胖的标准，高于此界值患代谢综合征的风险将大大增加。亚洲男性腰臀比平均为0.81，女性平均为0.73；欧美男性平均为0.85，女性平均为0.75。腰臀比是一个比值，并不能反映腰围和臀围的绝对值，腰臀比相同的人其腰围可能有很大差异。在实际工作中，腰臀比逐渐被腰围取代。

2. 物理测量法

包括全身电传导、生物电阻抗分析、双能X线吸收、计算机控制的断层扫描和核磁共振扫描等，这些方法是依据物理学原理测量人体成分，从而推算出体脂含量。其中，后3种方法还可测量骨骼重量以及体脂在体内和皮下的分布，但费用也相对较高。

3. 化学分析法

该法理论依据是中性脂肪不与水和电解质结合，故而机体的组织成分可用无脂的成分为基础来计算。其前提是假设人体去脂体质的成分是恒定的，这样通过分析其中一种组分（如钾、钠等）的量就可以估计出去脂体质的量，然后用体重减去去脂体质的量即得体脂量。男性体脂>25%、女性体脂>30%可诊断为肥胖。该法具体包括稀释法、^{40}K计数法、尿肌酐测定法。

需要注意的是，虽然肥胖表现为体重超过标准体重，但超重并一定都是肥胖。肥胖必须是因机体脂肪组织增加所导致的体重增加，而在一些少数情况下，如机体肌肉组织和骨骼特别发达时也可导致超重，但这并不属于肥胖。

按发生原因，可将肥胖分为遗传性肥胖、单纯性肥胖和继发性肥胖三大类。遗传性肥胖是指因遗传物质（染色体、DNA）发生改变而导致的肥胖，常呈家族性肥胖，该类型肥胖很罕见。单纯性肥胖是指因能量的摄入大于消耗而造成的体内脂肪过多积累、体重超常的肥胖，肥胖人群的95%属于此类型。继发性肥胖是指以某种疾病为原发病的症状性肥胖，

一般有明确的病因，如脑垂体-肾上腺轴病变、内分泌紊乱、外伤引起的内分泌障碍等，占肥胖患者的 2%~5%。

按人体脂肪分布的特征，可将肥胖分为中心型肥胖和周围型肥胖两种。中心型肥胖又称腹型肥胖、苹果型肥胖（俗称将军肚），脂肪主要积聚于腹部及腹腔内脏器官的周围，表现为腹部皮下脂肪堆积，大网膜、肠系膜、肝、胃肠等内脏周围的脂肪增多，是导致代谢综合征和心血管疾病的重要危险因素。周围型肥胖即外周型肥胖，又称梨形肥胖，脂肪主要积聚于四肢及皮下，均匀分布在躯干和四肢部位。虽然在男性和女性肥胖者中均可见到这两种类型的肥胖，但是一般来讲，前者多发生于男性，后者多发生于女性。研究认为中心型肥胖者要比周围型肥胖者更容易发生心血管疾病、脑卒中与糖尿病。中心型肥胖最常用的指标是腰臀比，男性在 0.95 之上、女性在 0.85 之上即可视为中心型肥胖。

二、有助于控制体内脂肪的发酵食品

1. 发酵乳制品

发酵乳制品的降低肥胖风险的有益作用也先后得到了证实。一方面，这与发酵乳制品所含的益生菌及其对肠道菌群的调节有关。肠道微生物是人体内食物的生物反应器，研究表明其与宿主的许多生理效应和疾病有关，尤其是肥胖。因此，修饰和影响肠道微生物的减肥策略可被发展成为肥胖干预的重要新兴方法，其中应用特定益生菌是最直接也最有效的途径。部分研究通过人群试验发现多株益生菌联用，如 VSL#3（包含 3 株双歧杆菌和 4 株乳杆菌），可富集嗜热链球菌和嗜酸乳杆菌，预防高脂饮食者体重持续增加，表明不同菌株之间可以互相影响从而降低体脂量。益生菌干预肥胖的作用主要体现在以下两方面。

（1）益生菌可提供宿主所没有的酶和生化代谢途径。益生菌通过编码大量的糖基酸酶，将多糖转化为单糖和短链脂肪酸，后者可作为能量调节的信号分子为人体多个器官提供能量，并通过促进结合 G 蛋白偶联受体 GRP41 和 GRP43 分泌 5-羟基酪氨酸、胰高血糖素样肽-1 等肠道激素，控制食物摄入，提高葡萄糖耐受性，有助于控制摄食，减轻体重。

（2）益生菌通过改善肠道微生物而提高 AMP 蛋白激酶活性，从而调节能量代谢。AMPK（AMP 活化蛋白激酶）是控制细胞能量代谢的关键酶，当 AMPK 活化水平升高时，线粒体脂肪酸氧化增加，糖原存储减少，有助于维持体重。

另一方面，发酵乳制品降低肥胖风险的作用也与发酵乳制品中的其他活性成分有密切关系。最近的研究表明，酸乳中的主要成分之一乳酸及其受体 G 蛋白偶联受体 81（GPR81G）在肥胖和白色脂肪棕色化中具有关键作用，为食用酸乳降低肥胖风险提供了新的解释。脂肪组织主要包括白色脂肪组织和棕色脂肪组织，前者的主要功能是储存能量，后者的主要功能是产热耗能。当机体处于冷暴露或药物刺激时，白色脂肪组织中会出现一些功能类似于棕色脂肪细胞的细胞，被称为米色脂肪细胞，其具有较高的产热能力，有助于调节能量平衡。与白色脂肪组织相比，产热的棕色脂肪组织和米色脂肪细胞对肥胖等慢性疾病有着益的影响。因此，白色脂肪棕色化（即白色脂肪组织中出现米色脂肪细胞的现象）已经成为治疗肥胖及其并发症的重要手段之一，如何促进白色脂肪棕色化也是近年来肥胖疗法的新方向。

2. 发酵果蔬制品

发酵果蔬汁是经多种或单一乳酸菌发酵而成的果蔬汁类饮料，利用微生物发酵萃取天然蔬果原料精华，浓缩了微生物代谢生成的有机酸、功能性低聚糖、多肽等功能成分。已有研究发现，发酵果蔬汁具有调节肠道菌群、通便、减肥、提高免疫力、消除自由基等保健功效，如益生菌-海带复合发酵液、植物乳植杆菌-辣椒复合发酵剂、大果山楂发酵液、植物乳植杆菌发酵柠檬汁、乳酸菌发酵胡柚汁、桑葚醋、发酵红枣汁等发酵果蔬制品的抗肥胖作用先后被予以证实。发酵果蔬汁干预肥胖的作用与其中所含的功能成分密切相关。

（1）膳食纤维　发酵果蔬汁富含膳食纤维，膳食纤维的高持水力使其能够增加小肠内容物的体积、容量和黏度，延缓人体对营养物质的吸收，同时，还能够调节胃肠道中相关激素的分泌来增加饱腹感，从而调控体重增长。

（2）低聚糖　低聚果糖、低聚木糖、低聚半乳糖、果胶低聚糖等是常见的功能性低聚糖，其可以选择性刺激特定肠道微生物生长的活性而有益于宿主健康。功能性低聚糖大多具有良好水溶性，且酸稳定性和热稳定性也较好，无不良风味，黏度和甜度低等特点，在功能食品的开发中具有极广阔的应用前景。研究证实，功能性低聚糖可通过改善肠道菌群的生态平衡及产生短链脂肪酸等代谢产物来减轻肥胖症状。

3. 发酵谷类制品

张家艳等研究表明，乳酸菌发酵大麦提取物（LFBE）可通过减少脂质代谢物（脂肪酸），增加脂质代谢中间物和增加脂肪酸的 β 氧化和三羧酸循环来抑制脂质积累，能够有效地抑制营养型肥胖。乳酸菌作为益生菌典型代表，能够在肠道中存活并大量繁殖，抑制某些有害菌的生长和繁殖，维持肠道微生态平衡，而肠道菌群维持的良好状况对于预防肥胖具有很重要的意义。另一方面，谷类是膳食纤维的良好来源，尤其是全谷粒、麦麸等。发酵谷类制品中的膳食纤维的摄入有利于防止能量过剩引起的体脂积累，从而预防肥胖。

4. 发酵茶制品

红茶菌是以含糖的茶叶浸出液通过微生物混合发酵制成的一种民间传统酸性饮料，其功能因子主要是葡萄糖醛酸和D-葡萄糖二酸-1,4-内酯，具有抗氧化、抗菌、调节肠胃及分泌腺等活性。此外，乌龙茶提取物中的可水解单宁类可形成邻醌类发酵聚合物，对膳食脂类具有结合能力，可增加其从肠道排泄的作用，从而具有减少体内脂肪的作用。

第四节　发酵食品与骨质疏松症

一、骨质疏松症概述

骨质疏松症（osteoporosis，OP）是一种系统性的骨病，其总体特征是骨质密度下降和骨微观结构破坏，直观表现是骨的脆性增加，容易骨折。该病女性患者多于男性患者，常见于绝经后的妇女和老年人，其中年龄大于65岁的女性发生骨质疏松的风险最高，这些人群应每年定期接受骨密度检测。双能X线检测是目前国际公认的骨密度检测方法，它可以准确区分和测量出骨骼和软组织，且能够在保证测量准确性的同时，确保患者接受最少的X线剂量，是一种安全、高效的方法。骨密度（bone mineral density，BMD）减少是骨质疏松症诊断的基本依据，据WHO的建议，BMD值低于同性别、同种族健康成年人骨峰值不足1 SD属正常，降低1~2.5 SD为骨量减少，降低程度小于或等于2.5 SD即可诊断为骨质疏松。BMD降低程度符合骨质疏松诊断标准同时伴有一处或多处骨折时为严重骨质疏松。

1. 骨质疏松的症状

（1）骨痛和肌无力　轻者没有明显症状，较重者会出现以腰背部为主的疼痛或周身骨痛。这些症状经常会因劳累或活动后有所加剧，时间较长后会出现下肢肌肉萎缩，负重能力下降或不能负重。

（2）易于骨折　常因轻微活动或创伤即可诱发骨折，弯腰、负重、挤压或摔倒后发生骨折。脊柱、髋部和前臂是骨折的多发部位，其他部位如肋骨、盆骨、肱骨甚至锁骨和胸骨也可发生。

（3）身长缩短　常见于椎体压缩性骨折，可单发或多发，可导致胸廓畸形，后者可出现胸闷、气促、呼吸困难，甚至发绀等表现，极易并发上呼吸道和肺部感染。胸廓严重畸形可导致心排血量下降，引起心血管功能障碍。

骨质疏松症并不是不治之症，进行合理的膳食及身体锻炼，保持健康的生活方式，并服用一定的药物，是可以防治的。

2. 骨质疏松症的分类

按病因可将骨质疏松症分为原发性骨质疏松和继发性骨质疏松两类。

（1）原发性骨质疏松　主要表现为因雌激素减少（绝经后女性）和年龄增长（60岁以上）所引起的骨骼退行性变化，但病因及发病机制尚未完全阐明。

（2）继发性骨质疏松　由药物、疾病、器官移植等原因造成的骨量减少、骨微结构破坏、骨脆性增加和易于骨折的代谢性骨病，具有明确的病因。常因性腺功能减退症、甲状腺功能亢进症、甲状旁腺功能亢进症、库欣综合征、胰岛素依赖型糖尿病等内分泌代谢疾病，器官移植术后、肠吸收不良综合征、神经性厌食、慢性肾衰竭、血液病、系统性红斑狼疮、营养不良症等全身性疾病，药物及制动等引起。上述多种疾病均可影响钙、磷及维生素 D 的代谢过程，通过骨细胞成分及蛋白质成分等各种机制影响骨矿含量及骨微结构，从而导致骨质疏松。骨质疏松的病因及分类总结如图 12-3 所示。

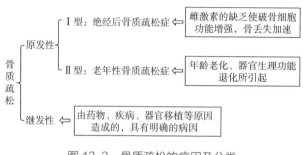

图 12-3　骨质疏松的病因及分类

二、有助于改善骨密度的发酵食品

1. 发酵豆制品

大豆及其发酵品中的主要活性成分包括大豆异黄酮、大豆蛋白、脂肪酸、大豆低聚糖、生物胺以及挥发性成分，其中大豆异黄酮具有预防骨质疏松的生物活性。大豆异黄酮是研究最多的一种异黄酮，其苷元母体结构与雌激素雌二醇母体结构相似，尤其是苯酚环及两个羟基基团之间的距离。大豆异黄酮可与雌激素受体结合，在体内雌激素缺乏时表现出微弱的雌激素活性，在体内雌激素充足时与雌激素竞争结合雌激素受体，因此其被认为既有雌激素作用又有抗雌激素作用。

纳豆芽孢杆菌是从纳豆发酵过程中分离出的一种益生菌。采用纳豆芽孢杆菌发酵的纳豆中富含维生素 K_2 与钙，其中维生素 K_2 具有帮助骨骼从血液中摄取钙的重要作用。中老年人随着年龄的增大，骨骼中的钙质逐渐减少，要预防骨质疏松，单纯补钙是形不成骨质的，而必须由人体中的维生素 K_2 促使骨蛋白形成，由骨蛋白与钙结合才能形成骨质，从而增加骨质密度。纳豆中的维生素 K_2 与钙相互协同，可增加骨密度，预防骨质疏松与骨折发生。纳豆中维生素 K_2 的含量是一般食品的上百倍，因此经常食用纳豆是预防骨质疏松的有效手段之一。此外，纳豆中还含有丰富的大豆异黄酮，能防止骨中钙的溶解，达到防治骨质疏松的效果。

2. 低聚果糖

低聚果糖是由蔗糖和 1~3 个果糖通过 β-1,2-糖苷键与蔗糖中的果糖基结合而成，又称寡果糖或蔗果三糖族低聚糖。工业上一般利用培养黑曲霉等产生的果糖转移酶作用于高浓度的蔗糖溶液（50%~60%），经一系列酶转移作用而制得低聚果糖产品。低聚果糖食用后不被人体消化，可作为营养物质被肠道内固有的有益菌所消化利用，发挥有益菌增殖因子的作用，具有调节肠道菌群、改善脂质代谢、促进钙等矿物质吸收、提高机体免疫力等多种功效。其在肠道内被肠道菌酵解产生大量短链脂肪酸，使结肠内 pH 降低，促进结合钙溶解为离子钙，从而促进钙的吸收，有助于预防骨质疏松。研究表明每日服用 15g 低聚果糖可显著促进 14~16 岁青年男性的钙吸收。低聚果糖等益生元改善钙吸收和促进骨骼健康的机制如下。

（1）益生元改善肠道微生物群组成　益生元具有抗吸收性，可以被肠道微生物水解和发酵。当饮食中含有足量益生元时，它们将选择性地刺激一些对宿主有益的细菌生长，其中以双歧杆菌为主，此外还包括罗伊氏乳杆菌、枯草芽孢杆菌、地衣芽孢杆菌、鼠李糖乳杆菌和植物乳杆菌等，从而改善肠道微生物群的组成。肠道菌群可进一步通过影响黏膜屏障完整性、内分泌和免疫反应三个途径，经"肠骨轴"调节钙吸收和骨骼健康。肠道富含多种免疫细胞，其中 T 细胞中的 Th17 细胞（能够分泌白细胞介素 17 的一种 T 细胞亚群）对骨骼影响较为显著。人类肠道定植的普雷沃氏菌促进 Th17 的分化和白介素 6、白介素 17 以及肿瘤坏死因子 α 等细胞因子的生成，其中，白介素 17 直接影响破骨细胞活性，调节骨吸收。

（2）益生元有助于提供更多有益的菌群代谢产物　最具代表性的代谢产物是能够发挥多种生物效应的短链脂肪酸，其可降低肠道环境的 pH，形成的酸性环境可以溶解结合钙，提高肠腔内钙离子浓度，利于钙的被动扩散。短链脂肪酸还可为肠黏膜上皮细胞提供能量，改善肠绒毛结构，从而增大吸收面积实现增加钙储存和钙吸收。此外，短链脂肪酸中的丁酸盐能够提高线粒体抗氧化酶活性和加快能量代谢，改善骨微结构和钙稳态，激活骨代谢。

3. 发酵乳制品

骨质疏松往往是因年龄增长、激素分泌下降导致的骨质代谢失衡引起的。益生菌发酵乳可以调节骨质代谢，进而延缓或改善骨质疏松症状。BAYAT 等研究表明，干酪乳杆菌 LC-01、不饱和脂肪酸与豆乳混合可以调节骨质代谢，如降低破骨细胞水平、提高成骨细胞数量、钙水平、过氧化氢酶活性和总抗氧化能力。也有研究表明，瑞士乳杆菌发酵乳可在一定程度上增加大鼠股骨的骨强度，有效防止去卵巢后引起的骨质疏松，减少骨折的发生，这可能是由于瑞士乳杆菌发酵过程中产生了酪蛋白磷酸肽。

酪蛋白磷酸肽（casein phosphopeptides，CPP）是从牛乳酪蛋白中经蛋白酶水解得到的一类富含磷酸丝氨酸的多肽制品，含有 25~37 个氨基酸残基。CPP 可以促进机体钙和铁的吸收，影响骨代谢，从而有效预防骨质疏松症。其作用机制在于，食物中摄入的钙在到达小肠中下部的 pH7~8 弱碱性环境中时，钙和铁离子极易与磷酸根等离子结合形成不溶性盐沉淀，从而阻碍了钙和铁的扩散输送，而 CPP 能与钙和铁形成可溶性络合物，防止钙和铁形成不溶性盐沉淀，从而促进钙和铁的吸收。

4. 发酵动物骨类产品

羊骨质中含有大量的无机物，其中 50% 以上是磷酸钙，还有少量碳酸钙、碳酸镁等，是钙质的良好来源。霍乃蕊等采用胃蛋白酶酶解，再利用植物乳植杆菌和戊糖片球菌（1:1）发酵的方法制备了羊骨酶解发酵液钙螯合物（SBEF-Ca），继而探讨 SBEF-Ca 对雌激素缺乏造成的骨质疏松的防治作用，结果表明，与模型对照组相比，各剂量组均可使股骨密度和长度维持在正常组水平，其中高剂量组的股骨密度显著大于中、低剂量组，各组的血钙、血磷水平均无显著性差异，说明 SBEF-Ca 可能对绝经后骨质疏松症有预防作用。也有研究采用乳酸菌发酵牛羊鲜骨粉，使其中的羟磷灰石结合钙转化为乳酸钙，并在骨质疏松动物模型水平上证明了所得的产品既能补钙又可促进骨形成，对于预防骨质疏松具有重要意义。

第五节　发酵食品与免疫

一、免疫概述

1. 免疫（immunity）

免疫一词源于拉丁文"免除"，引申为免除疾患。现代的免疫是指机体识别和排除抗原性异物、维持自身生理平衡及稳定的功能，包括免疫防御、免疫自稳和免疫监视三方面。

2. 免疫系统

免疫系统（immune system）是生物体内一系列的生物学结构和进程所组成的疾病防御系统，具体由淋巴器官和多种免疫细胞及其产生的免疫因子组成，如图 12-4 所示。

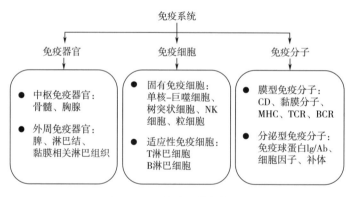

图 12-4　免疫系统的组成

（1）免疫器官　由中枢免疫器官和外周免疫器官组成。前者是免疫细胞生成和分化成熟的场所，包括骨髓和胸腺，其中骨髓是制造 B 淋巴细胞和 T 淋巴细胞及 B 淋巴细胞成熟的场所；胸腺是 T 淋巴细胞分化成熟的场所。后者是成熟的免疫细胞对抗原产生免疫应答的场所，包括脾脏、淋巴结、腺样体、扁桃体、肠相关淋巴组织等，其中脾脏和淋巴结是成熟淋巴细胞的定居地，也是免疫应答发生的主要场所；肠相关淋巴组织对经肠黏膜入侵的病原微生物产生免疫应答，发挥局部免疫作用。

（2）免疫细胞　包括多种不同类型的细胞，如淋巴细胞［T 细胞、B 细胞、自然杀伤

（NK）细胞]、粒细胞（中性粒细胞、嗜酸粒细胞、嗜碱粒细胞）、单核-巨噬细胞等，是免疫系统的功能单位。其中，淋巴细胞是免疫系统的主要成员，被激活成熟的 B 细胞会分化为可分泌抗体的浆细胞，是体液免疫应答的主要细胞；T 细胞可分化为细胞毒性 T 淋巴细胞和辅助性 T 淋巴细胞，后者可进一步分为 Th1 细胞（促进细胞免疫及激活巨噬细胞）和 Th2 细胞（刺激 B 细胞分化促进体液免疫应答）；NK 细胞无需特异性抗原刺激即可杀伤感染的细胞和肿瘤细胞。

（3）免疫分子 由免疫细胞和非免疫细胞合成并分泌的、涉及抗原识别及免疫效应有关的各种分子，包括免疫球蛋白（IgG、IgA、IgM 等）、补体（C3、C4）、细胞因子（IL-2、IL-4、IL-6、TNF-α、TNF-γ 等）、黏附分子等。通过测定这些免疫因子的类型和数量，可以判断机体免疫应答水平的高低。

3 免疫应答

免疫应答（immune response）是机体免疫系统对抗原刺激所产生的以排除抗原为目的的生理过程，包括了抗原提呈、淋巴细胞活化、效应细胞和免疫分子形成、发生免疫效应等一系列生理反应，是免疫系统各部分生理功能的综合体现。

4. 免疫调节

免疫调节（immunoregulation）是在免疫应答过程中多种免疫分子、免疫细胞和机体系统共同相互作用，维持机体内环境的稳定，包括了免疫细胞间、免疫细胞与免疫分子以及免疫系统与机体其他系统间的相互作用。免疫调节是一种精细而复杂、多因素参与的过程，任何一个调节环节的失误即可引起全身或局部免疫应答的异常，出现自身免疫、过敏、持续感染和肿瘤等疾病。

5. 免疫类型

根据免疫力的获得方式，免疫分为固有免疫（又称自然免疫、非特异性免疫）和适应性免疫（又称获得性免疫、特异性免疫）。相应的，体内有两种免疫应答类型，即固有免疫应答和适应性免疫应答。

（1）固有免疫应答（innate immune response） 固有免疫应答是人类在长期的发育和进化过程中建立起来的一系列天然免疫防御功能，是当病原体入侵时首先迅速发起的防卫作用，是抗感染免疫的第一道防线，具体包括：①皮肤黏膜的物理屏障作用及局部细胞分泌的抑菌和杀菌物质的化学作用；②吞噬细胞的吞噬作用，该细胞是非特异性免疫中最重要的细胞；③NK 细胞的杀伤作用，该细胞可以直接识别并杀伤病原体；④血液和体液中具有杀菌作用的分子，如溶菌酶、乳铁蛋白、RNA 酶、补体等。固有免疫不具有特异性，不会形成免疫记忆，在感染早期被激活时会发生急性期反应（如发热），对控制感染过程的响应非常及时迅速。

（2）适应性免疫应答（adaptive immune response） 适应性免疫应答是指机体与抗原物质接触后，免疫细胞识别抗原分子，导致免疫细胞活化、增殖与分化，产生抗体或致敏 T 细胞，并对抗原物质产生免疫效应的过程，基本特征为获得性和特异性，故又称获得性免疫应答或特异性免疫应答。执行适应性免疫应答的主要是 B 细胞（介导体液免疫）和 T 细胞（介导细胞免疫），因此又将适应性免疫应答分为 B 细胞介导的体液免疫应答和 T 细胞介导的细胞免疫应答两种。前者是由浆细胞（B 细胞的效应细胞）产生特异性的抗体来清除细胞外病原体和毒素，从而实现体液免疫应答。后者是由 T 细胞介导，T 细胞通过活化巨噬细胞吞噬杀灭细胞内病原体，或由激活的细胞毒性 T 细胞杀伤病毒感染细胞或肿瘤细胞，从而实现细胞免疫应答。适应性免疫应答对抗原的识别具有特异性，会对抗原产生记忆性，但由于适应性免疫应答需经历"抗原识别→淋巴细胞活化→抗原清除"这样的三个阶段，因此启动较缓慢。

6. 免疫力低下

免疫力低下是指因各种原因使免疫系统不能正常发挥保护作用，可分为先天性免疫低下、生理性免疫低下和后天继发性免疫低下三大类。先天性免疫低下也称免疫缺陷，是由于组成免疫系统的某种或多种成分因基因突变等因素而丧失了原有功能，发生免疫低下，往往病情较重，持续时间也较长，该类型在免疫低下人群中所占比例较少。后天继发性免疫低下是由于感染、药物、营养不良和其他某些疾病引起，去除这些病因后，免疫功能往往都可以恢复。生理性免疫低下主要由感冒等上呼吸道感染引起，症状一般没有上述两种免疫低下严重，一般不需要治疗。

免疫力下降时会出现如下表现。

（1）感冒不断　免疫力不足最易引起的症状就是经常性的感冒。这是由于随着身体免疫力的下降，体内的细菌与病毒得不到及时的免疫防御与清除，从而对身体造成侵袭，且感冒往往时间较长或迁延不愈。

（2）肠胃不适　免疫力低下还容易诱发胃肠道炎症，比较容易出现急性胃肠炎等症状。

（3）易感疲劳　在无器质性病变的前提下，经常感觉疲劳也是身体免疫力低下的表现。这种疲劳感会使得机体免疫力进一步下降，给细菌与病毒的侵袭提供了机会，因此会同时表现为容易生病。

免疫力低下时还会出现其他亚健康状况，如腰酸背痛、记忆力减退、睡眠不好、内分泌紊乱、注意力不集中等，当出现这些不适时应当及时在饮食、生活习惯、运动、情绪等方面做出调整，以改善自身免疫系统。

二、有助于增强免疫力的发酵食品

1. 发酵乳制品

研究表明，发酵乳制品中的益生菌可调节黏膜免疫系统，降低患病风险，对健康具有很多方面的有益作用。食用益生菌发酵乳制品后，巨噬细胞特异性明显，免疫球蛋白和一些细胞因子同时被激活。如给小鼠喂服通过益生菌发酵的牛乳，可以增加腹腔内巨噬细胞对羊红细胞的吞噬活性及产生抗体的能力；促进巨噬细胞产生 IFN-α 和 IFN-γ；激活肠道的局部淋巴组织，促使黏膜产生抗体及增加小肠上皮细胞中产生分泌型免疫球蛋白 A 的 B 淋巴细胞的比例，尤其是促进分泌型免疫球蛋白 A 的产生。益生菌对免疫系统具有明显的调节作用，其提高免疫力的机制有以下几点。

（1）肠道黏膜屏障作用 机体的先天性免疫主要依靠皮肤和黏膜的屏障作用，而益生菌是肠道正常菌群的优势菌群，与肠黏膜紧密结合构成肠道的生物屏障，能够抑制条件致病菌的过度生长，维持肠道的微生态平衡。

（2）肠道黏膜免疫作用 肠黏膜不仅能吸收消化的营养成分，还是天然免疫和获得性免疫的重要位点，发挥重要的局部免疫功能。肠道的分泌型免疫球蛋白是黏膜免疫的主要效应分子，可有效中和黏膜上皮内的病原体，以免疫复合物形式排出体外，在局部抗感染中起着关键的作用。研究表明，口服干酪乳杆菌可增强宿主的黏膜免疫反应，促进肠道免疫球蛋白的分泌，这种作用即使是低剂量的干酪乳杆菌也可以达到；短双歧杆菌能促进小肠淋巴细胞集合 B 细胞增生诱导淋巴组织，集合浆细胞产生大量的免疫球蛋白，进而增强机体的免疫功能。由此可见，肠道黏膜免疫作用的发挥与肠道所分泌的免疫球蛋白密切相关。免疫球蛋白是一类具有抗体活性、能与相应抗原发生特异性结合的球蛋白，存在于血液、体液、黏膜分泌液等中，是构成体液免疫的主要物质。免疫球蛋白包括 IgG、IgA、IgD、IgE 和 IgM，呈 Y 字形结构，由 2 条重链和 2 条轻链构成，其中 IgG 是在体内起主要作用的免疫球蛋白。免疫球蛋白主要应用于婴儿配方乳粉和提高免疫力的保健食品中。

（3）促进免疫器官生长发育 益生菌可以促进机体免疫器官的生长发育和成熟，增加 T 淋巴细胞和 B 淋巴细胞的数量。其中，T 淋巴细胞接受抗原刺激后会激活、增殖和分化为成熟的 T 淋巴细胞，执行的是细胞免疫功能；B 淋巴细胞接受抗原刺激后会激活、增殖和分化为浆细胞，发挥体液免疫功能，从而通过健全全身免疫系统而提高免疫力。

（4）激活免疫因子 益生菌能明显激活巨噬细胞活性，促进细胞因子介导素的分泌。这些细胞因子本身可以代替免疫调节剂，增强机体免疫功能，从而提高宿主的抗病能力。

值得注意的是，除了发酵乳制品中的益生菌，发酵过程中产生的乳源活性肽、胞外多糖等非菌成分也有助于免疫调节。在这种情况下，益生菌发酵乳成为输送生物活性物质的理想载体，对免疫系统具有调节作用。

2. 免疫调节肽

免疫调节肽是一类具有调控免疫功能的生物活性肽（表 12-5），主要是通过调节淋巴细胞的增殖、增强体内巨噬细胞的吞噬功能、影响细胞因子的分泌等途径发挥调控机体免疫系统的作用。免疫调节肽可以促进脾脏、胸腺免疫器官的发育，调控多种淋巴细胞、浆细胞的增殖，促进机体免疫球蛋白的分泌，增强机体防御能力。免疫调节肽既可调控非特异性免疫应答，促进单核-巨噬细胞碳粒廓清功能及腹腔巨噬细胞的吞噬能力，提高 NK 细胞活性；还可调控特异性免疫应答，通过调节 T 细胞亚群的变化，促进淋巴细胞增殖，影响免疫球蛋白水平，从而发挥免疫调节作用。

乳、蛋、肉等畜禽蛋白质、大豆蛋白质和水产蛋白质等是发酵制备免疫调节肽的主要蛋白质来源。其制备过程是采用特定的 pH、温度等，利用细菌、霉菌或酵母等微生物发酵代谢产生的蛋白酶体系，将大分子蛋白质降解成长短不一的多肽混合物。如 Keska 等研究发现经酸乳清腌制的发酵牛肉在 4℃ 成熟 1 个月后会释放大量生物活性肽，其中包括序列为 LKTEAEMK、KKKGHHEAE、TEAEMKASEDLK、GGILKKKGHHEAE 的四条免疫调节肽；Qian Bingjun 等对德氏乳杆菌 LB340 发酵的发酵乳离心后进行超滤，得到 4 个肽级组分，将分子质量<1ku 的肽用 Superdex-30 G 柱分离后产生的组分 F6 对小鼠脾淋巴细胞增殖有积极作用，刺激指数为 0.729，具有良好免疫调节活性。微生物发酵法是一种新的制备生物活性肽的方法，具有蛋白酶来源广、产量高、生产周期短、成本低等优点，应用前景广阔。

利用多种生物学数据库可实现对微生物发酵法所得生物活性肽潜在生物活性的预测和分析。具体可将试验所得的肽段序列结构与 UniPot、BIOPEP、BLAST 等数据库中所有肽段序列结构相比较，根据肽段分子质量与数据库中所包含肽段理论分子质量相匹配的数量计算出试验肽段的生物活性评分，从而预测潜在的主要生物活性，生物活性评分越接近 1 表示活性越强。PeptideRanker 数据库除了可以预测肽段的潜在生物活性之外，还可以计算活性片段在蛋白质序列中出现的频率。此外，还有 EROP-Moscow、PEPBANK 等也是常用的生物活性肽活性分析数据库。

表 12-5 食品来源的免疫调节肽及其氨基酸序列

食品来源	调节肽	氨基酸序列	免疫作用
大豆蛋白	四肽	Gln-Arg-Pro-Arg	与肠黏膜结合淋巴组织作用
	五肽	Ile-Gln-Gln-Gly-Asn	
		Ser-Gly-Phe-Ala-Pro	
	六肽	His-Cys-Gln-Arg-Pro-Arg	刺激巨噬细胞和多核白细胞的吞噬
	八肽	Ala－Glu－Ile－Asn－Met－Pro－Asp-Tyr	
乳蛋白	三肽	Leu-Leu-Tyr	刺激吞噬细胞活性，预防细菌特别是肠道菌的感染
		Tyr-Gly-Gly	
	十肽	Tyr-Gln-Gln-Pro-Val-Leu-Gly-Pro-Val-Arg	
水产蛋白	二肽	Ala-Arg	促进脾淋巴细胞增殖，提高巨噬细胞吞噬能力
		Val-Arg	

3. 发酵豆制品

沈柱英等以两种纳豆糖蛋白（NPPC-1-b、NPPC-2-a）为对象，探讨了纳豆中成分对脾细胞增殖能力的影响。体外免疫活性测定结果显示，$100\sim200\mu g/mL$ 的 NPPC-1-b 以及 $12.5\sim200\mu g/mL$ 的 NPPC-2-a 可显著增强脾细胞增殖能力，且其中以 $100\mu g/mL$ 的 NPPC-2-a 作用效果最佳；在对细胞因子表达的影响方面，NPPC-1-b 和 NPPC-2-a 可显著促进细胞因子白介素-2（IL-2）以及干扰素-γIFN-γ（IFN-γ）的表达，其中 $50\mu g/mL$ 的 NPPC-2-a 分泌 IL-2 最多，$200\mu g/mL$ 的 NPPC-2-a 表达 IFN-γ 的量最高，由此可知 NPPC-1-b 和 NPPC-2-a 均具有一定的免疫调节作用。JH Lee 等用韩国 Doenjang（DJ）、Cheunggukjang（CGJ）和未发酵大豆喂养小鼠 4 周，结果在 DJ 和 CGJ 组中观察到脾 NK 细胞活性增强，Th1 细胞介导的免疫应答在 DJ 组中加强了受刺激的脾 T 细胞中 IFN-γ/IL-4 比值，在 CGJ 组中加强了受刺激的 B 细胞中 IgG2a/IgG1 比值，表明 DJ 和 CGJ 的摄入促进了 Th1 的体液免疫应答和细胞免疫应答。其中，Th1 是 Th 细胞的一种亚型，该细胞主要分泌 IFN-γ、IL-2 等促炎因子，介导细胞免疫；Th 细胞的另一种亚型是 Th2 型细胞，主要分泌白介素-5（IL-5）、白介素-6（IL-6）等抗炎因子，促进体液免疫反应。

由上可知，发酵豆制品是一种功能性食品，但目前对于消费者来说，其主要是一种调味料。但由于该类食品中含盐量过高，被认为是促进胃癌等疾病的致病因子，限制了其消费量。因此，应当充分利用现代科学技术和手段，不断加强菌株改造和工艺优化，形成完整的技术创新体系，降低其含盐量，科学化、工业化地开发发酵豆制品，将美味、营养、功能等有机结合起来，使发酵豆制品持续向功能营养型食品方向发展。

4. 发酵果蔬制品

经酵母、乳酸菌等菌株发酵后，发酵果蔬能产生更多的代谢产物，使其中的维生素 C、β-胡萝卜素、叶酸等营养物质种类更丰富、含量更高。发酵果蔬中的营养成分还有一部分来自发酵菌株本身所含有的蛋白质、氨基酸、B 族维生素、矿物质等营养物质。如通过对果蔬发酵制备发酵果蔬汁，可最大限度地保留水果营养，并有独特的发酵果蔬风味，且发酵过程中还会产生大量氨基酸、有机酸等营养物质。发酵还会产生大量的益生菌代谢物，因而发酵果蔬能够促进益生菌的繁殖，有助于改善肠道环境，调节肠道微生态平衡，从而发挥免疫调节功能。果醋、发酵果蔬饮料、泡菜等是我国市场中常见的发酵果蔬制品，但此类产品存在的问题是保存期内菌的存活时间短，保存数天后活菌数会有所下降，如保存一周即可下降 50%。

5. 食用菌多糖

因营养素缺乏、机体衰老退化或一些病理性原因所致的免疫功能低下可通过食用免疫强化食品进行调节。活性多糖具有强化机体免疫功能的作用，其中最有代表性的一类活性多糖即为食用菌多糖。如香菇多糖是一种 T 细胞促进剂，通过刺激抗体的产生来调节机体免疫反应；银耳多糖能够促进小鼠特异抗体的形成和腹腔巨噬细胞的吞噬能力，增加外周 T

淋巴细胞的数量，延缓胸腺萎缩，并可对抗由免疫抑制剂环磷酰胺引起的细胞免疫和体液免疫低下；金针菇多糖也能增强 T 淋巴细胞的功能，激活淋巴细胞和吞噬细胞，促进抗体的产生并能诱导干扰素分泌；云芝多糖对正常动物无免疫效应，但能增强带瘤机体的免疫功能；裂褶多糖对细胞免疫和体液免疫均有促进作用，能促进小鼠脾脏分泌 B 细胞，消除抗胸腺球蛋白的免疫抑制作用。通过菌丝体液态发酵来生产食用菌多糖是工业上常用的方法。

食用菌多糖最主要的生物活性是增强免疫功能，其作用主要体现在①促进胸腺、脾等免疫器官的发育，显著增加小鼠免疫器官重量；②促进淋巴细胞转化为淋巴母细胞，从而增加释放一系列淋巴因子，如白细胞介素、肿瘤坏死因子等；③提升巨噬细胞的吞噬能力，使小鼠腹腔巨噬细胞的吞噬百分率和吞噬指数显著增大；④促进血清溶血素抗体形成，显著提高小鼠血清的半数溶血值；⑤增加 B 淋巴细胞的碱性磷酸酶活性，增加腹腔分泌细胞和循环白细胞的数量。

📝 思考题

1. 预防心血管疾病的发酵食品有哪些？
2. 请简述 ACE 抑制肽是如何降血压的。
3. 糖尿病分为哪些类型？能调节血糖的发酵食品有哪些？
4. 肥胖症的判断常用哪些方法？哪些发酵食品有助于控制体内脂肪？
5. 骨质疏松症可以分为哪些类别？哪些发酵食品可以增加骨密度？
6. 请试述免疫系统的组成。
7. 哪些发酵食品具有增强免疫的作用？如何评价这些食品的免疫增强作用？
8. 哪些发酵食品具有多种健康功能？

第十三章
发酵食品与肠道健康

学习目标

1. 掌握饮食对肠道菌群组成的影响。
2. 熟悉肠道微生物与人类健康的关系。
3. 了解肠道微生物的形成。
4. 熟悉发酵食品对肠道菌群的影响。
5. 熟悉饮食对肠道菌群的调整。

正常微生物与其宿主的微环境（组织、细胞、代谢产物）组成了人体的微生态系统。按菌群的分布情况可将人的微生态系统分为皮肤微生态系统、口腔微生态系统、肠道微生态系统和泌尿生殖道微生态系统。正常生理状态下，人体微生态系统中的微生物群落实现了和谐共存，形成了稳定且有益于宿主健康的状态，至少是非致病的。但是在疾病状态下，有害微生物可能过度繁殖，表现出对宿主的侵害作用。

第一节　肠道微生态

肠道微生态系统是人体四大微生态系统中最主要、最复杂的微生态系统，与机体相互协调、相互依存却又相互制约。其中，肠道菌群被认为是一个具有重要作用的"新器官"，许多种类的细菌已经进化并适应在人类肠道中生存和生长。肠道微生态系统由肠道内正常菌群及其所生活的环境（肠道）共同组成。在机体肠道内存在着数量庞大的肠道微生物，这些微生物及其代谢产物共同担负着促进机体营养吸收、调节机体代谢、刺激肠道细胞更新和调控机体免疫应答等作用，进而影响宿主正常新陈代谢，并使宿主保持健康状态。

一、肠道

肠道是机体重要的消化器官，是从胃幽门至肛门的一段消化管，是人体消化、吸收食物中营养物质的场所，也是微生物的主要寄居场所，在维持机体正常生命活动中发挥着重要功能。

1. 肠道结构

人体的消化系统由消化道和消化腺两大部分共同组成，其最基本的功能是消化和吸收食物中的营养成分，以供给人体所需的物质和能量，并排泄废物。除维生素、水和无机盐可以被直接吸收利用外，蛋白质、脂肪和糖类等难于溶解的大分子物质均不能被机体直接吸收利用，需在消化道内被分解成结构简单的小分子物质，才能被吸收利用。消化道分为上消化道和下消化道，是一条很长的肌性管道，包括口腔、咽、食管、胃、小肠和大肠；消化腺包括口腔腺、肝、胰腺及消化管壁上的许多小腺体，其主要功能是分泌消化液。临床上，以十二指肠为分界线将消化道分为两部分。其中，上消化道是由口腔、咽、食管、胃、小肠中的十二指肠组成；下消化道由小肠中的空肠、回肠和大肠（盲肠、阑尾、结肠和直肠）组成。

（1）肠道组织　哺乳动物的肠包括小肠和大肠两大段。成人小肠长 5~7m，位于腹中，始接幽门，终接盲肠。根据结构和形态不同，分为十二指肠、空肠和回肠三段。小肠是消化、吸收的主要场所，大量的消化反应和几乎全部消化产物的吸收都是在小肠内进行的。成人大肠全长约 1.5m，上接回肠，包括盲肠、阑尾、结肠和直肠四部分。大肠在外形上与小肠有明显的不同，一般大肠口径较粗，肠壁较薄。一般认为大肠的主要功能是进一步吸收粪便中的水分、电解质和其他物质（如氮、胆汁酸等），形成、储存和排泄粪便，粪便通过直肠经肛门排出。

（2）肠道黏膜　肠道黏膜是将机体内部环境和肠腔内环境分开的复杂结构，包括机械屏障、化学屏障、生物屏障及免疫屏障，一旦屏障的完整性被破坏，外源性有害物质（细菌、毒素等）可入侵宿主肠道组织，造成炎症和组织损伤。正常情况下，肠道黏膜可有效地阻挡肠道内 500 多种、浓度高达 10^{12}CFU/g 的肠道内寄生菌及其毒素向肠腔外组织、器官移位，从而防止机体受内源性微生物及其毒素的侵害。

小肠肠壁是由黏膜、黏膜下层、肌层和浆膜构成的，其结构特点是肠壁具有环形皱襞。黏膜由上皮、固有层和黏膜肌层组成。人体小肠黏膜展开的表面积约为 $200m^2$，且每平方米小肠内约含有 10^{10} 个浆细胞，而皮肤表面积仅约为 $1.8m^2$。黏膜上皮细胞分泌肠液，润滑肠管，使食物易于向下运动，上皮皱襞很多，有效扩大了小肠的吸收面积，易于食物营养的吸收。

大肠黏膜的主要功能是进一步吸收粪便中的水分、电解质和其他物质，此外，还有一定的分泌功能。例如，杯状细胞分泌的黏液蛋白能保护黏膜和润滑粪便，使粪便易于下行，这不仅保护肠壁，防止机械损伤，还能防止细菌侵蚀。

肠道消化管黏膜内还有弥散淋巴组织、孤立淋巴小结、集合淋巴小结，以及淋巴细胞、巨噬细胞和浆细胞等，它们参与构成机体免疫防御的第一道防线，使肠黏膜具有免疫作用。

2. 肠道功能

（1）消化吸收功能　消化是指食物中所含的营养成分在消化道内被分解为可吸收的小分子物质的过程，可分为机械和化学两种消化方式，其中消化道的平滑肌和消化腺是实现消化活动的主要组织结构。通过消化道肌肉的运动将食物磨碎，使之与消化液充分混合，并向消化道远端推送的过程称为机械消化；通过消化腺分泌的各种消化酶的作用，将食物中的大分子物质分解为可被吸收的小分子物质（如糖类分解为单糖、蛋白质分解为氨基酸、脂类分解为甘油及脂肪酸等）的过程称为化学消化。吸收是指食物经消化后形成的小分子物质（维生素、无机盐和水）通过消化道黏膜上皮细胞进入血液和淋巴液的过程。经过消化后食物中的各种营养物质已被充分分解，随后通过消化道吸收进入人体，因此吸收功能对于人体维持正常生命活动具有重要的生理意义。

（2）免疫功能　肠道是人体最大的免疫器官，是全身免疫系统的一个重要组成部分，具有重要免疫功能。相比身体其他组织而言，肠黏膜相关的淋巴组织中包含更多的免疫细胞（T细胞、B细胞、浆细胞、单核-巨噬细胞）。

小肠的肠道相关淋巴网状内皮组织是体内最丰富的淋巴样组织。同时，肠道淋巴样组织能产生大量分泌型免疫球蛋白A（sIgA）。现已证明，人类每天分泌的免疫球蛋白中60%以上是IgA，其中绝大多数是由黏膜内浆细胞分泌的sIgA。肠黏膜具有机械屏障、生物屏障、化学屏障和最重要的免疫屏障作用，能够有效地阻止微生物抗原、食物性抗原等抗原性物质的穿透。肠道免疫的第一道防线是肠壁内存在的淋巴样组织在受到抗原刺激时，会产生大量的sIgA，sIgA能够中和抗原物质，引发局部免疫反应，从而提供保护。另外，即使抗原物质穿过肠壁进入门静脉或淋巴管，在到达肝脏或肠系膜淋巴结后，还将受到进一步处理，此过程为肠道免疫的第二道防线。

（3）生理调节功能　在从胃到大肠的消化道黏膜内，存在多种内分泌细胞，它们有着共同的细胞生物化学和超微结构特点，能够合成和释放具有活性的化学物质——胃肠激素，又称胃肠肽。分布在胃肠道黏膜的内分泌细胞的数量要远远超过体内所有内分泌腺中的内分泌细胞的总和。所以，消化道不仅是消化器官，同时也是体内最大的内分泌器官。原本存在于中枢神经系统的神经肽，已被证实也存在于胃肠道黏膜内。同样，一些胃肠肽也存在于中枢神经系统内，这种具有双重分布的肽类统称为脑-肠肽。此概念揭示了消化系统和神经系统之间存在着密切内在的联系。胃肠肽与神经系统相互配合，共同调节胃肠道的运动、分泌、吸收等活动，并影响体内其他器官的活动。

二、肠道微生物

健康人的肠道内栖居着种类繁多、数量庞大的微生物，包括细菌、病毒、真菌等；其与宿主为互惠关系，是宿主代谢的关键贡献者，例如产生宿主必需的维生素和其他代谢物。构成成人肠道菌群的微生物曾经被认为多达 10^{14}，约是人类细胞数量的 10 倍，然而，最近研究表明细菌与人类细胞的数量比例更接近 1∶1；其干重有 1kg，约占人体总微生物量的 78%；基因数量约 300 万个，约是人类基因组基因数量的 100 多倍，海量的功能基因在微生物适应肠道环境的过程中发挥了重要作用。肠道菌有 400~500 种，分为原籍菌群和外籍菌群，原籍菌群多为肠道正常菌群，它们有规律地附着于肠道的不同部位。

每个人的微生物组都是独一无二的，在幼儿早期迅速发展，之后相对稳定，但容易受到成年期变化的影响。微生物组的这些变化可能受到遗传和环境因素的影响，包括饮食、地理位置、毒素/致癌物质暴露和激素等。

1. 肠道微生物的形成与演替

肠道微生物群落（细菌、真菌、病毒等）的演替伴随人的一生。生命早期，菌群发生原生演替（先锋物种定植→群落快速变化、复杂度增加→达到稳定），受分娩方式、抗生素、喂养方式和饮食等影响；菌群成熟稳定后，抗生素、疾病等扰动可引起群落的次生演替，基石物种在群落恢复过程中有重要作用；老年时菌群进入晚期演替阶段，α 多样性降低、个体独特性增加；菌群还参与死后尸体的腐败和分解，在法医领域具有应用潜力。

（1）生命早期肠道微生态系统的建立　机体微生态系统的建立在母体的孕育过程中便已开始。早期研究中，研究人员曾一度认为婴儿出生时是无菌的，婴儿肠道菌群的建立只受周围环境中细菌的影响。随着研究的深入，发现胎儿生活在非无菌环境中，胎儿肠道在产前被微生物定植（大约有 100 种微生物定植在结肠中），定植于胎儿的微生物可能会影响妊娠结局和婴儿的健康状况。至于新生儿菌群具体来源于母体的哪个部位，目前尚无定论。在新生儿孕育降生的过程中，母体的胎盘、肠道、羊水、产道菌群以及哺乳期乳汁中的细菌群落都有可能是新生儿肠道菌群的重要来源。出生后，各种微生物逐渐定植于人体肠道（最先定植的是兼性厌氧菌，其次是厌氧菌），肠道微生态系统逐步建立，并且在 2~5 岁达到稳定状态。已知胎龄、分娩方式、饮食（母乳与配方乳粉）、卫生状况和抗生素治疗等因素都会影响这一过程，而正常肠道菌群的建立及演替对婴幼儿的营养、代谢及免疫系统发育至为关键。

①与足月儿相比，在早产新生儿中，微生物群的多样性降低，双歧杆菌和拟杆菌的数量较少，肠球菌和变形杆菌的水平较高。值得注意的是，高浓度的变形杆菌已被公认为新生儿坏死性小肠结肠炎（NEC）发展的危险因素。

②分娩方式（顺产或剖宫产）对婴儿肠道微生态体系建立的影响较大。对于顺产的婴幼儿，母体阴道和粪便中的微生物，通过接触从母亲转移到孩子。其中，包括乳酸杆菌和双歧杆菌的肠杆菌科微生物是肠道微生物的主要群体。而剖宫产出生的新生儿，不直接暴露于母体微生物中，其肠道被来自皮肤和医院环境的微生物定植，肠道微生物多样性显著减少；同时，剖宫产出生的婴幼儿肠道菌群建立的过程缓慢，且肠胃疾病及过敏症状发病率显著高于顺产婴儿。但是，最近的研究报告了相互矛盾的结果，因此，目前尚不能定论剖宫产是否破坏微生物群的母婴传播，以及它是否影响早期的人体生理。

③婴儿喂养方式，即母乳和配方奶粉，在早期生活中极大地塑造了肠道微生物群。母乳含有蛋白质、脂肪、碳水化合物（主要是低聚糖）、免疫球蛋白和内源性活性因子等营养元素。其中，母乳低聚糖（HMO）作为益生元，是母乳碳水化合物的重要组成部分，也是母乳中的第三大成分，当其到达结肠后，主要由双歧杆菌发酵产生乙酸、丙酸和丁酸等短链脂肪酸（SCFAs），进而促进富含双歧杆菌的微生物群的生长，保护婴儿免受病原菌定植；HMO 在预防新生儿腹泻和呼吸道感染方面起着重要作用。基于此，通过添加某些类型的低聚糖对配方奶粉进行优化，有助于婴儿建立富含双歧杆菌的微生物群。

④婴幼儿肠道微生物群落的显著转变发生在母乳喂养结束并引入固体食物后，伴随着产丁酸盐的拟杆菌和梭状芽孢杆菌属的数量增加。此外，抗生素的使用也会通过增加变形杆菌种群和降低放线菌种群显著影响婴幼儿肠道微生物群的进化，进而减少肠道微生物菌群的整体多样性。

（2）成熟稳定的肠道微生态系统　与婴儿相比，儿童的肠道微生物组具有更高的稳定性和较少的个体差异。在儿童时期，肠道微生物群落受到地理和饮食文化的影响，在发达国家和发展中国家之间以及工业化地区和农村地区之间有所不同。一项分析对生活在 13 个不同工业化地区以及两个前农业群落的健康成年人的粪便样本进行的宏基因组数据集分析表明，城市化进程显著塑造了肠道微生物群，从而可能影响肠道微生物组的整体功能。此外，流行病学研究表明，工业化国家自身免疫性疾病的发病率正在增加，这可能反映了环境/饮食/微生物种群的变化。

在成年期，肠道微生物群落以厚壁菌和拟杆菌为主，稳定且对短期干预（如短期饮食改变）具有弹性，这种稳定性能够持续数十年。即短期干预大多会引发肠道微生物菌群的快速短期变化，在干预结束后，肠道微生物菌群会恢复到其初始状态。

（3）肠道菌群多样性的衰退　随着时间推移，机体逐渐衰老。与年轻人相比，老年人的肠道微生物群组成表现出更高水平的个体变异性。65 岁以后，大部分老年人患有各种代谢类疾病和胃肠道疾病，这样的病变导致了肠道菌群结构的变化，也导致了肠道菌群多样性的锐减。研究发现，在患有慢性疾病的老年人肠道中，双歧杆菌和肠杆菌科的丰度降低，而梭状芽孢杆菌属的浓度与年轻人相比增加，并逐渐成为优势菌群。此外，研究也表明，健康长寿的老年人肠道微生物生态系统始终保持均衡，与中青年人肠道菌群结构并无显著差异。因此，很多研究人员提出了"肠寿＝长寿"的新理念。

2. 肠道微生物的组成分布与分类

（1）肠道微生物组成 肠道是人体最大的"储菌库"，是人体最大的定植"器官"。该"器官"主要由专性厌氧菌、兼性厌氧菌和需氧菌组成，其中厌氧菌（占比90%以上）比需氧菌更丰富，而且厌氧菌中约60%为厚壁菌门，超过20%为拟杆菌门。即健康的肠道微生物群主要由厚壁菌门和拟杆菌门组成，其次是放线菌门和疣状菌门，还有螺旋菌门、蓝藻菌门和变形菌门。除多种且大量的细菌外，还可见部分病毒和真菌等。

①厚壁菌门：厚壁菌门一般主要包括乳杆菌属（*Lactobacillus*）、梭状芽孢杆菌属（*Clostridium*）、真杆菌属（*Eubacterium*）、栖粪杆菌属（*Faecalibacterium*）和瘤胃球菌属（*Ruminococcus*）等革兰阳性菌，它们约占64%。

乳杆菌属在肠道内通过与有害菌进行竞争来抑制其生长，并刺激免疫球蛋白的产生，进而可增强宿主免疫功能，提高肠道对病原微生物的抵抗作用，同时酸化肠内环境，阻止有害菌在肠上皮的黏附，此外，其在糖尿病及其并发症的发生中对机体也起到一定的保护作用。梭状芽孢杆菌属在人体肠道中主要以球形梭菌亚群和柔嫩梭菌亚群存在。研究指出，在肥胖个体中，梭状芽孢杆菌占优势的肠道菌群可更多地将多糖降解成单糖及短链脂肪酸，短链脂肪酸可以促进肠道蠕动、加快肠道运输、增进营养物质的吸收。柔嫩梭菌是最主要的产丁酸盐细菌之一，而丁酸从抗炎到抗肿瘤活性均有一定的作用。真杆菌属由于具有利用葡萄糖及发酵中间产物乙酸盐和乳酸形成丁酸盐和氢气的能力，被认为是肠道代谢平衡的重要微生物。人体肠道中的栖粪杆菌属主要是普氏粪杆菌，它能够代谢肠道未被吸收的糖类产生大量的丁酸，是机体肠道中产丁酸盐最丰富的细菌之一。人体肠道中的瘤胃球菌属主要有布氏瘤胃球菌、黄色瘤胃球菌、白色瘤胃球菌、活泼瘤胃球菌和伶俐瘤胃球菌，其中的白色瘤胃球菌和黄色瘤胃球菌在肠道内可产生纤维素酶与半纤维素酶，是主要的降解纤维素的细菌。

②拟杆菌门：拟杆菌门主要包括拟杆菌属等革兰阴性菌。拟杆菌门大多定植于结肠中，在健康人黏膜组织中检测到的16S rRNA序列中，它们约占23%，是肠道优势菌，但同时也是条件致病菌，当免疫力低时可引发内源性感染，因此拟杆菌门与其宿主之间的相互作用现在被认为是互利互惠而不是共生的。

拟杆菌门具有维持肠道正常生理及参与人体营养吸收的功能，其目标是复杂的膳食聚合物，如植物细胞壁化合物（如纤维素、果胶和木聚糖）。同时，拟杆菌门还能降解来自胃分泌物的碳水化合物；其还可通过激活T细胞介导免疫应答、限制潜在致病菌在胃肠道中定植。拟杆菌门通常产生的丁酸酯，是结肠发酵的终产物，已被认为具有抗肿瘤特性，因此具有维持肠道健康的作用，还会参与胆汁酸代谢和有毒或诱变化合物的转化。

拟杆菌属包括脆弱拟杆菌、多形拟杆菌、普通拟杆菌、吉氏拟杆菌、屎拟杆菌、单形拟杆菌、卵形拟杆菌和艾格茨氏拟杆菌，其中，研究最多的是脆弱拟杆菌和多形拟杆菌。

拟杆菌属中的脆弱拟杆菌是哺乳动物肠道内的正常定植细菌，在人的结肠中，只占正常菌群的 1% 左右。脆弱拟杆菌具有通过多重 DNA 逆转录系统产生可变表面抗原的能力，还具有对氧的耐受和利用能力，所以在黏膜表面更为常见。拟杆菌属中的多形拟杆菌具有广泛的淀粉利用系统，可降解多糖、纤维素和宿主黏膜多糖等，使生物体能够利用存在于肠道中各种各样的膳食碳水化合物。

（2）空间分布　尽管微生物组成的总体特征保持不变，但菌群分布存在明显的空间差异。从食道远端到直肠，细菌的多样性和数量将存在显著差异，范围从 10^1（食道和胃中每克内容物）~ 10^{12}（结肠和远端肠道中每克内容物）。

由于胃酸是一种强酸，正常的胃酸 pH 在 2 以下，可以杀死大多数经口鼻进入消化道的细菌，所以，正常情况下，胃和上段小肠内只有极少量细菌，大多数存在于大肠中。螺旋杆菌属是存在于胃中的显性属，并决定了胃菌群的整个微生物景观，即当幽门螺杆菌作为共生菌定植在胃中时，存在由其他显性属构成的生物多样性，例如链球菌（最显性）、普雷波氏菌、绒毛膜菌和罗西亚菌，一旦幽门螺杆菌获得致病表型，这种多样性就会缩小。对于小肠而言，链球菌是食道远端十二指肠和空肠的主要菌属。

存在于大肠内的微生物占体内所有微生物的 70% 以上，通常在疾病状态的背景下讨论的肠道菌群基本上指结肠菌群（特别是来自粪便宏基因组数据的菌群）。栖息在大肠中的主要细菌门包括厚壁菌门和拟杆菌门。传统认为，两者的比率与疾病状态的易感性有关，然而，即使在健康个体中，也观察到了显著的变异性，使得该比率的相关性值得商榷。除了来自厚壁菌门和拟杆菌门的属外，人类结肠还含有病原体，如空肠弯曲杆菌、肠道沙门菌、大肠杆菌和脆弱拟杆菌等，但丰度较低（占整个肠道微生物组的 0.1% 或更少）。

除了这种纵向差异之外，还存在从肠腔到黏膜表面的轴向差异。虽然拟杆菌、双歧杆菌、链球菌、肠杆菌、肠球菌、梭状芽孢杆菌、乳酸杆菌和瘤小球菌是主要的腔内微生物属（可以在粪便中识别），但只有梭状芽孢杆菌、乳酸杆菌、肠球菌和阿克曼氏菌（Akk 菌）是主要的黏膜和黏液相关属（在小肠的黏液层和上皮隐窝中检测到）。

（3）肠型　按照菌群对人体健康的影响，一般将肠道菌群简单分成三类，即有益菌（如乳酸杆菌、双歧杆菌等益生菌）、中性菌（如条件致病菌——大肠杆菌）和有害菌（如沙门菌、产气夹膜梭状芽孢杆菌等致病菌）。

随着人类微生物组计划（HMP）的启动，科学家发现，人类的肠道菌群甚至也可以分成不同的类型。2011 年 4 月，MetaHIT 团队首次提出了"肠型"概念。"肠型"全称"肠道微生物分型"，它按肠道微生物主要优势菌属结合整个肠道菌群功能偏向来进行分类。不同的肠型拥有不同的菌群结构和功能基因，肠型不同的人对能量代谢和存储的方式也不一样，可以作为一种有效的区分人体肠道微生物的方法。

肠型大概分三种。肠型Ⅰ：拟杆菌型（*Bacteroid*），即具有高丰度的拟杆菌，该类细菌具有广泛的糖解潜力，能有效分解碳水化合物。该肠型人群饮食习惯倾向于高脂高蛋白，粗粮杂粮和蔬果类摄入可能相对不足。肠型Ⅱ：普氏菌型（*Prevotella*），即具有高丰度的普氏菌，普氏菌倾向于降解肠道黏蛋白。该肠型人群往往具有非西方化的饮食习惯，饮食倾向于植物性碳水化合物，五谷杂粮、蔬菜水果吃的比较多。但要注意的是，有的人即使吃了很高比例的膳食纤维，肠道内普氏菌数量仍不能培养起来，很难表现出普氏菌的肠型，具体原因可能跟遗传因素或者过往生活史有关系。肠型Ⅲ：瘤胃球菌型（*Ruminococcus*），即具有高丰度的瘤胃球菌，该类菌有助于更好地吸收糖类，与糖的膜转运和黏蛋白的降解都有关。此类人群饮食习惯倾向高碳水化合物，因此这类肠型的人可能会更多受到体重问题的困扰。

肠型还具有表征其他特定代谢的作用。例如，生物素、维生素 B_2、泛酸盐和抗坏血酸盐的合成在肠型Ⅰ中更丰富，而维生素 B_1 和叶酸的合成在肠型Ⅱ中更占主导地位。然而，肠型的概念并不能解释不同类别的生物在不同个体中的相对分布，关于其分类也存在不少争议，不同人根据不同试验、算法和分析方法，认为菌群应该分为 2 种、4 种肠型甚至是连续不可分型。2018 年 12 月，29 位世界主流科学家联合提出了新的肠型分类器及公开对比数据库，旨在更好指示出疾病和健康状态的菌群类型。总之，肠型分类的共识虽然存在一定的局限性，但肠型概念本身对于未来疾病的个体化预测和治疗具有重大意义。

（4）影响肠道菌群组成的因素　肠道菌群的组成受多种因素影响。除遗传、年龄、饮食外，抗生素、性别（也与基因有关）、生活习惯（如运动、节食及饮食规律、睡眠、抽烟、喝酒等）等都会对肠道菌群组成产生影响。饮食是人类与微生物之间关系的关键组成部分，食物中的多种分子是肠道菌群的代谢底物，肠道菌群可将底物代谢为小分子而影响宿主生理功能。肠道微生物基因组中含有参与碳水化合物、氨基酸、甲烷、维生素和短链脂肪酸代谢的基因，表明肠道微生物是人体代谢的重要参与者。研究发现，使用抗生素确实对正常肠道微生物群的生态学产生了一些短期和长期的影响，可能最终会导致健康肠道微生物菌群与宿主肠道环境之间相互关系的变化。但在抗生素出现之前，多种耐药细菌基因在数千年间已然存在。这表明，肠道微生物可能长期暴露于具有生长抑制特性小分子的环境中，也可能是继发于非生物共生微生物群，后者进一步增加抗性基因的突变。

三、肠道微生物与人类健康的关系

自 2004 年开始表征人类肠道微生物组以来，肠道微生物的功能已成为许多研究领域的焦点。肠道微生物群通过影响宿主的各种过程来影响人类健康。研究表明，肠道微生物结构和组成深刻地影响着宿主营养物质加工、能量平衡、免疫功能、胃肠道发育及其他多种重要的生理活动。肠道微生物还在疾病发病机制中扮演重要角色。在调节新陈代谢、分解膳食纤维和从食物中获取营养、产生必需维生素、抵御病原体和感染、维持免疫系统健康、术后愈合、手术进行、器官移植、调节大脑健康和中枢神经系统疾病、维持心血管健康和疾病、人类行为及人格塑造等方面发挥着重要作用。

1. 肠道微生物的功能

肠道菌群是定植于人体的最大微生态系统，在维持内外环境稳态中具有重要作用。大多数肠道细菌是非致病性的，并且与肠细胞为共生关系，主要参与宿主碳水化合物代谢、神经生理功能调节、纤维降解和免疫应答等。同时，部分肠道菌群已与免疫系统共同进化，发挥着抵抗侵入性病原微生物的功能，在很多疾病中发挥重要作用。相反，肠道菌群紊乱（主要体现于共生菌及病原菌的生长失衡）则与宿主的健康状态改变和疾病进展密切相关（详见本章第二节）。

（1）营养代谢 肠道微生物主要从膳食碳水化合物中获取营养。结肠微生物（如拟杆菌、双歧杆菌和肠杆菌）可以对近端消化不完全的碳水化合物和难以消化的低聚糖发酵产生短链脂肪酸（SCFA），如丁酸盐、丙酸盐和乙酸盐，它们是宿主丰富的能量来源。这种宿主能量平衡被认为是通过 SCFAs 与 G 蛋白偶联受体 Gpr41 的配体−受体相互作用介导的；另一种肠内分泌激素肽酪氨酸酪氨酸/胰腺肽 YY3−36（PYY）也与该作用有关。

肠道微生物群也通过抑制脂肪细胞中脂蛋白脂肪酶活性而对脂质代谢产生积极影响。此外，拟杆菌微粒还可通过上调消化脂质时所需的脂肪酶的表达来提高脂质水解的效率。

肠道微生物群还富含有效的蛋白质代谢机制，该机制通过微生物蛋白酶和肽酶与人类蛋白酶协同作用。具体来讲，细菌细胞壁上的几种氨基酸转运蛋白有利于氨基酸从肠腔进入细菌，其中几种基因的产物将氨基酸转化为小信号分子和抗菌肽（bacteriocins）。通过细菌酶组胺脱羧酶将 L−组氨酸转化为组胺，其由细菌 *hdcA* 基因编码；谷氨酸经谷氨酸脱羧酶（GAD）脱羧生成 γ−氨基丁酸（GABA），其由细菌 *gadB* 基因编码。

维生素 K 和 B 族维生素的几种成分的合成是肠道微生物群的另一个主要代谢功能。拟杆菌属的成员已被证明可以合成共轭亚油酸（CLA），已知该酸可抗糖尿病、抗动脉粥样硬化、抗肥胖、降高脂血症并具有免疫调节特性。肠道微生物群，特别是肠道拟杆菌，以及脆弱拟杆菌和大肠杆菌，在一定程度上也具有解轭和脱水初级胆汁酸的能力，并将它们转化为人结肠中的次级胆汁酸、脱氧胆酸和石胆酸。正常的肠道微生物群也被证明通过增加丙酮酸、柠檬酸、延胡索酸和苹果酸在血清中浓度而调节代谢组的健康状态。

此外，人类肠道微生物群也参与饮食中摄入的各种多酚（酚类化合物）的分解。多酚次级代谢物存在于各种植物、水果和植物衍生产品（茶、可可、葡萄酒）中，如黄烷醇、黄烷酮、黄烷−3−醇、花青素、异黄酮、黄酮、单宁、木酚素和绿原酸。其中，黄烷类和黄烷类亚家族最常被肠道吸收。多酚以糖基化衍生物的形式存在，与葡萄糖、半乳糖、鼠李糖、核糖、阿拉伯吡啶糖和阿拉伯呋喃糖等糖结合。通常在饮食中保持无活性的多酚在肠道微生物作用下去除糖部分后被生物转化成活性化合物以及其他成分。多酚的结构特异性和肠道菌群的个体丰富性决定了肠道中发生的生物转化水平，最终的活性产物被门静脉吸收并进入其他组织和器官，从而提供抗菌和其他代谢功能。

（2）异种生物和药物代谢　肠道微生物代谢异种生物和药物的能力在 40 多年前首次得到认可。如今，越来越多的研究为肠道微生物在异种生物代谢中的作用提供了足够的证据，并可能会对未来各种疾病的治疗产生深远的影响。例如，肠道微生物代谢物对甲酚能够通过竞争性抑制肝磺基转移酶，从而降低肝脏代谢对乙酰氨基酚的能力；微生物 β-葡萄糖醛酸酶可诱导抗癌药物伊立替康去共轭，快速水解为具有毒性的苷元，从而引起腹泻、炎症和厌食等不良反应。

（3）抗菌保护　肠道菌群–宿主相互作用具有抗菌保护作用，还可以通过诱导局部免疫球蛋白的机制来防止致病菌株的过度生长。肠道微生物群，特别是类细菌等革兰阴性生物可以激活肠树突状细胞（DC），进而诱导肠黏膜中的浆细胞表达分泌型免疫球蛋白 A（sIgA）。sIgA 可以反过来覆盖肠道微生物群，主要以 sIgA2 亚类为主，其对细菌蛋白酶的降解更耐受。此外，肠上皮细胞（IEC）可以在 TLR 介导的细菌传感机制中产生增殖诱导配体（APRIL），该机制可以诱导浆细胞从全身性 sIgA1 表型切换到肠黏膜 sIgA2。这些机制限制了微生物群从肠腔到循环系统的易位，从而避免全身免疫反应。

（4）免疫调节　肠道微生物群与先天性和适应性免疫系统一起作用助力肠道免疫调节。参与免疫调节过程的免疫系统的组分和细胞类型包括肠道相关淋巴组织（GALT）、效应 T 细胞和调节性 T 细胞、产生 IgA 的 B（血浆）细胞、3 型先天淋巴细胞，以及固有层中的常驻巨噬细胞和树突状细胞。

2. 微生态制剂

近几年来，肠道微生态日益受到人们重视并得到迅速发展，肠道健康的维持也成为人们保健重点。微生态制剂，是在微生态学理论指导下，调整微生态失调，保持微生态平衡，提高宿主健康水平的正常菌群及其代谢产物和选择性促进宿主正常生长的物质制剂的总称。

（1）益生菌　益生菌的概念是从诺贝尔奖获得者伊莱·梅奇尼科夫（Eli Metchnikoff）首次提出的理论演变而来的，他在 1908 年提出，保加利亚农民的长寿取决于他们对发酵乳制品的消费。食品法典（隶属于 FAO/WHO）、加拿大卫生部、世界胃肠病学组织、欧洲食品安全局（EFSA）和食品技术研究所等组织和机构在提到益生菌时使用定义为"活微生物，当以足够的量施用时，会给宿主带来健康益处"。该定义描述了术语"益生菌"背后的哲学，即微生物可行且有益于健康。如今，几种细菌，即乳酸杆菌和双歧杆菌属的菌株，已被用于改善人类健康。其有益作用已在腹泻、过敏、炎症性肠病、乳糖吸收不良和新生儿坏死性小肠结肠炎（NEC）中得到证实。

（2）益生元　"益生元"一词于 20 世纪 80 年代引入，指的是"不可消化的食品成分，通过选择性地刺激结肠中一种或有限数量的细菌的生长和/或活性，对宿主产生有益的影响，从而改善宿主健康"。SCFAs、肽聚糖、多糖 A（PSA）和各种低聚糖都属于益生元家族。

益生元的主要作用是影响微生物代谢，其中，研究最多的是 SCFAs。如果结肠中存在膳食纤维，厌氧细菌就会从碳水化合物成分的发酵中汲取能量，产生对宿主无毒的 SCFAs。除了作为能量来源外，SCFAs 还具有各种重要的生理功能，包括维持肠腔内 pH、抑制病原体的生长、影响肠蠕动以及通过引起癌细胞凋亡而潜在地减少结肠癌。对低聚糖而言，菊粉、低聚半乳糖（GOS）、低聚果糖、大豆低聚糖和低聚木糖是公认的益生元；母乳中存在的 GOS 和短链三糖（如岩藻糖基乳糖）通常是人类用于促进婴儿双歧杆菌和乳酸杆菌属物种生长和活性的首选益生元。

此外，作为免疫系统的调节因子，益生元能够直接刺激肠上皮细胞（IEC）和宿主免疫细胞上的 Toll 样受体（TLR）诱导抗炎细胞因子（即 IL-10 和 TGFβ）的表达；同时，SCFAs 和其他细菌代谢物可能会刺激 G 蛋白偶联受体（如 Gpr41 和 Gpr43）在 IEC 上的表达，以限制宿主炎症反应。

（3）合生元　十年前，Gibson 引入了合生元的概念，这是益生元和益生菌的组合，旨在加强单独施用益生菌的效果。合生元用于提高胃肠道中活微生物膳食补充剂的存活率，并选择性地刺激促进有益细菌的生长和/或激活其代谢。

（4）后生元　长期以来，细胞活力一直被认为是益生菌赋予健康益处的重要因素。然而，人们也早就认识到，非活微生物的细胞成分和它们的代谢物同样会影响健康。在已发表的一些研究中可以找到许多不同的术语来定义这些制剂：非活性益生菌、热杀灭益生菌、细胞裂解物、副益生菌和后生元等。2021 年，经具有不同背景和观点的科学家组成共识小组对这些定义进行了一年多的辩论之后，国际益生菌和益生元科学协会（ISAPP）将后生元定义为"无生命微生物和/或其成分的制剂，可赋予宿主健康益处"。后生元的这一定义要求存在灭活微生物的全部或组成部分，无论是否含有代谢终产物。这个精确、经过深思熟虑的定义为后生元交流的清晰性和准确性提供了基础。

总之，虽然这些微生态制剂的有效性似乎很有实际应用意义，但还需针对大多数临床环境开展进一步的研究。

第二节　肠道菌群与健康

肠道菌群对维持人体正常的生理机能和能量生产非常重要，如体温调节、繁殖和组织生长等功能。外部环境因素（如抗生素的使用、饮食、压力、疾病和损伤）和哺乳动物宿主基因组不断影响肠道菌群的多样性和功能，从而对人类健康产生影响。而肠道菌群一旦紊乱，就会导致多种不同的疾病，包括胃肠疾病、肿瘤、心血管疾病、肝脏疾病等（图 13-1）。

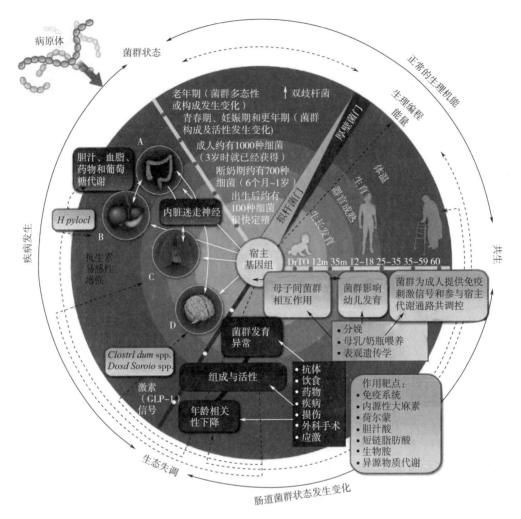

图 13-1 肠道菌群在发育和疾病中的作用

目前已知人体肠道及其菌群与其他组织器官的双向关系包括肠-脑轴、肠-肝轴、肠-心轴等，这些关系的存在可以证明其在维持人体健康方面的重要性。肠-脑轴是指肠神经系统和中枢神经系统之间的双向交流作用，它将消化活动与大脑的情绪、行为和认知中心联系起来，涉及宿主体内的中枢神经系统、内分泌化学信号系统、免疫调节、肠道菌群和肠道代谢及屏障功能；肠-肝轴是指肠道菌群和肝脏之间的相互作用，它是通过门静脉将肠道衍生的产物运送到肝脏，并将胆汁和抗体从肝脏反馈到肠道，而肠道屏障的紊乱会导致细菌或其产物进入肝脏的门静脉流入量增加，从而导致或恶化一系列肝脏疾病；肠-心轴是指肠道菌群与心血管疾病之间的双向通信网络，肠道菌群中能够产生丁酸盐、三甲胺-N-氧化物、内毒素和苯乙酰谷氨酰胺的细菌也能在动脉粥样硬化的肠-心轴中发挥作用，从而控制动脉粥样硬化进展以支持肠道与心血管疾病之间的联系。

一、肠道菌群对宿主营养吸收的影响

大肠菌群以拟杆菌、双歧杆菌、梭菌和大肠杆菌等为优势菌种，它们合成各种复杂的消化酵解酶，通过糖酵解、磷酸戊糖以及厌氧分解等途径代谢糖类。复杂的碳水化合物经小肠消化吸收，成为简单的糖类，后者在大肠内被肠道菌群进一步发酵，产生 SCFAs，以进一步消化或降解从胃和小肠转运来的未被消化的食物和食物残渣（复杂多糖、低聚果糖和蛋白质等）等剩余营养物质以及失去活力的菌群。它们可以一次或二次酵解，合成单糖、SCFAs、二氧化碳、氢气、甲烷等。一些菌群也可以为宿主摄取更多能量，通常可达整体膳食摄入能量的 10%。此外，肠道菌群可通过多种途径参与能量及脂类代谢，从而促进肝脏脂肪酸和甘油三酯储存。营养不良与肠道菌群多样性降低及其成熟延迟有关，如肠道菌群可直接调节宿主体内胰岛素样生长因子（insulin-like growth factor-1, IGF1）的水平，或其可不通过生长激素/IGF1 轴，与人乳寡糖相互作用直接刺激生长。

二、肠道菌群对肠道免疫的影响

免疫系统（immune system）是机体执行免疫应答及免疫功能的重要系统。当外来病原体侵入机体时，免疫系统是防卫病原入侵最有效的武器，它能发现并清除异物、外来病原微生物等引起内环境波动的因素，但其功能的亢进会对自身器官或组织产生伤害。而菌群可以作为宿主免疫系统的辅助器官，也可作为其自身免疫的增强器，在宿主免疫系统受到攻击时发挥不可忽视的作用。

肠道黏膜作为人体一大免疫系统，对环境微生物在体内的定植、宿主肠道壁屏障完整性的保护等方面发挥重要作用。定植的厌氧菌、兼性厌氧菌可诱导肠道黏膜引起免疫反应，以抵御病原微生物的入侵，增强宿主的抗病能力，避免肠道受损害。肠道菌群是 sIgA 的主要刺激源，无论是共生菌还是外源致病菌均会刺激肠上皮浆细胞分泌 sIgA。细菌定植在无菌动物肠道后，宿主分泌防御素和 sIgA，使肠道菌群的组成发生显著变化，梭菌属丰度降低，拟杆菌属和杆菌属丰度增加，而肠内节丝状细菌则几乎消失，此时的黏液层结构转变为内外两层，菌群多样性等也趋于与正常个体基本一致，表明稳定的黏液分泌能够维持肠道微生态。

肠道黏液层的环境改变可能会引发肠道疾病。杯状细胞受多种因素影响，可导致黏液屏障完整性发生变化，如肠道菌群、微生物毒素、细胞因子、寡聚体黏蛋白 2（recombinant mucin 2，Muc2）缺陷、肠道局部缺血，这些都会刺激或抑制杯状细胞合成分泌黏液、改变黏液的化学组成或致使黏液层降解从而影响黏液屏障功能，导致细菌频繁渗透侵袭至肠上皮或隐窝，触发肠黏膜免疫反应，甚至导致肿瘤发生。Muc2 缺陷小鼠肠黏液层变薄且通透性变大、肠道菌群数量增加，可导致小鼠肠道炎症和肿瘤发生。

肠黏膜中存在大量的微生物是病原体相关的分子模式（pathogen–associated molecular patterns, PAMPs）和代谢物的来源。PAMPs通过诱发膜结合模式识别受体（pattern recognition receptors, PRRs），如Toll样受体（toll-like receptors, TLRs）或细胞质PRRs（如NOD-like受体或RIG-I-like受体）与宿主互作。TLRs是微生物与宿主间的关键调节因子，其在促进黏液形成方面发挥重要作用。细菌壁成分肽聚糖可通过TLRs信号通路维持紧密连接并减少细胞凋亡，从而促进肠上皮的完整性，其他的一些微生物成分也可通过肠黏膜TLRs通路维持肠上皮的稳态和肠黏膜的损伤后修复。细菌代谢物，如SCFAs也会影响肠上皮屏障功能。

此外，肠道菌群可通过促进肠免疫系统发育、诱导T细胞分化等多种途径调节机体免疫功能，维持其平衡状态，从而避免或减少免疫相关疾病的发生。过敏性疾病的发生与机体自身免疫系统发育不全、免疫调控失衡有关，而肠道菌群可影响机体免疫系统，过敏患儿体内菌群分布较健康儿童有差异可提示肠道菌群与儿童过敏性疾病的发生相关。有研究报道益生菌对过敏性疾病的防治有积极意义。

三、肠道菌群与肝脏疾病

肠道细菌影响肝脏稳态的概念源于胃肠道和肝脏之间密切的解剖学相互作用，通常被称为"肠-肝轴"。事实上，这种联系源自胚胎发育，肝脏由前肠生长，是肠道吸收物质通过门静脉排出经过的第一个器官，于是肝脏在宿主和微生物相互作用的关系中起着至关重要的作用。除了营养成分外，门静脉血还含有其他分子，这些分子可以主动或被动地从肠道进入血液。这使得肝脏成为最容易接触肠道细菌和细菌衍生物的器官之一。肠道通透性增加和细菌易位可使微生物代谢物到达肝脏，损害胆汁酸代谢并导致肠道动力障碍和全身炎症，这可能导致肠道菌群失调，进而导致肝损伤，随着时间的延长可能发展为慢性乙型肝炎、慢性丙型肝炎、酒精性肝病、非酒精性脂肪肝（non-alcoholic fatty liver disease, NAFLD）、非酒精性肝病炎（non-alcoholic steatohepatitis, NASH）、酒精性脂肪性肝炎、肝硬化和肝细胞癌，如表13-1所示。据观察，肝损伤的阶段与肠道菌群失调的严重程度密切相关。

表13-1　肠道微生物群相关的肝脏疾病

肠道菌群相关的肝脏疾病	肠道菌群特点
慢性乙型肝炎	双歧杆菌/肠杆菌比例降低；双歧杆菌和乳酸菌含量低，肠球菌和肠杆菌科含量高
乙肝病毒相关的肝硬化	拟杆菌减少，变形菌增加
慢性丙型肝炎	双歧杆菌减少，普氏菌和粪杆菌增加
肝癌	乳酸杆菌、双歧杆菌、肠球菌减少，大肠杆菌增加

续表

肠道菌群相关的肝脏疾病	肠道菌群特点
肝性脑病	产脲酶细菌（如克雷伯菌和变形杆菌）产生氨和内毒素
酒精性肝病	产丁酸盐的梭状芽孢杆菌减少，促炎肠杆菌增加
非酒精性脂肪性肝病/非酒精性脂肪性肝炎	厚壁菌门和拟杆菌门比例提高
肝硬化	拟杆菌和厚壁菌减少，链球菌和细孔菌增加

NAFLD 是代谢综合征的肝脏表现，通常还包括肥胖、糖尿病和血脂异常。它正迅速成为全世界最流行的肝病。相当一部分 NAFLD 患者发展为 NASH，其特征是炎症变化，进一步发展可导致进行性肝损伤、肝硬化和肝细胞癌。最近的研究表明，除了遗传和饮食因素外，肠道微生物群也会影响肝脏碳水化合物和脂质代谢，并影响肝脏中促炎和抗炎效应物之间的平衡，从而导致 NAFLD 及其向 NASH 发展。越来越多的证据表明，微生物衍生的代谢物，如三甲胺、次生胆汁酸、短链脂肪酸和乙醇，在非酒精性脂肪肝的发病机制中起着致病作用。

调节肠道菌群的组成和功能是提升肝脏对氧化应激防御功能的有效方法。益生菌对肠-肝轴有显著影响，包括对肠道菌群和肠道屏障功能的免疫调节和抗炎作用，以及对非胃肠器官和系统的代谢作用。在啮齿动物酒精摄入模型中使用益生菌（乳酸杆菌 GG 株），可以改善肠道渗漏和肝脏炎症，添加燕麦纤维也能够产生类似的结果。另外，益生元能够帮助肠道蠕动并选择性地刺激肠道细菌的生长，在动物模型中，给予益生元可通过胰高血糖素样肽-2 对肠道屏障的依赖性作用来减少肥胖小鼠的肝脏炎症。除了益生菌和益生元外，补充 ω-3 脂肪酸还可能对肠道微生物群产生影响，从而改善 NAFLD。

四、肠道菌群与肥胖、糖尿病和血压

肠道菌群的种类和丰度与肥胖以及相关代谢性疾病的关系密切相关。如图 13-2 所示，肠道微生物与肠-脑轴的互作在肥胖及其相关疾病中发挥作用。由于不健康饮食等生活方式和日常压力等引起的肠道菌群改变会导致肥胖的发生。有研究将正常小鼠的肠道菌群移植到无菌小鼠体内，发现定植了正常小鼠肠道菌群的无菌小鼠体重明显增加，从能量摄入的角度首次证明了肠道菌群与肥胖之间的关系。若长期进食高脂、高糖食物，可造成肠道菌群中条件致病菌比例增加、共生菌比例下降，从而使得食物中摄取的能量更容易转化为脂肪累积于皮下，造成肥胖。健康饮食习惯如食用富含膳食纤维的蔬菜可以增加肠道菌群的多样性，从而通过肠-脑轴维持肠道上皮完整性、免疫稳态和正常的中枢神经系统功能。相反，富含单糖及饱和脂肪的西方饮食模式会减少菌群多样性，促进炎症，并导致肠道渗漏综合征。这促进了革兰阴性菌的易位，从而增加了周围组织的炎症反应，并在中枢神经系统中产生神经炎症。而食用合理膳食（如益生菌、富含纤维素、益生元等），可通过恢复健康的微生物群及其在肠-脑轴中的调节作用，对肥胖和精神并发症产生正面影响。

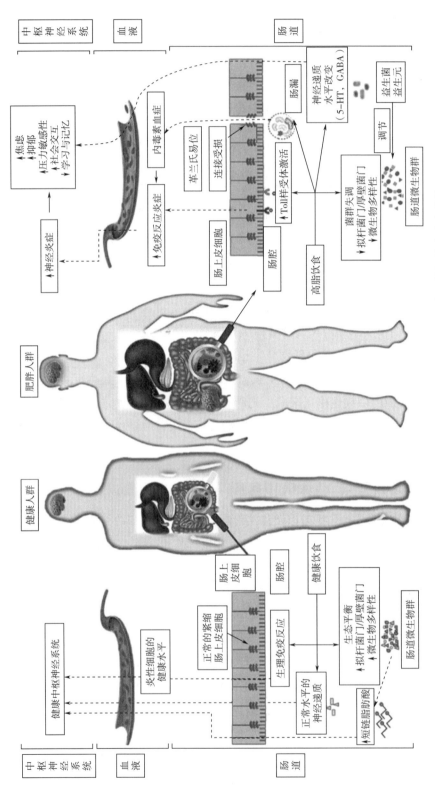

图13-2 肠道微生物与肠-脑轴互作在肥胖及其相关疾病中的作用

　　肠道菌群能够释放多种分子信号，并与宿主的多种组织器官互作。如图 13-2 所示，与肥胖相关的肠道菌群具有从饮食中获取能量、刺激结肠中的基因重编辑、改变肠上皮内分泌细胞（肠嗜铬细胞，表达多种电压门控离子通道和多种受体蛋白）释放 5-HT 等多肽激素和其他生物活性分子、减少免疫平衡被扰乱的能力。肠道微生物群也与宿主的脂肪组织、肝脏和大脑有联系（图 13-3）。肠道菌群通过不同的机制参与脂肪生成的调节，脂多糖引发免疫反应，伴随着炎症和免疫细胞浸润。SCFAs 还通过激活受体 GPR43 和 GPR41 参与胰岛素介导的脂肪在脂肪细胞中的积累，这些受体抑制脂肪分解，促进脂肪细胞分化。微生物菌群失调导致肠道对细菌性病原体、脂多糖、乙醇的渗透性增加。在肝脏，脂多糖通过刺激免疫细胞引起炎症。一些菌群代谢物，如胆汁酸、SCFAs 和氧化三甲胺［trimetlylamine oxide，TMAO（多种慢性疾病的潜在风险因子）］在非酒精性脂肪性肝病的发病中也发挥作用。

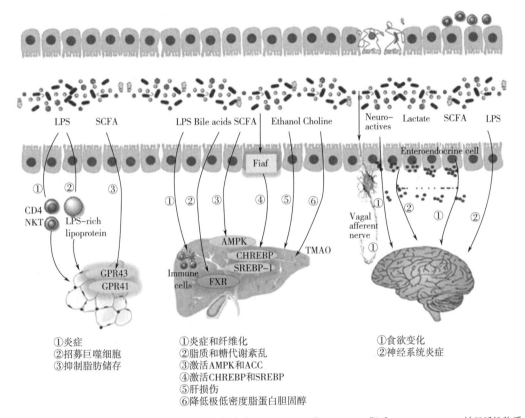

①炎症
②招募巨噬细胞
③抑制脂肪储存

①炎症和纤维化
②脂质和糖代谢紊乱
③激活 AMPK 和 ACC
④激活 CHREBP 和 SREBP
⑤肝损伤
⑥降低极低密度脂蛋白胆固醇

①食欲变化
②神经系统炎症

LPS—脂多糖　SCFA—短链脂肪酸　Bile acids—胆汁酸　Ethanol—乙醇　Choline—胆碱　Neuro-actives—神经活性物质　Lactate—乳酸　Fiaf—空腹诱导的脂肪因子　Enteroendocrine cell—肠道内分泌细胞　CD4—表面有 CD4$^+$T 分子的 T 淋巴细胞　NKT—自然杀伤细胞　LPS-rich lipoprotein—脂多糖（富含脂蛋白）　GPR43/41—G 蛋白偶联受体 43/41　AMPK—AMP 依赖的蛋白激酶　CHREBP—碳水化合物相关元素结合蛋白　SREBP-1—甾醇调节元件结合蛋白　Immune cells—免疫细胞　FXR—法尼醇 X 受体　TMAO—氧化三甲胺　Vagal afferent nerve—迷走神经传入神经

图 13-3　肠道菌群与宿主组织器官互作、释放分子信号

　　研究显示，正常体重儿童婴儿期肠道中双歧杆菌和柯林斯菌的比例较大，而超重儿童的肠道中金黄色葡萄球菌比例较大。肥胖人群肠道菌群多样性明显少于体重正常人群，并且特定门类及功能基因也有较大差异，例如日本肥胖人群肠道菌群中的拟杆菌数量相比于正常体重人群显著减少。肠道菌群及代谢产物会影响宿主饮食的消化吸收、体脂、胰岛素敏感性和食欲等。另有研究显示，肥胖可能由细菌感染引发，而非过度饮食、锻炼少或遗传因素所致。胃肠道细菌具有通过影响多巴胺和神经肽控制宿主食欲的作用。此外，来源于肠道菌群的低水平脂多糖能通过炎症依赖通路引起肥胖和胰岛素抵抗，这一现象被称为代谢性内毒素血症。有一种叫作阴沟肠杆菌（B29，又称为"肥胖细菌"）的肠道细菌被发现是造成肥胖的直接原因之一，B29 会在肥胖者肠道中过度生长，肥胖的发展是高脂饮食和 B29 共同参与所导致的。

　　肠道菌群与糖尿病也有关联。肠道微生物可能通过调控能量吸收和脂肪代谢、胆汁酸代谢、影响 SCFAs 产生、调节某些激素的分泌等多个机制影响糖代谢。二型糖尿病（type 2 diabetes mellitus，T2DM）患者的肠道菌群平衡失调，糖尿病人群肠道菌群中硬壁菌门、梭菌纲的丰度明显下降，而 β 变形杆菌（β-proteobacteria）的丰度增加，并且拟杆菌门/硬壁菌门、β 变形杆菌的比例均随着血糖浓度升高而增大，这表明 T2DM 能够引起肠道微生物群落组成的显著变化，两者存在一定的关联性。糖尿病前期患者有 5 个菌属及 36 个分类单元的丰度与正常人群相比有明显差异，如分泌丁酸的细菌丰度减少，而粪拟杆菌（Bacteroides caccae）、哈氏梭菌（Clostridium hathewayi）、多枝梭菌（C. ramosum）、共生梭菌（Clostridium symbiosum）、蛋黄杆菌（Eggerthella lenta）和大肠杆菌等条件致病菌的丰度增加。此外，硫酸盐还原型脱硫弧菌等细菌增加，使肠道菌群对硫酸盐还原性和抗氧化应激作用增强。

　　此外，研究发现，肠道微生物群合成的 SCFAs 通过嗅觉受体 78（Olfr78）和特异性短链脂肪酸受体（G 蛋白偶联受体，GPR41）可能在调控血压方面起到作用。SCFAs，尤其是丙酸盐可刺激肾脏表达 Olfr78，介导肾素分泌。当给健康小鼠喂养丙酸盐后，其血压下降呈现出明显的剂量依赖性，而 Olfr78 敲除后小鼠对这种效应更加敏感，表明 Olfr78 的功能正常具有提高血压和对抗 SCFAs，降低血压的作用。而 GPR41 缺失小鼠对丙酸盐无反应，通过抗生素处理 Olfr78 敲除小鼠后，导致小鼠血压升高，这表明了肠道菌群合成的丙酸盐可以通过 Olfr78 和 GPR41 调控血压。

五、肠道菌群与炎症性肠病

　　炎症性肠病（investment banking division，IBD）是一组慢性复发性肠道自身免疫疾病，以克罗恩病（CD）和溃疡性结肠炎（UC）两类病症为主，主要特征为机体免疫应答和肠道菌群的紊乱。IBD 患者与健康个体之间肠道微生物群落的组成结构和多样性存在显著差异，目前一致认为 IBD 患者肠道微生物的物种总数更少，微生物群落的多样性更低。对特定细菌类群的相对丰度研究表明，IBD 患者粪便中的拟杆菌门（Firmicutes），特别是普拉梭菌（*Faecalibacterium prausnitzii*）往往是降低的，而变形菌门（Proteobacteria）中的成员，比如大肠埃希氏杆菌（*Escherichia coli*）则在 IBD 患者粪便中增加。并且，IBD 患者的肠道菌群组成与其同一家族的成员（包括双胞胎）之间也存在显著差异，这表明人体微生态失调比环境或遗传因素更能影响疾病状态。另外，在新确诊的、未接受治疗的 IBD 儿童患者的粪便和肠黏膜中也发现了微生物失调的情况，这表明微生物失调的发生可能早于临床表现，并且与长期炎症或药物治疗无关。

此外，菌群失调所导致的代谢物异常也可能引起 IBD 发病。例如，正常人群的肠道微生物代谢物 SCFAs，特别是丁酸可以通过激活 G-蛋白偶联受体抑制组蛋白去乙酰化酶来增强肠黏膜的调节性 T（Treg）细胞功能从而减少结肠炎小鼠模型中的炎症。但 IBD 患者微生物群中梭状芽孢杆菌（*Clostridia*）、罗氏菌属（*Roseburia*）、考拉杆菌属（*Phascolarctobacterium*）和普拉梭菌（*F. prausnitzii*）等菌的产生会使患者肠道中 SCFAs 产量降低，从而加重肠道炎症。此外，微生物胆汁酸代谢物可以通过激活维生素 D 受体增加表达转录因子 RORγ 的结肠 FOXP3$^+$ Treg 细胞，从而改善 CD4$^+$ CD25$^-$ CD45RB hi T 细胞转移性结肠炎症状，或者通过部分依赖 TGR5 的方式缓解 DSS 或 TNBS 诱导的 CD45RB hi CD4$^+$T 细胞转移性小鼠结肠炎。

六、肠道菌群与结直肠癌

结直肠癌（colorectal cancer，CRC）已经成为全球第三大最常诊断的癌症和第三大癌症死亡原因。研究表明，在大肠癌小鼠模型中，口服具核梭杆菌（*Fusobacterium nucleatum*）可以加速导致腺癌、腺瘤和小肠畸形隐窝病灶。进一步研究表明，具核梭杆菌可以通过刺激 CRC 细胞的增殖和代谢来促进肿瘤的发生。此外，具核梭杆菌可以激活 NF-κB 途径，以上调促炎症细胞因子（环氧化酶 2、肿瘤坏死因子、白细胞介素-6、白细胞介素-8 和白细胞介素-1β）的表达，并选择性地挑选骨髓源性免疫细胞，如骨髓源性抑制细胞、肿瘤相关中性粒细胞、肿瘤相关巨噬细胞和树突状细胞构建新的免疫微环境，促进肿瘤的发展。微小微单胞菌（*Parvimonas micra*）是一种常见于人类口腔的革兰阳性、厌氧的条件致病菌，研究发现其在 CRC 患者大肠中的丰度较高，因此认为微小微单胞菌可能参与了 CRC 的发生。

七、肠道菌群与肾脏疾病

肠道菌群失调与各种肾脏疾病的发展有关。肾脏疾病与肠壁充血、肠壁水肿、结肠运输缓慢、代谢性酸中毒、频繁使用抗生素、膳食纤维消耗减少和口服铁有关，这些都会影响肠道紧密连接，导致肠道通透性增加，使细菌代谢产物易位穿过肠道屏障。目前，在以尿毒症毒素滞留为特征的尿毒症患者中经常观察到肠道菌群的生态失调，其中大部分来自氮代谢物的不平衡发酵。目前，已知的肠源性尿毒症毒素包括硫酸吲哚酚、硫酸对甲苯酚、吲哚-3乙酸、苯乙酰谷氨酰胺等。

许多证据表明慢性肾病（chronic kidney disease，CKD）患者的肠道微生物群发生了改变。在CKD过程中，微生物群组成和肠道环境经历了从共生到非共生状态的转变，表现为结肠蛋白质发酵增加，导致微生物群衍生的尿毒症毒素增加，碳水化合物发酵减少，随后宿主有益代谢物（如短链脂肪酸）的形成减少。根据研究，CKD患者的十二指肠和空肠中定殖了远高于正常数量的需氧（约10^6CFU/mL）和厌氧（约10^7CFU/mL）微生物，而乳酸菌和普雷沃氏菌（两者都被认为是正常结肠菌群）的数量较低。

八、肠道菌群与神经系统疾病

神经系统疾病主要包括阿尔茨海默病、帕金森症、孤独症谱系障碍、精神分裂症和抑郁症等。肠道菌群可通过神经、内分泌、代谢和免疫系统参与肠道和这些系统的双向调节，在成长期影响婴幼儿大脑发育，并持续影响宿主的脑功能、心理和行为（图13-4）。

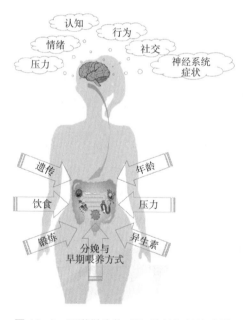

图13-4   肠道微生物-肠-脑轴和精神病学

肠道菌群与抑郁症等神经系统疾病之间的关联一直是近年来许多研究的主题。抑郁症是一种普遍存在的神经疾病，复发率高，影响全球超过3.5亿人，给公共卫生和经济带来沉重负担，是导致残疾的第四大原因。已知肠道内分泌细胞（EEC）能够分泌一种由20多种分子组成的物质——肠道肽，这些分子能够执行许多不同的信号功能，包括内分泌和代谢活动，此外还具有与中枢神经系统（central nervous system，CNS）交流的能力。最重要的肠道肽包括肽 YY（peptide tyrosine tyrosine，PYY）、胰高血糖素样肽（glucagon-like peptide-1，GLP-1）、胆囊收缩素（cholecystokinin，CCK）、促肾上腺皮质激素释放因子（CRF）、生长素释放肽和催产素（表 13-2）。而肠道菌群组成变化可能通过与肠道内皮紧密连接的相互作用导致肠道屏障通透性的改变，这会导致吸收到循环中的肠道肽含量不平衡，进而影响脑细胞的功能。除了肠道肽外，还有一些由肠道微生物分泌的特定分子，包括代谢物和神经递质（如 γ-氨基丁酸、5-羟色胺、色氨酸代谢物、儿茶酚胺），它们也可能会渗透到血液中并直接作用于大脑中的受体。如 5-HT 的水平可影响睡眠障碍和情感障碍等自闭症谱系障碍（Autistic Spectrum Disorder，ASD）症状。我国学者最新研究显示，肠道菌群可以在抑郁症的病理生理中发挥重要作用，抑郁小鼠肠道菌群改变与下丘脑中神经递质和 SCFAs 变化相关，应激使小鼠肠道菌群失调，主要表现为异杆菌属（Genus allobaculum）的增加和瘤胃球菌科的减少，随后通过调节肠道内 SCFAs 的水平导致下丘脑中去甲肾上腺素、5-羟吲哚乙酸（5-HIAA）和 5-羟色胺等神经递质水平的显著降低。对人类和动物受试者进行的研究都表明，健康个体和抑郁个体之间的肠道微生物群组成可能存在一些差异，最显著的差异是指厚壁菌和拟杆菌的数量比值。肠道中拟杆菌数量较多而厚壁菌数量较少的啮齿动物具有抑郁样行为的倾向。此外，遭受慢性压力的小鼠肠道内拟杆菌数量减少而梭菌数量增加。

表 13-2 最重要的肠道肽及其特征

肠道肽种类	来源细胞	分泌因素	主要作用	其他作用
PYY	L-细胞[a]	食物摄入	焦虑和压力相关疾病的调节	抑制胃排空和肠道运动活动
GLP-1	L-细胞[a]	食物摄入	下丘脑-垂体-腺上腺轴的调制轴和响应压力	刺激胰岛素释放和抑制胰高血糖素分泌
CCK	I-细胞[a]	食物摄入	增加焦虑样行为	抑制食欲、胃排空，刺激胆囊收缩，促进胰酶释放
CRF	下丘脑效应神经元和结肠肠嗜铬细胞	压力	焦虑和抑郁症增加	抑制胃排空，刺激结肠运动
生长素释放肽	A-细胞[a]	饥饿	压力反应、焦虑和抑郁症的调节	增加食欲和脂肪生成
催产素	下丘脑中的大细胞神经元	压力	减少焦虑样行为和抗抑郁作用	促进分娩和刺激泌乳

注：a 存在于肠道内的内分泌细胞

饮食在肠道菌群形成方面起着至关重要的作用，因此通过摄入益生菌能够改变肠道菌群，有效治疗一些神经系统疾病。已有临床试验和队列研究揭示饮食如何通过改变肠道菌群模式来影响大脑和行为，包括乳酸杆菌和双歧杆菌在内的益生菌已被评估为各种精神和神经退行性疾病的治疗剂，如日常摄入乳酸杆菌可减轻学生考试期间腹泻症状、提高男性睡眠质量以及缓解女性与压力相关的症状。

第三节　肠道菌群的调节

像身体的其他器官一样，肠道菌群与其他重要的生命系统相互连接，调节人体健康和新陈代谢，同时也被证明与营养相关的慢性疾病（如肥胖和糖尿病）、免疫和脑功能相关。而肠道微生物也是环境和饮食对宿主健康影响的重要介质，通过对未消化的膳食常量营养素的代谢和肠道微生物代谢产物，起到调节作用。首先，肠道菌群的组成和活性依赖于各种膳食的摄入，膳食改变可以在 24h 内诱发肠道菌群的变动。鉴于这种关联，通过饮食改变肠道菌群组成可能具有显著的治疗效果。其次，在宿主昼夜节律的控制下，肠道菌群的组成和功能会经历饮食依赖性昼夜波动。最后，运动对于肠道菌群组成也有影响，运动富集了与"健康相关"的肠道微生物群，包括提高促进健康的细菌物种丰度、增加的微生物多样性、功能性代谢能力和微生物相关的代谢物。

一、饮食对肠道菌群的影响

1. 食物组分对肠道菌群的影响

饮食可以改变肠道微生物组，同时也对整体健康产生深远影响。这种影响可能是有益的，也可能是有害的，这取决于肠道微生物的组成和相对丰度。例如，高脂肪饮食会对与健康代谢相关的嗜黏液芽孢杆菌和乳酸杆菌产生不利影响。接下来，将分别讲述各种食品组分对肠道菌群的调节情况，以及对宿主产生的进一步影响。

（1）脂质与肠道微生物　脂质是细胞膜的主要结构成分和储能物质，此外，脂质参与调节基本的生物学功能，包括细胞内信号传导过程，如鞘脂，特别是神经酰胺，在细胞信号传导和凋亡的调节中发挥作用。

一方面，单不饱和脂肪和多不饱和脂肪对于减轻慢性疾病的风险至关重要，但是其对肠道菌群未显示出调节作用。另一方面，摄入过多饱和脂肪和反式脂肪会上调血液总胆固醇和低密度脂蛋白胆固醇，从而增加患心血管疾病的风险。同时，脂质的摄入过多也会影响肠道菌群组成，而肠道菌群已被确定为影响肥胖和肥胖相关疾病的发作和进展的关键参与者，特别是在肥胖进展期间其组成和代谢物的变化方面，具体情况如第二节所述。

在饮食主导肠道微生物发生变化之后，肠道微生物的代谢活动也会改变宿主的代谢状态，同时影响脂质的消化、吸收和代谢。肠道菌群既可以调节消化过程中从食物中摄取的能量，也可以合成可能对人体健康产生影响的脂质和代谢物。粪便样本中包括 6 个类别共 500 多种完整的脂质类型，包括甘油磷脂、脂肪酰基、鞘脂、甘油脂质、甾醇脂质和异戊二醇脂质等，其中神经酰胺、甘油二酯和甘油三酯是粪便中最丰富的脂质。

（2）蛋白质与肠道微生物　目前的研究表明，肠道微生物群的组成和活性依赖于蛋白质的膳食摄入量，肠道的微生物竞争利用膳食和内源性（非膳食）蛋白质。这些含氮底物可用于能量产生（即通过发酵途径）或用于生物合成（氨基酸和蛋白质的微生物合成）。氨基酸的发酵主要由远端结肠中的专业蛋白质水解细菌进行。氨基酸发酵作为能量来源，会导致各种有害终产物的积累，其对宿主上皮细胞生理学产生负面影响，并与疾病的发展有关。

①膳食氨基酸：膳食氨基酸（AAs）不仅可以被肠细胞吸收和代谢，而且还可作用于肠道菌群，作为肠道菌群反应的前体物质。氨基酸的细菌分解代谢始于它们通过膜转运蛋白掺入细菌细胞质。因此，细菌可以进行一系列分解代谢反应，通过发酵途径将氨基酸用作能量来源。同时，肠道菌群也会产生必需氨基酸，并调节氨基酸与特异性细菌的特异性代谢，维持体内氨基酸的稳态。氨基酸发酵细菌的数量和种类很多，但专性氨基酸发酵细菌干重的比例仅为 11.5lg/g。其中，梭菌、胃链球菌和肠杆菌是参与氨基酸水解的最普遍物种。在梭菌簇中，主要菌属包括梭菌属、梭杆菌属、消化链球菌属、绒毛膜菌属、大鳞鳞毛蕨属、酸性链球菌发酵菌和反刍塞诺单胞菌。此外，普沃托氏瘤菌、布氏弧菌、埃氏巨型球菌、多酸光冈菌、反刍塞肌硒单胞菌和牛链球菌具有二肽基肽酶和二肽酶的较高酶活性，补偿了某些细菌中细胞外氨基酸特异性转运蛋白的缺陷，因此这些细菌在消化道的氨基酸吸收和蛋白质消化过程中至关重要。此外，多样化的生理条件和各种饮食因素都会对消化道中的氨基酸发酵细菌产生影响。

肠道氨基酸代谢中间体和终产物的类型取决于氨基酸的类型和所使用的分解代谢途径。氨基酸发酵后会产生多种代谢物：交链脂肪酸（异丁酸盐和异戊酸盐）、氨、胺（胍基丁胺、腐胺、亚精胺和精胺）、有机酸（乳酸盐、甲酸盐、琥珀酸盐和草酰乙酸盐）、硫酸化合物、酚和吲哚酸盐化合物（对甲酚、吲哚、苯酚、粪臭素和色胺）和各种气态化合物（主要是 CO_2、H_2、H_2S 和 CH_4）。

②膳食蛋白质：蛋白质的发酵程度与肠腔中可用的蛋白质量直接相关，包括内源性（即非饮食性，在体内产生）和外源性（即外部，饮食）来源。根据每日消耗的蛋白质的类型和数量，结肠中外源性含氮底物的可用性随宿主的饮食而产生很大变化。膳食蛋白质部分未被胃和小肠消化和吸收，因此，残留物可以通过回盲区进入大肠，作为肠道菌群的外源性氮源。进入大肠的蛋白质量取决于饮食类型（即植物或动物基蛋白质），且浓度依赖于摄入的蛋白质总量以及小肠中蛋白质的吸收情况，增加蛋白质底物的可用性，用于大肠中细菌降解。这些含氮物质构成进入结肠的平均日剂量为 6~18 gr。

高蛋白质摄入会改变肠道菌群的组成和代谢活性。例如，肠道菌群发酵蛋白质会产生有毒的含氮和硫的代谢物：氨、胺、酚、吲哚和硫化氢等。这些化合物具有潜在的致突变性，并可能促进炎症和增加结肠癌风险。特别是大量以肉类为基础的饮食会导致所需双歧杆菌降低，以及不期待出现的拟杆菌、阿利斯蒂斯、嗜双歧杆菌和梭状芽孢杆菌增加。同时，蛋白质发酵标志物如氨、苯酚、对甲酚、支链脂肪酸（BCFAs）和其他 9 种挥发性有机化合物也显著增加。而高蛋白质和低碳水化合物和低纤维饮食可减少丁酸盐的产生，并增加 BCFAs、有毒苯乙酸和 N-亚硝基化合物的比例。因此，膳食蛋白质的过量摄入可能对肠道健康有害。此外，长期蛋白质超负荷饮食可能会刺激肠道微生物组成的变化，使不利于健康的专业蛋白质水解物种占主导地位。

然而，一些乳糖蛋白会对肠道菌群产生有益调节作用，主要表现为抗菌活性。其中，乳铁蛋白是一种铁结合糖蛋白，可作为肠道菌群的有益调节剂，具有多功能抗菌活性，包括杀菌和抑菌机制。乳铁蛋白的抑菌活性机制与其铁结合特性明显相关，其能够有效地从培养基中隔离铁，从而阻止其对病原体的侵害。同时，一种酪蛋白衍生的糖聚肽（GMP）也具有抗菌活性，能够促进益生菌的生长。相关动物实验表明，GMP 摄入增加了乳酸杆菌和双歧杆菌的丰度以及 SCFAs、乙酸酯、丁酸盐和丙酸盐的产量。此外，用 GMP 喂养的小鼠肠道表现出蛋白杆菌门的丰度（包括代谢硫酸盐产生硫化氢的脱硫弧菌属）显著降低；由乳酸杆菌和双歧杆菌发酵 GMP 聚糖部分产生高水平的 SCFAs 可能使肠道 pH 降低，降低蛋白酶活性，从而抑制肠道菌群对蛋白质的不利分解。因此，部分蛋白质的摄入可以促进宿主肠道健康。

（3）碳水化合物与肠道微生物　碳水化合物代谢是肠道微生物的主要能量来源，碳水化合物有可被消化和不可被消化两种。过量的可消化碳水化合物可能会表现出对健康不利的影响；而不可消化的碳水化合物通常对宿主健康产生有益作用，特别是发酵膳食纤维可产生有益的中间代谢物和最终产物，如 SCFAs。

①可消化碳水化合物：可消化的碳水化合物在小肠中被酶降解，包括淀粉和糖，在其被消化吸收后，大部分以葡萄糖的形式释放到血液中并刺激胰岛素的分泌。当人类受试者接受高水平葡萄糖、果糖和蔗糖时，双歧杆菌的相对丰度增加，但拟杆菌减少。在饮食中添加乳糖也表现出相同的细菌变化，同时还观察到梭菌属的减少，而之前的证据表明梭菌属与肠易激综合征有关。但是，一些研究中还观察到补充乳糖会增加粪便中 SCFAs 的浓度。

②不可消化碳水化合物：不可消化的碳水化合物包括纤维和抗性淀粉等，其在小肠中不会被酶降解。因此，它们会进入大肠，作为"微生物群可获取碳水化合物"的良好来源，同时微生物可以利用它为宿主提供能量和碳源，在这个过程中，它们也能够改变肠道环境。由于这些特性，不可消化碳水化合物也可作为益生元（不可消化的膳食成分，通过选择性刺激某些微生物的生长和/或活性促进宿主健康），常见的益生元来源包括大豆、因纽伦、未精制的小麦和大麦、生燕麦和不可消化的低聚糖，如果聚糖、聚葡萄糖、低聚果糖、半乳糖、低聚木糖和阿拉伯低聚糖。

关于它们对特定细菌属的影响，许多研究表明，富含不可消化碳水化合物的饮食最一致地增加了肠道双歧杆菌和乳酸菌。例如，富含全谷物和麦麸的不可消化的碳水化合物饮食与肠道双歧杆菌和乳酸杆菌的增加有关；其他不可消化的碳水化合物，如抗性淀粉和全麦大麦，会增加瘤胃球菌和直肠杆菌的丰度；低聚果糖、聚葡萄糖和阿拉伯低聚糖的益生元可减少梭状芽孢杆菌和肠球菌属的丰度。

不可消化碳水化合物在被肠道微生物发酵的过程中会产生 SCFAs，因此，摄入碳水化合物除了对微生物群组成有影响，还可能对肠道免疫和代谢功能具有有益作用。例如，一些研究观察到在摄入不可消化的碳水化合物后，促炎因子 IL-6、IL-10、胰岛素抵抗和餐后葡萄糖峰值降低。其他研究也观察到血清甘油三酯、总胆固醇、低密度脂蛋白胆固醇和血红蛋白 A1c 的总量和浓度均有所下降。

（4）多酚与肠道微生物　多酚包括黄酮类化合物、酚酸、木酚素和其他多酚。膳食多酚具有抗氧化、抗炎、抗肥胖、抗菌和抗癌等生物活性。然而，由于多酚类化合物的生物可及性相对较低，它们对宿主代谢的潜在影响很大程度上归因于与肠道微生物群的相互作用。多酚与肠道菌群的互作包括两方面：一方面，多酚影响肠道微生物群的结构。例如，白藜芦醇通过提高拟杆菌门和副拟杆菌门的相对丰度以及降低土裂杆菌科、莫里氏菌科、拉氏螺旋体科和嗜黏蛋白阿克曼菌属的相对丰度来调节肥胖小鼠的肠道菌群。同时，体外实验还表明，多酚通过促进有益细菌如乳酸杆菌属的生长而起到益生元的作用。总之，膳食多酚干预可以调节肠道，通过增加益生菌的丰度使其更有利于健康。另一方面，肠道微生物群进一步提高了多酚的生物利用度，并促进了多酚微生物代谢物的产生，包括胆汁酸和短链脂肪酸等。因此，肠道微生物群与多酚的生物利用度高度相关。例如，儿茶素是绿茶中的主要多酚化合物，包括表没食子儿茶素-3-没食子酸酯（EGCG）、表没食子儿茶素（EGC）、表儿茶素-3-没食子酸酯和没食子儿茶素没食子酸酯。一些微生物已被证明参与 EGCG 的代谢过程，包括气源性肠杆菌、植物性劳尔特氏菌、肺炎克雷伯菌、肺炎链球菌、长双歧杆菌婴儿亚种、鸟茛梭菌以及真细菌。

（5）益生菌与肠道菌群　含有乳酸菌的发酵食品，如乳制品和酸乳，是可摄入微生物的来源，有益于维持肠道健康，甚至有辅助治疗或预防炎症性肠病的功效。研究表明，经常食用发酵乳或酸奶后肠道细菌总丰度显著增加，也观察到有益肠道的双歧杆菌和/或乳酸杆菌的显著增加。一项随机安慰剂对照试验结果显示，经常食用益生菌的受试者总需氧菌、厌氧菌、乳酸杆菌、双歧杆菌和链球菌的丰度显著增加，总大肠菌群和大肠杆菌的丰度降低，甘油三酯、总胆固醇、低密度脂蛋白胆固醇、极低密度脂蛋白胆固醇和高敏感性 C 反应蛋白（hsCRP）也较少，高密度脂蛋白胆固醇和胰岛素敏感性得到改善。

2. 膳食结构对肠道菌群的影响

目前比较流行的饮食包括西方饮食、无麸质饮食、素食和地中海饮食，这些饮食类型都具有调节肠道菌群的能力。

（1）西方饮食　西方饮食的特点是大量食用红肉、加工肉类、油炸食品、烘焙食品和高糖饮料等，以及较少摄入蔬菜和水果，因此西方饮食通常为高动物蛋白、高脂肪、高糖和低纤维。这种饮食对健康有许多负面影响，导致总细菌数量和有益双歧杆菌和真菌物种数量显著减少，最终可能会导致肥胖、非酒精性脂肪肝、糖尿病等疾病的发生。

（2）无麸质饮食　在无麸质饮食30天后，"健康细菌"的数量减少（双歧杆菌和乳酸杆菌），而潜在的不健康细菌数量增加。特别是检测到大肠杆菌和总肠杆菌科的数量增加，其中可能包括进一步的机会性病原体。短期无麸质饮食，会导致食物谷菌科和梭菌科相对丰度的增加，以及韦荣球菌科和粪便罗斯布瑞菌相对丰度的降低。

（3）素食　素食饮食特点是食用非常高比例的植物性食物，如蔬菜、水果、坚果、种子、全谷物、豆类和谷物，该饮食富含碳水化合物、$n-6$脂肪酸、膳食纤维、类胡萝卜素、叶酸、维生素C、维生素E和Mg、蛋白质、饱和脂肪、长链$n-3$脂肪酸、视黄醇、维生素B_{12}和Zn等营养元素。根据包含动物产品的程度，素食可以分为乳蛋素食、乳素食和纯素食。素食有许多的健康益处，如降低血压、降低血液胆固醇和降低2型糖尿病的风险。

纯素和素食饮食富含可发酵的植物性食物。一项研究将纯素和素食饮食与无限制对照饮食进行了比较，发现纯素食者和素食者的双歧杆菌和拟杆菌物种数量均显著降低，但另一项研究发现纯素食者与杂食性受试者的肠道差异非常小，这两项研究之间的差异可能是微生物组分析方法不同（基于培养与测序）所导致的。

（4）地中海饮食　地中海饮食被认为是一种健康均衡的饮食，其特点是摄入全谷物、豆类、坚果、蔬菜和水果，以及适量的白肉、海产品、家禽、乳制品、鸡蛋和少量红酒，橄榄油是地中海饮食中膳食脂质的主要来源。地中海饮食以植物性食物为主，单不饱和脂肪酸（MUFAs）含量高，总脂肪占日常能量消耗的30%~40%。大量证据表明，地中海饮食有益于肝脏脂质代谢，这可能是由于MUFAs的高含量和多不饱和脂肪酸（PUFA）中$\omega-6$与$\omega-3$的比例平衡。

地中海饮食与粪便SCFAs、普雷沃泰菌和其他厚壁菌门水平的增加之间存在显著关联，同时也与尿三甲胺氧化物（与心血管风险增加）有关。其他几项研究表明，包含典型地中海饮食的食物也可以改善肥胖、高血脂和炎症，这些变化可能由饮食来源的乳酸杆菌、双歧杆菌和普雷波泰菌丰度的增加以及梭状芽孢杆菌丰度的降低介导。

二、节律作息对肠道菌群的影响

昼夜节律存在于大多数生物体中，从休息-觉醒时间到细胞水平代谢过程均受其调节。哺乳动物的生物钟遵循大约24h的转录和翻译反馈回路。内源性生物钟依赖于时代性或环境，如光、食物时间、食物类型、运动、温度和感染，以保持生物钟与环境同步。

为响应一天中的时间和进食时间，高达60%的肠道微生物进行有节奏地波动，小鼠中的细菌负荷在晚上11点达到峰值（夜间生物中的活跃期），对应于厚壁菌门种群中的最大值。

肠道微生物群和昼夜节律之间具有功能联系，来自宿主或微生物群的数百种生物活性分子促成了复杂的双向系统。在昼夜节律背景下影响肠道微生物组的宿主的介质包括抗菌肽、糖皮质激素和肠黏液分泌。而微生物衍生的介质也被确定为昼夜节律调节剂，如硫化氢、某些维生素和色氨酸衍生物；肠道微生物群衍生的代谢物如 SCFAs（丙酸盐、丁酸盐、乙酸盐）和胆汁酸也会改变昼夜节律。无菌和抗生素处理的小鼠产生的代谢物不会引起昼夜波动，因此，微生物代谢物的存在对节律性也至关重要。然而，许多外部因素会破坏肠道微生物群的自然波动，如间歇性禁食和环境明暗循环。

1. 间歇性禁食

进食时间对于昼夜节律的调节非常重要，其调节着对人类健康至关重要的各种生理过程，也涉及肠道微生物组的结构和功能变化，而肠道微生物也可作为间歇型禁食对疾病治疗的中介，进而对宿主健康产生影响。

间歇性禁食后，肠道微生物组成发生了变化。隔日禁食的小鼠在门水平上表现出厚壁菌门（厚壁菌门比例的增加与能量收集能力的增加以及随后的肥胖风险增加有关）的富集，以及拟杆菌门的减少。在小鼠中进行的另一项研究发现肠道菌群不仅在门水平，也在属或科水平发生了改变。来自放线菌门的细菌，如双歧杆菌，在隔日禁食组中富集，而瘤胃球菌科和克里斯滕森菌科的相对丰度也有所提高。

现有的研究测定了间歇性禁食对肠道微生物组的影响，以及宿主的昼夜节律是否受到肠道微生物种群变化的影响。结果表明，间歇性禁食通过放大细菌丰度和代谢活性的昼夜波动来直接影响肠道微生物组。这反过来又导致微生物成分（脂多糖）和代谢物（短链脂肪酸、胆汁酸和色氨酸衍生物）水平的波动，这些代谢物充当宿主外周和中心时钟的信号分子，以振荡方式与肠上皮细胞表面的模式识别受体结合，导致昼夜节律基因及其参与各种代谢过程的转录因子的表达波动。因此，间歇性禁食有助于宿主的昼夜节律，并可能对治疗和预防与昼夜节律紊乱相关的疾病（如肥胖和代谢综合征）具有重要意义。

2. 昼夜节律

时差反应是昼夜节律紊乱的表现，类似于轮班工作，其特点是反复相位逆转，由于短暂的睡眠-觉醒周期改变，导致昼夜节律不断中断。现有证据表明改变昼夜节律的外部环境会导致宿主肠道生态失调。

在小鼠模型中，模拟昼夜节律紊乱与昼夜节律紊乱的人类中观察到的代谢紊乱相似。在表现出与人类相反的明暗循环的小鼠中，肠道微生物群在最大活动和进食的黑暗阶段有利于能量代谢、DNA 修复和细胞生长。互补维持途径在光期受到青睐，此时小鼠通常不活动并处于睡眠状态。在喂食常规食物的具有生物学上适当的昼夜节律的小鼠中，细菌基因拷贝在白天减少并在夜间增加，在 12h 黑暗期结束时达到峰值。在诱发持续性时差的青年小鼠（每 3d 一次光暗循环 8h 偏移）中也产生明显不同的食物摄入节律，且无法维持微生物群的节律性和组成，导致厌氧成形菌科、乳酸杆菌属、乳球菌、变形杆菌和鲁米诺球菌丰度降低，以及副普氏菌和梭杆菌丰度提高。尽管受体宿主的环境中存在正常的明暗循环，但时滞微生物群的移植在无菌宿主中会导致体重增加和葡萄糖不耐受。

三、运动对肠道菌群的影响

肠道微生物可以对环境刺激做出不同的反应，其中运动也可以作为一种环境刺激影响肠道微生物。运动干预超过 8 周的个体的肠道菌群具有更大的 α 多样性、更多的促进健康的肠道微生物以及更高浓度的 SCFAs 和产生 SCFAs 的微生物。同时免疫功能也受到肠道微生物群对运动反应的高度影响，长期高强度运动后会发生短暂性免疫功能障碍，这与微生物群失调相关。然而，长期运动会增强免疫反应，并导致肠道微生物群的积极变化。

很少有研究关注自愿运动对肠道微生物群的影响，迄今为止，大部分实验研究都使用了小鼠模型。这些初步研究表明，运动会影响肠道微生物群落的组成。大鼠的定期跑步运动与微生物群组成中产生丁酸盐的细菌的增加以及丁酸盐浓度的增加有关。其他动物研究表明，每天的轮式跑步运动可以通过影响小鼠的肠道微生物组成来改善不健康状态的某些方面，例如饮食引起的肥胖和糖尿病，这些影响可能是由于改变厚壁菌门和拟杆菌门的比例。但是菌群的特定菌种（如厚壁菌和拟杆菌）影响人类表型的机制仍有待充分阐明，同时由于一些研究呈现出不同的门水平变化，因此解释微生物门水平的变化也应该更加谨慎。

总体而言，运动可能富集有益的肠道微生物以及微生物代谢物，这可能涉及内在和外在因素的组合。

第四节　发酵食品与肠道菌群

生活在肠道中的微生物对人类健康有着重要作用，有许多因素都会影响肠道中的微生物群，其中饮食被认为是肠道微生物组成的关键因素。

一、发酵谷物产品对肠道菌群的影响

发酵谷物食品涉及的微生物主要为乳酸菌、酵母及真菌（霉菌），其中乳酸菌具有降解谷物中淀粉、葡萄糖等糖类的能力。谷物经发酵后具有益生元效应、辅助降血糖以及影响肠道菌群结构等功能。发酵谷物类产品中含有的可溶性纤维（β-葡聚糖和阿拉伯木聚糖等）、酚类、抗性淀粉、多肽等具有益生元功效的成分对肠道菌群的调节作用显著。研究表明阿拉伯木聚糖中阿拉伯糖基的取代位置的改变对肠道菌群具有不同的影响。

发酵谷物食品除了谷物本身的营养成分外，发酵微生物产生的细胞外多糖（葡萄糖、果聚糖、葡寡糖和果寡糖等）被肠道微生物代谢生成乙酸盐、丁酸盐、丙酸盐等成分对改善肠道菌群结构以及维护肠道健康均有一定作用。

白酒作为中国传统发酵谷物酒精饮料，含有多种小分子生物活性物质。这些物质包括一些中链脂肪酸、酯类物质和芳香族化合物。除此以外，白酒中还有许多其他类型的物质，如 SCFAs 及其乙酯、杂环类物质（吡嗪类、呋喃、噻吩、噻唑等）和大环酯肽类物质等，也被证明对人体的健康有积极的影响。SCFAs 除了具有抑制结肠炎症作用以外，还能加强结肠屏障功能。

摄入白酒或乙醇（食用级）4 周、8 周和 12 周后，相较于对照组小鼠，实验组小鼠的肠道菌群中的变形菌门显著增加，放线菌门减少。尽管厚壁菌门和拟杆菌门的相对丰度没有显示出显著变化，但它们的比例被认为与肠道微生物群组成显著相关，实验组小鼠中显著低于对照组小鼠。尽管乙醇在影响肠道菌群方面发挥着关键作用，但观察到喂食白酒的小鼠和喂食乙醇的小鼠之间的肠道菌群的组成存在明显差异，并且这些差异随着喂养时间的增加而趋于明显。白酒组小鼠具有更高浓度的短链脂肪酸，尤其是乙酸盐和丁酸盐。这是因为白酒富含乙酸乙酯和丁酸乙酯，它们可以促进肠道中产生短链脂肪酸。然而，其他短链脂肪酸，如异丁酸、异戊酸和戊酸，在两组小鼠之间没有显著差异。此外，白酒组小鼠比乙醇组小鼠具有更高丰度的 *Akkermansia* 和 *Ruminococcus* 属，它们被称为高效的短链脂肪酸"生产者"。

二、发酵蔬菜制品对肠道菌群的影响

由于蔬菜种类和发酵工艺的不同而产生各式各样的发酵蔬菜制品，国内主要的发酵蔬菜有泡菜、酸菜和腌菜等。

泡菜中的乳酸菌和其他细菌通过不同的代谢途径对碳水化合物进行分解，产生多种代谢物，例如中间代谢物丙酮酸盐，可以进一步被代谢成为多种有机酸。体外研究表明乳酸盐可以减少肠上皮细胞中活性氧的产生，还可以作为肠道微生物合成短链脂肪酸的底物。

酸菜的发酵主要依靠白菜上附着的天然乳酸菌、酵母及霉菌，其中以乳酸菌为主。发酵过程中碳水化合物和蛋白质被代谢生成有机酸类、酯类、醛类等。动物实验表明小鼠摄入酸菜后，其肠道中的干预显著下调了 *Akkermansia* 属以及 *Dorea* 属的丰度，*Muribaculaceae _ unclassified*，*Muribaculum* 和 *Parasutterella* 属的丰度显著上调，而且乙酸含量的提高利于肠道屏障损伤的修复，表明适量摄入酸菜可以调整肠道微生物物种组成及丰度，改善由高脂饮食导致的肠道菌群紊乱。

酚类化合物是一组结构和功能多样的植物次生代谢物，其通过发酵微生物和肠道微生物作用发生转化从而影响肠道健康。通常来说，蔬菜中的结构复杂的酚类物质经过发酵会转化为结构简单的酚类物质，另外微生物还会将结合态的酚类物质从蔬菜中"释放"，这两种作用都提高了酚类化合物的生物利用度和生物可及性。

酚类化合物与肠道微生物群之间的相互作用表现在两个方面。一方面，多酚到达肠道可以发挥益生元的作用，促进或抑制某些肠道菌群的生长。另一方面，肠道微生物产生次级产物，这些产物往往是多酚经过水解、开环、脱羧、去甲基化、还原和脱羟基反应形成。例如，铅黄肠球菌（*Enterococcus casseliflavus*）、丁酸弧菌 C3（*Butyrivibrio sp* C3）、解黄酮梭菌（*Clostridium orbiscindensor*）和细枝真杆菌（*Eubacterium ramulus*）与多酚分子去糖基化和环裂变相关。

肠道微生物群将复杂的多酚生物转化为更活跃的形式，以及改变肠道中细菌种群的丰度或活性，因为饮食中多酚化合物的生物利用度很低，人体摄入后，只有一部分多酚化合物被小肠上皮细胞吸收，而大部分尤其是具有复杂结构的多酚分子会在结肠被微生物群代谢。小分子多酚（如茶儿茶素）在小肠中可以发生一定程度上的生物转化。黄酮醇儿茶素显著增加了直肠的真杆菌群、双歧杆菌群和大肠杆菌群的生长，而溶组织梭菌群受到抑制。

三、发酵豆制品对肠道菌群的影响

常见的发酵豆制品有豆豉、腐乳、豆酱、酱油和纳豆等，发酵可以显著提升豆类的生物活性物质的含量。发酵豆制品经过微生物及其分泌的酶系作用后，不溶性高分子物质被分解成为可溶性低分子化合物，保留了大豆异黄酮和低聚糖等原有功能性物质，这些物质都有利于有益菌生长。

以大豆为原料制备的发酵豆制品富含的多种活性组分，其对肠道菌群的影响主要为：①肠道菌群促进机体对大豆活性组分的直接消化吸收；②大豆活性组分在肠道菌群的作用下发生生物转化，从而被机体吸收利用。大豆异黄酮和大豆皂苷等苷类物质则不能被胃肠道直接消化吸收，需要与特定结构的肠道菌群相互作用，才能代谢产生更高生物活性和生物可利用度的微生物转化物。大豆异黄酮主要以结合型糖苷（大部分）和游离型苷元（小部分）两种形式存在，游离型苷元能被胃肠道直接吸收，而糖苷形式能够抵抗胃和小肠的消化作用，生物可利用度极低，只有抵达结肠后被肠道菌群进一步代谢才能被机体吸收利用。

连续 16 天在 Wistar 大鼠饮食中补充 20% 大豆蛋白，发现厚壁菌门的细菌组成发生变化，特别是肠球菌的丰度增加，瘤胃球菌和乳酸杆菌的丰度降低。在小鼠饮食中补充大豆浓缩蛋白 3 周，其肠道菌群中的双歧杆菌科、梭状芽孢杆菌科和脱壁杆菌科显著增加，拟杆菌科（杆菌科和卟啉单胞菌科）显著减少。此外，特定的大豆蛋白可以改变肠道细菌的组成。与食用含有 26.5% β-伴大豆球蛋白和 38.7% 甘氨酸的豆奶的人群相比，食用含有 49.5% β-伴大豆球蛋白和 6% 甘氨酸的大豆奶的人群体内的拟杆菌和普雷沃特菌水平明显较高。这表明含有较高 β-伴大豆球蛋白与甘氨酸比率的蛋白质可能会促进拟杆菌门菌的生长。补充大豆异黄酮后，肠道菌群中双歧杆菌的比例显著增加，乳酸杆菌减少。添加异黄酮后观察到肠道菌群中的梭状芽孢杆菌、真杆菌属、乳杆菌属、肠球菌属、粪杆菌属和双歧杆菌增加。

给与小鼠富含纳豆的饮食，发现其肠道中毛螺菌科和盲肠短链脂肪酸的水平显著较高。此外，产生纳豆激酶的纳豆芽孢杆菌能够积极调节人类肠道微生物群，特别是通过增加肠道双歧杆菌的丰度，以改善粪便频率和体积。

四、发酵乳制品对肠道菌群的影响

乳制品发酵过程中碳水化合物代谢、蛋白质水解和脂肪分解是主要的代谢途径，即将碳水化合物转化为乳酸或其他代谢物（糖酵解）、将酪蛋白水解成肽和游离氨基酸（蛋白水解）、将乳脂分解为游离脂肪酸（脂肪分解）。

发酵乳制品中含有的乳酸菌，如嗜酸乳杆菌、双歧杆菌、德氏乳杆菌保加利亚亚种等，进入肠道后利用肠道内的营养物质生长，并产生乳酸等有机酸，降低肠道的 pH，为自身创造适宜的生存环境，同时也抑制了一些有害菌的生长。此外一些代谢产物，如维生素、短链脂肪酸等物质可以促进肠道内原有益生菌的生长和繁殖；分泌细菌素、有机酸等抑菌物质直接抑制有害菌的生长。

长期食用发酵乳制品可以改变肠道菌群的比例，同时可以丰富肠道菌群的种类，增加肠道菌群的多样性，进而维持肠道生态系统的稳定。此外，有益菌可以刺激肠道上皮细胞分泌黏液，黏液层能够阻止有害菌与肠道上皮细胞的接触，起到物理屏障的作用，保护肠道免受有害菌的侵害。还可以调节肠道上皮细胞之间的紧密连接蛋白的表达，增强肠道上皮细胞之间的紧密连接，减少有害菌和有害物质通过细胞间隙进入体内，维持肠道的屏障功能。

传统的酸奶在肠道中的生存能力有限，影响肠道微生物群组成的能力也有限。成人摄入含有嗜热链球菌和德氏乳杆菌保加利亚亚种的酸奶时，检测粪便中的这两种微生物均少于 10^3CFU/g。每天食用两次 125 克含有 10^8CFU/g 的嗜热链球菌和德氏乳杆菌保加利亚亚种的商用酸奶，一周后在粪便中检测不到嗜热链球菌，而德氏乳杆菌保加利亚亚种水平没有超过 10^5 CFU/g（发挥有益效果的最低水平）。当食用更高剂量的酸奶（375 克酸奶，10^8CFU/g），两周后在粪便中检测到嗜热链球菌和德氏乳杆菌保加利亚亚种的中值约为 10^4CFU/g。健康成年人连续摄入 230 mL 由嗜酸乳杆菌和双歧杆菌发酵的酸奶（10^7CFU/g），十天后检测粪便，其样本中的需氧细菌减少，厌氧细菌增加。此外，双歧杆菌与大肠菌群的比率明显增加，食用后 8 天内可以检测到双歧杆菌。然而，检测不到嗜酸乳杆菌、嗜热链球菌和德氏乳杆菌保加利亚亚种。对 10~18 个月健康婴儿喂食由嗜热链球菌、德氏乳杆菌保加利亚亚种和干酪乳杆菌发酵的酸奶，发现乳酸杆菌的数量增加，但厌氧菌、双歧杆菌、类杆菌和肠杆菌的总数不受酸奶摄入的影响。

虽然，发酵食品在日常饮食中已非常普遍，消费者对发酵食品的健康作用也有较大的认同，但目前发酵食品对肠道菌群及健康的影响的相关性研究还有待进一步深入。

思考题

1. 肠道微生物是如何产生的？
2. 饮食对肠道菌群组成的影响有哪些？
3. 肠道微生物的分类有哪些？
4. 免疫的定义？试述肠道菌群对肠道免疫的影响。
5. 哪些发酵食品有利于提高免疫力？
6. 食物组分和膳食结构如何调整肠道菌群？
7. 发酵食品的哪些物质影响肠道菌群？

第十四章
发酵食品的安全性

学习目标

1. 了解发酵食品的安全现状。
2. 掌握影响发酵食品安全性的因素。
3. 熟悉并掌握 GMP、SSOP、HACCP 体系及其在发酵食品中的应用。

第一节　发酵食品及其安全现状

　　人民群众对美好生活的向往日趋多元化、个性化、品质化，对食品品质的要求也随之提高。传统的发酵技术虽然有悠久的历史，但是天然发酵生产工艺由于微生物种类繁多，传统的发酵食品存在着生物污染、化学风险、物理风险和转基因安全风险，将直接影响到人体安全。现代工业化发酵技术虽然很大程度上避免了各种风险，但仍然存在着微生物在发酵过程中产生有害的代谢产物，为此应重视发酵食品安全问题。

一、发酵菌株品质

　　传统发酵食品的制备需要借助发酵菌株来完成，发酵菌株的品质和安全直接影响发酵食品的安全性，如所选菌株是否有致病性或在发酵中是否产生有害的副产物。随着新型发酵食品的问世，新菌株也开始出现并广泛应用，这些菌株本身的安全性得不到保障，有些安全的菌株在进行传统发酵时也会产生变异或者是退化导致菌株品质受损。

为了得到具有一定属性特点的菌株，目前采用基因工程或 DNA 重组技术对菌株进行改良，为此需要重视基因重组技术所制备出的发酵食品的安全性。

二、发酵中副产物的存在

在传统发酵食品制备过程中常忽略副产物，如亚硝酸盐、真菌毒素等，其中蔬菜腌渍发酵中会有亚硝酸盐的产生，长期食用会有致癌风险；白酒发酵中可能产生甲醇，若是饮用过量的甲醇会对人体造成损害；肉类食品发酵产生的氨基酸脱羟酶经过脱羟反应生成生物胺，若是过量食用可能引起中毒，损害身体器官等。

三、发酵中杂菌污染问题

食品在发酵过程中也可能会被环境中的杂菌污染，如自然环境下发酵的腐乳会出现变色或变臭的现象，这可能是被枯草杆菌或者是其他杂菌所污染所致。若在发酵过程中被食源性致病菌污染，食品中可能含有致病菌，人体摄入后会导致感染或中毒，给消费者带来严重的安全隐患，为此，需要切实重视传统发酵食品的安全性，并采取有力措施确保食品的安全。

虽然发酵食品具有以上安全风险，但是相对于其他食品，发酵食品具有较高的食用安全性，主要原因有以下几点：

①有益微生物的生长，阻止了有害微生物的生长繁殖；

②经过微生物的代谢作用，产生了有机酸、乙醇等杀菌剂，抑制了有害微生物的生长；

③经过微生物的代谢作用，蛋白质被水解为肽和氨基酸，并产生氨气，使环境的 pH 升高，抑制了有害微生物的生长；

④有些发酵食品的生产伴随有腌渍工序，而食盐具有抑菌作用；

⑤某些微生物具有脱毒作用，从而提高了食品的安全性。

虽然发酵食品在其微生物安全性上具有得天独厚的优势，但并非发酵食品就绝对安全可靠，近年来抽检结果显示发酵食品存在一些安全风险。根据 2022 年度国家市场监管总局发布的 10 期食品抽检不合格情况统计显示，有 5 批次发酵产品不合格，不合格产品信息及不合格原因如表 14-1 所示。从该 5 批不合格品原因统计可以看出，超范围超量使用食品添加剂、微生物污染和重金属超标是导致发酵食品不安全的主要因素。

表 14-1　2022 年度抽检发酵食品不合格统计表

序号	产品	不合格原因	文号
1	脆椒萝卜（酱腌菜）	铅（以 Pb 计）检测值不符合食品安全国家标准规定	2022 年第 20 号
2	白切酱油	糖精钠（以糖精计）、苯甲酸及其钠盐（以苯甲酸计）检测值、全氮（以氮计）含量不符合食品安全国家标准规定，氨基酸态氮（以氮计）含量既不符合食品安全国家标准规定，也不符合产品标签标示要求	2022 年第 14 号
3	头坛香醋	菌落总数不符合食品安全国家标准规定	2022 年第 12 号
4	兼香型白酒	甜蜜素（以环己基氨基磺酸计）检测值不符合食品安全国家标准规定	2022 年第 12 号
5	黄豆酱油	菌落总数、苯甲酸及其钠盐（以苯甲酸计）、防腐剂混合使用时各自用量占其最大使用量的比例之和检测值、全氮（以氮计）含量不符合食品安全国家标准规定，氨基酸态氮（以氮计）含量既不符合食品安全国家标准规定，也不符合产品标签标示要求	2022 年第 12 号

资料来源：国家市场监管总局网站。

第二节　影响发酵食品安全性的因素

一、发酵原料

发酵原料对食品安全性的影响主要包括两个方面。

1. 发酵食品原料自身带入的不安全因素

发酵食品所使用的原材料（如粮食、乳、肉、蛋等）中含有的有毒、有害物质，给发酵食品带来的不良影响。在发酵食品原料的生产过程中，可能会使用兽药、饲料添加剂、动物激素、农药、化肥、植物激素等化学物质，这些物质在提高生产数量和质量的同时，也会或多或少地残留在发酵食品原料中，给食品安全留下隐患。

2. 转基因发酵食品原料的不安全因素

所谓转基因食品是利用转基因技术，将一种生物的优良性状基因插入到另一种生物的基因组中，从而使受体生物获得该性状，如增强抗病毒、抗虫害能力，提高营养成分含量及其他性能。目前，全球已有 4000 多项转基因技术得到研究，与发酵食品原料有关的主要有大豆、玉米、番茄、淡水鱼、猪、食品发酵用酶制剂等。

采用转基因食品原料生产的发酵食品可能存在的不安全因素主要有：

①抗生素抗性：主要是在基因改造中，经常在靶生物中使用带抗生素抗性的标记基因，可能会对环境和消费者产生未能预料的结果。

②潜在毒性：主要是在基因改造中，通过遗传修饰某一目的基因的同时，也可能在无意中提高天然的植物毒素。

③食品中潜在的致敏因子：人体免疫系统可与食品中特异性物质发生反应，最常见的过敏性食物有鱼类、花生、大豆、乳、蛋、甲壳动物、小麦和核果等，而转基因的生物也主要是这些食物。

二、发酵方法

传统发酵食品的发酵形式主要有液态或固态发酵，发酵方法根据所用发酵剂的种类可分为自然或纯种发酵。中国、日本等东方国家的传统发酵食品以固态自然发酵居多，西方传统发酵食品多是液态纯种发酵。

纯种发酵周期短，生产易于机械化，干扰因素少，但一般要求严格的无菌操作。在液态发酵中，大多要求纯种发酵，因为杂菌在液体培养基中一般比生产菌株生长得更好。对于固态发酵来说，其生产菌种一般在含水量低的情况下可以快速生长，这就意味着无菌操作在固态发酵中不是十分重要，所以固态发酵技术比较容易掌握。另外，和液态发酵相比，固态发酵对生化反应器的设计要求低，相对费用也低。

三、发酵操作

发酵过程操作不当，从而造成不良微生物产生是发酵产品最大的潜在不安全因素之一。在发酵过程中，需要控制温度、pH、溶解氧、CO_2浓度、泡沫、培养基成分等各种条件，目的是让生产菌株的生产性能发挥最好水平，实现较高的产物得率，并且能抑制杂菌的生长。这些条件如果操作不当，就有可能使培养条件有利于杂菌的快速生长，进而会造成产品质量下降或发酵失败。

在发酵过程中，总会伴随一些副产物产生，如酒的主要成分是乙醇，但酿造过程中，同时也产生甲醇和高级醇。甲醇损伤人的视觉神经，过量会使人双目失明甚至致人死亡，而高级醇同样会抑制神经系统，使人头痛或头晕。但酿酒过程中甲醇和高级醇的产生不可避免，只能严格控制操作工艺，降低其他醇类的含量，降低其对消费者的危害。

四、包装材料

发酵食品的包装材料、设备和容器直接接触食品，它们的安全性也十分重要。我国传统发酵食品大多采用竹、木、金属、玻璃、搪瓷和陶瓷等材料作为包装材料，这些材料一般对人体是安全的，但现代发酵食品为了方便和美观，往往在容器、用具、包装材料内壁涂上一层化学材料，或使用塑料、橡胶等化学材料，在与食品接触中，材料中的某些成分有可能迁移到食品，造成食品的化学性污染，给消费者健康带来危害。

五、食品添加剂

食品添加剂是指为了改善食品品质、色、香、味以及防腐和加工工艺的需要而加入食品中的化学合成物质或者天然物质。随着科技的进步，食品添加剂的种类日益增多，使用范围也越来越广，人们日常生活中常用的酱油、醋、料酒等副食品，几乎都使用了食品添加剂。我国滥用食品添加剂的现象比较严重，导致食品添加剂的安全问题比较突出。

六、发酵食品中病原微生物的侵入

发酵食品工厂环境中有机质丰富、湿度大、温度高，给各种各样的微生物生长创造了十分适宜的条件。在发酵过程中，不同微生物进行生存竞争，而发酵食品一般是指人们利用有益微生物对食品原料进行有益反应所得到的产品。但是不可能完全避免不良的微生物甚至是病原微生物的侵入，这就会导致发酵食品的变质。

根据食品安全监管部门最新的统计中，食源性疾病发病率在不断增加，食源性疾病大多由细菌、病毒、原虫和真菌毒素引起，其危害主要由生物本身（主要是微生物）及其代谢产物对食品原料、加工过程和产品的污染。消除这些不安全因素，是发酵食品安全生产的关键。

第三节　发酵食品的 GMP 和 SSOP 的特殊要求

一、发酵食品的工艺特点

发酵食品在制作的过程中，由于受微生物或酶的作用使加工原料发生了许多变化，形成了特有的色、香、味。不同的发酵食品，尽管生产工艺有较大的区别，但是也有一些共同之处，主要表现在以下几点。

1. 原料

传统发酵食品通常以淀粉、糖蜜或其他农副产品为主原料，添加少量营养因子，然后在微生物的作用下进行反应。

2. 原料的液化和糖化

这个过程也可以称为生物大分子的降解阶段。在此之前，为了加速蒸煮、液化、糖化、发酵的反应速度，对于使用的固体原料，常需将其粉碎。在液化和糖化的过程中，原料中的内源酶和微生物产生的酶同时水解有机质，将原料中不溶的大分子物质（淀粉、蛋白质、半纤维素及其中间分解产物等）逐步分解为可溶性的低分子物质。参与的微生物大致可分为淀粉分解菌、蛋白质分解菌、果胶分解菌、纤维素分解菌和脂肪分解菌等。

3. 培养基灭菌

大多数发酵食品的生产为纯种发酵，所以在发酵之前，培养基以及发酵罐、管道须经灭菌除去各种杂菌，在好氧发酵中通入的空气也须经除菌处理，只有这样，才能将杂菌污染的风险降到最低。稍有不慎，杂菌进入发酵体系，就会与生产菌种争夺营养物，轻则产品产量锐减，质量降低，后处理困难；重则整个培养液变质，发酵失败，经济损失严重，特别是污染了噬菌体时，严重的会引起工厂倒闭。因此，在每批次生产前要对设备管道进行严格的清洗、灭菌，发酵生产中使用的培养基和通入的空气，也必须预先严格灭菌。

4. 发酵阶段

在这一阶段，微生物将大分子原料降解的同时进行降解产物的转化，开始积累代谢物。在发酵阶段，菌种选育和防止杂菌污染是关键。特别对于纯种发酵，由于发酵培养基营养丰富，各种来源的微生物都很容易生长，因此要严格控制杂菌污染。有许多产品必须在密闭条件下进行发酵，在接种前设备和培养基必须灭菌，反应过程中所需的空气或流加营养物必须保持无菌状态。另外，发酵最重要的因素是菌种。通过各种菌种选育手段得到高产的优良菌种，是创造显著经济效益的关键。在生产过程中菌种会不断地变异，因此，自始至终都要进行菌种的选育和优化工作，以保持菌种的基本特征和优良性状。

5. 代谢产物平衡

代谢产物形成后，通过各种纵横交错的代谢途径使产物组成基本平衡，形成特定的发酵食品。

二、发酵食品生产质量管理规范的特殊要求

发酵食品种类繁多，不同的发酵食品对生产质量管理规范（good manufacturing practices，GMP）有不同的要求，但由于工艺上的一些相似之处，发酵食品的 GMP 也存在着某些共性。我国于 1988—1990 年分别颁布了白酒厂、啤酒厂、黄酒厂、果酒厂、葡萄酒厂、酱油厂、食醋厂等发酵食品厂的卫生规范，2016—2018 年进行了修订，各类发酵食品生产卫生规范，如表 14-2 所示。2004 年后又陆续颁布了多种发酵食品的生产许可证审查细则，如表 14-3 所示，这些都可以作为发酵食品 GMP 的参考。

表 14-2 各类发酵食品生产卫生规范

序号	标准名称	发布日期	实施日期
1	GB 8953—2018 食品安全国家标准 酱油生产卫生规范	2018-6-21	2019-12-21
2	GB 8951—2016 食品安全国家标准 蒸馏酒及其配制酒生产卫生规范	2016-12-23	2017-12-23
3	GB 12696—2016 食品安全国家标准 发酵酒及其配制酒生产卫生规范	2016-12-23	2017-12-23
4	GB 8952—2016 食品安全国家标准 啤酒生产卫生规范	2016-12-23	2017-12-23
5	GB 8954—2016 食品安全国家标准 食醋生产卫生规范	2016-12-23	2017-12-23

表 14-3 各类发酵食品生产许可证审查细则

序号	细则名称	发布日期	实施日期
1	酱腌菜生产许可证审查细则（2004 版）	2004-12-23	2005-01-01
2	酱类生产许可证审查细则（2004 版）	2006-08-25	2006-09-01
3	葡萄酒及果酒生产许可证审查细则（2004 版）	2004-12-23	2005-01-01
4	啤酒生产许可证审查细则（2004 版）	2004-12-23	2005-01-01
5	黄酒生产许可证审查细则（2004 版）	2004-12-23	2005-01-01
6	酱油生产许可证审查细则（2005 版）	2005-01-17	2005-03-01
7	食醋生产许可证审查细则（2005 版）	2005-01-17	2005-03-01
8	味精生产许可证审查细则（2005 版）	2005-01-17	2005-03-01
9	其他酒生产许可证审查细则（2006 版）	2006-12-27	2006-12-27

1. 发酵食品 GMP 的共同点

（1）食品原料　生产上使用的主要原料必须符合国家相关卫生标准，不得使用发霉变质或含有毒有害物以及被有毒有害物污染的原料。食品原料的入库和使用应遵循"先进先出"的原则，按食品原料的不同批次分开存放。贮藏过程中注意防潮防霉，并定期或不定期检查，及时清理有变质迹象和霉变的原料。食品原料如有特殊贮藏条件要求，应对其贮藏条件进行控制并做好记录。

对于白酒的生产，采购与酒体直接接触的材料或物料时，应有易迁移的醇溶性有害成分含量检测报告，如重金属、邻苯二甲酸酯等。

（2）工厂的设计与设施

①厂区、厂房与设施：企业应具备与生产能力相适应的厂房、原辅材料仓库、成品仓库和化验室。例如对于食醋的生产，生产用厂房能满足原料处理、种曲（外协的除外）和制曲、液化及糖化、酒精发酵、醋酸发酵、淋醋、调配、灭菌处理和灌装（包装）的工艺要求。具备防蝇、防鼠、防虫等保证生产场所卫生条件的设施。无菌室的设计与设施必须

符合无菌操作的工艺技术要求。室内必须设有带缓冲间的小无菌室，并有完好的消毒设施。缓冲间的门与无菌室的门不应直接相对，至少成90°，避免外界空气直接进入无菌室。如果有制曲车间，制曲车间的设计与设施必须符合培养酿造微生物生长、繁殖、活动的工艺技术要求。门窗结构应便于调节室内温度和湿度。

②个人卫生设施：准作业区和清洁作业区的入口处应设置鞋靴消毒池或鞋底清洁设施（设置鞋靴消毒池时，若使用氯系消毒剂，游离氯浓度应保持在200mg/kg以上）。需保持干燥的清洁作业场所，应有换鞋设施。洗手设施中应包括免关式洗涤剂和消毒液的分配器、干手器或擦手纸巾等。进行手部消毒时，若使用氯系消毒剂，游离氯浓度应达到50mg/kg。

在生产车间更衣室内设置卫生间的，卫生间出入口不得正对生产车间门。卫生间内应设有冲水装置和脚踏式或感应式洗手设施，并有良好的排风及照明设施。

③设备和用具：凡与发酵食品生产接触的设备、管道、涂料、工器具和容器等必须用无毒、无异味、抗腐蚀、易清洗、不与食品起任何化学反应的材料制成，表面应光滑。所有设备管理与工器具的构造，固定设备和管道的安装定位都应便于彻底清洗和消毒。

对于调味酱类的生产，应依其需要配置原料贮藏槽（室）、筛选、蒸煮、混合腌渍（槽、桶、缸等）、制曲室、发酵室、高压清洗机、输送、调理、搅拌、研磨、调煮、充填、密封、杀菌、包装及贮藏等设备。

对于酱油、食醋等发酵食品的生产，在有大量蒸汽和废气的蒸料间、制曲间、淋油间等车间应安装足够能力的排气通风设备。对于白酒的生产，在蒸料、蒸煮、糖化、蒸酒、加热杀菌期间，应根据工艺技术要求，保证有足够的蒸汽供应。

发酵、灭菌、浓缩等设备必须安装温度计和自动温控仪，所有压力容器必须安装压力表。车间内吊挂在食品上方的灯泡和灯具必须有安全防护装置，以防破碎而污染，如在酱油的生产中，蒸料间、制曲间、淋油间、成品灌装间的照明灯具应安装防护罩。

（3）工厂的卫生管理 每天工作结束后或在必要时，必须彻底清洗生产场地、墙壁及排水沟，必要时消毒。为防止生产受污染，所有设备工器具应经常清洗。无菌室、菌种培养室、操作台等必须定期刷洗、消毒灭菌，防止菌种被杂菌污染。

（4）个人卫生与健康 对于发酵食品从业人员，在工作时，必须按特定的工艺卫生要求，穿戴无菌、洁净的工作衣、鞋、帽、口罩，保持良好的个人卫生，不得留长指甲，涂指甲油。菌种培养、曲种操作人员不准穿戴工作衣、鞋、帽进入非工作场所。灌装工序人员不得涂抹气味浓烈的化妆品，不准佩戴首饰。

（5）生产过程中的卫生控制 严禁使用在发酵或酿造过程中不能去除对人体有毒、有害、含杂物较多的原材料进行生产。发酵室、池及菌种培养室的设备、工具、管路、墙壁、地面要保持清洁，避免生长霉菌和其他杂菌。培养容器、器皿及培养基在使用前须严格灭菌。菌种应定期筛选、纯化，必要时进行鉴定，防止杂菌污染、菌种退化和变异产毒。发酵用的容器，使用前要严格洗净消毒。接种前无菌室须用紫外线消毒，操作人员必须洗手、消毒。进入无菌室，必须穿戴工作衣、帽、口罩，保证接种在无菌条件下进行。严格控制菌种培养室的培养温度和湿度，保证发酵用菌种在无污染和良好的环境中生长、繁殖。在包装或灌装前，包装容器应严格按照工艺要求进行清洗消毒，检验合格后方可使用。根据产品特点在包装前或后对产品进行杀菌。

（6）成品的贮藏与运输　成品必须按品种分库贮藏，防止相互混杂，库房内要做到定期通风换气、清扫、消毒。成品贮藏期间应定期抽样检验，确保成品安全卫生。成品在贮藏和运输中，不得与潮湿地面直接接触，或靠近腐蚀性、易发霉、发潮货物及有毒物品。对于酒类生产工厂，成品储藏库必须有防火、防爆、防尘设施。库内应阴凉干燥。室内酒精浓度必须符合《工业企业设计卫生标准》（GBZ 1—2010）。

从上面几点可以看出，发酵食品对于加工环境的卫生条件有着严格的要求，特别是在灭菌环节，要严格控制温度和时间。在菌种培养和发酵过程中，要严格无菌操作，对菌种要定期进行筛选、纯化和鉴定，防止杂菌污染、菌种退化、变异。在培养时，要控制好温度和湿度。这些都是发酵成功与否的关键因素。

2.《啤酒生产许可证审查细则》

（1）发证产品范围及申证单元　实施食品生产许可证管理的啤酒产品包括所有以麦芽（包括特种麦芽）、水为主要原料，加啤酒花（包括酒花制品），经酵母发酵酿制而成的，含有二氧化碳的、起泡的、低酒精度的发酵酒。不包括酒精度含量<0.5%的产品。

（2）基本生产流程及关键控制环节

①基本生产流程：

糖化 → 发酵 → 滤酒 → 包装

②关键控制环节：原辅料的控制；添加剂的控制；清洗剂、杀菌剂的控制；工艺（卫生）要求的控制；啤酒瓶的质量控制。

③容易出现的质量安全问题：在原辅料的贮运过程中，出现污染；食品添加剂的超范围使用和添加量超标；清洗剂、杀菌剂等在啤酒中存在残留；在啤酒生产中，清洗过程和杀菌过程不符合要求；啤酒瓶的质量以及啤酒瓶的刷洗过程不符合要求。

（3）必备的生产资源

①生产场所：啤酒生产企业应建在地势高、水源充足的地区。厂区应设绿化带，应有良好的排水系统，必须设有废水、废气处理系统。废水、废气的排放应符合国家排放标准。

②必备的生产设备：原料粉碎设备；糖化设备；糊化设备；麦汁过滤设备；煮沸设备；回旋沉淀设备；麦汁冷却设备；酵母扩培设备；发酵罐；啤酒澄清设备；清酒罐；灌装设备；杀菌设备（熟啤酒应具备）；无菌过滤和无菌包装设备（生啤酒应具备）。

生啤酒的生产还应有全面的生产过程无菌控制。

特种啤酒的生产应有与特种啤酒生产工艺相适应的生产设备，如冰啤酒的生产应有冰晶化处理设备。

三、发酵食品卫生标准操作程序的特殊要求

发酵食品卫生标准操作程序（sanitation standard operation procedures，SSOP）应满足有关 GMP 法规的要求，并根据企业的实际情况制订相应的 SSOP 计划。SSOP 计划包括 8 个方面的内容，下面以啤酒的生产为例，说明其 SSOP 的特殊要求。

1. 水的安全

某啤酒公司使用的水源有两个，城市供应自来水及公司内地下深井水，各项指标均要符合《生活饮用水卫生标准》（GB 5749—2022）。供水设施完好，一旦损坏后立即维修，供水设施要封闭、防尘和安全，管道设计防止冷凝水下滴。

生产部负责根据用水管线画出详细的供水网络图和污水排放管道分布图，以便日常的管理与维护。排污水管道及未经处理的井水管道与生活饮用水管道三者严格分开。

车间内使用的软水管为无毒的材料制成，用后盘挂在专用架上或团在干净的地面，水管口不能触及地面。生产现场洗手消毒水龙头为非手动开关。车间内的各个供水管按顺序编号，冷热水管进行标识。地下深井周围无污水、化粪池及其他污染源，井口应高于地面，防止地面污水倒流井中，下水道应保持排水畅通，无淤积现象，车间内地沟加不锈箅子，与外界接口设有防虫装置。

2. 食品接触表面的清洁卫生

确定和采取必要的卫生管理措施，以确保食品接触表面清洁，符合规定要求。与食品接触的表面包括：糊化锅、糖化锅、过滤槽、煮沸锅、麦汁沉淀槽、薄板冷却器、发酵罐、酵母车、处理罐、冰啤机、硅藻土过滤机、PVPP 罐、精滤机、清酒罐、袋式过滤器、膜过滤机、灌酒机、酵母管道、麦汁管道、下酒管道、接酒管道、气体管道、软管、管接头、垫圈、空瓶、扎啤空桶、易拉空罐、瓶盖等。

啤酒生产设备均用不锈钢材料制成，软管、垫圈和膜过滤滤芯等选用无毒、无异味、耐腐蚀、易清洗的材料制成。生产车间所有接触成品、半成品的设备、管道、阀门等均必须严格执行清洗规程，以保证这些设施满足工艺卫生要求。空瓶采用新瓶和回收瓶两种，使用前必须按工艺规程严格清洗。

3. 防止交叉污染

交叉污染的来源主要有人流污染、物流污染、气流污染和水流污染。

（1）人流交叉污染的控制　对新进厂员工进行基本的卫生知识培训，由人力资源部对新进厂员工进行基本的食品安全卫生培训。员工应保持头发整洁、指甲干净，衣服、鞋袜要整洁，需要的岗位要佩戴工作帽。员工双手应经清洗、消毒后，才能进入生产车间。生产前、每次离岗后和每次弄脏手后，都必须严格按手的清洗和消毒程序进行消毒处理后，才能回到岗位上岗。员工在生产车间内不得随便串岗，以避免交叉污染。在生产车间内，

员工不得有吃零食、嚼口香糖、喝饮料和吸烟等不良行为；禁止随地吐痰、对着产品打喷嚏等不良行为。患有有碍食品卫生安全疾病的员工，不能进入生产车间内。员工不能用手碰触清洗后的啤酒瓶口。从灌装间可以直接进入输瓶间，但从输瓶间进入灌装间必须经过风淋室进行风淋后，才能进入灌装间。纯生线洁净区的无菌服内、外衣必须统一清洗、消毒，员工不得私自带回家。

（2）物流交叉污染的控制　物管部对原料、辅料及包装材料进行严格检查与管理，入库前由质检人员检验合格方可入库。库房人员严格分类保管，防止交叉污染。生产车间使用的原、辅材料应按有关规定的线路进行输送，以免产生交叉污染。清洗车间地面的清洗器具与清洗设备的清洗器具应严格分开不能混用，并且应放置在指定位置。生产过程中产生的废弃物料应及时清理，并将容器清洗干净。车间内地面应有一定坡度，使废水直接流入下水道，防止溢溅，不倒流。

（3）气流交叉污染的控制　生产车间应配备有足够数量的抽风机，包装车间主要进出口应配备风幕机，并保证其正常运行。纯生线除应配备有足够数量的抽风机、风幕机外，洁净室内的气流应经空调三级过滤（包含初效、中效、高效过滤），使输瓶间达十万级、灌酒间达一千级，同时，要求洁净室内的气流对室外空气形成正压。

4. 操作人员和操作室的消毒

车间入口处及车间内适当地点，安装足够数量的洗手、消毒设备，并配有清洁剂和消毒剂以及非手动开关的水龙头。进车间时手的清洗、消毒程序为：清水→清洁剂→清水→消毒剂→清水→干手。进入车间的工作人员应穿戴整齐洁净的工作服，工作人员应严格执行洗手消毒程序，确保彻底洗手消毒。各使用部门、车间指定专人对洗手点进行检查，确保物品齐全，设施可用，并负责按说明配制消毒液用于补充或更换，确保消毒液浓度符合要求。

卫生间的位置尽可能设在离生产现场较远的地方，卫生间的门、窗不能直接开向生产加工作业区，卫生间的墙壁、地面和门窗应该用浅色、易清洗消毒、耐腐蚀、不渗水的材料建造，并配有冲水、洗手设施，卫生间设于生产车间外面下风口处，男女分开，配备防蚊、蝇设施（自动关闭纱门、纱窗），通风良好，下排水道畅通，蹲位足够，并保持在良好卫生和保养维护状态。

5. 防止外部污染物

污染源主要是有毒化合物的污染、卫生死角的污染和其他污染。防止污染的措施主要是加强非食品级的润滑剂、燃料、灭虫剂、清洁剂、金属类或其他化学或物理污染物的放置管理，防止污染食品、食品接触表面或食品包装材料。

维护保养部门使用的非食品级润滑剂、燃油、氧气、乙炔等，须在生产现场外定置存放，并加贴标示，当生产停止后，方可进入使用，维修结束后该设备应做彻底清洁及检查。

控制 CIP 操作，防止工艺卫生死角的存在。控制生产现场的湿度和温度，对冷凝水可能产生污染的要及时清理，防止冷凝水的污染。按工艺要求对各原料库、辅料库及成品库的温度、湿度进行监控，保持库内清洁，定期消毒、除虫、除异味，有防霉、防鼠、防虫设施。运输原辅料的车辆清洁无异味，并符合国家有关标准。

厂区有合理的给排水系统，供水系统与排水系统间不存在交叉联结。厂区内水沟保持清洁、畅通，废水直接排入下水道，不造成地面积水，防止溢溅污染食品及食品接触表面。生产厂区与生活区分开，厂区及邻近道路铺设水泥，路面平坦，无积水，空地全面进行绿化，防止灰尘造成污染。

6. 有毒有害物品的正确标识、储存和使用

所有有毒有害物品原包装必须标明名称、制造商、批准文号、容量和使用说明；工作容器必须标明物品名称、浓度、有效期、使用说明。公司所有有毒有害物品存放于指定的远离生产现场、设备、工器具和其他食品接触的地方，并加以明显标识。由经过培训的人员依据说明书要求进行领用、配制、使用、记录，并填写《有毒有害物品领用、使用登记表》。

7. 人员健康与卫生的控制

生产员工要求身体健康，任何经医学检验或感官观察患有的疾病如伤口感染化脓、开放性损伤或带有可能污染食品、食品接触表面、包装材料的皮肤病及传染病的人员应立即离开操作岗位，直至康复才能进行生产操作。

8. 虫害的防治及控制

办公室负责建立虫害控制计划，并遵照执行；根据季节需要及时联系消杀站进行全公司除蝇、除虫，生产现场使用纱窗、纱网天窗防止虫害出入；包装车间员工出入口均设有风帘或风幕；废次品及下脚料由有防蝇虫设施的通道运出车间，车间排水口配有铁丝网防虫害出入；生产入口处设置荧光灭虫灯，厂区卫生间配自动关闭门、固定纱窗；排水管为封闭排污道，有足够水及水压冲污；制定捕鼠计划，绘制捕鼠网络图，依据目前情况，在厂区食堂、仓库设定必要数量的捕鼠点，安置捕鼠装置按网络图编号定置。

第四节　HACCP 在发酵食品中的应用

一、危害分析与关键控制点

1. HACCP 的起源与含义

危害分析与关键控制点（hazard analysis and critical control points，HACCP）概念与方法于 20 世纪 60 年代初产生于美国。当时，美国 Pillsbury 公司应美国航天管理局的要求生产一种 100% 不含有致病性微生物和病毒的宇航食品。Pillsbury 公司在美国陆军 NATICK 实

验室故障模型（model of failure）启示下，由对终产品的卫生质量检验转向对整个食品生产过程的卫生质量控制。他们假定食品生产过程中可能会因为某些工艺条件或操作方法发生故障或疏忽而造成食品污染的发生和发展，他们先对这些故障和疏忽进行分析，即危害分析；然后，确定能对这些故障和疏忽进行有效控制的环节，这些环节被称为关键控制点。Pillsbury 公司因此提出新的概念——HACCP，专门用于控制生产过程中可能出现危害的环节，而所控制的过程包括原材料、生产、储运直至食品消费。

HACCP 是一种食品安全保证体系，是指从食品原料的种植、饲养开始，经过食品生产、加工、销售，至最终到达消费者的手中，对这一系列过程中可能产生的危害进行分析，找出能有效控制显著危害的关键控制点，消除食品的污染与腐败变质，以保证食品的安全性。近年来日益受到世界各国的重视并已成为食品工业的一种新的产品安全质量保证体系。

2. HACCP 体系的原理

HACCP 原理经过实际应用与修改，已被联合国食品法典委员会（CAC）确认，由 7 个基本原则组成。

（1）危害分析

①危害因素：危害是指食品中可能影响人体健康的生物性、化学性和物理性因素。

生物性危害包括致病性微生物及其毒素、寄生虫、有毒动植物等。

化学性危害包括杀虫剂、洗涤剂、抗生素、重金属、激素等。

物理性危害包括金属碎片、玻璃、石头、木屑、放射性物质等。

②危害分析：危害分析是指分析原料的生产、加工工艺步骤以及销售和消费的每个环节可能出现的多种危害，评估危害的严重性和发生的可能性以判定危害的性质、程度和对人体健康的潜在影响，以确定哪些危害属于显著性危害。满足与食品生产各阶段有关的潜在危害性，它包括对食品原料的生产、原料成分、食品加工制造过程、产品储运、食品消费等各环节进行分析，确定食品生产、销售、消费等各阶段可能发生的危害及危害程度，并针对这些危害采取相应的预防措施，对其加以控制。实际操作中可利用危害分析表，分析并确定潜在危害。

（2）确定关键控制点　关键控制点（CCP）是指一个操作环节，通过在该步实施预防或控制措施，能将一个或几个危害预防、消除或减少至可接受的水平。

CCP 又可分为 CCP1 和 CCP2 两种。CCP1 是可以消除或预防危害的措施，如高温消毒。CCP2 是能最大限度地减少危害或延退危害的发生的措施，但不能完全消除危害，例如，冷藏易腐败的食品。虽然对每个显著危害必须加以控制，但每个引入或产生显著危害的点、步骤工序未必都是 CCP。CCP 的确定可以借助于 CCP 判断树表明。

（3）确定关键限值，保证 CCP 受控　关键限值（CL）是指所有与 CCP 有关的预防措施都必须满足的标准，如温度、时间、水分含量、水分活度、pH 等，是确保食品安全的界限。用 CCP 控制食品安全，必须有可操作的参数作为判断的基准，以确保每个 CCP 可限制在安全范围内。每个 CCP 都必须有一个或多个 CL，必须采取相应的纠偏才能确保食品的安全。

（4）建立监控程序   监控是指一系列有计划的观察和措施，用于评估 CCP 是否处于控制之下，并且为在将来的验证程序中应用而做好精确记录。连续监控对许多种化学和物理方法都是可能的；当无法在连续的基础上对限值进行监控时，间隔进行的监控次数必须频繁，从而使生产商能确定用于控制危害的步骤、工序、程序是否处于控制之下。

（5）确立纠偏措施   纠偏措施是指当 CCP 与控制标准不符，发生偏离时所采取的任何措施。当监控显示出现偏离关键限值时，要采取纠偏措施。尽管 HACCP 体系是设想用于防止计划中的工序发生偏差，但要完全避免这种情况的发生几乎是不可能做到的。因而，必须有一个纠偏计划来确保对在产生偏差过程中所生产的食品进行适当的处理，确定和改正产生偏差的原因，以确保 CCP 再次受控，并保留所采取的纠偏纪录。纠偏措施应在制定 HACCP 计划时预先确定，其内容包括：①确定如何处理失控状态下生产的食品；②纠正或消除导致失控的原因；③保留纠偏措施执行记录。

（6）建立有效的记录保持程序   准确的记录保持是一个成功的 HACCP 计划的重要部分。记录提供关键限值得到满足或当超过关键限值时采取的适宜的纠偏行动。同样地，也提供一个监控手段，这样可以调整加工防止失去控制。HACCP 体系需要保持四方面的记录：①HACCP 计划和用于制定计划的支持文件；②关键控制点监控的记录；③纠偏行动的记录；④验证活动的记录。

（7）建立验证程序，以验证 HACCP 系统的正确运行   建立验证程序也就是建立验证 HACCP 体系是否正确运行的程序。虽然经过了危害分析，实施了 CCP 的监控、纠偏措施并保持有效的记录，但是并不等于 HACCP 体系的建立和运行能确保食品的安全性，关键在于：①验证各个 CCP 是否都按照 HACCP 计划严格执行的；②验证整个 HACCP 计划的全面性和有效性；③验证 HACCP 体系是否处于正常、有效的运行状态。这三项内容构成了 HACCP 的验证程序。

以上的七个原则中，危害分析清楚表明食品危害及危险的评价，是应用其他原则最为关键的开端，因此是使用 HACCP 进行食品质量控制的基础原则；确定关键限值是 HACCP 中最重要的部分，是 HACCP 体系中具有可操作性的环节。

二、HACCP 在发酵食品中的应用

了解影响发酵食品安全性的各个方面后，就可以从这些方面入手对发酵食品生产过程中的危害进行分析，并制定相应的预防和控制措施。

1. 发酵食品原料中的潜在危害

（1）制作发酵谷物食品常用的谷物原料有大米、小麦、玉米、大麦、高粱等。

①谷物原料中常见的生物危害：谷物原料含有丰富的碳水化合物及其他营养物质，因

而谷物本身就是较好的天然微生物培养基。谷物原料中常见的生物危害有霉菌、酵母、细菌、虫害等。就危害的严重程度而言，霉菌最为严重，细菌次之，酵母最轻。

发酵食品所用的谷物原料，在生长期间有可能受微生物的污染；在采购时有可能混有虫害、霉变颗粒或未成熟颗粒；贮藏不当也可能出现霉变、生虫等情况。被污染的食品原料如果不经过分选、清洗即进行生产，会大大影响最终产品的质量。

例如，啤酒生产所用的大麦，在生长期间就会受到微生物的污染，主要是细菌、酵母菌和丝状真菌。细菌主要包括：欧文氏菌、黄单胞菌、微球菌和芽孢杆菌属的某些种；酵母主要是球拟酵母和红酵母；丝状真菌主要以活菌丝或孢子的形式存在于谷粒的外层，谷粒上最常见的真菌是交链孢霉和芽枝霉。在储存期间，污染大麦的微生物主要是真菌，其主要来源有两个方面，一是在田间感染；二是在收获过程中感染。在收获时，联合收割机扬起的土壤和作物的秸秆以及叶上的真菌孢子会污染大麦。收割后，这些大麦上污染的真菌进行繁殖。如果大麦污染根霉、镰刀霉菌等杂菌后，所产生的代谢物质肽类可能会随制麦、糖化、发酵的操作进入啤酒，结果引起啤酒喷涌。发霉的麦芽，不但产生霉味，还有可能产生黄曲霉毒素。因为大麦在进入贮藏时就已经被各种微生物污染，所以大麦的储存条件，基本上就决定了这些微生物能否在大麦上进一步生长。其中含水量是很重要的一个因素。但其他一些相关因素，包括谷皮的温度、通风情况、大麦中夹杂的谷物、野草种子以及寄生虫、螨类等都对大麦储存期间微生物的繁殖有一定的影响。

在制麦工序，大麦发芽期间，霉菌孢子萌发、菌丝生长、酵母和细菌繁殖，会导致污染微生物的成倍增长。有证据表明，在制麦过程中，污染微生物的活体计数值都在大麦发芽期内达到最大值。在后期的烘干过程中大大减少。大麦和麦芽这些细菌、酵母、霉菌的孢子和菌丝、放线菌、虫、螨及它们的碎片和产物，不仅影响啤酒的质量，而且也会对健康产生危害。

②谷物原料中常见的化学危害：在原料的种植、收获、贮藏阶段，均有可能遭受化学污染物的污染。谷物原料中常见的化学危害有各种真菌毒素，如黄曲霉毒素等。迄今在粮食上发现的真菌毒素有300多种，大多具有较强的致癌性，极少剂量就能引起人的神经麻痹、中毒甚至呼吸衰竭而死亡。

谷物原料中常见的化学危害还有重金属、农药残留、3,4-苯并芘等。例如谷物原料在仓储环节，广泛采用化学药物熏蒸法杀虫，残留的熏蒸剂会污染原料，进一步造成发酵食品的化学性污染。

③谷物原料中常见的物理危害：如石块、玻璃、金属、塑料等，主要在收获、运输及收购的环节混入。

（2）薯类原料　发酵食品常用的薯类原料主要是甘薯、木薯、马铃薯等富含淀粉的原料。由于薯类果实生长在地下，因此受土壤以及灌溉水的污染影响较大。薯类原料中常见的危害主要是农药残留、化肥使用不当、重金属及放射性污染；在采收后储存的过程中易受微生物的污染。此外在存放的过程中，如果不注意存放条件，容易产生各种生物毒素。

（3）豆类原料　豆类原料由于含有丰富的蛋白质，具有独特的营养功能和良好的加工特性。我国的传统大豆发酵食品如豆豉、酱油、腐乳等具有悠久的生产历史，现在已经实现了商业化生产。

①豆类原料中常见的生物危害：就豆类原料而言，在农田生长期、收获、贮藏过程中的各个环节都可受到霉菌的污染。当环境湿度大，温度增高时，霉菌易在豆中生长繁殖并分解其营养成分，产酸产气，使豆发生霉变，不仅使豆失去了营养价值和加工价值，而且还可能产生相应的霉菌毒素，对人类健康造成危害。污染豆类常见的霉菌有曲霉、青霉、毛霉、根霉和镰刀霉等。

②豆类原料中常见的化学危害：主要是农药残留；或由于使用未经处理或处理不彻底的工业废水和生活污水对农田灌溉，产生重金属和有机物的污染；在豆类收获时，容易混入麦角、苍耳子等有毒植物种子，它们产生的天然植物毒素也容易对人类健康造成危害。

③豆类原料中常见的物理危害：主要是泥土、沙石和金属，分别来自田园、晒场、农具等。

2. 发酵剂制作和菌种保藏中的潜在危害

在发酵食品的生产中，发酵剂主要指采用固态发酵的种曲（一般为混合发酵）和液态发酵的菌种（一般为纯种发酵）。不管采用何种方式发酵，在制作发酵剂时，如果环境条件控制不当，容易受到杂菌污染。在菌种的保藏过程中，菌种可能出现变异、退化、污染杂菌的可能。所以要严格控制环境和操作条件，避免染菌。定期对菌种进行分离、纯化和鉴定。

3. 发酵过程中的潜在危害

如果原料在前期的蒸煮或灭菌过程中，灭菌不彻底，在发酵食品的发酵过程中，就极易被杂菌污染，造成发酵染菌。在发酵过程中，如果温度、湿度等环境条件控制不当，也容易造成杂菌污染，严重的还会引起病原微生物的生长。病原菌大肠杆菌 O157：H7 能够在发酵肉制品和发酵乳制品中传播，在有关的文献报道中，在苹果酒、干发酵香肠、酸乳酪、蛋黄酱等酸性食品中都发现了大肠杆菌 O157：H7。研究发现，大肠杆菌 O157：H7 能在高酸性食品中存活，这种耐酸性使其通过胃时存活率大大提高，从而导致疾病。因此，若发酵食品在制备过程中污染大肠杆菌 O157：H7，就会对产品造成危害。

啤酒酿造中如果污染杂菌，其代谢产物是影响啤酒口味纯净的主要因素。啤酒污染杂菌轻则出现异杂味，严重时会导致啤酒的酸败。还会破坏啤酒的胶体平衡，造成啤酒过滤困难，如杀菌不彻底会引起啤酒的早期混浊和沉淀。这些杂菌能分泌出微生物多糖，使啤酒黏度升高，造成啤酒口感下滑。若污染霉菌，会造成啤酒黏度降低，表面张力减少，泡沫粗糙，严重时发生喷涌。

4. 杀菌、消毒过程中的潜在危害

在发酵食品生产中，要对培养基、发酵罐、管道以及空气等进行灭菌操作，以除去各种杂菌。部分发酵食品，在后期包装之前需要进行灭菌，杀菌时要严格按照规定的温度、

时间和方法进行操作，如果操作不当，灭菌不彻底，在发酵过程中，容易造成杂菌污染，引起食品的腐败变质。如果采用化学方法进行灭菌、消毒，在使用这些化学清洗剂和杀菌剂时，要注意使用方法和浓度，在清洗时要彻底，否则容易造成清洗剂、消毒剂、杀菌剂等的残留，造成化学危害。

5. 成品包装过程中的潜在危害

包装容器在使用前必须进行清洗消毒，并要用清水清洗干净，否则容易造成微生物污染和化学清洗剂的残留。

三、发酵食品的关键控制点

根据发酵食品的工艺特点和危害分析，发酵食品生产时一般可以将以下工序设为关键控制点。

1. 原辅料收购

原料收购工序，可能存在的危害主要是原料的霉变带来的生物危害；原料中农兽药残留、重金属超标、添加剂超标、其他化学物质污染等化学危害；金属、石块等物理危害。

预防措施：原料必须符合国家卫生标准和卫生要求，进货验收时必须要求原料供应商提供原料检验合格证明，以保证原料的安全性。所用辅料也必须符合国家卫生标准。

2. 菌种保藏及发酵剂的制作

菌种保藏应该按照生产所用菌种本身的特性进行保藏。保藏过程中，严格控制保藏的环境条件。生产中，不能使用已经退化、变异、污染的菌种。在发酵剂的制作过程中，要控制好温度、湿度及环境的洁净度，防止杂菌污染。

3. 发酵阶段

此阶段是影响发酵食品品质的重要阶段，因此应严格控制发酵每个阶段的温度、湿度、时间、pH、空气洁净度、醪液浓度等，发挥发酵剂的最大潜能。在发酵中，还要避免被杂菌污染。

4. 灭菌和成品包装

不管采用何种灭菌方法，都要严格控制灭菌的时间和温度，防止灭菌不彻底。但也不能随意提高灭菌温度和时间，否则会造成发酵食品品质的改变，影响食品原有的色、香、味。在包装时，要保证包装容器和材料的表面不受生物、化学和物理污染。

四、发酵食品 HACCP 体系的建立

由于发酵食品种类繁多，受篇幅所限，本节仅选择了发酵食品中有代表性的酿造酱油

和葡萄酒 HACCP 体系的建立为例。

1. 酿造酱油 HACCP 体系的建立

酱油是我国传统调味品之一，俗话说"开门七件事，柴、米、油、盐、酱、醋、茶"，酱油作为我国人民的生活必需品，其生产的安全性受到消费者的关注。HACCP 系统作为当今最先进的食品安全管理体系，在我国的酱油生产企业推行已势在必行。

（1）组建 HACCP 小组

（2）产品描述和确定预期用途　酿造酱油是以大豆和或脱脂大豆、小麦和或麸皮为原料，经微生物发酵制成的具有特殊色、香、味的液体调味品。

①主要原辅料：大豆、小麦、生活饮用水、食用盐、种曲、焦糖色素、糖。

②产品特性：参照《酿造酱油》（GB/T 18186—2000）和《食品安全国家标准　酱油》（GB/T 2717—2018）。

③食用方法：开瓶后即可食用或烹调后食用。

④包装类型：玻璃瓶、PET 瓶；常温下保存 18~24 个月。

⑤储藏说明：干燥、通风良好的场所，不得与有毒、有害、有异味、易腐蚀的物品共同储存。

（3）绘制生产流程图及流程图的确认　酿造酱油的生产工艺流程大致如下：

原料验收及处理 → 制曲 → 发酵 → 淋油 → 灭菌 → 调配 → 灌装 → 成品贮藏

工艺流程图、车间物流、人流、气流图均经过 HACCP 小组现场验证确认。

（4）危害分析　酿造酱油生产从原料到产品是一个比较复杂的生化变化过程，工序比较多。其危害物主要包括生物危害物、化学危害物、物理危害物。其中生物危害物主要是与生产无关的细菌、霉菌、酵母，尤其是致病细菌；化学危害物主要有原辅料在生长期间残留的化肥、农药以及成品中添加超量的防腐剂；物理危害物主要有原料中混入的泥沙、石块、杂草、金属等杂物及其在包装物中残留包装材料碎屑等。根据以上工艺流程及产品描述，对其进行危害分析并制订出相应的控制措施，危害分析工作表如表 14-4 所示。

表 14-4　酿造酱油危害分析工作表

加工工序	该工序引入的潜在危害	危害是否显著	判定依据	采取的预防控制措施	步骤是否 CCP
原辅料验收及处理	生物性危害：病原微生物	否	原料中可能引入	由供应商控制，企业进行一年一次的形式检查	否
	化学性危害：黄曲霉毒素、重金属等	是	原料加工过程及投料中可能产生	由供应商控制，企业进行一年一次的形式检查	是
	物理性危害：石块、金属、线头等	否	原料中可能引入	品控人员控制	否

续表

加工工序	该工序引入的潜在危害	危害是否显著	判定依据	采取的预防控制措施	步骤是否CCP
制曲	生物性危害：霉菌、酵母、细菌等杂菌的污染	是	制曲过程中原料温度过高，或输送工具污染，或种曲含细菌过多，或管理不当等种种原因而污染大量杂菌	握好曲料的适当温度；所用设备器具的消毒，加强制曲过程的管理	是
	化学性危害：杂菌毒素	否	污染的杂菌在适宜的条件下产生毒素	防止杂菌污染，控制好制曲过程中的温度、通风、翻曲等条件和措施	否
	物理性危害：无	否	—	—	否
发酵	生物性危害：霉菌、酵母、细菌等杂菌的污染	否	成曲中含有大量的细菌和酵母等微生物，虽然大部分不耐盐和高温，但如果发酵条件控制不好，容易使杂菌滋生	在发酵中，应调节好酱醅的含盐量，保持合适的发酵温度，并使发酵温度均匀；对环境卫生和发酵桶，设备和工艺管理等严格按有关要求执行实施	否
	化学性危害：杂菌毒素	否	部分污染的杂菌在适宜的条件下产生毒素	对环境卫生、发酵桶、设备和工艺的管理等严格按要求执行实施；加强发酵过程中的温度和水分管理	否
	物理性危害：无	否	—	—	否
淋油	生物性危害：病原体和杂菌污染	否	环境卫生差会引起杂菌污染	由良好作业规范（GMP）、卫生标准操作程序（SSOP）控制	否
	化学性危害：无	否	—	—	否
	物理性危害：无	否	—	—	否
灭菌	生物性危害：病原体的残留	是	灭菌温度和时间控制不当，灭菌不彻底	严格控制加热温度、保温温度和时间	是
	化学性危害：无	否	—	—	否
	物理性危害：无	否	—	—	否

续表

加工工序	该工序引入的潜在危害	危害是否显著	判定依据	采取的预防控制措施	步骤是否CCP
调配	生物性危害：细菌、霉菌等	否	加入带菌的添加剂或富含糖分的营养物，等于接入了有害微生物和提供它们生长的碳源，一定温度条件下有害菌可以增殖发酵。	不要添加被污染的添加剂；添加了糖分较多而营养丰富的酱油，要严格防止二次污染	否
	化学性危害：防腐剂超标	是	防腐剂的过量添加对人体造成伤害	向供应商索要产品合格证，严格按照国家标准使用防腐剂（包括品种和用量）	是
	物理性危害：无	否	—	—	否
灌装	生物性危害：病原体和杂菌的污染	否	由 GMP、SSOP 控制	—	否
	化学性危害：无	否	—	—	否
	物理性危害：塑料碎屑等	是	包装材料生产过程中的杂质	灌装人员在灌装过程中检查瓶子内是否有异物	是
成品贮藏	生物性危害：无	否	—	—	否
	化学性危害：无	否	—	—	否
	物理性危害：无	否	—	—	否

（5）确定关键控制点　根据危害分析的结果，结合企业多年的生产经验，确定了 5 个关键控制点，即原料验收及处理、制曲、灭菌、调配和灌装。

（6）制定 HACCP 计划　酿造酱油的 HACCP 工作计划如表 14-5 所示。

表 14-5　酿造酱油的 HACCP 工作计划表

CCPs	显著危害	控制标准及关键限制	监督频度	纠偏措施	记录	验证
CCP1 原料验收及处理	农药及重金属残留、黄曲霉毒素污染对人体造成危害	建立原辅料购置质量标准。原料贮藏环境卫生、干燥并防虫、鼠	每批	拒收不合格的原料	原料检验原始记录	检查记录，不定期抽查

续表

CCPs	显著危害	控制标准及关键限制	监督频度	纠偏措施	记录	验证
CCP2 制曲	物理及生物性：温度太高和杂菌污染	制曲温度控制在32℃，制曲工具及环境要彻底灭菌	连续监控	麸曲制好后进行质量鉴定，不予采用不符合卫生标准的麸曲，并找出原因及解决办法	制曲车间记录	每周检查记录进行总结
CCP3 灭菌	生物性：有害酵母和部分霉菌繁殖	灭菌温度≥80℃。冷却温度40~60℃	连续监控	温度达不到应重新按标准灭菌	灌装温度记录表	每日检查记录，每月测一次微生物含量
CCP4 调配	化学性：添加剂添加超标	按 GB 18186—2000 在灭菌后加山梨酸钾并混匀	连续监控	每批产品应抽查一次山梨酸钾的含量，超标者不予出厂	配兑车间及检验部门记录	配兑车间及检验部门记录
CCP5 灌装	灌装机、管道、瓶子、灌装车间卫生	灌装车间环境保持清洁卫生，灌装机及管道每次用完要进行清洗。灌装时产生的破瓶要及时清除；瓶子灭菌温度 20±5℃，时间 3~5min	连续监控	灌装前再次检查瓶子是否洁净	灌装车间生产记录	每日检查记录

2. 葡萄酒 HACCP 体系的建立

葡萄酒是国际性饮料酒，产量居世界饮料酒第二位。其酒精含量低，营养价值高，世界上许多国家如意大利、法国、西班牙等的葡萄酒产量居世界前列。我国的葡萄酒工业进入相对较快的发展阶段，产品质量正在向国际水平靠近。HACCP 作为食品工业有效的管理模式，应用于葡萄酒生产，将有益于葡萄酒产品质量与安全的全面提高，增强葡萄酒的市场竞争力。

（1）组建 HACCP 小组

（2）产品描述和确定预期用途　葡萄酒是以葡萄汁为原料，经微生物发酵制成的有明显的葡萄清香味的果酒。

①主要辅料：纯净水、砂糖、酵母。

②产品特性：参照国家标准《葡萄酒》（GB/T 15037—2006）和《葡萄酒企业良好生产规范》（GB/T 23543—2009）。

③食用方法：即开即饮，不能过量饮用。

④包装类型：玻璃瓶、塑料箱、纸箱；0~35℃，优级120d、一级60d、二级40d。

⑤储存说明：不允许日光直射，必须保持干燥和空气流通，不得与潮湿地面接触，或靠近有腐蚀性易发潮、发霉的货物，不得与有毒物品放在一起。

（3）绘制生产流程图及流程图的确认　葡萄酒的生产工艺流程大致如下：

原料验收→分选、破碎、除梗→二氧化硫处理→酒精发酵→压榨→成分调整→后发酵→添桶→第一次换桶→二氧化硫处理→第二次换桶→调配→杀菌→装瓶→贴标→入库贮藏

工艺流程图、车间物流图、人流图、气流图均经过 HACCP 小组现场验证确认。

（4）危害分析　影响红葡萄酒安全性的危害包括生物、化学和物理三大类。红葡萄酒的危害分析方法是顺着加工工艺流程，逐个分析各生产环节，列出各环节可能存在的生物、化学和物理的潜在危害，用判断树判断潜在危害是不是显著危害，确定控制危害的相应措施，判断是否是关键控制点，危害分析情况如表 14-6 所示。

表 14-6　葡萄酒危害分析工作表

加工步骤	确定在这个步骤中引入的、控制的或增加的潜在危害	是否有食品安全性问题，危害是否显著	对第三列做出判断	防止显著危害的措施	是否为关键控制点
原料验收	生物性危害：病原菌污染 化学性危害：农药残留 物理性危害：枝棒、沙石等混入	是	葡萄中可能存在病原菌污染；未按规定施药，造成农药超标和残留；原料可能存在沙石等物理性杂质	拒收霉烂与被污染的葡萄，追踪施药过程、样品抽检，及时检出、后续工序去除。SSOP 控制有害菌与外来杂质的污染	是
分选破碎除梗	生物性危害：病原菌污染 化学性危害：无 物理性危害：枝棒、沙石等残留	是	设备、人员不卫生，导致病原菌污染；原料葡萄中存在的沙石、金属及玻璃碎片，对人体带来潜在危害	建立标准的卫生操作程序，对沙石、金属及玻璃碎片等杂质要进行剔除	否
二氧化硫处理	生物性危害：病原菌污染 化学性危害：二氧化硫超标 物理性危害：无	是	环境、设备中可能存在杂菌，造成病原菌污染；二氧化硫使用过量，造成二氧化硫超标	建立卫生标准操作程序并严格执行，根据葡萄浆质量，确定二氧化硫添加量，并使之在葡萄浆中分布均匀	是

续表

加工步骤	确定在这个步骤中引入的、控制的或增加的潜在危害	是否有食品安全性问题，危害是否显著	对第三列做出判断	防止显著危害的措施	是否为关键控制点
酒精发酵	生物性危害：杂菌繁殖 化学性危害：无 物理性危害：无	是	葡萄汁中残留的杂菌繁殖，对人体带来潜在危害	建立卫生标准操作程序并严格执行，严格控制发酵温度、时间	是
压榨	生物性危害：致病菌污染 化学性危害：无 物理性危害：无	是	环境、设备不卫生，导致病菌污染	建立卫生标准操作程序并严格执行，加强环境、设备的清洗消毒	否
调整成分	生物性危害：致病菌污染 化学性危害：无 物理性危害：无	是	砂糖不合国家卫生标准，环境、设备不卫生，导致病菌污染	建立卫生标准操作程序并严格执行，加强环境、设备的清洗消毒，使用符合国家卫生标准的食糖	否
后发酵	生物性危害：无 化学性危害：无 物理性危害：无	否	—	—	否
添桶	生物性危害：致病菌污染 化学性危害：无 物理性危害：无	否	环境、设备不卫生，导致病菌污染	建立卫生标准操作程序并严格执行，加强设备的清洗消毒	否
第一次换桶	生物性危害：致病菌污染 化学性危害：无 物理性危害：无	否	环境、设备不卫生，导致病菌污染	建立卫生标准操作程序并严格执行，加强设备的清洗消毒	否
二氧化硫处理	生物性危害：无 化学性危害：二氧化硫超标 物理性危害：无	是	二氧化硫使用过量，造成二氧化硫超标	建立卫生标准操作程序并严格执行，控制二氧化硫添加量	是
第二次换桶	生物性危害：致病菌污染 化学性危害：无 物理性危害：无	否	环境、设备不卫生，导致病菌污染	建立卫生标准操作程序并严格执行，加强设备的清洗和消毒	否

续表

加工步骤	确定在这个步骤中引入的、控制的或增加的潜在危害	是否有食品安全性问题，危害是否显著	对第三列做出判断	防止显著危害的措施	是否为关键控制点
调配	生物性危害：致病菌污染 化学性危害：无 物理性危害：无	是	酒的理化指标和微生物指标超过国家标准	使用符合国家标准的添加剂和饮用水，致病菌污染后续工序去除	否
杀菌	生物性危害：致病菌残留 化学性危害：无 物理性危害：无	是	杀菌温度过低或时间不足，导致致病菌残留	严格执行操作规程，杀菌彻底	是
装瓶	生物性危害：致病菌污染 化学性危害：无 物理性危害：碎玻璃、木屑等混入	是	灌装设备、包装物污染，灌装时碎玻璃片进入酒中，对人体带来潜在危害	加强灌装容器的消毒、灭菌，严格执行 SSOP 卫生操作规范	是
贴标	生物性：无 化学性：无 物理性：无	否	—	—	否
入库	生物性：微生物二次污染 化学性：无 物理性：无	否	贮藏环境潮湿易使瓶盖生锈，霉菌等滋生	建立卫生标准操作程序并严格执行，保持贮藏环境的卫生干燥，避免阳光直射	否

（5）确定关键控制点　根据危害分析的结果，结合企业多年的生产经验，确定了 6 个关键控制点，即原料验收、二氧化硫处理、酒精发酵、二氧化硫处理、杀菌、装瓶。

（6）制定 HACCP 计划　葡萄酒的 HACCP 计划如表 14-7 所示。

表 14-7　葡萄酒的 HACCP 工作计划表

CCPs	显著危害	关键限制	监控				纠偏措施	档案记录	验证措施
			内容	方法	频率	监控者			
CCP1 原料验收	病原菌污染，农药残留，枝棒、沙石等混入	农药和重金属残留含量要符合国家食品标准，剔除枝棒、沙石等杂物和霉变葡萄	严格控制农药和金属残留、杂菌污染	化学检验装置	每批	验收人员，检验人员	检验出的农药和重金属含量超标的葡萄要禁止使用，有害杂物和霉变的葡萄要剔除	原料检验记录，纠偏记录	每天审核报表，定期抽样做化学检测

续表

CCPs	显著危害	关键限制	监控				纠偏措施	档案记录	验证措施
			内容	方法	频率	监控者			
CCP2 二氧化硫处理	二氧化硫超标	按葡萄汁量 40 ~ 80mg/L 添加二氧化硫	控制二氧化硫添加量	称量装置	每批	操作人员	重新调整	操作记录，纠偏记录	每天审核报表，校准称量装置
CCP3 酒精发酵	杂菌繁殖	控制发酵温度 25 ~ 30℃，时间 4 ~ 6d，残糖 5g/L 左右	控制发酵温度、时间、残糖量	温度计，化学检验装置，计时装置	每批	操作人员	产品废弃，设备重新清洗消毒	操作记录，纠偏记录	每天审核报表，校准计量装置
CCP4 二氧化硫处理	二氧化硫超标	控制二氧化硫残留量≤50mg/L，结合态二氧化硫≤250mg/L	控制二氧化硫添加量	称量装置	每批	操作人员	重新调整	检验记录，纠偏记录	每天审核报表
CCP5 杀菌	致病菌残留	控制杀菌温度 60 ~ 70℃，时间 10~15min	控制杀菌温度、时间	温度计，计时装置	连续	操作人员	重新调整	检验记录，纠偏记录	每天审核报表
CCP6 装瓶	致病菌污染，碎玻璃、木屑等混入	控制环境、灌装设备和包装物卫生符合操作标准，无碎玻璃片进入酒中	控制致病菌，碎玻璃、木屑检查	感官检查，微生物检验装置	每批	操作人员	加强生产环境消毒，灌装容器和包装彻底清洗杀菌，产品重新处理	检验记录，纠偏记录	每天审核报表

📝 **思考题**

1. 什么叫 GMP、SSOP、HACCP？

2. 发酵食品安全问题造成的危害有哪些？如何进行控制？

3. 如何开展发酵食品安全生产的管理与控制？

4. 选择一种发酵食品，设计并写出其安全生产管理的控制方案。

参考文献

[1] 陈殿学. 医学免疫学与病原生物学 [M]. 上海：上海科学技术出版社，2020.

[2] 高大响. 发酵工艺 [M]. 北京：中国轻工业出版社，2019.

[3] 郭本恒，刘振民. 干酪科学与技术 [M]. 北京：中国轻工业出版社，2018.

[4] 郭元新. 食品安全与质量控制 [M]. 北京：中国纺织出版社，2019.

[5] 韩北忠，刘萍，殷丽君. 发酵工程 [M]. 北京：中国轻工业出版社，2021.

[6] 何定芬，吴宇，张瑞娟，等. 远东拟沙丁鱼低盐风味鱼露的工艺优化及品质分析 [J]. 中国调味品，2022，47（5）：98-104.

[7] 何国庆. 食品发酵与酿造工艺学 [M]. 北京：中国农业出版社，2011.

[8] 景赟，刘超，刘晓碧. 气质联用法测定蚝油中3-氯-1,2-丙二醇 [J]. 现代食品，2020，（4）：223-225.

[9] 景瑞超，李娟，门靖，等. 食品与药品中苹果酸的检测方法研究进展 [J]. 精细与专用化学品，2021，29（10）：39-44.

[10] 江津津，欧爱芬，潘光健，等. 不同产地传统海虾酱的风味特征 [J]. 水产学报，2021，45（12）：2072-2082.

[11] 江津津，严静，郑玉玺，等. 不同产地传统鱼露风味特征差异分析 [J]. 食品科学，2021，42（12）：206-214.

[12] 焦润润，巩建强，侯红漫，等. 鱼露发酵过程中挥发性盐基氮和氨基酸态氮质量浓度的预测 [J]. 大连工业大学学报，2021，40（5）：313-318.

[13] 阚建全. 食品化学 [M]. 北京：中国农业大学出版社，2016.

[14] 柯欢，张鋆，陈平平，等. 鱼露加工工艺研究进展 [J]. 中国调味品，2020，45（4）：136-140.

[15] 李凡，许琦，熊建，等. 响应面优化设计饮料专用酵母抽提物多糖提取工艺 [J]. 食品科技，2020，45（4）：164-168.

[16] 李梵. 乳酸链球菌素的研究进展 [J]. 现代食品，2019（8）：13-16.

[17] 李宏，王文祥. 保健食品安全与功能性评价 [M]. 北京：中国医药科技出版社，2019.

[18] 李同乐. 功能红曲研发与红曲色素分离技术研究 [D]. 济南：齐鲁工业大学，2019.

[19] 李文静，李春生，李来好，等. 鱼露中高产蛋白酶耐盐菌株的筛选、鉴定及产酶

条件优化 [J].食品与发酵工业，2021，47（23）：134-142.

[20] 李寅，曹竹安.微生物代谢工程：绘制细胞工厂的蓝图 [J].化工学报，2004，55：1573-1580.

[21] 刘彩，陈莎，高梦祥，等.红曲橙色素的发酵制备及其在红曲红色素化学半合成中的应用 [J].食品研究与开发，2021，42（6）：57-62.

[22] 刘欣，王文艳，王娟，等.乳酸链球菌素对桶子鸡的保鲜效果 [J].食品工业，2019，40（7）：6-10.

[23] 刘绍军，岳晓禹.食品微生物学 [M].北京：中国农业大学出版社，2020.

[24] 刘旭亮，郝占西，李瑶，等.益生元对机体钙吸收及骨健康调节作用的研究进展 [J].现代预防医学，2022，49（6）：1036-1042.

[25] 栾宏伟.鱼露滋味物质和蛋白酶活相关性模型构建及鲜味肽呈味特性研究 [D].锦州：渤海大学，2020.

[26] 罗林根，朱明扬，黄谦，等.乳酸链球菌素及其在食品中的应用研究进展 [J].浙江农业科学，2020，61（5）：1003-1005.

[27] 马霞，魏述众.生物化学 [M].北京：中国轻工业出版社，2020.

[28] 孟宪军，迟玉杰.功能食品 [M].2版.北京：中国农业大学出版社，2017.

[29] 彭凯，孙育平，王国霞，等.饲料中添加啤酒酵母提取物对花鲈幼鱼生长性能、抗氧化和抗低氧胁迫能力的影响 [J].动物营养学报，2020，32（1）：334-345.

[30] 曲艾钰，张彦民，王菲，等.酵母抽提物添加时间对酱油风味的影响 [J].中国酿造，2022，41（3）：146-151.

[31] 曲建平，卢昕，徐文泱.乳酸链球菌素在食品中的应用分析 [J].食品安全导刊，2022（6）：175-177.

[32] 孙远明，柳春红.食品营养学 [M].3版.北京：中国农业大学出版社，2020.

[33] 王炳华，胡建国，童光森.低盐发酵鳀鱼鱼露过程中品质动态变化分析 [J].中国调味品，2020，45（6）：78-82.

[34] 王炳华，严利强，胡建国.不同方法制备鳀鱼鱼露风味物质比较 [J].中国调味品，2019，44（12）：85-89，98.

[35] 王铭，玉斯日古楞，罗雨晨，等.白色脂肪棕色化及其与疾病的相关性研究进展 [J].黑龙江畜牧兽医，2022（5）：30-33.

[36] 王钊，张雪，陈紫蕴，等.天然红色素部分替代亚硝酸钠在牛肉制品中的研究 [J].食品研究与开发，2021，42（12）：30-37.

[37] 王治丹，呼振豪，张彦民，等.酵母抽提物在食醋中的应用及感官评价 [J].中国酿造，2022，41（1）：204-210.

[38] 翁梁.益生菌 [M].北京：中国轻工业出版社，2019.

［39］吴朝霞，李建友．食品营养学［M］.北京：中国轻工业出版社，2020.

［40］熊建，胡靖，彭颖，等．耐酸性酵母提取物成分分析及其在米醋中的应用［J］.中国调味品，2021，46（4）：86-89.

［41］杨龙，邢为国．酵母提取物对白对虾生长性能、抗氧化及机体成分的影响［J］.中国饲料，2021（12）：70-73.

［42］杨林雷，李荣春，曹瑶，等．金耳及金耳多糖的药用保健功效及其机理研究进展［J］.食药用菌，2021，29（3）：176-182.

［43］俞德慧，杨杨，陈凤莲，等．γ-氨基丁酸及其在谷物发酵食品中的研究进展［J］.食品与发酵工业，2022，48（11）：290-296.

［44］曾艳，朱玥明，张建刚，等．大豆发酵食品中的活性肽及其生理功能研究进展［J］.大豆科学，2019，38（1）：159-166.

［45］张成楠，李秀婷．功能性低聚糖作用于肠道菌群抑制肥胖的研究进展［J］.中国食品学报，2019，19（12）：277-283.

［46］张丽华，邵瑞婷，杨丽梅，等．超高效液相色谱串联质谱法测定蚝油中3种甲基咪唑类物质［J］.食品与发酵工业，2019，45（24）：229-233.

［47］张兰威．发酵食品工艺学［M］.北京：中国轻工业出版社，2018.

［48］张田宇，周晨露，范晓源，等．食用酵素的降血脂作用研究进展［J］.食品安全导刊，2022（10）：128-133.

［49］张群．微生物发酵法生产L-苹果酸关键技术研究［J］.食品与生物技术学报，2020，39（11）：112.

［50］郑婷婷，陈泳斌，周静，等．鱼露发酵工艺及风味品质分析研究进展［J］.食品研究与开发，2022，43（3）：186-192.

［51］郑玉秀，周斌，王明，等．复合保鲜剂对美国红鱼调理鱼片贮藏品质的影响［J］.现代食品科技，2019，35（6）：191-199.

［52］钟思嘉．红曲色素的制备与特征研究［D］.上海：上海交通大学，2016.

［53］周晶，袁丽，高瑞昌．产低温蛋白酶动性球菌的筛选及其在低盐鱼露发酵中的应用［J］.食品科学，2021，42（8）：122-128.

［54］周彤，潘道勇，滕兆林．乳酸菌改善糖尿病代谢作用机制研究进展［J］.食品安全质量检测学报，2021，12（9）：6.

［55］Ana Agustí＊，Maria P. García-Pardo，Inmaculada López-Almela，Isabel Campillo，Michael Maes，Marina Romaní-Pérez and Yolanda Sanz，Interplay between the gut-brain axis，obesity and cognitive function［J］.Frontiers in Neuroscience，2018，12：155.

［56］Bayat M，Dabbaghmanesh M H，Koohpeyma F，et al. The effects of soy milk enriched with *Lactobacillus casei* and omega-3 on the tibia and L5 vertebra in diabetic rats：a stereological study [J]. Probiotics Antimicrob Proteins, 2019, 11 (4): 1172-1181.

[57] Chuenjit C, Chuan H P. Effect of black bean koji enzyme on fermentation, chemical properties and biogenic amine formation of fermented fish sauce [J]. Journal of Aquatic Food Product Technology, 2022, 31 (3): 259-270.

[58] Ding A, Zhu M, Qian X, et al. Effect of fatty acids on the flavor formation of fish sauce [J]. LWT-Food Science and Technology, 2020, 134: 110259.

[59] Keska P, Wojciak K M, Stadnik J. Bioactive peptides from beef products fermented by acid whey-in vitro and in silico study [J]. Scientia Agricola, 2019, 76 (4): 311-320.

[60] Lee J H, Paek S H, Shin H W, et al. Effect of fermented soybean products intake on the overall immune safety and function in mice [J]. Journal of Veterinary Science, 2016, 18 (1): 25-32.

[61] Mitev K, Taleski V, Association between the gut microbiota and obesity [J]. Open Access Maced J Med Sci. 2019, 7 (12): 2050-2056.

[62] Nicholson, J. K., Holmes, E., Kinross, J., Burcelin, R., Gibson, G., Jia, W. and Pettersson, S., Host-gut microbiota metabolic interactions [J]. Science, 2012, 336 (6086): 1262-1267.

[63] Qian B J, Xing M Z, Cui L D, et al. Antioxidant, antihypertensive, and immunomodulatory activities of peptide fractions from fermented skim milk with *Lactobacillus delbrueckii* ssp. bulgaricus LB340 [J]. Journal of Dairy Research, 2011, 78 (1): 72-79.

[64] Russo G L, Langellotti A L, Genovese A, et al. Volatile compounds, physicochemical and sensory characteristics of Colatura di Alici, a traditional Italian fish sauce [J]. Journal of the Science of Food and Agriculture, 2020, 100 (9): 3755-3764.

[65] Yu J, Lu K, Zi J W, et al. Characterization of aroma profiles and aroma-active compounds in high-salt and low-salt shrimp paste by molecular sensory science [J]. Food Bioscience, 2022, 45: 101470.